中国林木种质资源丛书
国家林业局国有林场和林木种苗工作总站　主持

◆ 秦国峰　周志春　等 著
Qin Guofeng and Zhou Zhichun

中国马尾松优良种质资源

Germplasm Resources of Chinese Masson Pine

中国林业出版社
China Forestry Publishing House

图书在版编目（CIP）数据

中国马尾松优良种质资源 / 秦国锋，周志春等著.
-- 北京 : 中国林业出版社，2012.12
（中国林木种质资源丛书）
ISBN 978-7-5038-6886-3

Ⅰ．①中… Ⅱ．①秦… ②周… Ⅲ．①马尾松—种质
资源—中国 Ⅳ．①S791.248.04

中国版本图书馆CIP数据核字(2012)第302856号

中国林业出版社·自然保护图书出版中心
策划编辑：刘家玲
责任编辑：张 锴 刘家玲

出 版：中国林业出版社
（100009 北京西城区德内大街刘海胡同7号）
网 址：www.cfph.com.cn
E-mail：wildlife_cfph@163.com
电 话：(010) 83225836
发 行：新华书店北京发行所
印 刷：北京佳信达欣艺术印刷有限公司
版 次：2012年12月第1版
印 次：2012年12月第1次
开 本：1/16
印 张：16.5
印 数：2000
字 数：500千字
定 价：180.00元

内 容 简 介

马尾松是我国松属中分布最广的乡土造林树种，生长快、材质优、适应性强，广泛用于制浆造纸、建筑和松香制取等产业，在我国社会经济建设中占据十分重要的地位。本书是基于全国马尾松优良种质资源遗传整理，旨在总结 30 多年来马尾松种质资源搜集保存良种选育研究成果和良种基地建设的成功经验。全书分为三篇 11 章：上篇概述 3 章重点阐明马尾松的主要特点与重要价值、树种的起源分布与栽培历史、种质资源的研究与保育技术；中篇种质资源 7 章，将种质资源库的资源分为种源选育、优树选和杂交创新等 7 种类别，对不同资源的形成、特点、现状与保育价值分别予以论述；下篇国家马尾松良种基地介绍了全国各省（自治区、直辖市）的马尾松良种基地，附经审（认）定的马尾松良种名录。本书是一部理论结合实践、侧重生产应用的科技专著，内容丰富、重点突出、资料完整、图文并茂，可作为林木良种科研、管理人员及大专院校师生的参考用书。

林木种质资源是林木遗传多样性的载体，是生物多样性的重要组成部分，是开展林木育种的基础材料。有了种类繁多、各具特色的林木种质资源，就可以不断地选育出满足经济社会发展多元化需求的林木良种和新品种，对于发展现代林业，提高我国森林生态系统的稳定性和森林的生产力，都有着不可估量的积极作用。切实搞好林木种质资源的调查、保护和利用是我国林业一项十分紧迫的任务。

我国幅员辽阔，地形复杂多样，造就了自然条件的多样性，使得各种不同生态要求的树种以及不同历史背景的外来树种都能各得其所，生长繁育。据统计，中国木本植物大约有9000多种，其中乔木树种约2000多种，灌木树种约6000多种，乔木树种中优良用材树种和特用经济树种达1000多种，另外还有引种成功的国外优良树种100多种。这些丰富的树种资源为我国林业生产发展提供了巨大的物质基础和育种材料，保护好如此丰富的林木种质资源是各级林业部门的历史使命，更是林木种苗管理部门义不容辞的责任。

国家林业局国有林场和林木种苗工作总站组织编撰的《中国林木种质资源丛书》，是贯彻落实《中华人民共和国种子法》和《林木种质资源管理办法》的重大举措。《中国林木种质资源丛书》的出版集中展现了我国在林木种质资源调查、保护和利用方面的研究成果，同时也是对多年来我国林业科技工作作者辛勤劳动的充分肯定，更重要的是为林木育种工作者和广大林农提供了一部实用的参考书。

《中国林木种质资源丛书》是以树种为基本单元，一本书介绍一个树种，这些树种都是多年来各省在林木种质资源调查中了解比较全面的树种，其中有调查中发现天然分布的优良群体和类型，也有性状独特、表现优异的单株，更多的是通过人工选育出的优

良家系、无性系和品种。特别是书中介绍的林木良种都是依据国家标准《林木良种审定规范》的要求，由国家林业局林木品种审定委员会或各省林木品种审定委员会审定的，在适生区域内产量和质量以及其他主要性状方面具有明显优势，是具有良好生产价值的繁殖材料和种植材料。

　　《中国林木种质资源丛书》有以下5个特点：一是详细介绍每类种质资源的自然分布区域、生物学特性和生态学特性、主要经济性状和适生区域，为确定该树种的推广范围和正确选择造林地提供可靠的依据；二是介绍的优良类型多、品种全、多数优良类型和单株都有具体的地理位置以及详细的形态描述，为林木育种工作者搜集育种材料大开方便之门；三是详细介绍这些优良种质资源的特性、区域试验情况和主要栽培技术要求，对于生产者正确选择品种和科学培育苗木有着很强的指导作用；四是严格按照种子区划和适地适树原则，对每个类型的林木种质资源都规定了适宜的种植范围，避免因盲目推广给林业生产带来不必要的损失；五是图文并茂，阐述通俗易懂，特别是那些优良单株优美的树形和形状奇异的果实，令人赏心悦目，可以大大提高读者的阅读兴趣，是一部集学术性、科普性和实用性于一体的专著，对从事林木种质资源管理、研究和利用的工作者都具有很好的参考价值。

2008 年 8 月 18 日

马尾松是我国特有的主要造林树种，在我国的分布区域广达200万km²，按符合林分标准统计的林地为1430万hm²，占全国优势树种林分面积的13.2%。马尾松具有多林种的功能和多用途的效益，在我国的木材工业、造纸工业、林产化学工业、医疗保健品工业等生产原料的提供、荒山绿化等生态环境建设，都有其不能缺少或不可替代的作用，在我国社会经济建设中占据十分重要的地位。为了国家建设所需培育更多的优质良材，在主要树种的改良育种中，特将马尾松列为林木育种的重点树种之一。林木育种主要是研究和利用遗传与变异规律，为特定目标选育和繁殖林木良种，或为提高森林生产力和维护生物多样性，采取相适应的营林技术措施，对森林进行科学的遗传管理。遗传管理主要是选择和杂交的实践活动，基本任务旨在为林业生产不断提供产量高、品质好、适应性强的大量繁殖材料。我国的林木遗传育种的研究和实践，基本上是从20世纪50年代发展起来的，半个多世纪以来，对主要造林树种全面开展了遗传改良，从局部到全分布区，从种源选择到选优建园，有计划地进行遗传育种工作。在遗传育种实践中营建了母树林、种子园、采穗圃等良种生产基地，同时建成大面积的地理种源与优树子代测验等试验林。通过较为系统的试验研究，对参试树种的变异规律、生物学特性、遗传增益幅度、推广应用特点等方面，都取得了重要成果，并分别不同地理区域的生产所需，提出推广应用的良种，为我国林木良种化的发展做出了重大贡献。

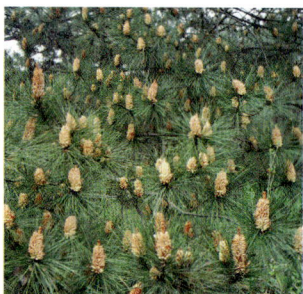

30多年来，在列入我国林木改良的数十个树种中，马尾松是遗传改良做得比较全面、系统、深入的一个树种。现已进入二代育种并向三代育种过渡的新阶段。在全国马尾松主产省（自治区）开展全分布区种源试验与选择优树建立种子园，以及在国家造林项目中大面积推广应用良种等方面，经过协作单位多年的共同努力取得了可喜的成绩。据不完全统计：全国选择优树5500多株，各种试验林逾1000hm²，营建种子园逾1600hm²，良种应用推广面积单国家造林项目逾25万hm²。获得国家科技进步奖二等奖4项、三等奖2项，省部级科技进步奖一、二、三等奖20多项。使人深感欣慰的是在全国各地建立了大面积的试验林与种子园，这不仅是常规育种所必需的实验平台，也是长期育种所必需的基础。全国已建立了国家级马尾松良种基地28个，皆具有较好的育种基础。如浙江省淳安县姥山林场马尾松良种基地，建有一代核心育种群体和二代核心育种群体10hm²、各种遗传测定林25hm²、不同世代的种子园35hm²，构成了具有一定规模的包含育种群体、选择群体和生产群体在内的良种繁育体系。对所形成的种源选

育、优树选育、杂交创新、无性繁育、良种生产等各种类别的优良种质资源，都分别进行了较为深入的研究。姥山林场马尾松良种基地，现已建成良种资源库面积 142.5hm²，从全国 10 个主产省（自治区）搜集和保存优良种质资源 2000 多份；在全国首先利用选自优良控制授粉家系的二代育种亲本营建第一个马尾松二代无性系种子园。同时还革新良种生产管理方式，研究树体管理的整形修剪技术，取得良好的效果。2009 年被国家林业局确定为"国家马尾松良种基地"与"国家马尾松种质资源库"，充分肯定了马尾松良种基地建设与种质资源保育所取得的成绩。

我国坚持马尾松良种选育和基地建设长达 30 年之久，构建了比较完备的马尾松现代育种技术及种质保育技术体系，对此感到由衷的欣慰。林木改良的事业任重而道远，这仅仅是一个良好的开端，展望未来满怀新的期待。2012 年新春伊始中央发布了 1 号文件，提出"依靠科技创新驱动，引领支撑现代农业建设"，增加种业基础性、公益性研究投入，加强种质资源收集、保护、鉴定，创新育种理论方法和技术，创制改良育种材料，加快培育一批突破性新品种。充分说明中央对种业与种质资源保育的高度重视，是在新形势下赋予农林科技工作者的光荣使命。应立足于已有的良种建设的基础，将种质资源库的实地资源保存管护好，随时增添新的种质资源，不断充实、完善和提高，研究开发更为丰富多彩的优质良种资源，快速高效推动马尾松良种化的进程，为实现我国"森林双增"战略发展目标提供重大科技支撑。

《中国马尾松优良种质资源》是近 30 多年来马尾松育种研究和良种生产实践的总结。该书内容丰富、重点突出、资料完整、图文并茂，是一部既有科学理论又有实践经验的科技专著。书稿编撰以林木育种理论为指导，主要内容侧重生产应用，对马尾松良种基地建设具有十分重要的实际意义。这是全国马尾松良种基地协作组的参加单位与科技人员共同努力的成果。由于林木个体大、生长周期长的特点，育种工作甚为艰难，取得了如此优秀的成果，值得庆幸！在此表示由衷的祝贺，并期待在大好形势下，取得更加辉煌的成就。

中国工程院院士
南京林业大学教授　　王明庥

2012 年 3 月 6 日

森林是人类生存的摇篮，是陆地生态系统的主体。从人类文明进步和社会发展所走过的道路来看，人类与森林的关系经历了：依存于森林、大量砍伐破坏森林、发展保护合理利用森林 3 个阶段。当今我们正处在第三阶段，回首以往，由于人类活动、社会发展等多种因素，森林遭到严重破坏，生态逐渐失衡，结果造成自然灾害频发，严重影响了人类的生存和社会经济建设。文明古国数千年，人类与森林结伴同行，一直到现在，人类才开始认识到森林的生态效益、经济效益和社会效益；认识到森林在社会经济可持续发展中的重要作用。由此受到启迪才明白了一个自然法则：人类与森林的关系，是相互依存的密切关系，人类对森林不能为所欲为，只能并存共荣、和谐相处。因此，处在现代林业发展时期，首先是培育森林保护森林，不能以资源为代价、以破坏性的手段来取得森林效益，而是应以现代林业的经营理念，追求的是优质高效的木质和非木质的产品以及包括森林生态在内的巨大的森林综合效益。为达此目的，必须转变思维观念，改变经营方式，抓住重中之"种"，保育种质资源。

"林以种为本，种以质为先"。良种是发展林业生产的源头，是特殊的、不可替代的、最基础的生产资料，抓好了林木良种生产，就是抓住了林业发展的根本。21 世纪是一个"生物经济"时代，基因资源的开发利用将是生物经济的主要内容。随着经济社会快速发展，生物种质资源保育日益受到各国政府重视和社会各界关注。拥有珍贵的种质资源，就是占领了制高点、掌握了主动权，就能满足国家繁荣发展对良种的需求。林木种质资源作为国家的重要战略资源，说明其对国家林业建设，是一种事关全局、着眼长远发展的特殊资源，是国家林业建设规划决策的依据，是科技创新的物质基础。加强林木育种种质资源的收集和保存，是实现林木长期育种最基础的工作。应以科学发展观为指导，进一步加强林木种质资源的收集、保存、创新与推广应用。

国家林业局主持编撰"中国林木种质资源丛书"，将数十年来管理部门、科研机构、承建单位的生产、科研、管理工作者的汗水结晶汇编成册，做到良种家底心中有数，良种研发利用有源有据，这对林业发展具有重要的现实意义。国家林业局将《中国马尾松优良种质资源》委托浙江省林业种苗总站负责组织编写，是一项光荣而艰巨的任务，应尽心尽力圆满完成。回顾 30 多年来，浙江林木良

种工作十分重视生产、科研、管理三结合，管理部门统筹支助、科研机构技术支撑、承建单位给力支持，"三支"力量拧成一股劲，同心协力，在林木良种建设上，取得了可喜成绩。据统计，截至 2011 年年底全省审（认）定林木良种 353 个，建立良种基地逾 2000hm²，累计生产各类林木良种 83 万 kg、穗条 3220 多万根，推广造林面积逾 122 万 hm²，良种增益达 20% ~ 80%，为森林浙江建设、为浙江现代林业的发展做出了重大贡献。这些成绩的取得及预期实现的目标，最根本、最基础的关键所在就是建设好林木良种基地。目前浙江全省已有 10 个基地被国家林业局确定为国家林木良种基地。其中浙江淳安姥山林场马尾松良种基地，建成良种生产与种质资源保育面积超过 142hm²，生产良种 30320kg，收集保存种质资源 2412 份，建有 1 代、1.5 代、2 代马尾松无性系种子园以及 1 代与 2 代育种群体，评选出一批遗传增益高达 20% 以上的优良新品系，为马尾松良种培育和更新换代奠定了坚实的物质基础。

2009 年国家林业局首批确定浙江淳安姥山林场林木良种基地为"国家马尾松良种基地"和"国家马尾松种质资源库"，这是对浙江林木良种工作的支持和肯定。浙江省在总结多年良种建设的基础上，在全国率先建立起以良种科研为先导、基地建设为中心、良种管理为保证、应用推广为手段、实现造林良种化为目标的林木良种繁育体系，有力地推动了林木种质创新，大大提升了林业生产良种化水平。成绩突出，经验珍贵，可喜可贺，希望林木良种工作者要倍加珍惜和应用。随着社会经济建设蓬勃发展，时代又赋予了新的使命与要求。胡锦涛总书记曾提出到 2020 年我国森林面积增加 4000 万 hm²、森林蓄积量增加 13 亿 m³。"双增"目标是国家发展林业的重大战略决策，也是赋予林业工作者的光荣使命。我们应不辱使命、积极响应，发挥本职的技术才能，做好资源培育，促进林业大发展，为森林浙江建设增光添彩，为我国实现"双增"目标做出重大贡献。

浙江省人大常委会副主任
浙江省林业厅原厅长

程渭山

2012 年 3 月 21 日

前言
FOREWORD

中国是世界文明古国之一，林木培育技术源远流长。我国造林技术，萌芽于原始公社制度的五帝时期，距今已有4000余年。古往今来，在漫长的岁月里，由于自然的演替，人为的选择，从野生到种植，从原种到品种，曾有许多果木的栽培技术居于世界领先地位。远古时期的原始人类祖先，生存所必需的吃、住、穿都取自于森林，森林是养育人类的摇篮。随着时代的发展，社会的进步，人类依然离不开森林。森林作为陆地生态系统的主体，是自然界功能最完善的资源库、基因库、蓄水库、碳贮库和能源库，对改善生态环境，维护生态平衡起着决定性的作用。同时森林又是人类生存与发展不可缺少的自然资源。进入21世纪，人口增长、环境恶化、资源短缺和生态失衡等日益突出，然而这些重大问题无一不与森林有关，因为森林是保护和维系人类社会生存与发展的生物种质资源。培育森林造就发达的林业，是国家富足、民族繁荣和社会文明的标志之一。林业既是一项重要的产业，又是一项保护生态环境的公益事业。我国是一个少林国家，发展林业首先是要加快培育森林资源。2009年9月，胡锦涛主席在APEC会议上提出，要大力增加森林碳汇，并承诺到2020年中国森林面积要比2005年增加4000万 hm^2，森林蓄积量增加13亿 m^3。这是国家发展林业的重大战略决策，也是赋予林业工作者的光荣使命，在新的世纪我国林业建设必将以雄伟的态势高歌猛进。

马尾松是我国特有的主要造林树种，是东南部湿润亚热带地区分布最广、资源最多的典型森林代表群系之一，是暖性针叶林建群树种。马尾松在我国分布区域广达200万 km^2，按符合林分标准统计的林地为1430万 hm^2，占全国优势树种林分面积的13.2%。马尾松分布广、生长快、材质好，是具有高产的木质产品与高效的非木质产品以及高耐逆境的优良乡土树种，在我国的木材工业、造纸工业、林产化学工业、医疗保健品工业等生产原料的提供、荒山绿化等生态环境建设方面，都有其不能缺少或不可替代的作用，在我国社会经济建设中占居十分重要的地位。在我国林业建设中，必须加大马尾松研究和开发利用的力度，培育数量多、质量好的良种资源，以满足社会经济发展与提高人民生活水平的需求。

森林资源的培育，首先需要优良种质的保障，这是森林培育必不可少的原始材料，是林业生产力发展的基本物质条件。21世纪是一个"生物经济"时代，种质资源的开发利用将是生物经济的主要内容。多年来我们遵循种质资源为先导，开展马尾松系列研究工作。我国马尾松遗传改良和良种基地建设，始于20世纪50年代，当时主要是局部地区小规模的种源试验。到了20世纪70年代，林业生产快速发展，对林木良种的需求更为迫切。1973年全国召开林木良种工作会议，随后各省（自治区）也相应召开会议，制订林木良种发展规划与实施方案。科研结合生产，国家

设置攻关课题，成立了由马尾松主产省（自治区）科研单位参加的"全国马尾松种源试验协作组"与"马尾松种子园建立技术协作组"，全面开展了全分布区马尾松种源试验与种源区划分的研究，并相继进行了马尾松优树选择与种子园建立技术的研究，此外还有马尾松优良林分与高产脂类型优树选择以及世界银行贷款国家造林项目等研究内容。20世纪80年代，在马尾松大规模的研究工作中，先后选择马尾松优树5500多株，营建无性系种子园1000hm²，同时建成一大批以优良种源母树林与种子园为主要载体的马尾松良种基地。可以说在20世纪80年代掀起了马尾松一代种子园的建设高潮，为我国马尾松遗传改良与造林良种化迈出了关键性的一步，也奠定了长期育种至关重要的物质基础。跨进新纪元，我国迎来林木良种建设的新发展，全国先后兴建马尾松2代种子园逾600hm²，实现了马尾松种质创新与利用的新飞跃。前后30年，马尾松遗传改良从种源选择到高世代育种，种子园从1代到2代，良种化水平不断提升，良种建设取得巨大成效。

回顾马尾松良种化建设历程，深感林木育种须有着眼未来之规划，坚持不懈之精神，团结协作之氛围，攻坚克难之勇气。30多年来，我们先后开展了马尾松科研攻关、选优建园、国家造林等全国性科研项目，自陈建仁先生首任课题主持人以来，一茬接一茬，至今连续三任从未间断，团结各省（自治区）马尾松科技人员协作攻

关，根据研究方案在全国各试验点营建大面积试验林，搜集、创制和保存了一大批种质资源。同时取得了丰硕的科研成果，先后获得国家科技进步奖二等奖4项、三等奖2项，部省级科技进步奖一、二、三等奖20多项。数十年来的科研积累和技术贮备，为我国马尾松良种建设做出重大贡献，但是也有不少经验教训值得总结。

国家林业局国有林场和林木种苗总站主持编撰"中国林木种质资源丛书"，由我们编写《中国马尾松优良种质资源》一书，旨在总结数十年来马尾松良种建设的宝贵经验，理清良种基地建设情况，盘点种质资源家底，评估优良种质增产潜力，审察资源创新进展等。全书分为三篇11章：上篇概论共3章，重点阐明马尾松的主要特点与重要价值、树种的起源分布与栽培历史、种质资源的研究与保育技术；中篇马尾松种质资源共7章，将种质资源库的所有资源区分为种源选育、优树选育、杂交创新、无性繁育、良种生产、松脂良种、花粉良种7种资源类别，对不同资源的形成、特点、现状与保育价值分别予以论述；下篇国家马尾松良种基地，介绍了全国各省（自治区、直辖市）的马尾松良种基地，附经审（认）定的马尾松良种名录。前10章中的第六章与第九章分别由金国庆副研究员、刘青华博士撰写，其余各章由秦国峰研究员和周志春研究员撰写并对全书审校统编定稿。第十一章共收到全国10个省（自治区、直辖市）撰写的11份马尾松良种基地建设资料，主要是介绍国家马尾松良种基地及其种质保育，有的还一并说明各省或各地区的相关情况。附录部分主要是国家林业局国有林场和林木种苗工作总站编写的《林木良种指南》中有关马尾松良种的摘录。本书附录中收入的名录计有各类马尾松良种445个，其中种子园良种32个、优良种源13个、优良家系392个、优良无性系4个、母树林3个、采穗圃1个。遵照"中国林木种质资源丛书"编写的要求，书稿务求图文并茂，全书共收入图件

256 幅，其中良种基地 73 幅由各基地提供；第六章与第九章图件由金国庆副研究员与范辉华教授级高级工程师提供；马尾松长寿树由伍家荣研究员提供，永康松化石由张景平高级工程师提供；马尾松大树王等 5 幅引自参考文献；其余各章的图件均由秦国峰研究员摄制并加注说明。

《中国马尾松优良种质资源》一书的编写素材，取自于 30 多年来马尾松遗传改良的科研成果和良种生产的实践经验。本书内容有 3 个特点：其一，这是一个长达 1/3 世纪历史阶段的科研与生产的总结，也可认为代表着这一阶段马尾松良种选育与种质保育的最高水平，书中许多结论性的阐述是以实验数据为基础的，并附有数字表格可供查阅分析，是一部可信、可读的参考书；其二，数十年来的马尾松良种建设与生产技术，在试验与应用中不只一次尝过成功与失败的滋味，而最后写在书里的是可靠、成熟的内容，是一本良种培育的技术应用手册；其三，图文并茂是本书编写的又一大特点，全书收集了众多的彩色图片，内容涉及方方面面，直观形象地演示马尾松的特点功能与生产经营之道，是一幅可观赏、好理解的良种知识画卷。此外，书中内容涉及面很广，有马尾松起源繁衍、无性繁殖、杂交创新、非木质产品开发利用以及分子标记辅助育种等都是科研生产所关注的问题，本书对这些问题虽有不同程度的阐述，但深感在后续的研究中赋有新的期待，旨在不断创制新种质、不断提升新良种。上述各项特点说明，本书是一部既有科学理论又有实践经验的内容丰富、重点突出、资料完整、图文并茂的著作，是理论结合实践侧重生产应用的科技专著，对于林木良种基地建设、林业科教和生产管理工作者，都有其适用的参考价值。

《中国马尾松优良种质资源》一书是在"中国林木种质资源丛书"编委会直接指导，并委托浙江省林业种苗管理总站具体组织领导下，实施编撰工作的。由于上级领导热切、务实的关怀，中国林业科学研究院亚热带林业研究所马尾松育种研究组的科研人员同心协力，并在各省（自治区、直辖市）林木种苗管理部门、林业科研院校和国家马尾松良种基地的支持下，按计划和要求完成了全书的编写任务。在此对领导的关怀与各地良种基地的支持表示由衷的谢忱。本书是以科研生产实验数据与现场拍摄图片为第一手资料，历经一年的共同努力编撰成书的。本书由于专业性强，所涉及学科多、专业知识面广，加之收集的撰文资料尚有不足以及编写人员水平所限，书中难免存在错误和遗漏之处，希望林业界同仁与广大读者，批评指正、不吝赐教。

编著者
2012 年 2 月

目录

|上篇 概论|

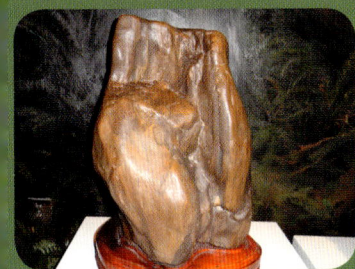

- 马尾松主要特点及重要价值
- 马尾松起源繁衍及栽培历史
- 马尾松种质资源研究及保育技术

第一章
马尾松主要特点及重要价值

第一节　马尾松林种特点与功能效益

　　马尾松是我国特产的古老乡土树种，马尾松林是南方亚热带地区分布最广、资源最多的森林群落，也是该地区最典型的代表群系之一。它具有独特的生态功能和特有的利用价值，栽培历史悠久，在林业建设中占有显要地位，发挥了巨大作用。综观马尾松的功效，它具有多林种的功能、多用途的效益、生长适应性强、全树均可利用等特点。林种是为了科学地经营利用森林而划定的森林类别。我国《森林法》规定，将森林分为用材林、防护林、经济林、薪炭林、特种用途林五类。在这五类林种建设中，马尾松不仅是主要的造林树种，而且在不同林种之中都有其独特的功能，发挥特有的重大作用。

　　本书系马尾松专著，为使读者对马尾松首先有个直观印象，在第一节特选配了4张有特点的照片（图1-1至图1-4），并详加注释说明，以便初步了解马尾松的形态特征、生长特性及应用价值。

一、马尾松是工业用材的主要树种

　　用材林是以生产木材为主要经营目的的林分，包括工业原料林、速生丰产林及一般用材林等。马尾松是多种工业用材的主要树种，尤其是其木材密度大、管胞长，是造纸工业的优质原料，也是营建速生丰产林与一般用材林普遍采用的主要造林树种。马尾松木材速生高产，是我国南方人工林区的主要产材树种。以福建省重点人工林区为例，松、杉、阔3种主要产材树种的产材量，杉木最多，阔叶树较少，而以马尾松为主的松木居中约占30%～40%。松材用途广、用量大，从干材到枝丫都能得到充分利用。松材用量大户全省几大纸厂，所需松材几百万立方米，有时不足还需从省外购买松材。在建筑与制造业利用干材、锯材、板材后，剩下的枝丫、边

图1-1　马尾松——长寿树（湖南省林业科学研究院伍家荣提供）

　　古往今来"福如东海长流水，寿比南山不老松"吟诵不息，代代相传。民间崇尚松树，认为松树具有长寿基因，使人延年益寿，长寿又何尝不是福，并尊称松树为长寿树、幸福树。松树四季常青，不畏酷暑严寒，跨百载越千年，永远挺立山岭。松树不仅长寿而且老而不朽，这说明松树具有独特的长寿基因。马尾松有据可考的树龄：①图1-1是湖南宁远九嶷山上的马尾松，树龄近200年。我国有大面积树龄过百岁的马尾松林，而且直径还保持较大的生长量。②浙江第一大马尾松植于元末明初期间，树龄已达640多年。③广西有一株马尾松，树龄已逾1000年。④在湘西武陵源有一株马尾松变种的武陵松，在石岩峰岭上已生长了1500多年。⑤据资料记载，在广西贵县南山寺殿后峭壁上，有一棵树龄超过3000年的古老马尾松。青翠古老的松树象征着幸福和长寿，它产生的精神力量与物质财富，为人类做出重大奉献，可谓"云冠苍翠福寿全，龙鳞铁骨能擎天。材献栋梁连广厦，松黄一勺可延年。"

图 1-3　马尾松——大树王（引自《中国树木奇观》）

图 1-3 中所示马尾松生长在浙江省仙居县朱溪镇张山村海拔 600m 的前山龙脉头。古朴苍劲的马尾松十分引人注目。这株被誉为浙江马尾松王的大树（又称浙江第一马尾松），树高 31m，胸径 188cm，单株蓄积量达 36.8m³。在主干 4m 高处分成二干斜伸向上，其余分枝犹如虬龙横斜低垂，形成巨大伞形树冠（冠幅为 26m×23m）十分罕见。据当地村民介绍，古松植于元末明初期间，已历经 600 多个春秋。原有两株，人称"夫妻松"，因地处台地边缘的突起部位，树又高大，常遭雷击。1992 年 8 月的一次强雷电，击毁了一株古松。留下这株虽侥幸逃过厄运，但至今干身还留有一条长 11m、宽 3～10cm 的伤痕。古松所植坡下不远的村旁有口岩井，深 2m，宽 1m，清洌甘甜的泉水从石缝中汨汨渗出，不溢不涸，终年不绝。古松佑泉，滋润着世世代代张山人的心田，村民十分爱护这株古松，从不伤其一枝一叶。

图 1-2　马尾松——望天树（引自《中国树木奇观》）

广西金秀瑶族自治县地处中亚热带和南亚热带季风气候区，雨热同季。这里气候温和，年均气温 17℃，降雨量充沛，土地肥沃，很适合各种林木生长。这里的马尾松生长特快，树干通直圆满，无病虫危害。在六巷乡泗水路旁两山夹一沟的狭窄地形，造就出一株身材高耸而又苗条的马尾松。据测定，这株马尾松树高 61.4m，胸径 90cm，枝下高 36m，单株材积 13m³，树龄 80 年，是广西乃至全国目前已知最高的马尾松。在广西还有珍贵的望天树（当地称擎天树）生长在广西西南边境的那坡县百合乡清华村归坎沟海拔 630m 处，沿着沟边有一片望天树林，其中有一株最高的达 63.5m，胸径 158cm。最高的马尾松敢与望天树试比高，树高仅差 2.1m。

图 1-4　马尾松——高产林

广西壮族自治区派阳山林场，有一片 25 年生、面积 34.7m² 的马尾松速生丰产林，每公顷蓄积量高达 867m³，每公顷年平均蓄积量 34.6m³，创全国马尾松速生丰产最高纪录。这说明在水热条件好而且土层深厚的山地，马尾松是可以获得高产的。这一高产纪录，可与我国高产树种杉木以及日本柳杉、北美黄杉相媲美。

角料还可用于造纸、刨花板、纤维板，全树木质部分均为有用之材。

马尾松是我国主要的建筑用材。其材质硬度中等，纹理直或斜不匀，结构中至粗，钉着力强，具有淡淡的松脂气味。木材入水经久不腐，素有"千年阁上枫，万年水下松"之称。因此，马尾松木材广泛应用于建筑工业，在水底、地下工程中，大量用作矿柱和桩木。而随着目前纤维、刨花、胶合三板工业兴起和发展，马尾松干材乃至枝丫材、间伐小径材已成为当地人造板工业的主要原料。

马尾松是我国优质造纸材。植物纤维是造纸工业的基本原料，一般可分为针叶木、阔叶木、禾草类与韧皮纤维等类别。各类植物纤维性状差异很大，直接影响造纸工艺与纸张性能。根据各类植物纤维形态与纤维细胞含量的比较，针叶树的纤维长度最长，平均为3.40mm，比阔叶树（平均1.04mm）长227%，比竹类纤维（平均2.09mm）长63%，比草类纤维（平均1.57mm）长117%。按纤维细胞含量比较，针叶树高达98.4%（马尾松最高，为98.5%），阔叶树77.5%，竹类74.1%，草类57.5%。这说明针叶树是长纤维植物，而且纤维细胞含量高，是造纸的优质原料。在针叶树中以马尾松与红松的纤维最长，纤维细胞含量最高。这些木材纤维数据表明，马尾松木材是造纸的优质原料。

二、马尾松是热值高的优质能源树种

薪炭林是以生产热能燃料包括薪材与木炭原料等为主要经营目的的林地。马尾松富含松脂，热值高，是优质薪材能源树种。我国利用松木薪材可上溯千年之久，不仅用于生活炊事，而且大量用于烧制砖瓦，特别是用于烧制陶瓷器皿。据说当今烧制仿古陶瓷品，仍需以松材烧制才能达到仿古、仿真的效果。马尾松木材富含松脂，枝干易燃，发火力强。经测定，干材热值每千克为4840～5040千卡（1卡=4.1868焦耳），木材干湿比为70∶100。马尾松木材既是好薪材，又可制成好木炭，是优良的薪炭材。马尾松作为能源利用的历史悠久，早在2000年前的春秋战国时期，各地就以松材（枝、干）烧制陶瓷器皿。当今我国广大农村，利用松材烧炭御寒与烧制砖瓦、石灰还相当普遍，松材是一种重要的能源。此外，以松材为原料烧制的松烟，是制造墨、油墨、鞋油和黑色染料的原料。

三、马尾松是具有多种非木质产品的经济树种

经济林是以生产干鲜果品、食用油料、调料、工业原料、药材及其他林副特产品为主要目的的林分。马尾松可割松脂，松针粉是优良的饲料添加剂，松材可培养名贵药材茯苓等，特别是松花粉是强身健体的保健品，这些非木质产品都具有高附加值的经济效益，实属经济林经营的范畴。

1. 重要化工原料松脂

我国松树资源丰富，有马尾松、思茅松、云南松、南亚松、油松、红松等20多种松树可供采割松脂，但目前90%的松脂采自马尾松。松脂可以提取松香和松节油。松香是我国林业唯一在世界上有重大影响的大宗出口商品。多年来我国松香产量占世界总产量的1/3，出口量占世界出口总量的一半以上，均居世界首位。直至近年，我国松香年产销量已达60万t，占世界松香总产量的50%和脂松香产量的60%，占世界松香贸易份额的70%，产值近1000亿元。我国脂松香远销全球的60多个国家和地区，成为主要松香出口国之一。这说明我国是松香生产大国，而且产脂树种多，资源丰富，特别是马尾松在我国松脂生产及化学工业的发展中有着十分重要的作用。松香的主要化学成分是树脂酸，松节油的主要化学成分是萜烯类物质，在化学工业上具有多种用途，都是重要的化工原料。松香被广泛应用于造纸、肥皂、油漆、油墨、火柴、橡胶、电器、医药、纺织、炸药和选矿等多种工业上；松节油主要用作油漆溶剂和生产合成樟脑、冰片、松油醇、香料、萜烯树脂、维生素E、杀虫剂及其他产品。

2. 培养茯苓

茯苓属于担子菌纲多孔菌科卧孔菌属（*Poria*）。野生的茯苓常寄生在马尾松或赤松的根上，人工生产可利用菌种培养在埋于土中的松木段或松枝上。茯苓接种之后，一般经8～10个月成熟，成熟一批就要采收一批，并按药材商品的要求进行加工。目前国内市场中的茯苓分为：白茯苓块、赤茯苓块、茯苓碎（赤白混合）、茯苓皮4个品种。质量要求是：干透、无霉、无泥、无杂质、无虫蛀。茯苓是我国医药宝库中历史悠久的名贵中药材。茯苓以菌核入药，其味甘，性平，无毒；入心、脾、肺、肾四经，有益胃、宁心神、利水渗湿的功效，主治小便不利、水肿腹胀、泄泻淋浊、停饮心悸、失眠等症。

茯苓具有多种营养与药效成分，系多糖类物质，水解后可转化为葡萄糖。其中所含的麦角甾醇在营养上有一定价值，在人体内能接受日光的作用，转变为维生素D，增强人体的抗病力。

3. 松针粉饲料添加剂

松针粉生产工艺较简易，通过原料采集、脱叶、切碎、烘干、粉碎等工序，就可制成松针粉。松针粉具有多种应用价值，目前最广泛、最大宗的是用作饲料添加剂，这主要是因为松针粉具有较高的营养价值。这种营养价值与松针粉含有的生物活性物质、蛋白质及矿物元素有关。松针粉以天然松树针叶为原料，精制成的饲料含有禽畜生长所必需的植物抗菌素、生长激素、粗蛋白、粗脂肪、多种维生素、多种氨基酸、多种微量元素等营养成分。松针粉饲料无毒、营养价值高，它对各类禽畜都具有抗疾病、增重快、产蛋多、产奶高、省饲料的作用，可提高蛋黄色泽和猪的瘦肉率。松针粉饲料添加剂是禽畜生长过程中较为理想、有效的天然禽畜饲料添加剂。

4. 松花粉食疗保健产品

据多种经典医药古籍记载，松花粉有润心肺、益气、祛风止血、壮益志、强身健体之功效。经权威部门测试研究证明：松花粉含有长寿生命体所必需的营养成分，其中包括多种蛋白质、氨基酸、矿物质、核酸、酶与辅酶、单糖、多糖等达200多种。研究还证明，松花粉的价值在于它含有最完全、最佳搭配的营养成分。更难能可贵的是，松花粉所含的多种营养物质，全部具有生物活性。在欧洲，专家视花粉为"完全营养品"，称花粉为"食品王国的明星"。来自大自然的花粉不但含有丰富的维生素和矿物质等诸多营养成分，而且各种营养成分的比例比较均衡，真可谓全天然、全营养、全吸收的三全营养源。松花粉属于风媒花粉，它具备粉源单一、品质纯正，成分稳定，无农药残留物及动物激素等诸多优点。松花粉不仅具有这些得天独厚的优势，而且较其他植物花粉口感好、色泽金黄、手感爽滑，服用时还有淡淡的松香味。古人称："松柏之气可使人长寿。"故有松树为"百木之长"，松花粉为"花粉之王"的美誉。古代应用花粉多在3个方面：延缓衰老、美容养颜、提高性功能。现代经营销售的松花粉产品，其功能主要是提高免疫力、延缓衰老、养颜保健，以及有助相关疾病的治疗和康复。中国林业科学研究院松花粉研究开发中心研究开发松花食疗保健品已有20多年之久，生产各种松花粉产品，市场销路好，很受客户欢迎，特别是深受老年人的青睐。我国松花粉资源十分丰富，松花粉开发利用关联城乡经济建设，一方面是松花粉作为原料使企业生产不断得到发展；另一方面松花粉是山区的宝贵资源，开发利用可加速新农村的经济建设。

四、马尾松是改善环境和绿化荒山的先锋树种

防护林是以抗御自然灾害、改善生态环境为目的的林分。根据不同的防护对象和效益可分为水源涵养林、水土保持林、防风固沙林、农田防护林、护岸林、护路林及其他防护林等。马尾松在我国南方自然分布区域面积达200万km^2，在辽阔的丘陵山地满目青山皆是松，在水源涵养与水土保持方面发挥了巨大作用。尤其在贫瘠荒山绿化造林中，马尾松是先锋树种，发挥了独特的巨大作用。马尾松是我国南方荒山绿化的首选树种，它的适应性极强，总能在立地很差的贫瘠荒山或岩石裸露地带顽强地生长，四季常青，被誉为荒山绿化的先锋树种。马尾松耐干旱瘠薄，因根部具有共生菌根，可扩大吸收面，增强对土中的水分与养料的吸收。许多其他树种不能生长的地方，马尾松都可以生长，对于荒山造林、保持水土、改善生态环境起到了很好的作用。

五、马尾松是特种用途林建设的重要树种

特种用途林是以保存种质资源、保护生态环境，用于国防建设、森林旅游、环境保护、科学试验等为主要经营目的的林分。包括国防林、试验林、母树林、环境保护林、风景林、名胜古迹和革命纪念地的林木，以及自然保护区的森林。马尾松在特种用途林建设中涉及许多方面，在森林旅游、环境保护、名胜古迹、自然保护区等风景区，自古以来就不乏苍松挺立、迎送游人。在种质资源保育中拥有大量的母树林、种子园、种源林等试验林，是我国林木良种建设的重要树种。

六、生态效益与社会效益

（一）生态效益

森林在人类生活、生产和生存中的有益作用又称森林效益。森林生产的木材，可以用于建筑和制作家具等，

称之为森林的直接效益;而森林在调节气候、涵养水源、保护环境方面的作用,称之为森林的间接效益。森林具备多种多样的功能,以保护环境,维持生态平衡。

1. 调节气候

在森林地带,强大的林冠阻截了太阳辐射,白天和夏季,林内不易增热;夜晚和冬季,林内热量又散失缓慢。因此林内温度具有昼低夜高、冬暖夏凉的特点。森林有强大的蒸腾作用,太阳能消耗较多,林地上空和林内温度比无林地低。温度低了,相对湿度就大。这样林内草木和林地所蒸发的水分,就容易达到饱和状态,因而就容易凝结成露、霜、雾凇和雨凇,形成水平降水,增加了有林地的水分。蒸腾作用因树种不同变化颇大,每公顷松树日平均蒸发量达 12500kg,为桦树 4940kg 的 2.53 倍。根据有关千岛湖区马尾松林气候生态效应定位研究,证明林内与林外的温度、降水、蒸发的差异十分显著:林内极端最低气温比林外高 5.5℃,地表年均最高气温比林外低 7.7℃,地表极端最高气温比林外低 14℃,地表极端最低气温比林外高 7.7℃,由此可见马尾松林调节温度的作用十分显著。马尾松林内的年均降水量为 1283mm,比林外少 321mm,约占林外年均降水量的 20%,这部分雨水被树冠枝干所截留,其中一部分通过蒸发又回到大气中,另一部分由植物吸收,而大部分则通过林木流到土壤中去。马尾松林内年蒸发量约为 370mm,仅是林外的 36.8%,林外蒸发量相当于林内的 2.7 倍。这说明马尾松在减少降水量消耗、增加土壤水分方面具有显著作用。

2. 涵养水源

通常森林都具有较复杂的垂直结构。林冠不仅可以截留相当数量的降水(14% ~ 40%),而且可以阻止雨滴直接冲击土壤。林下的枯枝落叶层,能够阻止地表径流,使大量水分(40% ~ 80%)渗入地下,把地表径流降低到最小程度。通常森林死地被物的保水能力,可达自身重量的 40% ~ 100%;森林枯枝落叶层转化为腐殖质,其吸水能力可提高到自身重量的 2 ~ 4 倍。此外根系满布土层及动物、微生物的活动,使土壤疏松并形成团粒结构,提高了土壤持水能力,这就是森林土壤能够储蓄大量水分的原因。据有关观测,森林可减少全径流的 30% ~ 60%,降水量在 60mm 以下时,不产生径流。

3. 防止水土流失

由于森林的存在,几乎不发生水土冲蚀现象,就是发生了也不严重。据测定,无论在小流域或大流域,森林阻拦泥沙量均可达 79%;又据 6 年生松栎混交幼林与造林前荒坡比较,在同等降水条件下,林地减少最大含沙量为 92.5%;水土冲刷定位观测得知,农田要比林地大 10301.7 倍。

4. 防止风沙

森林的存在,还能有效地影响气团流动的速度和方向,明显地防止风对土壤的侵蚀。当风遇到森林时,由于林木枝干的阻挡,枝叶摇动,能迅速减小进入林内的风速,也可减小森林的向风及背风面的风速。研究证明,在平坦地区,在林带树高 20 倍的背风面范围内,有显著的防风效果。

5. 增加碳汇

碳汇主要是指森林吸收并储存 CO_2 的能力。全世界绿色植物一年所吸收的 CO_2 总量多达数百亿吨。森林在光合作用中,每公顷林木每日能吸收 0.5~1.0tCO_2。由此可见,植树造林就是增加碳汇。

(二) 社会效益

森林的社会效益不是单一的,而是与经济效益、生态效益相互联系的。经济效益好可满足社会的物质文化、生活需求,生态效益好可改善社会的生存、活动环境。这里论述的森林社会效益,是指在直接的经济、生态效益之外,森林对社会发展与人类健康所产生的效益。

1. 森林可为人类提供良好的保健游憩环境

森林是陆地上最大的生态系统,它的光合作用量也是最大的。对于净化空气、营造美好环境具有巨大的作用。

(1) 净化空气　据统计,全世界绿色植物一年所吸收的 CO_2 总量为 440 亿 t,放出的 O_2 为 120 亿 t。一个成年人每日呼吸需要 O_2 为 0.75g,排出 CO_2 为 0.9g。所以在人口众多、工业发达的大城市,大气中 O_2 的含量往往不足,而 CO_2 的浓度却过大,要清除 CO_2 增加 O_2,净化空气,种草植树,扩大城市绿化面积是唯一的也是最有效的途径。

(2) 降尘杀菌灭毒　通常燃烧 1t 煤,要产生 11kg 烟尘,还有碳、铝、硫等粒子及致癌物质。据统计,地球上每年降尘量达 100 万~370 万 t,许多工业城市每年降尘量逾 500t/hm²,有的地方甚至高达 1000t 以上。森林能降低风速,大粒尘埃随风速降低而下降。林木的大量枝叶也能吸附大量尘埃,枝叶经雨水冲洗后又会恢复吸附尘埃的作用。据观测，松林每年可截留的尘埃量为 36.4t/hm²。林木枝叶可吸附大量尘埃，减少细菌的载体使空气中细菌数量减少。林木芽、叶、花果等均能分泌一种芳香挥发性物质，每年全世界的森林能散发出 1.75 亿吨这样的物质。这些物质飘浮在大气中，能杀死细菌、真菌和原生动物。在松林生长的地方，大气中常有从松脂氧化而产生的臭氧（O_3），O_3 也能杀死多种菌类。研究还证明，森林树木具有吸收大气中有毒气体的功能。树木暴露于空中的叶表面，均有吸收 SO_2 的能力，相对湿度大的吸收快，反之则慢。在生长季节内，树叶吸收的接触面是非常大的，一般有林地比无林地对有毒气体（SO_2）的吸收量要大 5 ～ 10 倍、平均大 8 倍。松林每天可从 $1m^3$ 空气中吸收 $20mgSO_2$。

（3）减弱噪音 研究证明，3 ～ 30m 宽的林带约可减音 10 ～ 15dB（分贝），噪音强度会减弱 1/2。因此，城乡绿化不仅可以改变景观面貌，还可以消除噪音。

（4）提供美好环境 为了保证人民的文化娱乐和保健游憩等方面的需求，除了注意发展城市绿化造林，还建立了国家森林公园和自然保护区。截至 2011 年，我国已建成自然保护区 2640 处，总面积达 149 万 m^2，约占国土面积的 15%。建成森林公园 2747 处，其中国家级森林公园 746 处，面积达 1700 多万 hm^2。

2. 马尾松对人们游憩休闲和改善环境的作用

马尾松遍及我国辽阔的亚热带地区，分布地域广达 200 万 km^2，这对净化空气、美化环境意义重大。在这方面前述多处提及松树的作用，也包含马尾松的作用在内，在此不再重复。这里仅就常见而常有感受的马尾松这个乡土树种所发挥独特的作用予以简述。

（1）马尾松是休闲疗养地的好树种 森林树木进行光合作用，吸收 CO_2 放出 O_2，增加了森林空间的氧气含量，使人备感森林空气清新。特别是在大片的马尾松林中这种新鲜舒适的感受更为突出。我国南方各地许多大面积的马尾松树林，清新的松林空气不仅使游人舒畅，还对结核病等疾病患者有着良好的医疗作用。因此，马尾松是人们休闲和疗养地营造休闲疗养林的好树种。

（2）马尾松是环境监测指示树种 马尾松是对 SO_2 反应敏感的树种。SO_2 浓度与马尾松衰亡程度的空间分布一致，衰亡中的马尾松针叶上出现的可见症状与 SO_2 熏气实验室中所出现的症状相似，这证明 SO_2 污染是马尾松受害的主要原因。因此，马尾松用于监测环境受 SO_2 污染具有实际应用的价值。

（3）马尾松是优美的环境绿化树种 马尾松苍劲挺拔，四季常青，自古以来就是山庄水口、僧院道观、佛门路旁、游览胜境等地亮丽的景观。就浙江各地所见，名山胜地处处的劲松、千岛湖中一座座小岛上苍翠的青松，都有着马尾松为美丽风景所做的贡献。

第二节 马尾松形态特征与生长特性

一、松树的分类系统

松属（*Pinus* L.）属于裸子植物门（Gymnospermae）松科（Pinaceae）松亚科（Pinoideae），是裸子植物中树种最多的属。不包括其他属树种亦用"松"这个名称的松种（如雪松属的雪松、金钱松属的金钱松和水松属的水松等）在内，全世界现有松属树种 190 多个种和变种。对于松属较为系统的分类研究在 20 世纪初已取得一定成果。根据有关文献资料记载，松属分类已有：松属 4 组分类系统（Dallimore et al.，1923）、松属 2 亚属 4 组分类系统（《中国植物志》第七卷，1978）、松属针叶数量性状分类系统（汪企明等，1990）3 个分类系统。其中松属 2 亚属 4 组分类系统，在国内应用较广，这里做一简述。

《中国植物志》（第七卷）（1978）分类系统采用的就是松属 2 亚属 4 组分类系统。首先按针叶内维管束数目分为 2 个亚属：单维管亚属（针叶内具 1 条维管束）和双维管亚属（针叶内具 2 条维管束）。单维管亚属分 2 组，即五针松组（针叶每束 5 针）和白皮松组（针叶每束 3 针）。双维管亚属也分为 2 组，即长叶松组（每束 3 针，种翅基部无关节，我国仅一种，即西藏长叶松）和油松组（每束 2 针、3 针并存，种翅基部有关节）。然

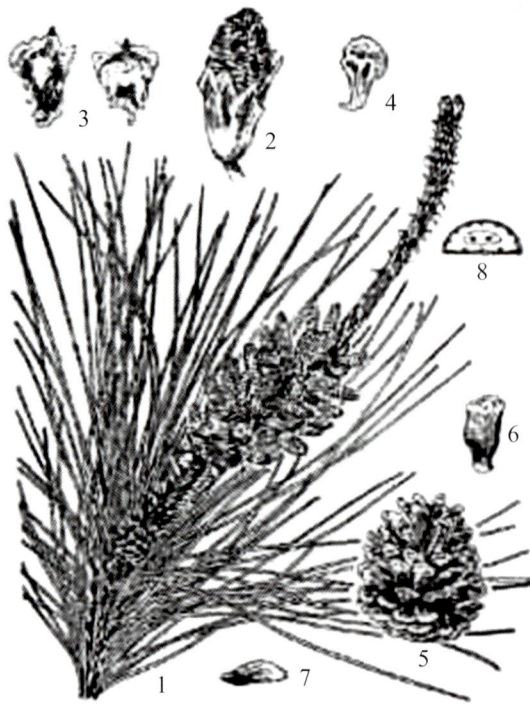

图 1-5　马尾松枝叶花果形态（引自《中国主要能源树种》）

　　图中 1 为马尾松长有针叶与雌雄球花的枝条；2 是雌球花长在当年新枝的顶端；3 是雌球花的珠鳞与苞片；4 是雄球花长在当年新枝的中下部；5 是已开裂的球果；6 是种子的鳞片；7 是种子具有膜质的种翅；8 是针叶横切面显示树脂道边生。

后再依据针叶、小枝、树干、树皮、树脂道、球果等性状细分。该分类系统共检索出松树 46 种，并对其形态特征、生物学特性、分布范围、经济价值等叙述详尽。它在分类时重视维管束数目、树脂道位置和数目等解剖特征，在说明不同松种间的亲缘、进化关系是比较合理和自然的。

二、马尾松形态特征与变种类型

1. 形态特征

　　马尾松在松属 2 亚属 4 组分类系统中，是隶属于油松组的一种松树。常绿大乔木，高达 40m，胸径 1m；树皮红褐色，下部灰褐色，裂成不规则的鳞状块片；大枝斜展，老树大枝近平展，幼树树冠圆锥形，老则广圆形或伞形；枝条每年生长一轮，在广东南部与广西地区常生长 2 轮。1 年生枝淡黄褐色，无白粉。冬芽褐色，圆柱形。针叶 2 针一束，极稀 3 针一束，长

12 ～ 20cm，宽约 1mm，细柔，下垂或微下垂，有细齿，树脂道 4 ～ 7 个，边生。球果卵圆形或圆锥状卵形，长 4 ～ 7cm，径 2.5 ～ 4.0cm，有短梗，熟时栗褐色；鳞盾菱形，微隆起或平，横脊微明显，鳞脐微凹，无刺，生于干燥环境者常有极短的刺。种子卵圆形或扁卵圆形，长 4 ～ 6mm，连翅长 2.0 ～ 2.7cm。花期 3 ～ 4 月；球果翌年 10 ～ 12 月成熟。马尾松枝叶花果形态如图 1-5 所示。

2. 变种类型

　　马尾松 *Pinus massoniana* Lamb. 在树木分类学的位置，是属于松科（Pinaceae）松亚科（Pinoideae）、双维管束松亚属（*Subgen. Pinus*）的一种。除原种马尾松之外，尚有若干变种。马尾松名称的由来如图 1-6 所示。

　　（1）雅加松 *Pinus massoniana* Lamb. var. *hainanensis* Cheng et L.K.Fu　本变种与马尾松的区别在于树皮红褐色，裂成不规则薄片脱落，枝条平展；小枝斜上伸展；球果卵状圆柱形。产于海南的雅加大岭。

　　（2）岭南马尾松 *Pinus massoniana* Lamb. var. *lingnanensis* Hort.　本变种与马尾松的区别在于大枝一年生长两轮。产于广东、广西的南亚热带地区，分布很广，为一地理变种，较中亚热带、北亚热带的马尾松生长为快。桂林的岭南马尾松有的一年开花 2 次。

　　（3）黄鳞松 *Pinus massoniana* Lamb. var. *huanglinsong* Hort. 树干上部干皮及大枝皮呈黄色或淡褐黄色。产于广东高州。广东阳江林场用之造林，海南海口庭园有栽培。

　　（4）短叶马尾松 *Pinus massoniana* Lamb. var. *henryi* (Masters) Comb.nov.　在形态上是介于马尾松与赤松 *Pinus densiflora* Sieb. et Zucc. 之间。球果的大小和针叶的长度近似赤松，针叶的粗细和果鳞的厚薄又与马尾松相接近。但短叶马尾松的雄花较长、花序较短及针叶较硬的特点又与赤松和马尾松不同。分布于湖北西部海拔 1500~2000m 的山地。

　　（5）武陵松 *Pinus massoniana* Lamb. var. *wulingensis*　树体矮小，针叶粗短，2 针一束，球果较小。武陵松虽罕见抱围大树，却是长相奇特秀丽，生命旺盛。在武陵源金鞭岩光秃的石顶上，有一株胸径仅 10cm、树高不过 4m 的小老松，躯干苍劲，枝丫像拳头形卷曲，树龄已长达 500 年。在西海石林峰顶上，有一株胸径 25cm、树高 6m 的秃顶怪松，树根穿石插岩，树冠倒挂岩壁，已在岩石上生长了 1500 多年，可谓高寿之松。武陵松产于湘西武陵源地区。

图 1-6 马尾松名称的由来

马尾松名称源自 1 年生枝叶酷似马尾而得名。奋蹄奔驰的骏马是斜竖着马尾巴，马尾像枝干、尾鬃如针叶，特别是马在奔腾驰骋时，形态逼真。图上的松枝是马尾松生长的自然状态，用以说明马尾松名称来历，神情惟妙、形态惟肖，适树适名，名副其实。这里还要说明一点，曾见有将马尾树误认为马尾松，说其名称形似马尾状的花穗。马尾树隶属马尾树科马尾树属，穗状花序，集生成圆锥状，下垂。树名都有"马尾"两字，只是"松"和"树"一字之差，但却是完全不同科属的两个树种。

(6) 宜昌薄皮松 *Pinus massoniana* Lamb. var. *yichang baopicsong* Huang et Zhung　本变种与马尾松的区别，最大的形态特点主要是树皮很薄，故以此特点命名为薄皮松。曾将 48 年生的宜昌薄皮松与 47 年生的普通马尾松做过比较，前者树皮厚 1.1cm，树皮率 6.5%；后者树皮厚 3.8cm，树皮率 22.8%。单株带皮材积前者比后者高 67.4%、去皮材积高 102.7%。本变种产于湖北宜昌地区。

(7) 沙县沙黄松 *Pinus massoniana* Lamb. var. *shaxianensis* D.X.Zhou　因木材黄白色，当地群众称黄松，故定名为沙黄松。沙黄松是马尾松的一个自然变异。本变种与马尾松形态特征的主要区别是：①树干通直，树皮红褐色，裂成鳞状薄片脱落；②枝条较疏，斜展；③冬芽圆锥形，红褐色，微被蜡层；④球果较窄长，卵状椭圆形；⑤种鳞楔形，鳞脐隆起或凹陷，具凸起的尖刺；⑥种子黑褐色，近卵圆形。沙黄松产于福建沙县境内。

3. 天然杂交种

(1) 黄 松 *Pinus thunbergii* Parl.×*Pinus massoniana* Lamb. 在马尾松与黑松栽培区域内，有以马尾松为父本、黑松为母本的天然杂交种，被定名为黄松。一般混生于马尾松或黑松林分内，其形态介于二者之间。分布于皖东与南京地区。

(2) 武宁杉松 *Pinus hwangshanenais* Hsia. var. *wulingensis* S.C.Li　被定为黄山松变种，一般认为是一个黄山松与马尾松的天然杂交种类型。其主要分布在江西武宁县南部九岭山脉中段海拔 400～900m 的山坡上，位于马尾松与黄山松垂直分布带的过渡地段，类似这两个树种分布过渡混生区。这一天然杂交种类型在自然界是很常见的现象。

4. 马尾松染色体组型

植物体细胞核型又称染色体组型，不同树种具有不同的染色体组型。植物体细胞核型又称染色体组型。马尾松染色体的数目为 $2n = 24$。核型公式有两种：一种核型公式为 $2n = 24(m)$，12 对全是中部着丝点染色体；又一种核型公式为 $2n = 24 = 22(m) + 2(sm)$，即 $1～11$ 对为中部着丝点染色体，第 12 对为近中部着丝点染色体（图 1-7，图 1-8）。

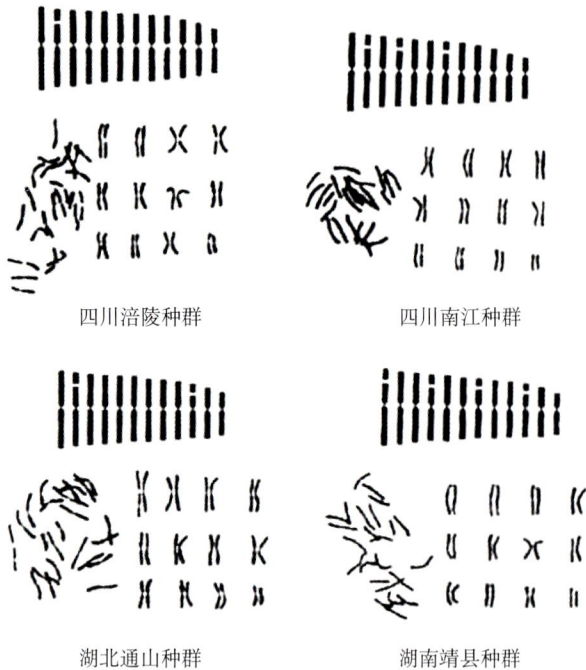

图1-7　马尾松染色体 (2n=24) 核型图式

四川涪陵种群　　四川南江种群

湖北通山种群　　湖南靖县种群

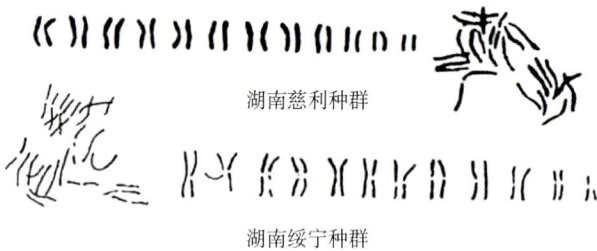

湖南慈利种群

湖南绥宁种群

图1-8　马尾松染色体 [2n=24=22(m) + 2(sm)] 核型图式

　　植物体细胞核型又称染色体组型。马尾松染色体的数目为 2n = 24。核型公式有两种：一种核型公式为 2n = 24(m)，12 对全是中部着丝点染色体；又一种核型公式为 2n = 24 = 22(m)+2(sm)，即 1 ~ 11 对为中部着丝点染色体，第 12 对为近中部着丝点染色体。

三、生长发育及其速生性

1. 苗木生长

马尾松种子发芽后，历经苗期。

(1) 苗期生长节律　苗期生长节律反映苗木在一年之中时缓时速的生长过程，实际上就是苗木生长的速度规律，可简称为速率。在浙江淳安，马尾松大田种子育苗的苗期长达 6 个月之久。这期间可分为 3 个阶段：一是初长增速期，即 6 月初幼苗从生长点长出条形叶后的幼茎开始高生长；二是旺长稳速期，8 ~ 9 月间旬平均气温稳定在 22℃ 以上，苗高生长快而稳定；三是缓长减速期，

到 11 月下旬气温降到 10℃ 以下，苗木基本停止生长。

(2) 苗期生长的活动温度　苗木开始生长时大于 10℃，初长增速期大于 22℃，缓长减速期在 10 ~ 20℃ 之间。一般 3 月上旬播种，3 月下旬至 4 月上旬发芽，4 月中下旬出土，5 月底 6 月初开始增速生长，10 月初以后逐渐减缓，11 月下旬以后基本停止生长。

(3) 苗期各阶段的生长量　苗高生长量旺长稳速期最大，占全年生长量的 52%；初长增速期为次，占全年生长量的 33%；缓长减速期最小，占年生长量的 15%。

2. 林木生长

马尾松和其他树种一样，其树高、直径、材积生长都具有自身的规律性。这种规律是互相联系、紧密相关的。三者近似之处是都有迅速生长阶段，即生长旺盛(生长高峰)，当连年生长量达到最大值后就迅速下降，与平均生长量趋于相近。在不同的自然分布带，由于气候、立地条件、人为经营活动上的差异，马尾松生长都有不同程度的差异。

(1) 树高生长　马尾松树高一般可达 30m，最高的达到 61.4m。浙江省仙居县朱溪镇张山村有一株被誉为浙江马尾松王的大树，树龄 600 余年，树高 31m，胸径 188cm，单株蓄积 36.8m³。可见马尾松属于高大的乔木。一般 5 年生以前高生长较缓慢，5 年生以后高生长急剧加快，15 ~ 25 年生高生长达到高峰，25 年生以后高生长迅速下降，此时连年生长量与平均生长量相交，并且从此低于平均生长量。因此，通常以 25 年左右为马尾松高生长数量成熟龄。

(2) 直径生长　当树高生长加快时，直径生长也随之加快。在马尾松生活史中，直径生长一般有两次以上的高峰。第一次在树高生长迅速加快的 5 年以后，即于 10 ~ 25 年生达到高峰，连年生长量为 0.9 ~ 1.4cm；第二次在 50 年生左右，连年生长量为 0.5 ~ 0.8cm；不论直径生长出现几次高峰，均以第一次高峰时生长量为最大。当第一次峰值出现后，连年生长量迅速下降，与平均生长量相交，一般在 30 年生左右，故 30 年可定为马尾松直径生长数量成熟龄。当第二次峰值出现后，直径生长仍以每年 0.4cm 的速度缓慢增长，并可持续到 100 年以上，而 100 ~ 250 年间，直径还能保持 0.21cm 的平均速度不断增大。当马尾松高生长停滞后，直径生长并未停止，其中以南亚热带南部地区为最大，连年生长量可达 1.5cm。

(3) 材积生长　马尾松的材积生长受树高、直径生长所制约，而在林木生长晚期更为突出。在 100 年之后

树高生长量极小，只有直径还不断增长，尽管其生长量也很低，但由于树高与直径已经达到一定的高度与粗度，材积的生长量仍然比较大。例如 250 年生的马尾松，在树龄 120 年时，树高年生长量只有 0.04m，胸径年生长量 0.19cm，材积年生长量 0.03803m³，比树龄 40 年时的材积年生长量还大 0.02146m³。从 20 年开始，材积生长量逐渐上升，到 70 年时，材积生长量第一次达到高峰，连年生长量在 0.05 ~ 0.12m³ 之间。70 年后，材积生长量开始下降，但仍以 0.03 ~ 0.05m³ 的年生长量持续增长，一直到 100 年时。所以在一般情况下，材积连年生长量始终大于平均生长量，树龄在 100 年内，两条曲线

并不相交，这表明在 100 年内马尾松的材积生长量还未达到数量成熟龄。但这只适用于自然起源的孤立木，对于马尾松林分来说，材积连年生长量和平均生长量相交时间要大大提前，通常在 30 ~ 40 年生时就相交。

（4）树皮形态　树皮是指形成层或木质部以外的一切组织，为鉴定原木树种的重要特征。成熟树干的树皮，又可分为外皮和内皮，并能用眼睛直接分辨。对于活树两者不仅构造不同，生理也有差异。外皮全为死组织，而内皮还有活细胞。幼树树皮较为光滑，随着树龄的增长树皮表面逐步形成各种形态。马尾松树皮形态见图 1-9，图 1-10。

图 1-9　马尾松树皮色彩与裂片形态

从图中各种树皮多彩的色泽和不同裂片的形态，可见马尾松具有形态的多样性和丰富的基因型。图右侧一列 4 张为不规则大块状或大条裂树皮形态；中间一列 4 张为鳞片状树皮形态；左侧一列 4 张为条列状树皮形态。

图 1-10　马尾松树皮厚薄与裂片形态

马尾松成年大树，树皮厚薄相差悬殊，厚的达 5 ~ 7cm，薄的只有 0.5 ~ 1.0cm。一般成年大树（20 ~ 40 年生）在优树选择时，树皮厚小于 1cm 定为薄皮型，1 ~ 2cm 为中等，2 ~ 3cm 为厚皮型，大于 3cm 为特厚型。①②③为厚皮型马尾松树皮；④⑤⑥为薄皮型马尾松树皮；⑦⑧⑨为 50 年生以上古老马尾松常见的树皮形态。

3. 开花结实规律

（1）幼林阶段开花结实规律　①幼林初始开花结实年龄。在浙江 5 个产地连续 5 年的观测结果表明，马尾松实生植株，定植当年不开花，第二年开始有雌花，第三年开始有球果，以后花果数量逐年增多。到第六年开花结实株率是，雄球花为 49.8%，雌球花达 87.9%，球果达 81.4%，已进入大量结实期。但不同产地存在差异，一般地处北边的产地植株始花期比南边的早。②幼林期雌、雄球花的比例。马尾松实生苗栽植后，一般第一年只有雌球花，第二年以后雌、雄球花均有，但雌球花多于雄球花。自第三年后的 4 年中，雄球花与雌球花之比，分别为 0.06、0.25、0.54、0.57。雌球花的开花率与结

实率同其产地所处纬度紧密相关，一般高纬度种源的开花结实率高于低纬度种源。

（2）成林阶段结实规律　为了探明年度间结实与球果产量，曾对马尾松人工林开花结实连续 4 年逐株进行统计，结果表明有以下 3 种情况：一是结实与不结实植株的比例，在浙江开化一个马尾松由 71 株组成的 20 年生人工林群体中，结实株率占 87.3%，不结实植株占 12.7%。又据贵州黄平林场调查资料，在一片由 100 株植株组成的 14 年生林分里，偏雌株占 62%、偏雄株占 16%、雌雄相当占 22%。从生长情况看雄株比其他两种植株差。二是林木个体间结实的差异性很大，有的隔年结实，有的 2~3 年甚至连续 4 年都结实。根

图 1-11　马尾松球果在树冠着生的形态

　　马尾松球果形成过程，当年春季受粉后长出小球果，经过两个生长季，到翌年秋季球果成熟，历时 18～20 个月。前后两年间所见到的是不同形态的球果，前一年见到的是长在当年新梢顶端、比雄球花稍大一点的小球果；后一年见到的是长在次年新枝基部、在不断成长过程中的大球果。图为次年秋季，采摘前的成熟球果着生形态。

据连续 4 年的统计，凡是当年结实多的，则翌年结实少，这反映出马尾松球果两年成熟，因前一年结实多、大量消耗养分而影响第二年结实，形成大小年。三是结实多的年份，不仅林木群体中结实植株比例大，而且单株产量也较高。

马尾松有其一定的结实规律，树冠着生球果的形态也比较稳定，多数为正常的结实形态，少数或个别的为非正常结实形态。如图 1-11 树冠结实与图 1-12 单枝结实为正常结实形态，而图 1-13 为花性反转而成的小球果，成簇的小球果不孕育种子，属于非正常的结实形态。

图 1-12　马尾松正常生长的球果形态

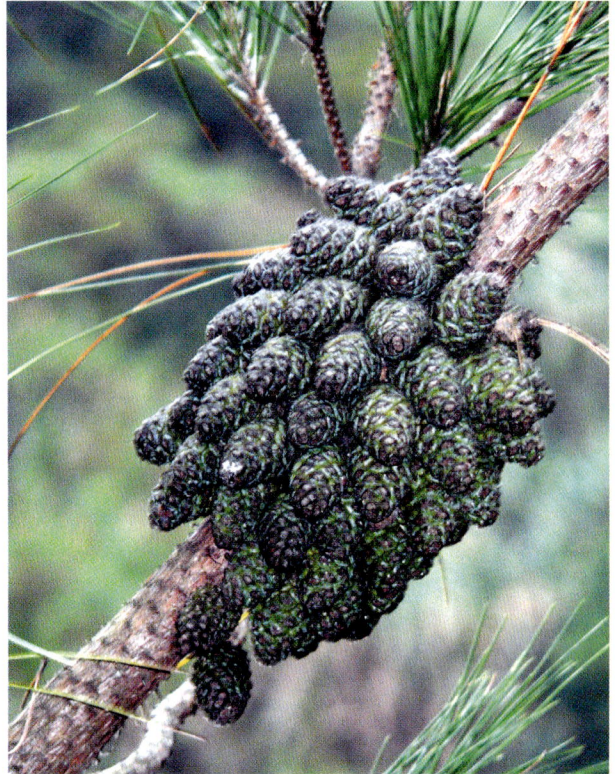

图 1-13　马尾松雄球花反转为雌球花形成小球果的形态

第三节　生态环境及其适应性

一、气候条件

马尾松虽然是我国亚热带湿润地区的乡土树种，但由于分布广泛、适应性强，以植株生存条件而论，对生境要求并不严格；若从适生高产条件分析，对立地环境有一定要求。

1. 温度

马尾松是强喜光树种，要求温暖、湿润的气候条件。在分布区内的年平均气温为 13～22℃，1 月平均气温 -1.1～14.1℃，7 月平均气温 25.7～29.3℃；大于 10℃以上的活动积温 4000～8000℃。最低温度 -20.0℃，最高温度 42.5℃。年均降水量 600～2100mm，降水分配不匀，旱季为 1～4 月和 6～7 月。日照时数为 960～2062 h。年生育期在 250～300d 以上。由此可见，马尾松分布区气候因素变幅很大。据调查，马尾松林生产力较高的地区，年平均气温都在 16℃以上，年均降水量 1000mm

以上，降水分配比较均匀，日照时数 1300h 以上，年生育期 280d 以上。在高海拔地区，低温和大风是马尾松垂直分布上界的主要限制因素，冬季气温过低，马尾松枝叶会出现枯萎现象。在湿度较大的高海拔地区，海拔超过马尾松正常生长的上限，遇到雨淞天气，常因冰挂造成断梢、折干，大风、大雪天还会出现风倒和雪压现象。这些生态灾害，直接影响马尾松的生长与成材。

2．水分

马尾松性耐干旱，甚至在岩石缝隙中种子仍然能生根发芽。马尾松根系有很强的向水性，并具菌根以扩大其吸收面，生活力很强。生长在干旱土层里的马尾松，其根系伸向深处吸收水分，形成强大的垂直根系；反之，如果地下水位高，为了避免水浸，其根系则分布于土壤表层，形成发达的水平根系。由此可见，马尾松的根系具有干旱向水、水多避水的生长习性。但是，马尾松对水分的适应能力是有限度的，如水位上升到距地表 30～50cm 时，根系分布层范围内缺乏空气，就不利于马尾松生长了，最后会导致林木死亡。如浙江淳安县千岛湖库周水边 6 年生的马尾松，1997 年汛期水库水位上升时因受水浸时间较长，结果全部死亡。浙江永康市城关镇下圆珠河滩的马尾松林，汛期来临时经常水漫林地，有时持续 7～10d 之久，而马尾松却没有死亡。这是因为河滩漫水是流动水，植株根系仍可从流动的河水中得到气体交换；而水库四周马尾松受水浸，水不流动，根系处在嫌气状态下，时间过长植株就会死亡。

3．光照

马尾松是强喜光树种，树冠稀疏，针叶着生在树冠外缘的 1～2 年生枝条上，郁闭后自然整枝迅速。幼林时稍耐阴，能在庇荫条件下苗壮成长，初期生长缓慢，造林 3 年后生长加快，逐渐郁闭成林。林区群众称之为"三年不见树，五年不见人"。它的针叶面积小，栅栏组织发达，气孔下陷，蒸腾强度低。有关不同生境条件下林木净光合速率测试结果表明，马尾松在透光率为 100% 的全光照条件下光合速率最强，随着透光率的减少，光合速率相应减少。这说明马尾松不耐阴，因此在营林生产中应注意适时进行间伐。这样不仅上层林木光照充分，可以良好生长，而且下层林木由于光照条件改善，也能得到较好的生长。不同生境中林分光合速率的对比关系显示，林外大于林缘，林缘大于林内，这说明遮阴对马尾松光合作用有较大的影响。从马尾松天然飞籽更新的种子发芽长成幼苗的数量统计看，林外大于林缘，林缘大于林内，这也充分说明马尾松生长需要良好的光照条件。

二、立地条件

1．地质

我国马尾松分布区内，母岩众多，而主要母岩是各类酸性岩，如花岗岩、片麻岩、千枚岩、板岩、页岩、砾岩、紫色砂页岩、第三纪与第四纪松散堆积物（红、黄土）等，少量石灰岩上亦有零星分布。从母岩生态角度分析，一般以风化容易且较深、发育土壤质地较轻、通透性能好、无机盐养分丰富的母岩如花岗岩、变质岩、砂岩、砂页岩等最适宜于马尾松生长。

2．地貌

马尾松分布区内的地貌类型，除部分中山外，主要是低山、丘陵（深丘、浅丘）和台地，以及部分河漫滩地边缘。目前生产力较高的林分主要分布在海拔 400～600m 的低山地区及部分低中山地区。丘陵、台地由于人为活动干扰较大，加上马尾松林生态质量较低，松毛虫危害极其严重，致使林分生产力不高。河漫滩地与水库周围，只要人为干扰少、经营水平较好，马尾松同样可以达到较高的生产水平。

3．地形

地形对马尾松生长有直接的影响。马尾松林适生于向阳背风的环境，山冈、风口处多半生长不良。风大也是垂直分布上限的限制因素之一。在山冈风大的部位，马尾松植株一般低矮、偏冠。在大风频繁的海岛地区，生长较好的马尾松，一般都分布在背风面或在风袭线以下地段。经常受风袭的马尾松长势不旺，针叶枯黄。在高山地带，严冬雨雪多，树上常会形成冰挂或雾淞，在这种情况下大风会加剧对马尾松所造成的灾害。

4．土壤

马尾松对土壤的适应性很强，其分布区内除碱性紫色土、碱性石灰土外，各种酸性砖红壤、赤红壤、红壤、黄红壤、黄壤、黄棕壤、酸性紫色土及淋溶性石灰土均适宜于马尾松生长。由于根部常有共生的外生菌根如马勃根菌等，可促进根部吸收养料，因此一般认为马尾松属于低营养或营养高效的树种，能在瘠薄地、冲刷地、岩石裸露地及禾草类覆盖度较低的大片红土上以先锋森林群落出现。马尾松虽然能在不同土壤条件下生长，但深厚的土壤仍是其良好生长的重要因素，而且林地土壤肥力的高低对马尾松生长好坏也有很大的影响。进行速生丰产栽培，土层深厚、质地疏松、有机质丰富、水分适宜等因素，是马尾松适生、高产的主要土壤条件。

马尾松是荒山、荒地的先锋造林树种，对土壤要求并不严格。前述各种类型的土壤都见有马尾松生长，能耐干旱瘠薄的土壤，说明其对土壤的适应性是比较广泛的。但是作为造林树种，培育成材和获得木材高产，不仅应具备适宜的生长环境，还需必要的营养条件。①一般而言，海拔 600~800m 以下的地区，在 pH 值 4.5~6.5 的各种土壤上，以及岩石裸露的石缝里都能生长。说明马尾松比较耐旱、耐瘠，但它怕水涝，更不耐盐碱。②在红色石灰土和紫色石灰土上也不适应。在 pH 值 8.0~8.5 的红色石灰土上，无论是盆栽或实地造林试验，最后的结果仅有极少数植株能成活下来。③一般认为马尾松可作为酸性土壤的指示植物，没有天然马尾松林分布的很可能是石灰土，有马尾松分布的就是酸性土。其实也不尽然，也常见有一些奇突的现象，如适应酸性土的马尾松却被发现生长在由石灰岩风化来的薄层残积土上。这种情况可能是母树种子成熟散落时，就落在腐烂的倒木上或者在非碳酸盐性的残落物的小质

点上发芽，随后通过植物本身的活动，逐步扩大该原始缺钙土壤的体积，使小芽苗逐渐长成大树。④过多的土壤水分会造成内部氧气的缺乏，这对于忌水湿和典型合体营养的马尾松来说是很不利的，因此山坡中部的马尾松生长往往较之下部为好。⑤土壤质地和石砾含量对马尾松生长影响也比较大，凡质地为壤土的年平均生长量都大于砂土。丘陵石砾含量凡是在 65% 以上的，马尾松生长都受到抑制。⑥马尾松的根系分布，不论年龄大小，主要分布在 0~20cm 土层内，因此可以用 0~20cm 土层内的养分含量作为评价马尾松林土壤肥力的指标。一般随腐殖质层厚度的提高天然林的生长也有相应提高的趋势，这说明适生土壤根系活动层腐殖质含量是十分重要的。⑦马尾松虽然能在不同土壤条件下生长，但深厚的土壤仍是其良好生长的重要因素，而且林地土壤肥力的高低对马尾松生长也有很大影响。进行速生丰产林栽培，土壤深厚、质地疏松、有机质丰富、水分适宜等因素，是马尾松适生、高产的主要土壤条件。一般生长差的马尾松林下，土壤有机质含量小于 1%，生长中等的为 1%~3%，生长好的达 3% 以上。马尾松对 N、P、K 的需求，一般以 P 为主，N、K 次之。

第二章
马尾松起源繁衍及栽培历史

第一节　松树进化起源

松树属于裸子植物。裸子植物存在的历史悠久，它比被子植物出现的时间要早1.3亿~1.5亿年。大约在2.5亿~2.9亿年前的古生代晚泥盆纪早期至石炭纪，历经二叠纪，中生代三叠纪、侏罗纪和白垩纪，第三纪新生代和第四纪，一直繁衍至今。

据《植物界的进展和演化》（李星学，1981）记载，原始裸子植物科达树（Cordailes）是现代松、柏的共同祖先。松树在地球上存在的历史，根据可靠的化石资料判断，至今已有1.9亿年以上。由于不同历史时期的化石资料不尽完整等原因，许多化石松树只能鉴定到属或亚属，要鉴定到种就相当困难。因此，现存的190多种松树的起源和进化过程，还不十分清楚。

据《松属 The Genus Pinus》（Mirov N T, 1967）记载，现在发现的最古老的松树化石是Zader（1954）在原苏联中生代地层中找到的三叠纪松花粉化石。当时，松柏类、银杏类、苏铁类和真蕨类都正走向繁盛时期。不过松树尚是开始形成期。约在1.3亿~1.5亿年前，进入中生代侏罗纪之后，地球气候较暖，是裸子植物的全盛期，松树也逐渐增多。在北冰洋的斯匹次卑尔根岛（属挪威），北纬70°~71°，发现有侏罗纪松化石，而现在那里已经没有松树天然分布。在美国西部俄勒冈州和俄罗斯远东西伯利亚以及库页岛等地，也都发现过侏罗纪松化石。松化石实物标本如图2-1所示。

到了6000万至1.3亿年前的中生代白垩纪，裸子植物逐渐度过了它的全盛期，地球植被已要进入被子植物时代。可是松树却更多了，而且已明显地分化为两个亚属，即双维管束亚属和单维管束亚属。

中生代以前包括古生代的化石都是在地球的北部发现的，在欧洲北纬40°以北；在亚洲和北美洲则分别不越过北纬35°和32°。在中国和日本的南部，向南直到

东南亚诸国，印度次大陆以及整个南半球，都没有发现过中生代和古生代的松树化石。对于上述地区现存的松树，一些科学家认为是在第三纪以后从地球北部南迁而来的，当然有待进一步证实。

约在100万~6000万年之前，从第三纪以后，松树在地球上分布更为广泛。当时已趋近于第四纪冰川时期。地球气候变冷变干，许多杉类（红杉、云杉、落羽杉、冷杉等）由于不能适应而消失或减少，而松树由于适应性强而保留下来。地球上第三纪松树的分布与现代松树自然分布区已基本一致，只是北界更北一些。在美国西部的怀俄明州、中部的科罗拉多州、东南部临墨西哥湾的亚拉巴马州，在俄罗斯远东地区和库页岛、堪察加半岛以及蒙古、朝鲜、日本北部都曾发现过第三纪松化石。

据应俊生（1989）报道，在中国辽宁曾发现过第三纪晓新世(约4000万~6000万年)松树大化石；在云南、青海和新疆发现过鲜新世（100万~1200万年前）松化石；江苏、湖南、河南、贵州、新疆、西藏则发现过新生代洪积世（50万~100万年前）松化石。

许多松树在第四纪冰川的严酷摧残下灭绝了，但仍有不少松树在冰川间隙或通过南迁保存下来，不断繁衍和进化，有的形态上仍与第三纪松树有一定相似。作为美国西部的黄松，是当今美国西部的重要森林树种，就是一种古老的第三纪松。中国的红松，也是第三纪就存在的松树，它有一部分在第三纪迁移到日本，生存至今。偃松在第三纪时已存在于堪察加半岛高山之上，在冰河期由于堪察加半岛的高山部分覆盖了冰层，偃松就下到低海拔无冰间隙处"避难"，并逐步南迁；冰期以后，偃松又回归高山，至今仍然在我国东北、俄罗斯西伯利亚寒冷的高海拔地区生长。欧洲赤松、日本五针松、赤松和黑松等也能在古化石松中找

图 2-1　永康松化木（浙江永康市林业科学研究所张景平提供）

永康松化木又称硅化木，俗称松石或松化石。永康地处浙中盆地，地质复杂，地貌多样，燕山运动晚期形成了永康盆地。中生代白垩纪，盆地内气候湿润，森林茂密，植物种类丰富，由于地层断裂升降频繁，火山运动较为强烈，这一时期地质运动的结果，促使逐渐形成了永康松化石。距今大约 7000 万至 1 亿年。

松化石有着悠久的历史，早在 1200 多年前，就被永康人发现、认识和利用。永康盛产松石，蕴藏丰富，自唐宋以来，被誉为"松石之乡"。从此，松化石受到当地百姓的重视和珍爱，民间藏石成风、赏石成趣，在厅堂、天井、门前摆设松石，祈求吉祥，护佑平安。群众喜爱崇尚松石，文人诗画赞美松石，石表美观、石质坚强，形成了代代相传的松石文化、松石精神。

松化石有旱石类、水石类、普通类与宝石类之分，前面两类是最常见的松化石。上面两图为旱石类松化石：出土于山石泥土之中，其色泽品种较为丰富，通常纹理纵横，石结明显，树木形象极为生动。下面两图为水石类松化石：多产于江畔溪水中，千百万年来，久经洪水砂石冲刷而成，磨圆度高，圆润光滑，遇水石表透逸晶莹。

到它们的踪迹。

第四纪冰川寒冷、严酷的气候把古松树分布区向南大步迁移，而冰川退出后暴露的荒原上，松树是侵移进入的先锋。高加索山脉现在的欧洲赤松分布区正好和过去冰川覆盖地区相吻合的事实，充分证明了这一点。松树经过 1.9 亿年以上的进化繁衍和南迁北移，始终在世界森林中保持了很大的优势。到全新世（约1 万年前），出现了新的生态因素——人类，其活动如用火、取材、放牧和栽培等，给森林树种的分布带来了很大的影响。在原来松树很少的南半球，人类为了改变当地缺少速生用材林的状况，营造了大面积松林成为新的松树分布区。现在世界上除了不毛沙漠、冻土苔原和雪线以上无林区之外，绝大部分地区都有松树生长。

第二节　松树迁移分布

世界松树起源于北半球的北部。现在北半球仍然有大面积松树天然林构成的原始群落。随着地球海、陆和气候变迁及各种自然因素的影响，松树逐步南迁，其天然分布最南越过赤道到达南纬 2° 的印度尼西亚苏门答腊岛。墨西哥和中美洲松树出现虽然较晚，但种类变化繁多，是世界上现存松树种类最多的地区。南美洲、大洋洲和非洲则几乎完全是由于人类造林才建立起来了大面积松林。现参照《松树》（汪企明，1994）一书中的论述，就松树在全球的迁移分布与我国松树有关内容做一简述。

一、北半球松树分布

1. 亚洲

以中国为中心, 北起堪察加半岛, 南至印度尼西亚。第四纪冰川在这个地区的中部和南部覆盖度较小, 南北之间又没有明显的大山阻隔, 植物在冰期和间冰期可以顺利南迁或北移, 得以保存和扩散。加上不断地从外区引种, 现有松树种类较多, 约有 50 种。南亚松分布在中国热带 (海南岛和广西南部)、越南中部和南部、缅甸、泰国、老挝、柬埔寨直到印度尼西亚苏门答腊, 是唯一天然分布越过赤道直达南纬 2° 附近的种。卡西亚松在东南亚北纬 12° ~ 30° (在中国有它的变种, 即思茅松), 分布在云南南部、西藏; 印度阿萨姆、缅甸、泰国、老挝、越南中部和南部也有分布。岛松分布在菲律宾吕宋岛和明多罗岛。中国亚热带松树种类较多, 有广布种马尾松、华山松、白皮松、黄山松、云南松; 海南、华南有海南五针松等。中国暖温带及北部、俄罗斯东部、朝鲜、日本有广布种油松, 以及赤松、黑松、红松、樟子松、长白松、琉球松、偃松、日本五针松等。在西部喜马拉雅山及其南麓地区的阿富汗、克什米尔 (地区)、巴勒斯坦、印度和尼泊尔有乔松、喜马拉雅长叶松、西藏白皮松。中国西南海拔 2200 ~ 3900m 的地区有高山松、地盘松等。本地区 20 世纪 70 年以来从北美和中南美成功地引种火炬松、湿地松、晚松、短叶松、长叶松、刚松、班克松、加勒比松、卵果松、展松等, 并广泛栽培, 大大丰富了松树资源。

2. 美洲

①墨西哥、中美洲和加勒比海地区。这一地区虽面积不大, 但松树很多。墨西哥山区是世界上松树种类最多的地区, 已知天然分布的就有 40 多种。其中加勒比松是世界上生长最快的热带松, 也是本地区最大的松树, 最高可达 50m, 已广泛引种到南美洲、非洲、大洋洲、亚洲许多国家。中国热带和南亚热带的海南、广西、广东自 1964 年引种加勒比松, 生长良好, 已扩大推广应用。②北美洲。北美洲有松树 40 多种。其中广布种西部黄松, 已引种我国辽东半岛、山东、华北山区, 生长较好。小干松分布也很广, 能从海平面生长到海拔 4000m, 是海拔高程适应最宽的种, 可在我国温带、暖温带地区试种。糖松是世界上最高大的松树, 高达 75m, 其针叶分泌物可提取松糖。但它是对立地要求较严的"高贵树种", 引种难成功。中国有些省从澳大利亚引进辐射松效果都

不好, 在浙江淳安马尾松良种基地, 曾引种过辐射松也未能获得成功。班克松是北美洲分布最北的树种, 可以到达北极圈附近。我国东北地区及北京、山东等地引种生长良好, 已推广造林。刚松也是分布很广的耐寒树种, 韩国和我国辽宁等地已大量引种造林, 或列为松树育种的耐寒基因材料, 刚松 × 火炬松杂种已在韩国推广应用。东南部有广布种火炬松、湿地松、短叶松、长叶松、晚松、光松、沙松、维吉尼亚松等, 被称为"南方松派", 是当地主要用材树种。最著名的上述前 5 种在世界各地大量引种获得很大成功, 单在我国就已造林 140 多万 hm^2。

3. 欧洲

①欧洲北部。虽范围很大但现代松树天然分布最少, 仅 3 种, 可能是因为本区第四纪冰川覆盖度大、时间长, 且有一些因素如大山等阻挡了植物在间冰期南迁北移的缘故。另有西伯利亚红松和偃松, 也是典型的北方松树, 生长范围可进入北极圈以内。这 3 个树种, 向南均进入中国、日本、朝鲜、韩国等地。欧洲赤松在中国东北有 2 个主要变种 (樟子松、长白松), 是当地寒冷、干旱、瘠薄山地的主要造林树种。西伯利亚红松深入到新疆北部。偃松则分布到我国东北、日本北海道及朝鲜等地。②欧洲南部及地中海地区。这有松树 10 多种。广布种有欧洲黑松, 其分布西起葡萄牙、西班牙、法国中部, 东至意大利及巴尔干半岛诸国, 适应性很强, 甚至超过欧洲赤松, 是本地区主要造林树种之一。

二、南半球松树分布

南半球除印度尼西亚苏门答腊南纬 2° 的南亚松之外, 基本没有松树天然分布, 但近几百年从北半球引进多种松树, 包括辐射松、加勒比松、火炬松、湿地松、南亚松、卡西亚松、西部黄松等。营造了大面积的速生、高产人工林, 形成了当地所谓新森业 (new forests)。

1. 南美洲

引进最成功的有 2 种, 即辐射松和加勒比松, 分别适生在不同地区。中美洲墨西哥的松树有古巴松、西方松、热带松、大叶松、粗枝松、细叶松、库珀松及从东亚引种的马尾松、琉球松。

2. 大洋洲

引种最成功的是辐射松和加勒比松。澳大利亚以辐射松为主, 北部热带大多为加勒比松, 中部和南部尚有火炬松和湿地松等。新西兰现在大力开展人工造林,

主要树种也是辐射松。

3. 非洲

辐射松在南非引种较多,生长良好。加勒比松在中部热带的刚果(金)、刚果(布)、中非、南非有较大的发展潜力。东非与西非有的国家引种展松与卵果松。

世界上190多种松树分布在地球上千变万化的地理生态环境中,不同松树在不同环境条件下的适应性和生长发育表现出巨大的差异。一般来说,松树总是对原产地的环境最为适应,生长发育最好。所以,当一个地区从另一个地区引种松树时,一定要详细分析对比两个地区的地理、生态条件,最好从条件相似的地区引种,这样比较容易成功。

第三节 马尾松起源与原始分布区

马尾松是古老的乡土树种,在我国南方辽阔的丘陵山地,从北纬21°的北缘热带到33°的北亚热带,随处可见它的苍翠树姿。在长达数十年的马尾松种源研究工作中,常常论及它的原生分布区,追溯它的起源。有文献可查的论述有三:一说是起源于中亚热带的长江流域;二说是起源于四川盆地和广西盆地;三说是起源于四川盆地。起源于四川盆地的第三说,提出以马尾松原始分布区的存在因素与原始古老植物的形态特征为依据,进行了全面的科学论证。

一、马尾松原始分布区存在的依据

森林变迁主要决定于两大因素:一是自然条件的改变,另一个是人类从事各种社会活动对森林产生的影响。每一树种以其全部个体在自然界所占有的一定地区,即为该树种的分布区。包括现代植物及古植物在内的分布区,反映了种的历史、散布能力及其对各种生态因素的适应情况。气候、土壤、地形、生物、地史变迁、人类活动等因素,对分布区的形成起着重要的影响;同时由于"种"本身及各种生态因素均处于不断的运动与发展之中,因此分布区不是固定不变的,而是随着外界环境因素的变化而发生相应的变迁和发展的。因此,在论述四川盆地是马尾松的原始分布区这个问题上,可从以下三方面进行分析。

1. 冰川影响因素

有些树种的分布不能单纯用生态因素来说明,而需要从地史变迁上去研究。这就是影响树木分布的历史因素。在新生代第三纪以前,全球气候温暖湿润,森林茂密,尤以裸子植物最为繁盛,例如当时银杏类有15属以上,水杉分布至北极附近。大约到了距今250万年以前,新生代第四纪冰川期降临,大冰川由北极南下,由于中欧山脉为东西走向,这些树种为大山所阻隔,全部受冻绝灭,今日仅在地层中保存化石,这是今日中欧树种稀少的历史原因。在北美洲,由于山脉为南北走向,冰川来临时,喜温树种沿山麓逐渐南移,而被保存下来。我国当时发生的是山地冰川,有不少山区未受冰川的影响,形成了"避难所",因此许多在欧洲已绝灭的树种,如银杏 *Ginkgo biloba* L.、水杉 *Metasequoia glyptostioboides* Hu et Cheng、水松 *Glyptostrobus pensilil*(Staunt.)Koch、穗花杉 *Amentotaxus argotaenia*(Hance)Pilger、鹅掌楸 *Liriodendron chinense* Sarg. 等能继续保存生长到现在,这是我国有如此丰富的"残遗种"或"活化石"的历史原因。也就是由于这样的历史原因,我国四川盆地自然地成为古植物在冰川期的"避难所"。包括马尾松在内的许多古生植物,得以保存生长到现在。四川东部盆地与西部南北走向的河谷,两处都有利于第四纪冰川期时的物种保存,这是四川省松、杉植物特别丰富的主要原因。第四纪冰川期来临,四川境内当时也曾发生冰川,气温虽有所下降,但不致影响动植物的生存。当时万县剑齿象—熊猫动物群仍有生存,不过因气候变冷而躯体较为肥大。由此可以推测,在冰川期来临时,植物虽同样受到影响,但不会招致巨大的灾难而发生大的变化。根据冰川期对四川影响的分析,四川盆地的马尾松原生种得以保存是完全可信的,可以认为是马尾松地理起源与原始分布区存在的依据。

2．生态环境因素

四川盆地东部地区属于中亚热带气候，但南北的差异较大。以北部大巴山与北亚热带为界，气候偏于温和，而南部虽距南亚热带较远，但热量偏高，又与南亚热带气候较为接近。如宜宾、南川极端最低温为 -3.0℃ 和 -3.7℃，与其以南端的北回归线附近南亚热带的广西桂平（-3.3℃）和广东河源（-3.8℃）相似，而泸州、叙永极端最低温只有 -0.3℃ 和 -0.2℃，气候更近南亚热带。这种温暖的生态环境条件是有利于植物保存和繁衍的，这就是古老的马尾松得以保存与生长的生态环境因素。

3．特殊地形因素

四川盆地由于特殊的地形，气候长期少受干扰，因而有利于古老植物的保存。河流东注，又有利于盆地与其以外地区的基因交流。这说明四川盆地的特殊地形，不仅有利于古老马尾松的保存，而且还有利于扩散繁衍到盆地以外的地区。可以认为，我国广为分布的马尾松，起源于四川盆地，而后逐渐由此传播繁衍到其他地区。这一论点无论是从地史原因，还是从地缘因素分析，都是言之成理的。

二、马尾松原始古老植物的形态依据

为了确定马尾松的原始类型，仅根据地史变迁或某些可能性的判断是不够的，还必须从形态构造方面找出原始的与进化的形态特征。根据笔者实际观察与研究分析，认为针叶树脂道多少与苗木初生叶比例在各种源间存在明显差异，可用以分析由原始至现代的进化演变，以确认马尾松的原始类型。

1．马尾松针叶树脂道的演化

在松属树木中，成年植株针叶内树脂道的位置比较恒定，一般可作为鉴别种的一种根据。马尾松树脂道属于外生（又称边生）类型，树脂道位置紧靠皮下层。笔者对多种源、多批次的树脂道检测发现，成年马尾松的树脂道不仅位置恒定，而且边生树脂道的数目也比较稳定，是比较不同种源间存在差异的主要解剖形态特征之一。按照进化论的观点，在自然界中，一切生物类型都是从低级到高级，从简单到复杂的系统演化的。根据这一论点，笔者认为马尾松树脂道存在由少而多、由简单到复杂的趋势，是一种进化现象。因此，可以利用树脂道这一性

表 2-1　52 个马尾松种源针叶树脂道检测数目　　　　　　　　个

种源编号	种源产地	树脂道数	种源编号	种源产地	树脂道数	种源编号	种源产地	树脂道数	种源编号	种源产地	树脂道数
11	城固	7.5	56	淳安	8.1	84	通山	8.7	112	忻城	9.1
12	南郑	8.1	61	乐平	7.9	91	邵武	7.8	113	宁明	9.9
21	桐柏	9.0	62	乐安	8.3	92	大田	8.9	114	岑溪	9.9
22	新县	8.9	63	吉安	8.9	93	南靖	8.3	115	横县	9.4
31	霍山	8.1	64	崇义	8.0	94	仙游	7.4	121	德江	7.3
32	太平	8.8	65	信丰	8.7	95	永定	7.3	122	黄平	5.0
33	屯溪	8.2	71	慈利	8.1	101	蕉岭	9.6	123	都匀	7.4
41	江浦	7.8	72	安化	8.6	102	乳源	8.8	124	黎平	7.2
51	镇海	8.2	73	绥宁	8.5	103	英德	9.2	131	南江	4.5
52	仙居	7.4	74	资兴	8.9	104	博罗	9.6	132	江油	5.2
53	永康	7.2	81	远安	8.3	105	信宜	10.5	133	浦江	4.1
54	庆元	7.6	82	洪山	8.3	106	高州	9.2	134	古蔺	5.9
55	开化	7.3	83	红安	9.3	111	恭城	9.6	135	酉阳	7.2

2-2　各省（自治区）马尾松种源针叶树脂道的数目　　　　　　　　个

省（自治区）	种源号	平均	幅度	省（自治区）	种源号	平均	幅度
陕西	11 ~ 12	7.8	7.5 ~ 8.1	湖北	81 ~ 84	8.7	8.3 ~ 9.3
河南	21 ~ 22	8.9	8.9 ~ 9.0	福建	91 ~ 95	8.1	7.3 ~ 8.9
安徽	31 ~ 33	8.4	8.1 ~ 8.8	广东	101 ~ 106	9.5	8.8 ~ 10.5
江苏	41	7.8	7.8	广西	111 ~ 115	9.6	9.1 ~ 9.9
浙江	51 ~ 56	7.6	7.2 ~ 8.2	贵州	121 ~ 124	6.7	5.0 ~ 7.4
江西	61 ~ 65	8.4	7.9 ~ 8.9	四川	131 ~ 133	4.6	4.1 ~ 5.2
湖南	71 ~ 74	8.5	8.1 ~ 8.9	四川	134 ~ 135	6.6	5.9 ~ 7.2

状的研究，探明马尾松的原始类型与演化过程的趋势。现将18年生的52个种源针叶树脂道检测数目列于表2-1。

从表2-1树脂道检测数目可见种源间存在差异，经F值检验差异达极显著水平（F=20.06>F0.01=1.72）。为了便于按地区分析树脂道的变化情况，又将表2-1各种源的树脂道按省份作了归纳统计，结果详见表2-2。

表2-1、表2-2资料显示：①全国各地马尾松种源针叶树脂道，一般在4.6 ~ 9.6个之间，最多的达10.5个，最少的只有4.1个，大多数是在7.6 ~ 9.0个之间。②广东及广西种源树脂道最多。其中广东的6个种源为8.8 ~ 10.5个，平均9.5个，广西的5个种源为9.1 ~ 9.9个，平均9.6个。③四川盆地种源树脂道最少，其中盆地北部如南江、江油、蒲江种源（131 ~ 133号）树脂道为4.1 ~ 5.2个，平均数4.6个，盆地东南部如古蔺、酉阳种源（134 ~ 135号）比盆地北部有所增多，树脂道5.9 ~ 7.2个，平均6.6个。④四川盆地东南部的酉阳与古蔺种源，以及沿长江支流乌江进入贵州德江、黄平、都匀、黎平的种源，树脂道数目介于少树脂道与多树脂道地区的种源之间。四川盆地东南部种源树脂道平均6.6个（石柱、高县、綦江种源平均数7个），贵州种源树脂道平均6.7个，这两地区种源树脂道数目十分相近，可以说是四川盆地北部少树脂道种源向其他地区多树脂道种源演变的一个过渡地带。⑤全国马尾松分布区种源树脂道由少到多按省（自治区、直辖市）的排序为：四川（盆地北部）4 ~ 5个→重庆（含川南）6 ~ 7个→贵州7 ~ 7.5个→陕西、江苏、浙江7 ~ 8个→河南、安徽、江西、湖南、湖北、福建

8 ~ 9个→广东、广西9 ~ 10个。大体可以这样划分为：原始的少树脂道种源分布区→树脂道增多演化的过渡地带→树脂道偏多的种源分布区→多树脂道种源分布区。可以认为这是马尾松从原始类型到繁盛发展的地理演化规律。从目前马尾松生长发育来看，以多树脂道种源区为最好，其次是树脂道偏多种源区的部分种源。由此可见，马尾松树脂道增多不仅是一个进化现象，而且是高产种源的一个标志。马尾松针叶树脂道，如图2-2所示。

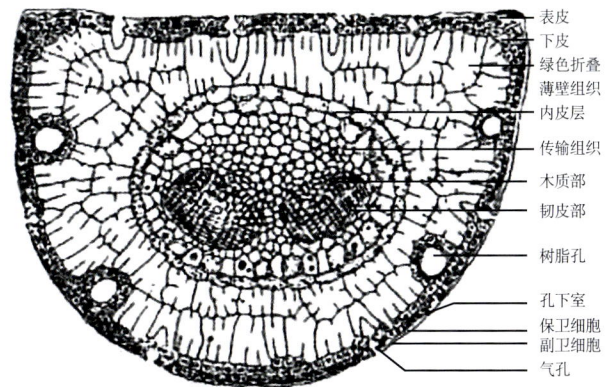

表皮
下皮
绿色折叠
薄壁组织
内皮层
传输组织
木质部
韧皮部
树脂孔
孔下室
保卫细胞
副卫细胞
气孔

图2-2　马尾松针叶树脂道（引自《中国马尾松》）

马尾松针叶树脂道的数目，一般在4.6 ~ 9.6个之间，大多数是在7.6 ~ 9.0个之间。在自然界一切生物类型都是由低级到高级、由简单到复杂不断进化发展的。树脂道数量的变化也说明马尾松的发展进化过程。全分布区成年马尾松针叶树脂道检测结果发现，四川北部树脂道最少只有4.6个，广西最多达9.6个，其他地区介于两地之间。说明四川盆地及其北部山地是马尾松最原始的分布区。图为马尾松针叶横切面，以示针叶树脂道的解剖形态。

2. 马尾松幼苗初生叶的变异

各种树木在个体发育过程中往往表现出形态上的变异，而幼苗形态则是其祖先原始形态的重演，这又可称为返祖现象。马尾松也是这样，种子发芽出土先长子叶，然后从上胚轴生长点萌发幼茎上长出初生叶，呈条形（或称线形）称为条叶；再从条叶的叶腋长出次生叶，呈针形称为针叶。条形的初生叶是较为原始的，各种源苗期的初生叶存在的时间与叶腋生长次生叶的时间差别很大。根据生长形态将苗木分为4种类型，其中在生长期有明显生长停顿现象的和没有明显生长停顿现象的各为两个类型，Ⅰ—停顿结顶类型，这一类型生长期结束较早，停顿处针叶生长正常，并形成明显的顶芽；Ⅱ—停顿萌发类型，苗木生长到后期生长停顿，停顿处或结成顶芽或没有明显顶芽，过了一段时间顶部又重新萌发，形成条叶顶或者长成一段不长的新嫩梢；Ⅲ—针叶延续生长类型，成苗时苗株全为针叶，整个苗茎没有明显的生长节次，木质化自

下而上逐渐过渡，没有明显的生长停顿痕迹；Ⅳ—条叶延续生长类型，成苗时苗株基本为条叶，也没有明显的生长停顿痕迹，苗端或结顶或不结顶。根据所划分的4种类型，在试验苗区的5个重复中对每个种源分别进行调查，最后按种源计算各类型所占比例。现将全国各地种源苗木类型所占比例的测试结果列于表2-3。

从表2-3可见，马尾松全分布区的不同种源各种苗木类型都占有一定比例，而且比例大小的差异明显。①全国各地大多数种源4种苗木类型的一般比例：Ⅰ型苗占50%～70%，Ⅱ型苗占2%～10%，Ⅲ型苗占8%～18%，Ⅳ型苗占14%～28%。②四川盆地的种源苗木以Ⅳ型为主，即条叶型苗木比例最高，其中盆地北部种源（131～133号）Ⅳ型苗比例高达83%，盆地东南部种源（134～135号）也以Ⅳ型为主（占42.5%），约为盆地北部种源的一半。盆地东南部两个种源苗木类型差别很大，古蔺种源（134号）更接近

表2-3　马尾松不同种源各种苗木类型的比例　　　　　%

地区	种源编号	不同苗木类型			
		Ⅰ	Ⅱ	Ⅲ	Ⅳ
陕西	11～12	58.0	2.0	11.5	28.5
河南	21～22	61.5	5.0	8.5	25.0
安徽	31～33	57.3	6.7	14.3	21.7
江苏	41	55.0	10.0	12.0	23.0
浙江	51～56	56.2	7.3	11.3	25.2
江西	61～65	70.0	3.8	10.6	15.6
湖南	71～74	70.2	4.3	11.0	14.5
湖北	81～84	54.0	9.3	10.3	26.4
福建	91～95	45.5	2.1	23.8	28.6
广东	101～106	39.8	2.9	40.8	16.5
广西	111～115	30.0	1.2	55.2	13.6
贵州	121～124	62.5	5.0	18.8	13.7
四川（南）	131～133	5.3	2.0	9.7	83.0
四川（北）	134～135	32.0	4.0	21.5	42.5

北部的种源Ⅳ型苗，占62%；而酉阳种源（135号）却以Ⅰ型苗为主，占53%，Ⅳ型苗只有24%，与全国大多数种源相近，这也反映了过渡地带的特征。③两广种源则以Ⅲ型苗为主，占41%～55%，其次是Ⅰ型苗，占30%～40%，Ⅳ型苗有一定比例，Ⅱ型苗比例很小。福建种源的苗木类型与两广种源相近。Ⅲ型苗是速生种源的苗木形态，从苗期反映了两广种源的速生性。④陕西、河南、安徽、江苏、浙江、江西、湖南、湖北、贵州种源均以Ⅰ型苗为主，占50%～70%，其次是Ⅳ型苗，占15%～30%，再次是Ⅲ型苗，占8%～18%，Ⅱ型苗很少除个别外多数在10%以下。各种源间苗木类型的差别，年度间的测试结果也基本相近。⑤四川盆地北部种源苗木以Ⅳ型苗为主，比例高达83%，比其他地区Ⅳ型苗多的种源高2～6倍，而且年度之间也比较稳定，是可作为与其他种源相区别的一个重要的苗期性状。Ⅳ型苗是条叶为主的苗木，条叶是较为原始的形态性状，说明四川盆地北部种源是一个原始类型。马尾松苗木原生叶形态如图2-3所示。

三、四川盆地马尾松是属于原始类型的地理起源种群

1. 四川盆地由于特殊的地形，气候长期少受干扰，因而有利于古老植物的保存。第四纪冰川期来临，冰川在四川虽也曾发生，但在东部规模较小，气温虽有下降，但不致影响动植物的生存。西部地区地势高峻，冰川作用强烈，但因横断山区的河谷地形，不但是植物较好的避难所，而且也是植物分化的摇篮。盆地东南部，更接近南亚热带气候，温暖湿润，生态环境十分有利于植物的生长发育。从地史变迁、冰川影响、地形特殊、生态条件等因素分析，四川盆地具有古老植物得以保存的优越条件，这就是古老的马尾松度过冰期得以保存与四川盆地是马尾松地理起源的依据。

2. 四川盆地的马尾松种源具有古老植物的原始形态特征。主要表现在针叶树脂道与苗木初生叶两个方面。成年植株针叶树脂道最少（4～5个），只有全国其他大多数种源树脂道数目（8～9个）的一半。按苗木类型的比例，四川盆地北部种源条叶型苗（83%）最高，比全国其他种源同类型苗要高2～6倍。马尾松针叶树脂道由少变多，是从原始类型不断演化的现象，树脂道少是原始类型的解剖特征之一。马尾松苗木的初生叶为条形叶，次生叶为针形叶，四川盆地马尾松种源条叶型苗比例高也是原始类型的特征。针叶树脂道少与条叶型苗比例高，是四川盆地种源明显区别于其他种源的两个原始类型的特征。

3. 马尾松起源于四川盆地，而后由此向外扩散，逐渐地繁衍到全国各地，这可从树脂道由少到多的地

图2-3 马尾松苗木原生叶

松类树种的种子发芽长叶，首先长出子叶，继而在主茎顶端生长初生叶（又称原生叶），然后在原生叶腋生出针叶（又称次生叶）。幼苗原生叶与树木次生叶有很大差异，这是树木在个体发育过程中，表现出形态上的变异。幼苗形态则是其祖先原始形态的重演，这又可称为返祖现象。全分布区马尾松苗期试验时，对不同产地苗木类型进行划分与统计结果表明：四川盆地北部种源苗木以Ⅳ型苗为主，条形的原生叶苗木占83%，比其他地区的Ⅳ型苗要高2～6倍。条形原生叶苗木，是较为原始的形态性状，说明四川盆地周边及其北部种源是一个原始类型。

理演化规律得以说明。①以四川盆地为起源中心区，种源针叶树脂道数目 4 ~ 5 个，为少树脂道的原始类型区。②原始类型区向外扩展，在四川盆地东南边缘山地，包括四川南部与重庆市以及沿长江支流乌江进入贵州地区，针叶树脂道 (5 ~ 7 个) 由少而增多，为树脂道从少到多的过渡地带。③由过渡地带向东、向南，种源树脂道 (8 ~ 9 个) 继续增多，为树脂道普遍增多的种源区。④再向南即两广地区种源树脂道 (9 ~ 10 个) 最多。由此可见，马尾松演化过程是从原始类型分布区向全国逐渐扩散繁衍的一个进化过程。

4. 关于马尾松分布中心问题。按古时地史起源而论，我国古老的马尾松起源于四川盆地，是古时马尾松的产地，也是当时的马尾松中心分布区。按当今地理种源生长而论，在我国南方辽阔的山地都是马尾松分布区，而林木生长好、木材产量高的地区，主要是在南岭山地，在湖南与江西的南端、福建西南及广东、广西地区，特别是广东、广西的马尾松更为突出，干形好、生长快、产量高。自从全分布区种源试验证实之后，全国各地普遍引种两广种源，有效地促进了我国马尾松产业发展。由此可见，当今按马尾松种源生长而论，广东、广西地区是马尾松高生产力的中心分布区。

第四节　马尾松地理分布

一、水平分布

马尾松是我国松属树种地理分布最广的一种，广泛分布于我国亚热带东部湿润区，并南延至北热带，生态环境多种多样变幅很大。其水平分布区的地理位置为北纬 21°41′ ~ 33°56′，东经 102°10′ ~ 123°14′，南北纬距 12° 以上，东西经距 21° 以上。分布于我国 17 个省（自治区、直辖市），其中浙江、福建、江西、湖北、湖南、四川、重庆、贵州、广东、广西 10 个省（自治区、直辖市）为主产区；陕西、河南、江苏、安徽 4 省面积小，分布在这几省的南部地区；云南东南部、海南五指山、台湾苗栗等局部地区有少量或零星分布。此外，山东昆嵛山地区曾有少量引种栽培。

马尾松自然水平分布界线：北界秦岭南坡、伏牛山、桐柏山、大别山，沿淮河到海滨一线，即暖温带与北亚热带的交界线。西界在四川盆地西缘二郎山东坡，向南大致沿大相岭、青衣江到贵州赫章、六枝，沿北盘江到广西百色一线。南界沿广西十万大山西端国境线，经北部湾海滨向东抵达雷州半岛及东南沿海一线。东界抵东海之滨及近海岛屿，如舟山群岛等。自然分布面积大约 200 万 km²。台湾中、北部与东北部山区有分布。马尾松变种雅加松主要分布在海南岛五指山区。

二、垂直分布

我国马尾松垂直分布幅度很大，其分布上限由东向西随地势的抬起而逐渐升高，海拔变动在 600 ~ 1650m。西部的四川二郎山与贵州乌蒙山海拔可达 1500 ~ 1650m，至贵州中部苗岭山地下降到 1300m 以下，到湘黔交界的雪峰山降至 1000m 以下，抵达东部的浙江天目山则降为 800m。在南岭山地其分布上限可达海拔 1500m，由此向北和向东北又逐渐降低，北部的安徽黄山在 700m 以下，桐柏山、伏牛山与大巴山在 800m 以下，大别山在 600m 以下。东南部福建武夷山、戴云山在 1200m 以下，向南至广西十万大山、六万大山均在 800m 以下，广东低山丘陵皆在 800 ~ 1000m 以下。

三、交错混生分布

马尾松有其固定的自然分布区域和明显的分布边界线，在水平分布以外与垂直分布以上，则被其他松种所替代，呈现出自然地理分布的替代现象。马尾松分布区北界是北亚热带，其与暖温带的油松 *P. tabulaeformis* 形成天然分界。西界正与我国中亚热带干、湿性常绿阔叶林分界线相吻合，以受西南季风控制的亚热带干湿交替比较明显地区的典型针叶树代表种云南松 *P. yunnanensis* 分布的东界为止；南界如雷州半岛廉江等县分布的马尾松林中，常与热带针叶树南亚松 *P. latteri* 相混交。其次，马尾松分布区内垂直替代现象亦十分明显，在秦岭南坡 1000m 以上，少见马尾松自然成片分布，而被油松和华山松 *P. armandi* 所替代；在大巴山脉与巴山松 *P. henryi*，在四川二郎山与高山松 *P. densata*，在贵州梵净山与大明松 *P. taiwanensis* var. *damingshanensis*，

在庐山、天目山、黄山等地与黄山松 *P. taiwanensis* 所形成的垂直替代现象都十分明显。在两种松树交错地带，呈相互混交分布。据浙江庆元百山祖调查资料表明，位于山地阳坡的马尾松，成片分布上限海拔达 1000～1100m，零星分布最高可达到 900～1250m，在 1000m 以上的垂直分布带内，随处可见黄山松与马尾松混生在一起，形成两树种的交错分布带。在交错分布带内常见有两树种的天然杂交种混生在一起。

第五节　马尾松栽培利用历史

马尾松是我国古老的乡土树种。根据考古学及药物与种植古籍的有关记述，利用历史十分悠久。在浙江，从河姆渡遗址中就发现有松树。遗址是先民居住生活的场所，松树是搭建房舍的木材与炊事取暖的薪柴，可见松树被利用的历史已有 7000 年之久。松树作为薪材利用有文字记载的历史，可以追溯到 2000 多年前的春秋战国时期，当时各地就以松树枝干烧制陶瓷器皿，直至当今仿古陶瓷烧制的能源，仍然需要利用松材才能达到仿古如古、仿真似真的效果。大约距今 2480 年前，越王勾践迁都琅琊之时，"使楼船卒二千八百人伐松柏以为桴"，说明当时已将松木用于造船。松花粉作为药物利用也很久远，秦汉时人托名"神农"所作的《神农本草经》中，对于松花粉的药效功能就有较为详细的记述，这是我国现存较早的药物学重要文献。关于松树栽种与采脂，早在南北朝时就有"松宜石山"和采脂方面的记述，说明 1500 年前我国劳动群众就已熟知松树的生长习性和生产利用。此外，清代以前在各地的志书中，对利用马尾松作为建筑用材、薪炭材、采割松脂、采种育苗等，也记载颇多。唐天宝十四年至广德元年（755～763 年）鉴真和尚以西湖孤山松树种籽育苗栽植于日本奈良唐招提寺。唐至德、乾元年间（756～759 年）松阳等地已开始采割松脂炼香。在南宋前期就出现松树在山地的直播造林。《东坡杂记》记载："十月以后，冬至以前，松实结，熟而未落，折取并萼，收之竹器中，悬之风道。未熟则不生，过熟

则随风飞去。至春初戳取其实，以大铁锤入荒茅中数寸，置数粒其中，得春雨而自生。"

马尾松作风景林也多有记述。唐开元十三年（725 年）杭州刺史袁仁敬在今洪春桥至灵隐一带种植松树，长达九里称"九里松"。白居易在杭时有诗云："松排山面千重翠"、"拂城松树一千株"。明吴大冲《九里松下》诗云："入山十里计山程，九里高松送客行。千尺虬须横古道，百国马鬣盖春城。"清雍正八年（1730 年）浙江总督季卫，为恢复杭州"凤岭松涛"景观，"在万松岭补植万松，以还旧观"。说明当时杭州松树盖天，青翠掩映，把古道与春城装扮得十分美观。

在浙江马尾松历史还有许多事例可予证实。《浙江通志》有"婺州永康县亭中松花石"的记载。前几年在永康苏溪乡发现一批化石，从一米以下的土层中挖出一根宽向直径 109cm 的松化石，说明远古时代这里曾有过大面积的松林存在。松阳县是以松树而得名："考松阳置县始于汉，其地在长松山之阳，故名松阳。"建于西晋的天童寺距今已有 1700 多年，寺前路旁自古栽有马尾松，绵延数千米，至今有的古松依然苍劲挺立。马尾松林多为天然次生林，但在浙江培育松苗营造人工林的历史也是比较早的。在武义、天台、金华、汤溪等地，很早以前就培育马尾松苗出售。武义桐琴乡石上青村，培育松苗经销金华、兰溪、建德等地，相传已有 200 多年的历史。这里仅以浙江为例述说马尾松的利用历史，其实各主产省（自治区）马尾松的存在与利用都有着长久的历史渊源。

第三章
马尾松种质资源研究及保育技术

第一节 种质资源概念及术语

一、种质资源概念

1．种质（Germplasm）

种子生命的实质。是指决定生物性状遗传并将遗传信息从亲代传递给后代的遗传物质，在遗传学上称为基因（gene）。基因是含特定遗传信息的核苷酸序列，是遗传物质的最小功能单位。

2．种质资源（Germplasm resources）

携带种质的载体。它可以是一个植株或某个器官，如根、块茎、胚芽或种子等。它们都具有遗传潜能性，具有个体的全部遗传物质。

3．林木种质资源（Germplasm resources of trees）

携带林木种质的载体。包括天然形成的树种群体和变种类型以及单株个体，人工栽培的树种与品系，杂交创制的新种、家系及个体，无性繁育的无性系及单株等。

4．林木种质资源库（Bank of Germplasm resources）

林木种质资源收集、保存、研发、创新的场所。根据种质资源收集利用所需，以育种园、收集区、种子园、种源林、子代林、无性系试验林等林地形式，组成林木实体种质资源库。

5．战略资源（Strategic resources）

战略资源包括人力资源与物质资源，物质资源是自然资源和物质资料总称。自然资源按其生成状况，可分为不可再生资源和可再生资源，例如矿藏与泥炭等属于不可再生资源，而粮食与森林等属于可再生资源。林业的发展需要大规模培育森林，而培育森林最源头的、最基础的是优良的种质资源，因此林木种质资源是国家重要的战略资源。

6．特种用途林（Special use forest）

以保存种质资源、保护生态环境，用于国防建设、森林旅游、环境保护、科学试验等为主要经营目的的有林地、疏林地和灌木林地。包括国防林、试验林、母树林、环境保护林、风景林、名胜古迹和革命纪念地的林木以及自然保护区的森林。林木良种基地的种子园、育种园、试验林等均属于特种用途林，受到国家森林法的保护。

7．种质资源保存（Germplasm protection）

林木种质资源，实质是指种性遗传物质，是传递后代的活资源。保存与保护森林遗传资源，就是保护遗传多样性。遗传多样性是森林资源的种质，直接制约森林资源质量和生产力，是国家自然资源的表征，也是生物多样性的基础。在气候变迁和环境污染等多重影响的动态环境中，森林遗传多样性是不可替代的宝贵财富。保护和保存森林遗传资源，是防止遗传资源丢失的道义问题，是活资源优化配置问题，是活资源保险问题，也是维持和改造未来植物资源投资问题。种质资源保存意义重大，做好资源保护主要有3种方式：一是原地保存（又称就地保存），定义为"由群体形式的群落内，在群体已适应的环境下，对群体实施连续性的保存"。根据乡土树种、优良林分、优树、珍稀古大奇树木分布特点、树木所有权和管理权限，设置保护区及其他相关措施；二是异地保存（又称迁地保存），对有生态价值与经济价值的造林树种，在树种的非本地群体中收集种子或繁殖材料，用来营造异地保存林。一般以植物园、树木园、优树收集区、基因库和育种园等形式保存；三是设备保存（又称离体保存），将种质资源的种子、根、枝条等繁殖材料脱离母体，利用有效的设备进行贮藏保存。

8．种质资源保育（Germplasm conservation）

这与种质资源保存仅一字之差，保育不仅是保存保护，更重要的是在于"育"，一方面是通过选择或杂交育出新种；另一方面要对收集的资源施行栽种、施肥、防虫等培育措施。在资源保存的 3 种形式中，保育是针对异地保存而提出的一种表述。目前，马尾松异地保存的种质资源，主要以良种基地形式作为异地保存地。所保存的资源不是单一的，而是综合性的，保存有多种资源。作为种质资源保育的基地建设，应当有全面长期的规划与收集资源的具体措施，将保育基地建成资源保存保护安全的基地，真正成为品种研制创新、用种换代更新、良种水平提升的保育研究基地。

9. **林木良种 (Forest tree fine varieties)**

林木良种是经过人工选育，通过严格试验和鉴定，证明在适生区域内，它的产量、质量及其适应性与抗逆性等方面，都明显优于当地主栽树种或栽培品系，具有生产价值的繁殖材料。包括经审定或认定的无性系种子园、实生种子园和优良种源、优良品种、优良家系、优良无性系林分以及母树林生产的种子。

10. **品种与品系 (Variety and Strain)**

(1) 品种　是经过人工选择和培育，具有一定经济价值和共同遗传特点的一群生物体（通常是指栽培植物与饲养禽畜）。品种是经人类长期选择和培育出来的，能适应一定的自然、栽培或饲养条件，具有高产、稳产、品质优良等符合人类经济需求的特点。因此品种也是一种农业生产资料。

(2) 品系　在作物育种学上，是起源于共同祖先的一个群体，遗传性状比较稳定而表现大体一致，但还没有达到育成品种标准的选种材料。品系经过比较试验，其中最优良品系，经审定或认定便可作为生产推广的品种。

二、常用术语诠释

1. **林木良种基地 (Base of improved tree variety)**
培育品质优良的林木种子或穗条的生产基地。

2. **林木种子园 (Tree seed orchard)**

种子园是以生长优质种子为目的，选用优树无性系或家系通过科学配置而营建的特种林。为了确保种子遗传品质，必须采用隔离措施，防止外源花粉污染；为了提高种子产量，必须实施集约经营。像经营果园那样，加强培肥、防虫、修剪等园地管理技术。因此，林木种子园又称为"林木果园"。

3. **家系 (Family)**

由单株树木经自由授粉或控制授粉所产生的后代称为家系。因亲本授粉情况不同又分为：母本植株经自由授粉或混合花粉控制授粉所产生的后代称为半同胞家系 (Family, half-sib)；双亲控制授粉所产的后代称为全同胞家系 (Family, full-sib)。

4. **无性系 (Clone)**

从一个共同的细胞或植株繁殖得到一群基因型完全相同的细胞或植株称为无性系。对繁殖成无性系的最初那株树，叫无性系原株；组成无性系的个体，叫无性系分株。由于形成无性系的亲本来源不同，为了便于区别与应用的称谓，对于由半同胞家系的植株形成的无性系叫半同胞无性系；由全同胞家系的植株形成的无性系叫全同胞无性系。

5. **1 代种子园 (First-generation seed orchard)**

利用优树穗条嫁接建立的种子园，称之 1 代无性系种子园。其优树是未经遗传测定，又称为 1 代初级种子园。

6. **1.5 代种子园 (One and half-generation seed orchard)**

选用的优树是经过遗传测定的，依据测定结果从中选用优良的无性系再行建园，称之重建 1 代种子园。从种子的遗传质量评估，重建 1 代肯定优于初级 1 代，而又不及 2 代，故折中而称之为 1.5 代种子园。

7. **2 代种子园 (Second-generation seed orchard)**

利用优良的优树无性系为亲本，通过杂交育种培育全同胞无性系作为建园材料。按要求应当选用这样的材料营建 2 代种子园。但目前也有从种源试验林或优树子代测定林中选出的优树，用于营建 2 代种子园。实际上，前者为全同胞 2 代种子园，后者为半同胞 2 代种子园。

8. **改良代种子园 (Improved seed orchard)**

从林木改良的意义上说，凡是经选择或创制育种形式获得新品系，并以其为材料营建不同水平的无性系种子园等，都是旨在提高良种化水平的林木改良行为。改良代种子园是林木改良的一种形式，这是相对于初级种子园而言，经改良比原来的种子园代级虽未改变，而种子品质得到提高，故称为改良代种子园。例如 1 代初级种子园建园材料是未经遗传测定的优树无性系，经采集优树种子建立子代测定林，评选优良家系，以遗传测定结果为依据，对 1 代初级种子园进行留优去劣间伐，间伐后的种子园称为 1 代去劣种子园，或利用优良家系的亲本优树重新建立种子园，称为 1 代重建种子园（即 1.5 代种子园）。相对 1 代初级种子园而言，去劣或重建 1 代种子园为改良代种子园。

9. **1 代育种群体 (First-generation breeding population)**

在选优建园过程中，优树分散在全国各地，为了种子园便于无性系配置与集中嫁接，需要将分散的建园材料集中起来，建立专供种子园嫁接的采穗圃。采穗圃有两种形式：一种是临时性的采穗圃，种子园嫁接完成后，就不再利用了；另一种是长期性的采穗圃，其功能在完成种子园嫁接后，可长期为新建种子园提供穗条，还可作为高世代杂交育种的场所、提供亲本材料。故长期性采穗圃又称为育种园。1 代无性系种子园建园材料主要是优树无性系，没有任何其他来源，因此育种园在常规

育种中，称为"1 代育种群体"。

10. 2 代育种群体 (Second-generation breeding population)

这是在 1 代育种群体中选择优良单株，作为杂交育种配选的亲本，将所获得的杂交组合种子育苗造林，建立全同胞遗传测定试验林，经评选优良家系后从中选择优良个体 (优树)，将优树集中嫁接培育建立全同胞无性系育种园，称为 2 代育种群体。营建 2 代种子园建园材料主要是全同胞无性系，也有在种源试验林或优树子代林里选优，利用半同胞无性系营建 2 代种子园。

第二节　马尾松种质资源类别

马尾松种质资源，依据其形成与培育的目的及实际应用，可分为种源选育资源、优树选育资源、杂交创新资源、无性繁育资源、良种生产资源、松脂良种资源、花粉良种资源等类别。

一、种源选育资源

种源选择是常规育种最主要的基础，通过局部地区与全分布区的种源试验，确定优良种源区，评选出适应不同地区的优良种源，为发展林业生产提高良种化水平，继而在种源选择的基础上深入开展林木改良工作。凡是通过种源选择的原理与方法选育形成的良种资源，称为种源选育资源。

二、优树选育资源

在优良种源区选择优良林分，在优良林分选择优良单株，根据优树选择的原则与标准，评选出优质\高产的优树。优树主要用于营建 1 代种子园。通过优树子代测定，可估算亲本无性系的育种值。取得的测定结果，可作为对原建种子园无性系留优去劣的依据；也可为高世代杂交育种提供材料。在优树选择、测试、应用过程中形成的资源称为优树选育资源，是林木良种选育和良种生产中至关重要的资源。

三、杂交创新资源

杂交育种是林木遗传改良的有效手段和主要途径，是创制性而非选择性的育种方法。通过亲本选配、子代测定和优良性状鉴定，评选出优良新品系。2 代种子园的建园材料，是利用 1 代育种群体中优良无性系为亲本，通过杂交育种而获得的全同胞优良无性系；用同样的方法，利用 2 代育种群体的亲本，通过杂交育种获得全同胞优良无性系，用于 3 代种子园的建园材料。经杂交育种方式所形成的资源称为杂交育种资源，这是创制性研究获得的新资源。

四、无性繁育资源

森林树种绝大多数是异花授粉植物，每一个个体的基因型异质化程度都很高，遗传基础复杂，其有性后代个体间都存有差异，都会出现多样性的分离现象，因此通过有性繁殖，就不可能完全保持其性状的遗传稳定性。与此相反，通过无性繁殖所产生的后代就没有分离现象，在表现型上与母体完全相似，一个无性系内所有植株的遗传基础是相同的，具有原始亲本的特性。林业生产实践证明，无性繁殖是对某些树种保持优良特性的一种可靠方式。在马尾松改良中，无性繁殖是必须应用的关键技术，在嫁接种子园与扦插试验林里都得到证

实，通过无性繁殖能保持亲本优良特性，有着十分显著的成效。马尾松良种基地，采用扦插苗建立的无性系试验林，无性系个体间生长一致性与树干通直性甚为突出，是珍贵的无性繁育资源。

五、良种生产资源

以营建马尾松种子园为主体的良种生产群体，是各类资源中数量最大的资源。按种子园代级分，先后建有 1 代、1.5 代、2 代种子园，各地都有相当规模的面积。从 20 世纪 80 年代开始营建 1 代初级种子园，到 21 世纪初建成 2 代种子园，历经长达 20 年之久的探索与实践，从粗放经营用材林式的种子园，转变到集约经营果园式的种子园，从只满足于园地管理转变到必须加强整形修剪的树体管理，以达扩大树冠结实面提高种子产量，实现优质高产的种子生产目标。马尾松良种基地的主要功能，一是保育优良种质资源，二是生产优质高产种子。良种生产资源对于林业生产建设，是最直接、最基本的应用资源。

六、松脂良种资源

松脂是传统的具有高附加值的非木质产品。我国松树资源丰富，有 20 多种松树可供采割松脂，但目前 90% 的松脂采自马尾松。由松脂分离加工得到的松香，是我国林业唯一在世界上有重大影响的大宗出口商品，总产量与出口量均居世界首位。经营松脂生产的效益要比木材生产高得多，一个中等的林分，采脂收入可占营林总收入的 45% 以上，经过产脂力选育营造的林分，产脂力可以提高 1 倍，也比同样林分用作造纸材的纯收入高出 1 倍。由此可见，松脂生产是高效林业的重要内容，可通过选择高产脂优树、营建高产脂种子园，发展松脂良种资源。

七、花粉良种资源

在林木改良培育的传统林业经营中，一般以木材产量与质量为目标，对于具有高附加值如同松花粉之类的非木质产品，则重视不够甚至有所忽略。松花粉是松树利用的精华所在，具有丰富的天然营养成分，是食疗保健制品的珍贵原料。针对市场的需求，松花粉产业迅速得到发展，并带动山区农村松花粉的原料生产，为新农村经济建设开辟了新途径。为此，在马尾松良种基地建设中，增列松花粉良种培育新项目，通过种源、优树选育，营建无性系松花粉生产林，形成松花粉良种资源。

第三节 林木种质资源保存意义和利用现状

一、林木种质资源保存利用的重要性

种质是所有携带遗传物质的生物活体的总称。对于林木而言，遗传资源也称林木育种种质资源（Germplasm resources for tree breeding），它们是选育林木新品种的基础材料，具体来说指林木种以下分类单位及各个具有不同遗传基础，当前或未来用于林木遗传改良的林木个体和群体，包括来自不同产地的优良种源和优良林分，具有特定性状的品系、杂种、地方品种，从天然林或人工林中按不同培育目标选择的优树无性系及其子代，以及利用这些繁殖材料人工创造的该种林木的遗传材料等。

21 世纪是一个"生物经济"的时代，基因资源的开发利用将是生物经济的主要内容。随着经济社会的快速发展，生物种质资源保育日益受到各国政府重视和社会各界关注，故有"谁拥有种质资源，谁就拥有一切"之说。作为陆地生态系统主体的森林，其林木种质资源则是事关国家和区域可持续发展的重要战略资源，是林业生产力的基础资源，而林木育种种质则又是最核心的林木基因资源。加强林木育种种质资源的收集和保存，是实现林木长期遗传改良的最基础工作。在育种种质资源评价的基础上，充分利用选择育种、杂交育种和生物技术育种等手段，大量创制林木新品种，不仅可以明显地提高林分的生产力和经济效益，而且可用以应对气候和环境变化，显著地改善生态和人居环境质量。

二、国外林木种质资源的收集保存

林木种质资源的保存已在近 30 年来引起全球的广泛重视，1976 年联合国环境计划署(UNDP)决定设立"森林遗传保存"项目。FAO 成立了有 67 个国家参加的植物遗传资源国际委员会，主要开展植物遗传资源基本群体的种子采集、原地和异地保存。1989 年始，国际机构每年专门用于林木种质资源保存的活动经费达 500 万美元，已初步形成了林木种质资源保存的全球性计划，在促进全球森林发展中起到了非常重要的作用。

很多发达国家都视生物种质资源为国家战略资源，十分重视全球种质资源的收集和保存。美国在建成世界上第一个自然保护区——黄石公园之后，其主要森林生态系统都列入了保存计划，并将多数木本植物种子保存在种子基因库；英国皇家植物园保存了 25000 余种植物，其中 1975 年建立的野生植物种质保存部，收集了英国、美国、澳大利亚、肯尼亚、巴西、马达加斯加等国家的 4000 多种植物种质。英国于 1992 年投资 8000 万英镑实施"千年种质库"工程，以重点收集保存干旱地区的种子，到 2010 年种质库收藏了 29000 种植物种质；日本共建立了以保存主要树种和珍稀树种为对象的种质资源保存林 509 处 1386hm²，后继保存林 400 处 1500hm²。随着大规模的种质资源收集和保存活动的开展，出现了一个联系各国种质资源中心的"全球网"，已有 70 多个国家参加并建立了各自的国家中心。目前收集保存对象由主要树种转向次要树种，由栽培种转向野生种，由一般遗传资源转向育种和生产急需的遗传资源。世界上第一座现代化的种质资源库是美国国家种子库，存放植物种子 10 万份以上，而设在筑波市的日本农林省种质资源中心已收集 3 万多个品种。

针对主要造林树种的遗传改良，德国、芬兰、法国、英国、挪威、瑞典等国分别保存了欧洲赤松 *Pinus sylvestris*、欧洲落叶松 *Larix decidua*、欧洲山杨 *Populus tremula*、欧洲黑杨 *P. deltoides*、桦木 *Betula* spp.、挪威云杉 *Picea abies*、等大量的育种种质资源，最早期的种源试验林已逾百年，同时这些国家还援助东南亚、非洲、南美洲等发展中国家保存和引进桉树 *Eucalyptus* spp.、相思树 *Acacia* spp.、辐射松 *Pinus radiata*、南亚松 *P. latteri* 和柚木 *Tectona grandis* 等树

种的种质资源。世界上一些主要的林木育种协作组织也都十分重视林木种质的收集、保存和种质库的建立，收集的优树无性系和高世代育种亲本在多个地点完整地备份保存，用以持续的林木遗传改良。加拿大 Alberta 省还专门制定了包括林木种质收集、测定、保存和种质库建立等内容的林木改良标准 (Standards for Tree Improvement in Alberta，2005)。

三、国内林木种质资源的收集保存

中国是世界级的植物种质资源宝库，其中森林植物约有 9000 多种。1992～1994 年由全球环境基金(GEF)的资助，我国实施了《中国生物多样性保护行动计划》。到 2002 年底，中国已建立各种类型、不同级别的自然保护区 1757 个（不包括香港、澳门特别行政区和台湾省)，总面积 132.9 万 km²，其中国家级自然保护区 188 个，已初步形成了类型比较齐全、布局比较合理、功能比较健全的网络，保护了我国 70% 的陆地生态系统、80% 的野生动物和 60% 的高等植物，绝大多数国家重点保护的珍稀濒危野生动植物都得到了有效保护，保存了不同生物系统学单位的基因资源与育种原始材料。

我国为有效实现林木种质资源的保护和利用，专门制定了《林木种质资源保存原则与方法》国家标准 (GB/T 14072)。于 20 世纪 80 年代初我国全面开展了主要造林树种的遗传改良，分别树种成立多个全国性良种选育协作组，大规模地系统开展主要造林树种的地理种源试验和种子园研建等工作，与此同时大量收集种源、优树无性系和自由授粉家系等各类林木种质，这些林木种质主要保存在国家和省级重点林木良种基地，为我国主要造林树种的长期育种和良种生产奠定了极其重要的物质基础。通过种源试验，已确定了杉木 *Cunninghamia lanceolata*、马尾松 *Pinus massoniana* 等 13 个主要造林树种的优良种源区，分别造林区筛选出一批优良种源，同时进行了林木种子区划，有关优良种源的优良天然林分得到了不同程度的保护。此外，还有 18 个树种的种源与林分得到部分保存，面积 3.4 万 hm²。据不完全统计，全国共选出表现型优树 26000 株，多数得到异地保存；杨树等阔叶树的杂种、优良个体及优良无性系等种质保存 6000 余份；引种桉树、欧美杨 *Populus×euramericana*、湿地松 *Pinus elliottii*、火炬松 *P. taeda*、日本落叶松 *Larix kaempferi*、相思树、木

麻黄 *Casuarina* spp.、柚木和刺槐 *Robinia pseudoacacia* 等的变种、种源、品种、无性系4000多个，扩大和丰富了我国林木种质资源。近年来我国各省全面开展了主要树种种质的清查工作，并初步摸清了林木种质资源的家底。在此基础上，国家林业局将通过建设226个国家重点林木良种基地，来实现我国主要造林树种优良种质资源的长期保存和利用。

四、马尾松种质资源收集保存和利用现状

育种种质收集保存是马尾松长期遗传改良的基础和核心，是与马尾松育种研究同步进行的，可分成种源试验和种源种质保存、表型优树选择和1代育种群体构建、自由/控制授粉子代测定和2代育种群体构建三部分。

我国马尾松种源试验始于20世纪50年代，俞新妥教授从1956年起开展了3次较小规模的局部的马尾松种源试验，但其种源试验林未能得到有效保存。在1976年秋全国第二次林木良种会议之后，中国林业科学研究院亚热带林业研究所主持了"六五"和"七五"国家科技攻关专题"马尾松地理种源试验"和"马尾松优良种源选择"，先后负责开展了4次马尾松地理种源试验，参加马尾松地理种源试验协助组的有陕西、河南、安徽、江苏、浙江、江西、湖南、湖北、福建、广东、广西、贵州、四川（包括现在的重庆）、云南14个省（自治区）的52个生产和科研单位，参试种源共计149个，营建种源试验林211hm²。在开展的4次马尾松种源试验中，1981年和1984年开展的是2次全分布区地理种源试验，其规模最大，参试种源最多，分别有来自14个省（直辖市，自治区）的90个和57个种源参试，造林采用完全随机区组和平衡不完全区组设计，8次重复，6~10株单列或双列小区。1991~2000年中国林业科学研究院亚热带林业研究所主持了世界银行贷款国家造林项目及森林资源发展与保护项目"马尾松速生丰产技术研究与推广"课题，在1981年和1984年两次马尾松全分布种源试验结果基础上，于1992年在浙江、福建、广西、贵州等省（自治区）开展了14个优良种源(广西宁明、忻城，广东信宜、英德，福建武平、沙县、建阳，湖南安化，贵州都匀，江西安远、吉安，浙江庆元，四川蒲江和涪陵)的多点中间试验，造林采用完全随机区组设计，6次重复，40株4列小区。通过多次种源试验，

确定了云开大山、南岭山地、大娄山地和武夷山地（也即闽西北、赣中南、湘南端、粤西北和桂东南地区）是马尾松的优良种源区，并据此在这些优良种源区建立了大量的母树林和采种林分以实现马尾松优良种质的原地保存。

在开展马尾松种源试验和种源种质保存的同时，南京林业大学和中国林业科学研究院亚热带林业研究所主持了"六五"和"七五"国家科技攻关专题"马尾松种子园研建技术研究"和"八五"国家科技攻关专题"马尾松短周期工业用材良种选育"，在马尾松主产区的安徽、浙江、江西、湖南、湖北、福建、广东、广西、贵州和四川等优良天然林分内协作开展马尾松优树选择和种子园研建技术的研究，协作单位有四川、贵州、广西和湖南等地的林科院，及广东省韶关市林业研究所、福建省林木种苗总站、中国林业科学研究院亚热带林业实验中心等。全国共选出优树5000多株，建立了优树无性系收集圃和一代育种群体100 hm²，优树自由授粉子代测定林320 hm²。中国业科学研究科院亚热带林业研究所和福建省林业科学研究院，分别于1986年和1997年在浙江省淳安县姥山林场和福建省邵武市卫闽林场，建立了有别于种质资源收集圃的马尾松一代育种群体8hm²和5hm²，按优树无性系的产地不同分组保存，前者收集保存了来自10个省（自治区）的优树无性系1076个，后者收集保存了8个省（自治区）的700多个优树无性系，这些都为马尾松的长期育种奠定了坚实的物质基础。

在"七五"期间，由中国林业科学研究院主持成立了马尾松高产脂育种协作组，参加单位有本院的林产化学工业研究所、亚热带林业研究所、大岗山实验局以及广东、广西、福建、江西、安徽和浙江等省区参加协作组，开展马尾松高产脂良种选育工作，选择高产脂优树500余株，开创了马尾松非木质产品育种的先河。进入"十二五"，中国林业科学研究院亚热带林业研究所主持了林业公益性行业科研专项"脂用马尾松和湿地松育种体系营建技术"，全面推动了马尾松高产脂良种选育工作。到目前为止，在浙江、福建、广西和广东等省共收集保存马尾松高产脂优树无性系近1000个。

从1991年开始，中国林业科学研究院亚热带林业研究所、南京林业大学、广西壮族自治区林业科学研究院和福建省林业科学研究院等开始利用收集保存了优树无性系育种亲本，采用全双列、分组不连续半双列、测交系、

巢式和单交等不同遗传交配设计大量开展马尾松双亲控制授粉杂交制种。中国林业科学研究院亚热带林业研究所在 1991～1994 年利用浙江淳安马尾松一代育种群体中收集保存的优树无性系育种亲本，共创制了 500 多个杂交组合，分别在浙江和福建两省 5 个地点建立了 10 批 20 多片双亲控制授粉子代测定林，从中选育出 70 个优良杂交组合和 100 多个第二代育种亲本。利用这些选育出的二代育种亲本，在浙江省淳安县姥山林场和福建省邵武市卫闽林场建立了马尾松第二代无性系种子园 80hm^2，同时在浙江省淳安县姥山林场建立了马尾松二代育种群体 3 hm^2，并于 2007～2009 年为第三代育种创制 300 多个杂交组合，以推动马尾松高世代育种。

经过近 30 年的协作攻关研究，我国马尾松遗传改良取得了多项重大技术成果，初步实现了良种化造林，并收集保存了大批的育种种质资源。然而，由于政策、技术和经费等方面的原因，致使保育不力，管护不到位，一些良种资源未能得到有效保护。1981 年和 1984 年在数十个地点营建的马尾松全分布区种源试验林除浙江淳安姥山林场(1984 年)和福建省邵武市卫闽林场(1981 年)等少数试验林之外，其余不可继续利用，造成无法挽回的损失。为了弥补已往的不足，进一步做好良种资源保育，当前急需加强马尾松现有育种种质资源的收集、保存和利用，及新育种种质的补充和创制，为马尾松长期遗传改良、品种创新和良种生产提供坚实的物质基础。

第四节　种质资源建设与良种创新

一、种质资源是良种培育的根本和基础

《全国林木种苗发展规划(2011～2020 年)》提出，要牢固树立"林以种为本，种以质为先"的理念，说明首先必须抓好种质这个根本。林业工作者都很熟悉，一粒树木种子播入土中先是长根，而后地上部出苗长成树干，树干两头相对而言，上部细小的枝称为"末"，下部粗大的干称为"本"，树木生长的极性很强，利用枝条扦插时千万不能"本"、"末"倒置，否则扦插是不会成功的。同理，良种资源建设也不能"本"、"末"倒置，要紧紧抓住根本。"根本"两字均与木紧密结合，可说是缘自树木而形成。根好比房子的墙基，又好比屋柱的石础，合则称之"基础"。人们常见对林业建设重要性的表述是，要抓住根本、要夯实基础，这个根本与基础指的就是优良的种质资源。有了种质资源要将林木良种选育做大做强，就有了本钱，就掌握了主动权。比如有了优树选育资源，就可营建 1 代种子园；有了杂交育种资源，就可营建高世代种子园；有了不同世代的种子园，就有了良种生产资源，也就有了为生产造林提供良种的物质条件。怎样才能抓住根本、夯实良种资源选育的基础? 首先，要从原始材料抓起，比如优树资源是由许多优树组成，每株优树是哪里选的，树高、胸径、材积生长量等方面好不好，掌握这些数据，就可从众多的优树中优中选优，将最好的优树用于营建种子园，可获得产量高、品质好的种子园种子。其次，人们常说要获得作物的优质高产，必须加强良种与良法两个方面。前面是讲良种，光有良种还不够，还必须采用良好的栽培管理方法，这样才能充分发挥良种潜在的遗传增益。

二、种质资源建设是长期的系统工程

林木良种选育，包括种源试验、优树选择、杂交育种、种子园营建等方面的科研与生产。通过实验与评价，选出优良的品系，形成不同类别的优良种质资源，为林业建设用种与良种的升级换代，奠定了发展所需种质材料的物质基础。林业生产周期比较长，林木种质资源建设也是一个较长的时间过程。若与农作物育种相比较，水稻、小麦通过北育南繁、温室加代，一年可育两三代。而林木培育一代良种所需时间，就不是一年两年时间，起码也得十来年。现以马尾松杂交育种营建二代无性系种子园所需时间为例：①首先进行杂交育种，马尾松人工授粉一般在春天进行，次年秋季球果成熟，需要 2 年时间。②杂交所获得的双亲组合种子进行育苗，需要 1 年时间。③将杂交组合种子育成的苗木营造子代测

验林，起码也要 5 年时间才能评选优良全同胞优良家系，并从优良家系中选出优良个体（优树）。④从优树上采穗培育嫁接苗，需要 1 年时间。⑤最后 1 年是将无性系嫁接苗定植建园。营建马尾松二代无性系种子园，前后整整用了 10 年时间。在此期间进行了杂交授粉、育苗造林、建立测定林、评选优良家系、选择优良个体、培育嫁接苗、定植嫁接苗等一系列营建种子园工作。这项二代无性系种子园营建，真正称得上长期的种质资源培育的系统工程。应当有计划、有步骤地对每个技术环节精心实施，才能取得良种资源建设的预期效果。

三、种质资源库是良种培育的创新平台

根据种质资源收集利用所需，以育种园、收集区、种子园、种源林、子代林、无性系试验林等林分形式，组成林木实体种质资源库。这与种子园营建初期需要将全国各地选出的优树集中起来，预先建一个收集区不同，这种以采穗为主要目的收集区是临时性的，当建园采穗嫁接完成之后，其任务完成目的达到，这种功能单一的收集区一般就不再保留。林木种质资源库，是收集、保存、研发、创新的场所，具有林木改良所必需的多种功能，是必须长期经营永久保存的。由于林木生长的长期性，幼年与成年期的生长发育及其功能性状是不同的，两者之间有过渡期，过渡期之前的幼年林木生长发育性状不稳定，过渡期之后成年林木生长发育性状才能趋于稳定。在良种基地的科研实际工作中，林木幼成之间的性状差异屡见不鲜，这里列举实例说明。①在马尾松种源苗期试验当中，利用苗木针叶检测树脂道数目，以了解种源间树脂道的差异及其在种源区内的分布规律。检测表明：同一产地各苗木之间树脂道数量很不稳定、各产地间树脂道数量没有规律性的差异。后来将种源苗木营建试验林，在造林后 18 年时，对成年林木针叶进行树脂道检测，结果与苗期大不一样，同一产地林木的树脂道数量比较稳定，各产地间差异也较明显，树脂道数量由少到多在产地间呈现出规律性的分布。②在马尾松种源造林试验中，每 5 年进行生长量测试分析。结果表明：5～10 年生时为树高的速生期，11～15 年生时为胸径速生期，16～20 年生时为材积速生期。营林生产最终目的是追求林木的优质高产，如果利用树高（或胸径）速生期推算材积产量都会造成一定的误差。上述举例说明马尾松幼、成林之间在生长与性状上有差异，这之

间有个过渡时期，就马尾松而言树龄在 8～12 年生为生长性状过渡时期。过了这个时期性状渐趋成熟而稳定。以上说明需要较长时间跟踪观测的试验研究内容，只有利用资源库这个长期稳定的平台，才能获得林木资源创新的研究成果。

四、保育利用与管护措施

1. 保育与利用相结合

林木种质资源保育主要目的是为了现代林业的发展使资源发挥最大的利用效益，因此保育和利用两者之间要有机结合，真正做到有效保育、合理利用。按照马尾松种质资源类别的主要功能，大体可分为三类确定保育与利用的原则。

（1）科研性资源的保育与利用　种源选育资源、优树选育资源和杂交育种资源等，包括育种群体与种源、优树、杂交子代测验林。首先要保护管理好这些珍贵种质资源，其利用主要是两方面，一是开展杂交育种，二是采集繁育穗条。在进行这两项工作时，要树立长期利用的观点，要保护好树体，不能因开展杂交授粉或采集穗条而损伤树体。

（2）生产性资源的保育与利用　良种生产资源、松脂与花粉资源等，包括不同世代水平的种子园以及松脂、花粉等收集区。这主要有两方面的良种生产：一是各类种子园生产优质良种供造林育苗所需种子，其保育要求按种子生产技术规程管护好种子园；二是松脂与花粉等非木质产品资源，为营建专项特用种子园提供良种穗条，其保育要求按常规措施管好林地，重点是采集穗条时严防损伤树体。

（3）示范性资源的保育与利用　林木良种基地是资源保育与良种生产的场所，也常有人前往参观、交流，各类保育资源可谓是示范性的试验林地。各类种质资源作为示范性资源，要选择有代表性的林分，设立展示标牌，标明示范内容、资源特点、优质性状及资源保育的技术要点等方面的介绍，以便参观与现场交流。

2. 保育管护的技术措施

林木良种基地所形成的各种类型的种质资源，凡是列为长期保存的种质资源林地，都要按同一资源内容的地块建立完整的永久性的技术档案。要求做到文字材料、栽植图件、实地标桩三位一体。只有三者完整无缺，才能实现完善地保存管护好种质资源，科学无误地应用好

附件：国家科技进步奖及浙江省良种审定证书

种子园国家二等奖

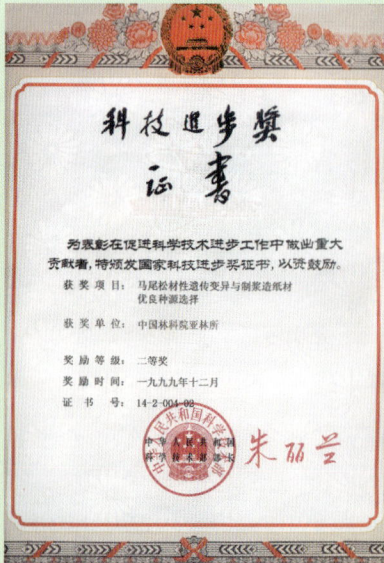

种源国家二等奖

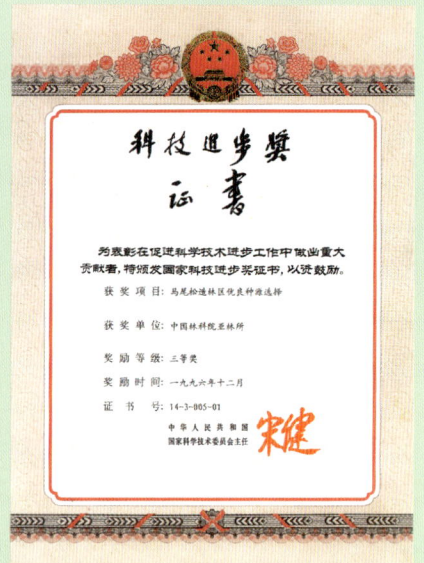

种源国家三等奖

种子园国家三等奖

马尾松1代无性系种子园良种审定合格证书

宝贵的种质资源。应按育种、测试、生产三大群体的功能，有针对性地实施资源管护。

（1）育种群体（育种园）　主要功能是杂交制种与采穗繁育，管护任务应侧重维护树体健康。因此，进入成林期的育种园的林木，不需松土施肥，每年在带面劈抚1次，在带间每隔1～2年劈抚1次即可。重点工作应

经常监测林地卫生，及时发现病虫危害，特别是有可能造成灾害的，要尽快进行防治。

（2）测试群体（试验林）　主要是测定各项试验目标性状的效果，以确定其应用可行性，根据试验所需进行长期跟踪测试。因此，对试验林要做好管护工作以便于测试。试验林进入成林期之后，要清理试验林边界与清

查试验小区标桩,务使测试调查不出差错。试验林的初植密度大,后期林木出现分化,应进行适当的疏伐。试验林不需松土施肥,但应重视林地卫生,注意防治病虫害。

(3) 生产群体(种子园) 主要功能是生产优质良种。进入投产期之后,要求每年稳定生产优质的良种,这就需要年年加强管理,实现种子生产的目标。种子园的管理不是单一的而是综合性的,每年都需要松土、除草、施肥、防虫、保墒防旱、树体修剪等。在全面进行管理当中,应特别重视施肥与防虫,这两项对种子园产量影响很大,应制定详细的年度实施计划,加强全面管理并突出重点措施,实现种子园稳产高产的目标。

(4) 建立长期的跟踪测试制度 在文字技术档案中,每项资源保护林,都要列入定期跟踪测试的内容,每5年或10年(或根据需要的时间)进行林木生长量测定。这些生长量资料不一定当前急需,可是长期积累之后,这些都是十分珍贵的资料。林木生长与林业生产是长期性的,只有长期形成的资料,才能对林业科研与生产做出比较接近实际的分析与结论。

|中篇　马尾松种质资源|

- 种源选育资源
- 优树选育资源
- 杂交创新资源
- 无性繁育资源
- 良种生产资源
- 松脂良种资源
- 花粉良种资源

第四章
种源选育资源

种源 (Provenance) 或产地 (Seed source) 是指在同一树种分布区内，一批种子或苗木的来源或原产地。林木地理变异的倾向主要有：①纬度高低；②气温冷暖；③海拔高度；④干旱潮湿；⑤随机变异。这些变异有连续的，也有不连续的。种源研究的形式主要是种源试验，也就是对林木群体的生长与变异进行测定，以阐明上述各种主要倾向对林木群体变异的影响及其在表型变异中的遗传分量和环境分量，阐明群体的变异模式，确定种源在某一地区的适应能力和生产能力，为生产造林确定最适合的种子来源。因此，马尾松种源选育资源，就是在种源试验过程中，逐渐积累和繁育而发展建立起来的。我国马尾松种源试验始于20世纪50年代，当时是局部地区试验，规模较小。到70年代末、80年代初逐步扩大了种源试验的规模和范围，成立了全国马尾松种源试验协作组，共有14省（自治区）的林业科研单位参加，由中国林业科学研究院亚热带林业研究所主持。相继开展了5次马尾松种源试验。第一次1978年造林，参试种源11个；第二次1980年造林，参试种源21个；第三次1981年造林，参试种源90个；第四次1984年造林，参试种源57个；第五次1997年造林，参试种源10个。前两次为局部分布区造林试验，中间两次为全分布区造林试验，最后一次为中间试验。在此期间，马尾松地理种源试验共有28个单位（全国试验点）、95名科技人员参加，各省（自治区）另有56个单位（省级试验点）参加。5次试验共计种源189个，其中包括天然杂交种7个。营建种源试验林211hm²，其中全国试验点131hm²，省级试验点80hm²。各参试省（自治区）均保存有一定数量的马尾松种源选育资源，并评选出一批适应当地推广应用的优良种源，为马尾松良种化水平的提升和林业生产发展做出了重大贡献。由全国马尾松地理种源试验协作组共同完成的"马尾松种源变异及种源区划分的研究"成果，于1986年1月由林业部（现国家林业局）科技司主持通过鉴定，并获得林业部科技进步奖二等奖和国家科技进步奖二等奖。另一项通过中间试验获得的科研成果"马尾松造林区优良种源选择"，于1991年1月由林业部科技司主持通过鉴定，并获得林业部科技进步奖二等奖与国家科技进步奖三等奖。现以姥山林场"国家马尾松良种基地"种源试验林测试资料并结合其他有关试验研究，对马尾松种源选育资源作如下总结和阐述（图4-1，图4-2）。

图4-1 马尾松种源试验林区

图4-2 国家林业局国有林场和林木种苗工作总站的领导亲临浙江淳安马尾松良种基地考察指导

第一节　全分布区种源试验

一、种源试验布局

全分布区的马尾松种源试验，首先应科学地做出试验布局，使种源产地采种点与育苗造林试验点，比较均匀地分布在全分布区有代表性的地点。然后在全分布区域范围内，按照主要山脉与河流的分布，经、纬度与海拔高度，并结合孤峙山岭和孤岛的独特地形确定采种点和育苗造林试验点。

二、采种育苗造林

1. 采种要求

马尾松采种林分的标准和要求是：①生长较好的优良林分。②已大量结实 20 年生以上的天然林或 25 年生以上当地起源的人工林。③每片优良林分的面积在 0.67hm² 以上。立木密度天然林每公顷 300 株以上，人工林 600 株以上，如林龄在 50 年以上可酌减。优良林分与邻近劣质马尾松林分有一定距离。④供试种子应从有间隔的 20 株以上的母树上采集，不采集孤立木的种子。

2. 培育苗木

育苗采用随机区组设计，条行播种，3 行小区，重复 5～8 次，每行播 100 粒种子，最后每行定苗 25～30 株。按一般生产性技术要求培育试验苗木。

3. 造试验林

造林采用平衡不完全区组或随机区组设计，单列或双列 6～10 小区，重复 8 次，株行距 1.5～2m×2m。造林后按一般生产要求对幼林进行抚育管理。

三、测试与统计

1. 测试项目

①种子：纯度、饱满度、千粒重、含水量和实验发芽率。②苗期：场圃发芽率、子叶数、子叶长、抽梢次数、苗高和地径生长、冻害率、主根长度、根幅、地上部与地下部生物量。③幼林期。造林成活率、树高和地（胸）径生长、物候性状、抽梢次数、冠幅、轮枝盘数、每盘枝数、开花结实、冻害等。

2. 资料统计分析

观测资料按年度分性状统计汇总，作方差与协方差分析，检验生长、形态解剖、发育、物候、适应等性状的种源差异显著性。求算种源各性状与产地主要地理、气候因子的简单、复相关系数，通过分析了解苗期与幼林期性状的变异规律及模式。

3. 聚类分析

选择具有地理代表性的 5 个试验点材料，分别用 8～15 个因子，经数据标准化后做主成分分析，以累计贡献率达 85% 以上的主成分，计算种源间的欧氏距离，用类平均法对种源作聚类分析，结合有关专业知识，作种源区的初步划分。

四、种源测定评选

第一次全分布区种源试验预先制定了测定评选方案。利用"六五"期间营造的种源试验林，在"七五"评定的基础上，进行生长、适应性、形质、木材等多性状评定，评选出了一批综合性状较好的优良种源，并研究种源的遗传稳定性与优良种源的适生推广范围。种源试验林林相见图 4-3。

1. 测定原则

一是具有气候区的代表性；二是位于主要造林区域之中。

2. 测定地点

按测定原则，选择以下 8 省（自治区）10 处试验点的试验进行测定，即广西南宁，广东博罗，福建邵武，四川仁寿、南江，湖南慈利、城步，江西分宜，浙江永康，江苏句容。

3. 测定项目

共测定 8 项内容，并对形质性状与适应性状制定了

图 4-3 马尾松 25 年生种源试验林林相

淳安姥山林场马尾松良种基地的种源试验林建于 1984 年，是第二次全分布区的种源试验点。现完好保存有 6 个重复的 55 个种源。每个种源平均每重复有 4 株，6 重复共 24 株。林木生长良好。据 25 年生时检测，平均树高 16.5m、平均胸径 19.7cm、平均单株材积 0.2518m³。各性状最大种源比最小种源分别大 48%、95% 和 356%。

评分标准。

（1）树高　用测杆测量，误差不超过树高 2%。

（2）胸径　在胸高 1.3m 处，误差不超过 0.2cm。

（3）枝粗　测量活树冠最下部三轮一级侧枝中最粗一个分枝的基径，测尺与精度同胸径。按枝径与胸径之比进行评分，分值小的枝细为优，按分值由小到大而枝增粗以区分优劣不同级别。

（4）通直度　自树干基径至 6m 处的范围内，按长度均分为 6 段，按段记录有无弯曲进行评分，每段通直者给 1 分，弯曲者不给分。按积分多少评定通直度优劣。

（5）冻害　在冻害发生后进行全面调查，按评分法评定。未受冻害，为 5 分；轻度冻害，即针叶轻微变黄为 4 分；中度冻害，树冠 1/2 针叶变黄、主侧梢枯死为 3 分；严重冻害，树冠 1/2 以上针叶变黄、主侧枝枯死为 2 分；全部冻害，即全株受冻为 1 分。

（6）雪压　灾害发生后进行全面调查，按评分法评定。无雪压为 4 分；顶部主干有压弯为 3 分；上部主干有压弯为 2 分；全株被压弯、难以自然复原为 1 分。

（7）木材基本密度　用直径 6mm 生长锥，在胸高（1.3m 处）上坡方位钻取通过髓心的完整无疵的木芯样品，用最大含水量法测定。

（8）管胞长度　材性测定样品每个种源取 10 株，设 2 株重复。样品经蒸煮处理后，在显微镜下测长。

第二节　参试种源简介

马尾松进行过多次种源试验，其中规模大、地区广的是两次全分布区种源试验，其中尤以 1984 年造林的第二次试验，准备较充分，设计较完善，一般均以第二次全分布区种源试验资料为主，进行分析与总结。浙江省淳安县姥山林场国家马尾松良种基地的种源林，就是第二次全分布区种源试验期间营建的。参试种源 57 个，其最南的低纬度种源为北纬 21°30′ 的广东高州种源，最北的高纬度种源为 32°54′ 的陕西城固种源，取纬度整数，参试种源的产地跨越 21°～33°。若按每 3° 为一个气候带，则可分为：北纬 21°～24° 为北缘热带，参试种源 14 个，占 24.6%；

24°～27° 为南亚热带，参试种源 18 个，占 31.6%；27°～30° 为中亚热带，参试种源 19 个，占 33.3%；30°～33° 北亚热带，参试种源 6 个，占 10.5%。现将各参试种源的统一编号、产地名称、产地经纬度、气候条件等列于表 4-1。

表 4-1 马尾松产地自然条件及林分情况

种源编号	产地 省（自治区）	县	地理位置 北纬	东经	海拔 (m)	气候条件 平均气温 (℃)	7月均温 (℃)	1月均温 (℃)	最低气温 (℃)	≥10℃积温 (℃)	年均降水量 (mm)	无霜期 (天)	林分情况 林分起源	林龄 (年)	树高 (m)	胸径 (cm)
11	陕西	城固	32°54′	170°20′	850	14.4	25.7	2.0	-9.3	4479	760	225	天然	20	15.0	16.5
12		南郑	32°36′	170°09′	650	14.4	25.6	2.1	-8.0	4431	906	235	天然	18	14.0	16.0
21	河南	桐柏	32°22′	113°23′	450	15.0	27.3	1.7	-18.7	4881	1197	228	人工	45	15.9	30.0
22		新县	31°42′	115°06′	115	15.0	27.9	1.9	-17.0	4500	1254	210	天然	20	6.4	
31		霍山	31°20′	116°19′	68	15.2	28.0	2.0	-15.3	4500	1419	210				
32	安徽	太平	30°17′	118°06′	200	15.4	27.8	3.0	-12.4	4878	1561	226	天然	38	13.0	20.0
33		屯溪	29°43′	118°17′	147	16.3	28.3	3.7	10.7	5151	1603	233		27		
41	江苏	江浦	32°05′	118°40′	50	15.8	28.1	1.9	-14.0		1000	228	人工	26	12.0	13.0
51		镇海	29°57′	121°39′	50	16.3	28.3	4.9	-3.5	5164	1526	250	天然	30	12.2	14.8
52		仙居	28°40′	120°43′	60	17.2	28.5	5.6	-9.9	5450	1455	239	人工	45	22.6	28.6
53	浙江	永康	28°54′	120°02′	92	17.2	29.5	5.1	-11.8	5506	1350	263	天然	26	9.0	15.0
54		庆元	27°37′	119°04′	350	17.4	27.2	6.5	-1.8	5522	1654	250				
55		开化	29°10′	118°24′	160	16.4	27.6	4.1	-11.2	5180	1704	251	天然	25	13.3	16.7
56		淳安	29°37′	119°03′	150	17.2	28.9	5.0	-7.6	5410	1430	284				
61		乐平	29°00′	117°08′	35	17.9	29.5	5.1	-9.1		1600					
62		乐安	27°24′	115°49′	185	17.2	28.4	4.8	-9.8		1695					
63	江西	吉安	27°05′	114°55′	95	18.0	29.2	7.4	-3.9	5659	1689	275	天然	18	8.0	13.0
64		崇义	25°42′	114°18′	320	17.9	27.0	11.0	-3.7	5598	1615	305	天然	37	28.0	38.0
65		信丰	25°24′	114°56′	286	19.6	29.1	8.4	-4.1		1475					
71		慈利	29°30′	110°40′	500	16.8	28.6	4.8	-15.5	5352	1435	267	天然	23	15.0	14.5
72		安化	28°28′	111°18′	131	16.3	28.0	4.2	-8.6	5049	1682	310				
73	湖南	绥宁	26°35′	109°30′	550	16.5	26.6	4.0	-6.3	5221	1359	309	天然	25	15.0	20.0
74		资兴	25°45′	113°20′	340	16.8	27.3	5.4	-7.5	5192	1370	257	人工	21	17.4	18.7
81		远安	31°04′	111°29′	170	16.3	27.7	3.2	-7.8	5057	1195			30		
82		大洪山	31°40′	113°00′	136	15.1	27.7	1.8	-14.4		1096					
83		红安	31°20′	116°24′	480	15.7	28.5	2.1	-17.4	4390	1419	225	天然	35	12.0	18.0
84	湖北	通山	29°36′	114°23′	150	16.3	28.4	3.5	-8.1	5154	1508	246		35		
85		竹山	32°14′	110°13′	308	15.6	27.7	3.2	-9.9	5430	828					
86		咸丰	29°41′	109°09′	777	18.6	29.6	6.8	-13.0		1562					

种源编号	产地		地理位置			气候条件							林分情况			
	省(自治区)	县	北纬	东经	海拔(m)	平均气温(℃)	7月均温(℃)	1月均温(℃)	最低气温(℃)	≥10℃积温(℃)	年均降水量(mm)	无霜期(天)	林分起源	林龄(年)	树高(m)	胸径(cm)
91	福建	邵武	27°20′	117°40′	350	17.7	27.6	6.7	-5.1	5620	1770	267				
92		大田	26°42′	117°50′	560	18.9	27.1	9.1	-3.2	5963	1533	290		23		
93		南靖	24°31′	117°22′	340	21.2	28.7	12.6	-9.1	7524	1698	318		28		
94		仙游	25°38′	118°08′	555	20.2	28.6	11.2	-3.5	6750	1538	300		35		
95		永定	24°51′	116°49′	630	20.1	27.3	10.4	-1.4	6568	1632	305		24		
96		安溪	25°04′	118°09′	92	21.0	28.9	12.2	-0.9		1516					
97		长太	24°37′	117°46′	43	21.0	28.6	12.3	-1.7		1412					
98		永春	25°20′	118°06′	380	20.5	28.3	11.8	-2.9	6952	1686	312	天然	40	13.0	27.5
101	广东	蕉岭	24°39′	116°12′		22.2		11.9			1572					
102		乳源	24°47′	113°16′	95	19.8		9.7	-2.0	6497	1702	355				
103		英德	24°10′	113°24′	230	20.6	28.9	10.6	-3.6	6664	1856	318				
104		博罗	23°16′	114°59′	280	22.0	28.4	13.6	1.0	7336	1796	315				
105		信宜	22°21′	110°56′	560	22.3	28.1	14.4	0.5	7911	1777	300	人工	24	10.5	20.5
106		高州	21°30′	110°21′	200	22.6		16.1	1.3	7950	1709	335	天然	17	11.0	15.0
111	广西	恭城	24°50′	110°49′	220	19.8		9.4	-3.1	6338	1298	322	天然	25	18.0	20.0
112		忻城	24°03′	108°38′	200	20.7	28.4	11.3	-2.3	6806	1449	330	天然	17	15.0	21.0
113		宁明	22°08′	107°08′	126	22.0	28.2	13.2	-1.0	6853	1305	364	天然			
114		岑溪	22°55′	110°58′	200	21.3		12.3	-3.0	7079	1450	363	天然			
115		横县	22°48′	109°20′		21.9		12.3			1352					
121	贵州	德江	28°15′	108°07′	540	15.9	26.3	4.9	-6.5		1288					
122		黄平	26°57′	107°54′	913	15.8	25.7	3.6	-7.7	4970	1129	245	天然	30	18.8	24.3
123		都匀	26°16′	107°33′	880	15.9	24.9	5.6	-6.8	4954	1944	246				
124		黎平	26°14′	109°09′	450	15.7	26.0	5.1	-9.3	4665	1098	281	天然	25	16.0	24.0
131	四川	南江	32°21′	106°50′	560	16.6	26.8	6.0	-4.0	5075	929	238	天然	41	24.0	26.0
132		江油	31°47′	104°41′	533	16.0	25.9	4.8	-4.8		1202					
133		蒲江	30°15′	103°20′	630	16.4	25.7	5.8	-4.4	5157	1281	299	天然	20	14.9	12.5
134		古蔺	28°02′	105°45′	610	17.7	27.7	7.0	-2.8		745					
135		酉阳*	28°50′	108°45′	630	14.9	25.5	3.8	-8.4		1384					

注：* 所示地区现归属重庆

第三节 种源研究的基本结论

根据我国与国外科研机构长期以来对数十种树种进行种源试验的结果，得出了林木种源地理变异的基本结论，证实了林木种源选择的实际效果。这里主要从造林种源选择的角度，对得出的结论与效益予以归纳综述。

一、林木种源试验的基本结论

（1）多数树种都表现有地理的变异。人工林使用不同来源的种子，在不同生态条件下，其生长发育特性存在明显差别。不同种源的苗木、树木、林分表现出来的这种差别是多方面的，包括生长量、开花结实、物候期、抗寒性、抗旱性、抗病虫害性、干形、枝形、冠形、叶形、种子大小、木材理化性质、林分测树指标和生理生化特性等。

（2）林木地理种源生长发育性状的差异，是可以通过种子遗传给后代的。种源的影响一直可延续到第二、第三代。

（3）不同气候生态型的可塑性不同。例如乌克兰所做的许多试验表明，由俄罗斯中部和南部及里加引种来的松树，生长好。我国南亚热带马尾松种源引种到北带，纬度相差7°～8°，仍然生长很好。这类产地的种子可以引种到较远的距离。一个树种自然分布区中心附近的气候生态型、遗传多型性越多，其后代在新的环境下适应性越强。而因自然选择的结果分化出来的其他生态型，独立性强，其所能适应的生态环境较狭窄。环境条件越好，其所能容纳的生态型就越多；相反环境条件越差，其所容纳的生态型就越少。

（4）在生长最适区一个树种的后代生长最快，离此区越远生长越慢。但是应当将生长最适区与生态最适区这两个概念区别开来：前者指的是生态条件对林木生长最有利，是林木生产力最高的地区；后者指的是生态条件对林木生存最有利的地区。由于植物之间的竞争关系，一个树种的生长最适区和生态最适区时常不完全一致。

（5）对于适应性和抗性的各种指标来说，当地种源的适应性最强，而生产力不一定最高。按照生长速度来说，当地种源也占优势地位，但也有不少试验证明，比当地环境要湿润温暖一些的地区的种源，生长要比当地种源快。

（6）在造林工作中，当种源试验的规模和时间还不足以确定最适种源时，应选用当地或与当地条件相类似地区的种源。按照一般惯例，种源试验在时间上要在1/2轮伐期以上，要经历各种极端气候的考验，在空间上要在各种气候区和各种立地类型上分层设置试验，而不能在一个气候区只在一种立地类型设置少量试验。如果按照上述要求进行了系统的试验，则应根据试验结果分地区提出适宜的种源。

（7）各树种地理变异模式与各树种的自然分布区大小，以及分布区内环境条件的特点与变化程度有关。为了更加确切地了解种源地理变异的基本规律，选出当地造林的适宜种源，需要分别进行局部地区、全分布区与中间试验，连续进行2～3次种源试验。

（8）在应用种源造林时，不论是否进行过种源试验，也不论种源试验的时间长短，都应进行种源控制，进行种子区划，实行分区对待，这是种源控制的基本手段。

二、种源选择的实际效果

1. 提高林木生长量

根据国内外有关资料，选用适宜的种源造林，材积可增产20%～40%以上，有的增产高达1～4倍。澳大利亚用14个火炬松种源进行试验，14年生时材积最好的种源比全部种源平均值大38%，比最劣的种源高出1倍。美国的花旗松种源试验认为其西部种源比内陆种群生长快35%；7个西部铁杉种源，在北方造林较南方种源快3倍。我国杉木选用优良种源营造速生丰产林，平均材积实际增益达到30%以上。马尾松种源间有很

图 4-4 马尾松种源林的林木结构状况

马尾松种源林 25 年生林木生长状况，呈现出明显的林木结构分化现象，优良种源的林木高大、优良度不高的林木矮小，为优良种源选择提供了科学依据。

明显的遗传差异，9 年生林木的材积在优劣种源间相差 6 倍左右，最大的相差 13 倍，经种源选择的平均增产达 51%。这些实例足以说明，林木种源间存在着明显的遗传差异，不同种源在各地栽培的生产力是不同的，选用适宜的种源确实能起到增产效果（图 4-4，图 4-5）。

2. 改进林木干形与品质

美国在密歇根州所做的 55 个产地的西部黄松种源试验，发现以落基山为界，太平洋沿岸的种源树干尖削度小，基径和距干顶第四节处径粗之比为 0.63，而内陆的为 0.56。这是一个适应反应，干燥对干形通直有利。研究欧洲赤松和挪威云杉种源木材密度的地理变异发现，在 13 个欧洲赤松种源中，最大种源的密度比最小种源大 9.5%，21 个云杉种源间差异达 12.2%。另外也看到了木材密度与产地的纬度和海拔显著相关。落叶松不同种源木材比重变动在 0.366 ～ 0.441g/cm 之间，差异达 20%，相当于每立方米差 75kg。我国马尾松种源之间的干形也存在着明显差异，据幼林期的统计，有的种源干形好，I 级林木达 50% ～ 60%，有的种源只有

30% ～ 40%。

3. 增强林木的抗逆性

美国在火炬松种源试验中确定，来自密西西比河以西地区的种源抗棱形锈病力较来自该河以东地区的强。我国的杉木南带种源比中带中心产区种源抗病性强。例如在广西浦北，当地南部种源感病率低，而贵州种源感病率达 80%。据广西林业科学研究院在南宁的试验，南部浦北种源感病率为 5% ～ 10%，而桂北种源特别是糠杉达 20% ～ 30%。马尾松种源间抗寒、抗风能力存在明显差异，北带地区引种南带种源，苗期常发生不同程度的冻害。经苗期冻害测试表明，发生中度以上冻害（冻害指数均大于 6.5）的种源都位于南带及中带南部，位于分布区最南部的广西宁明与容县两个种源冻害最严重（冻害指数均大于 31.5），湖北枝城种源冻害最轻微（冻害指数均小于 2）。抗风倒、雪压能力也是南带种源较差，将其引进到北带造林如遇大风大雪时，常会发生大片倒伏，许多植株枝干折断，造成严重的自然生态灾害。

图 4-5
马尾松种源林不同种
源的林木生长差异

马尾松种源试验林证实，种源间生长量差异很大，选择具有极大的增产效益，优劣种源间9年生材积相差约6倍，个体间相差约13倍，种源选择的平均材积增益高达46%。

三、马尾松种源研究的一般结论

根据两次马尾松全分布区种源试验，所取得的试验测试结果经分析研究，可将一般结论归纳为以下几方面。

1. 种子品质

马尾松各种源间种子千粒重、发芽率、发芽势的差异显著。变异幅度分别为8.0～19.2g、39.3%～94.5%和11.8%～69.0%，变异系数分别为20.7%、18.5%和35.4%。

2. 高径生长

种源间苗期高生长和幼林期高径生长，均存在显著差异。种源树高生长受产地纬度和经度的双重影响，呈现自南向北、由西向东生长量渐降的趋势，尤以纬度影响为主。苗高及幼林高径生长均与纬度呈显著负相关，经度的效应较弱，相关不如纬度紧密。马尾松不同种源的苗期与幼林期(5年生左右)高生长相关分析表明，苗期生长量较大的种源，幼林期生长仍然较大，这为早期

选择提供了初步的依据。

3. 根系生长

各种源苗木根系生长存在差异，主根长度由南向北逐渐变长，苗高与主根长的比值则逐渐变小。

4. 生物量

测试表明，地上部与地下部的干重比值，随纬度增高而变小，差异达显著水平。

5. 针叶形态解剖特征

马尾松的针叶、气孔、树脂道和鞘细胞等性状，在不同种源间差异极显著，但其经纬向变异趋势不明显，表现为随机变异模式。在局部区域内树脂道也出现经纬向变化。

6. 分枝习性

幼林侧枝及冠幅生长与纬度呈相似的负相关，与经度相关性较弱。低纬度种源轮盘侧枝数较多，冠幅较宽。

7. 发育性状

北亚热带马尾松种源在造林次年即有始花，表现

出发育性状的差异。造林后第四年，各种源普遍开花，差异更为明显。据福建邵武试验点观测，始花时各种源的雄球花率变幅为 0 ～ 18%，雌球花率为 0 ～ 36%，雌雄球花均有的占 0 ～ 13%，多数开花植株仅有雌球花。造林后第四年各种源雄花球率为 10% ～ 83%，雌球花率为 4% ～ 90%，雌雄球花均有的占 0 ～ 61%，雌球花率与高生长呈负相关，且雌雄球花率间呈正相关（$r=0.6549**$），可见开花不利于高生长。据湖南攸县试验点观测，开花率与纬度呈正相关。据四川仁寿试验点观测，造林第二年开花率与纬度相关值达 0.6825，均说明高纬度种源生殖发育较早，且影响营养生长。这也启示早期选择中，可根据始花期、花量来辅助判断植株优劣的可能性。

8.物候性状

①物候观察表明，马尾松种源间苗期封顶差异明显，高纬度种源封顶率较高，封顶较早。四川仁寿点相关分析表明，种源封顶率与产地纬度相关密切（$r=0.662**$）。②马尾松不同种源抽梢次数差异较大。据江西武功山、弋阳两试验点观测，北亚热带种源每年抽梢 1 次、少数 2 次，南亚热带种源绝大部分抽梢 2 次，甚至 2 ～ 3 次（占 10% 左右），二次抽梢率在种源间差异显著（方差分析 F 值达 3.80**），且与产地纬度呈显著负相关（r 值为 -0.7406** 和 -0.7248**）。各年度间种源抽梢次数间相关密切。江西武功山试验点各种源 1 ～ 3 年生抽梢次数间相关系数均大于 0.82，说明这一性状在种源间表现相对稳定。③据湖南长沙试验点 1980 年观测，南北种源苗木生长期相差 50d 左右。河南桐柏试验点 1983 年观测，南北种源生长期最长相差 38d。生长节律的地理变异，表现为高纬度种源前期相对生长量大，低纬度种源中后期持续生长时间长，相对生长量大。

9.适应性状

①造林成活率在种源间呈明显的纬向变化，高纬度种源造林易成活。据浙江临海试验点观察，陕西、河南种源造林成活率达 95%，广东种源平均仅为 57.6%，这与低纬度种源根系干重比例小及物候季节差异有关。②据湖北红安试验点观测，该点地处北纬 31°22′，马尾松种源冻害以苗期较为严重，受冻程度与产地纬度密切相关（$r=0.71**$，方差分析 F 值为 7.26**），气温达 -10℃ 时低纬度种源受冻率达 8.3% ～ 11.3%。另据该点观测，抗旱率与产地纬度有关（$r=0.7973**$）。③据福建邵武点观测，多数种源的 5 年生幼树曾出现雪凌危害，受害率幅度为 0 ～ 58%，与产地纬度偏相关系数达 0.6996**。据湖南郴州点 1983 年观测，雪害率各种源间差异明显（方差分析 F 值达 3.75**，与产地纬度的偏相关系数达 0.7667**），这都说明低纬度种源受雪害较严重。

10.生理生化分析

经不同种源苗茎过氧化物酶同工酶分析表明，酶活性无明显规律性的差别。酶谱可分为 A、B 两区，A 区为 1 ～ 3 条酶带，B 区为 2 ～ 5 条酶带。1984 年与 1985 年对 67 个种源 5 项生理指标分析表明，种源幼苗根系活动（除四川种源外），叶绿素含量与产地纬度呈正相关，蒸腾强度、胡萝卜素含量与产地纬度呈负相关，光合强度、呼吸强度与产地纬度不相关，但不同种源的净光合速率与产地纬度呈正相关（$r=0.47**$）。从过氧化物酶同工酶及 5 项生理指标的分析，均可看出马尾松种源有分北、中、南三带的趋势。

第四节　马尾松优良种源选择

一、马尾松优良种源初评

林木种源试验一般应当在试验林达到1/2轮伐期时，进行测试分析提出结论性的意见，才能判定参试种源之优劣。由于马尾松是一个天然分布广泛的树种，种源试验已在苗期和幼林期获得丰富的信息，种源之间的差异极为显著，种源区之间幼林的树高相差达 2 ～ 3 倍，种源区内不同的种源幼林树高相差可达 1 倍。种源试验林 4 ～ 5 年生的测定资料显示，南区和中区的一些试验林已经郁闭。中国林业科学研究院亚热带林业研究所利用 4 ～ 5 年生的种源林资料，以树高、年抽高、冠幅、高径比、高冠比、干形、病虫害、冻害为指标，用综合评分法按类型区评分,从 6 个试验点调查结果来看,得分高的种源在各点基本相同。综合评分比较一致性的结果,说明马尾松种源选择具有稳定而较大的生产潜力。初评出的优良种源近年内高生长仍处优势,总生长量仍是名列前茅,预计 8～10 年生内长势不会很低,这一生长年龄已相当于短轮伐期林种(如纤维林)的 1/3 或 1/2 轮伐期。因此,马尾松种源试验幼林期的初评结果,可作为短轮期林种选择种源的依据。初评之后种源林仍将跟踪测试,到达一定时期继续进行测评,以便取得更大林龄的种源生长与种源之间差异的信息,可再一次对参试种源进行评估。根据林木生长期较长的特点,种源试验也相应地需要较长时间才能取得最后结果。进行阶段性科研成果评定,也是林木生长特点与生产所需的体现,虽然初评结果的应用有一定限度,但并不影响最终评定的结果。

马尾松全分布区种源试验于 1980～1981 年进行第一次育苗造林试验,全国马尾松种源试验协作组在 1984～1985 年进行了优良种源初评的调查工作,对 8 处有代表性的种源试验林进行了全面的测试评比。评比指标有:幼林全高、地(胸)径、当年高生长、高径比、高冠比、干形等级、早期结实等级、雪压、冻害、造林成活率和主要病虫害等。各片种源试验林的优良种源分区评定,评选采用综合评分法。将各片试验林评出的优良种源再次比较后得出初评优良种源 40 个,按种源区划分带统计,北带 5 个、中带西段 5 个、中带中段 3 个、中带东段 7 个、四川盆地 7 个、南带西段 8 个、南带东段 5 个。初评优良种源的产地名称(标有 * 种源为分区初评得分比较突出的种源),分带列述如下。

北带:湖北通山 *、陕西城固、陕西南郑、安徽潜山、安徽太平。

中带西段:贵州松桃 *、贵州德江 *、湖南慈利 *、贵州都匀、湖南绥宁。

中带中段:江西吉安、江西崇义、湖南江永。

中带东段:福建邵武 *、福建三明 *、浙江仙居 *、福建顺昌、福建南平、浙江庆元、浙江松阳。

四川盆地(含三峡地区):四川蒲江 *、四川涪陵 *、湖北远安 *、四川宜宾、四川巫滨、湖北恩施、湖北当阳。

南带西段:广西岑溪 *、广西忻城 *、广东信宜、广东高州、广西宁明、广东廉江、广西贵县、广西百色。

南带东段:广东英德 *、广东乳源 *、广东南雄、江西安远、广东新丰。

从分区初评的优良种源中,显示出以下 3 种趋势。

1. 各区评出的优良种源在地理上有着相对集中的趋势。主要集中在南宁盆地的边沿山地,南岭山脉的东段山地,武夷山脉北段山地,四川盆地东南部山地,苗岭山地,三峡及其南部山地。此外有两个优良种源比较特殊,即浙江仙居的河滩松林和马尾松分布区最南面的广西宁明。

2. 分区评出的优良种源多集中在山地。在人类活动历史比较悠久而频繁的盆地、平原、沿海丘陵的种源,除个别之外一般均未入选。这一现象与人类活动过程对马尾松林进行无意识的负向选择有密切关系。人类在交通方便、自然条件较好的地区集居,在生产活动中对森林进行了长期、多次的集团采伐和单株择伐,留下的是较差的林木后代。因而现阶段评出的马尾松优良种源多属于山区的天然林。

3. 将分区初评的优良种源,进行区际比较,属于气候温热湿润的两广种源和四川种源在生产上明显占具优势。而冬季较冷的中、北亚热带地区的种源,在生产上就稍逊一筹。

二、造林区优良种源选择

我国自 20 世纪 70 年代中期开始,曾进行过包括局部、全分布区与中间试验在内的多次马尾松种源试验。各次种源试验也都做过总结并提出研究报告,但研究结果都有一定的局限性,很有必要将各次试验可能利用的资料进行一次综合性的总结分析,为造林区提供适生高产的优良种源。为此,种源试验协作组利用 1976 年以来全国马尾松种源试验 13 省(自治区)6 批次种源试验林测试材料,对幼林树高、胸径、材积生长、干形、结实、抗性、保存率等作性状况遗传、表型相关和年度间相关分析,结果表明对马尾松种源进行早期选择是可行的。据两次全分布区种源多点试验材积资料分析,种源与造林区、种源与试验间均存在明显的交互作用,种源材积在地点间相关密切。用 Wright 模型衡量两次试验各参试种源稳定性并划分类型,根据保存率和抗寒性分析种源适应性差异,运用指数法为不同造林区和立地类型综合评选优良种源,发现我国马尾松优良种源区集中于南岭山地、云开大山及大娄山、武夷山地等。不同造林区种源选择效果明显,材积增益平均达 46.2%,其中尤以北带和中带东区、中区增益最高,高达 60%～110%。

马尾松分布区内气候、土壤等条件相差很大，由于长期自然选择的结果，形成了生长、形态等性状各异的不同种源和地理小种，呈现出明显的纬向倾群变异模式，其主要经济性状具有极大的选择潜力。为此，荣文琛等对(1994)"马尾松造林区优良种源选择"做了专题研究。在了解群体的地理变异规律及种源区划基础上，进一步分析种源性状的遗传及表型相关、幼—成相关、环境互作、种源的遗传稳定性与适应性，进而为不同生态造林区确定优良适生种源。通过合理调拨良种用于大规模的生产造林，达到在短期内以较低的成本获得较大幅度的增产效益。现将试验结果分项做如下分析。

1. 种源性状变异与相关

据6批种源试验林多点多年度资料分析，树高、胸径和材积生长的种源差异显著(多点试验F值>6)，干形、结实、抗性、保存率等种源差异亦较大(F值达3~6)，种源广义遗传力估值均达中、强度，说明据上述性状作种源选择是可行的，可望取得较大的遗传增益。据幼林性状相关分析，遗传与表型相关系数值极其接近，处于同一显著水平，其中树高、胸径、材积与其他性状间相关较紧密，高径比与结实率略呈正相关，与虫害率、树干通直度略呈负相关。这说明各性状有一定关联，但相对独立，可做种源选择因子。

2. 种源适应性分析

(1) 种源与环境互作　两次全分布区种源试验单株平均材积的种源×造林区、种源×试验点互作显著，其方差分量各占总变异的1.4%~6.6%和2.9%~3.5%，反映遗传型与环境间存在明显的互作效应，但其小于种源效应、造林区及造林区内试验点的效应。各种源对不同造林区和立地类型具有不同适应性，推广造林应注意适地适种源。在不同造林区、试验点间，相同种源的单株材积存在显著正相关，其中1981年林(9年生)相关达显著水平的占61.1%(达1%和5%显著水平的各占50%和11.1%)，1984年林(6年生)相关显著的占83.3%(达1%和5%显著水平的各占61.1%和22.2%)。说明材积的种源变异在不同试验点表现出相似的变化趋势，而地点间的异质性则构成造林区差异。

(2) 种源稳定性分析　稳定性常用以衡量品种遗传型与环境互作程度。用Wright模型分析两次全分布区试验的种源稳定性，结果表现出一致的趋势，结合种源与环境互作及种源效应分析，可将参试种源大体分为以下4种类型。

①高产稳定型。主要为贵州、湖南和福建的种源，生长较好且稳定，平均材积增益为47.4%~53.8%。此类型种源占参试种源的30.6%~36.4%。

②高产不稳定型。主要为两广种源，在较好立地上表现好，能充分发挥其遗传与环境的优势。此类型种源占总数的16.7%~27.3%。

③低产稳定型。主要为湖北及部分四川种源，能适应较差立地但生长一般。此类型种源占总数的18.2%~36.1%。

④低产不稳定型。主要为河南、安徽种源，在较差立地生长尚可，但在较好立地生长一般。约占总数的16.7%~18.2%。

3. 优良种源综合评选

(1) 确定因子及权重　据以上分析，选择树高、胸径、单株材积、保存率、虫害率、树干通直度和高径比7项主要经济性状作为马尾松优良种源评选因子，各性状权重主要由其经济价值决定。

(2) 分区评选　本地种源对本地区气候极端因子及多发性病虫害具较强适应能力。因此在相似生态条件下为本造林区评选优良种源较为合理。即先评选出各试验点的优良种源，再据造林区内各试验点的中试种源名次、频数总评，筛选出各造林区的优良种源。

(3) 指数法评选结果　综合考虑评选性状的遗传变异幅度、经济价值及性状间相关，分造林区作多性状综合评定。

据第一次全分布区种源试验9年生测定评选结果，北带东、西区优良种源主要为福建、江西和浙江种源，中带东、中区主要为福建、湖南和广西种源，中带西区和四川区则以湖南、贵州种源为主，南带东、西区则以广东和广西本地种源为主。前10名中选种源平均材积超过本地对照幅度，最大为中带中区(111.8%)和东区(61.6%)，最小为南带西区(14.4%)和中带四川区(11.6%)，平均为46.2%。

第二次全分布区种源试验6年生测定评选结果与第一次相当接近，但广东、广西及福建种源占各造林区评出优良种源的比例有所增加，按名次和频数看，优良种源所在省(自治区)重要性按下列顺序递减:广西、广东、福建、湖南、贵州、江西、四川和浙江。

三次局部试验(10~12年生)及中间试验(4年生幼林)单株材积多点评选结果，亦与两次全分布区试验结果接近，尤以中试林种源排序与两次全分布区试验相关尤为显著。三次局部试验因试验点与参试种源均以南带、中带为主，故中选优良种源主要为广东、广西、福建、贵州和江西种源。中试林分别为试验点所在造林区评选出经中试验证的优良种源，以广西、广东、湖南、四川和福建种源为主。

综合两次全分布区试验指数选择结果，结合种源与环境互作及稳定性分析，参照局部、中间试验结果，分别按不同造林区和立地类型列出优良种源及参考利用种源（表4-2）。①南带、中带种源普遍表现较好，且主要集中于南岭山地（以忻城、恭城、江永、资兴、崇义、永定和安远等种源为代表）和云开大山（含高州、信宜、岑溪和容县等种源），是我国马尾松主要的优良种源。大娄山（涪陵、古蔺和德江）和武夷山脉（邵武、资溪和崇仁）也为重要的优良种源区。②不同造林区评出的优良种源有较大差别，越向南，广东和广西种源所占比例越大。北带优良种源中，湖南种源在东区、福建种源在西区占一定比例；中带优良种源中，广西种源

在东区、湖南种源在中区和西区、四川和贵州种源在四川区均占较大优势；而南带东、西区优良种源则以两广本地和福建种源为主。③即使在同一造林区内，为不同立地类型选择的优良种源也有一定差别，最明显的是湖南和江西种源在中带中、西区及四川种源在中带四川区较差立地表现较好，均属于该造林区"乡土"种源，适应性强。④参考利用种源以福建、江西、湖南、贵州和四川种源为主，说明中带种源具有较大的生长优势和较强的适应性。

（4）种源选择效益 三次局部试验生长最好的3个种源单株材积超过对照48%以上，超过最差3个种源均值169%以上。据两次全分布区试验树高、胸径和材积的种源选择效益分析，北带和中带东、中部造林区因当地种源本身生产力低，种源选择的增益相当高，选用其他造林区的优良种源可望取得较大的增产效果。在南带及中带西部造林区作种源选择，效果也较显著（表4-3）。

表4-2　各造林区优良种源综合评选结果

造林区		立地类型	优良种源	参考利用种源
北带	东区	好	恭城、长汀、高州、安化	英德、黄平、都匀、邵武
		差	德江、资兴、江永	绥宁、龙泉、永康、长汀
	西区	好	忻城、乳源、邵武、黄平	石城、漳平、博罗、资兴
		差	广宁、永定、岑溪	闽清、黄平、都匀、邵武
中带	东区	好	百色、崇义、罗定、恭城	柳州、常宁、英德、贵县
		差	邵武、德江、博罗	平南、仙居、永康、余江
	中区	好	宁明、古蔺、永定、岑溪	信宜、英德、忻城、安远
		差	资兴、江永、崇义	恭城、崇仁、凯里、黄平
	西区	好	都匀、安远、恭城、岑溪	高州、宁明、广宁、博罗
		差	汝城、罗定、资兴	三门、古田、万载、凯里
	四川区	好	英德、江永、恭城、崇义	宁明、南溪、忻城、蒲江
		差	南雄、黎平、涪陵	贵县、信宜、百色、清江
南带	东区	好	宁明、岑溪、广宁、恭城	高州、英德、信宜、博罗
		差	信宜、江永、三明	乳源、罗定、邵武、永定
	西区	好	岑溪、容县、高州、忻城	宁明、罗定、桂平、恭城
		差	古蔺、贵县、信宜	汝城、资兴、博罗、贺县

表4-3　各造林区种源选择增益　　　　　　　　　　　　%

| 试材 | 项目 | 北带 | | 中带 | | | | 南带 | |
		东区	西区	东区	中区	西区	四川区	东区	西区
9年生林 (1981年造)	树高	15.8	18.3	26.4	28.1	13.8	14.5	17.5	16.4
	胸径	27.3	34.6	45.3	39.6	22.9	20.3	37.4	34.2
	材积	67.0	82.2	103.6	105.6	59.8	58.6	47.9	41.3
6年生林 (1981年造)	树高	20.0	25.4	20.0	17.1	13.7	14.2	17.4	16.6
	胸径	37.2	33.8	37.2	29.1	22.5	23.1	29.9	25.9
	材积	79.4	77.7	79.4	65.4	53.8	55.4	62.2	60.9

三、研究结论

1. 马尾松种源选择具有极大的增产效益，优劣种源间9年生单株材积相差6倍，种源选择的平均材积增益达46.2%，以中带中区和东区及北带西区和东区尤为突出，高达60%～110%。各造林区种源选择的增产效果顺序为：中带中区＞中带东区＞北带西区＞北带东区＞中带西区＞中带四川区＞南带东区＞南带西区。

2. 南岭山地和云开大山是我国马尾松主要的优良种源区，大娄山地和武夷山地也是重要的优良种源区，其种源生产力高，有一定适应性。建议在上述优良种源区选择优良林分改建母树林，建立采种基地，以满足推广造林用种之需，扭转盲目调种的混乱局面，推动良种化进程。

3. 马尾松优良种源区恰与生态最适区重合，而生产力最低种源集中于分布区北缘的生态不适宜区，长期"驯化"作用导致种源间巨大的遗传分化。马尾松长期处于中心产区良好水热条件下，霜期短，生长期长，强阳性树种的优势得以充分发挥；而在水热条件差、生长期短的分布区北缘，长期负向选择导致生产力降低，而耐寒、耐旱、早实多实等抗逆适应性增强。

4. 选择枝干生物量高的马尾松种源造林，10年生时每公顷可产枝叶薪材25.5t(以密度3000株／hm² 计)，茎干薪材10.2t，平均增产率达93.9%和85.2%。在我国南方广大缺柴山区因地制宜推广马尾松高生物量种源，有助于解决薪炭来源，可取得明显收益。

5. 马尾松种源与造林区、立地类型间均存在明显的交互作用，说明不同造林区、试验点的生态因子总体对马尾松不同种源遗传适应性的符合程度不同。而抗寒性正是引起马尾松种源与环境交互作用的重要遗传因素，种源遗传分化以对低温的反应最明显。抗寒性变异具有与生长性状一致的相关性和纬向渐变性，说明该性状为马尾松种源遗传分化的主导选择压构成因子。因此不同造林区应选择适于本地区的优良种源造林，引进该区南侧或西侧(一般经纬度跨度不超过4°)的优良种源时，需采用配套营林技术(如菌根化容器育苗，低密度培育富根壮苗，切根，培育半年苗或百日苗等)，提高造林成活率。

四、优良种源的生产应用

马尾松全分布区种源试验协作组，包括全国有马尾松生产的14个省(自治区)都分别开展了种源试验，在当地自然条件下评选出适应本省(自治区)生产用优良种源，因此各地马尾松育苗造林应用的种源，有的是本地优良种源，也有的是外地引进的优良种源。世界银行贷款国家造林项目在1990～1999年共营建马尾松速生丰产林约25万 hm²，主要用优良种源种子育苗造林。大规模的造林工程用种量很大，对此采用本地与外来相结合的方法，南带以本地种源为主，中带采用本地与引进南带种源相结合，北带以引进中带或南带种源为主。世界银行贷款国家造林科研推广中心课题组汇集各省(自治区)课题组提出的根据当地种源试验所评选的优良种源，经课题组科研人员研讨分别确定省(自治区)确定用于育苗造林的优良种源，结果详见表4-4。高产单株见图4-6，图4-7。

表4-4 各省（自治区）国家造林项目应用优良种源情况

省（自治区）	面 积（万hm²）	应用本省优良种源	引用外地优良种源	本 省种子园	说 明
广西	1.1	宁明桐棉、忻城古蓬		种子园	*
广东	1.0	英德、乳源		种子园	
福建	2.2	武平、永定	上思、容县、宁明		
江西	1.3	吉安	高州、宁明		
湖南	1.2	慈利、安化、绥宁、资兴、江永			
四川	1.2	石柱、乐山、蒲江			
贵州	1.5	黄平、都匀		种子园	
安徽	1.0				**
浙江	0.5	庆元、仙居	邵武、吉安	种子园	
湖北	0.4				**

* 广西造林用种立足本省，海拔350m以下用忻城种源，350m以上用宁明种源。

** 参照应用各造林区综合评选的优良种源，见表4-2。

图4-6 马尾松种源材积生长的高产单株 (1)

广西恭城种源，25年生，树高18m，胸径39.1cm，单株材积0.890396m³。

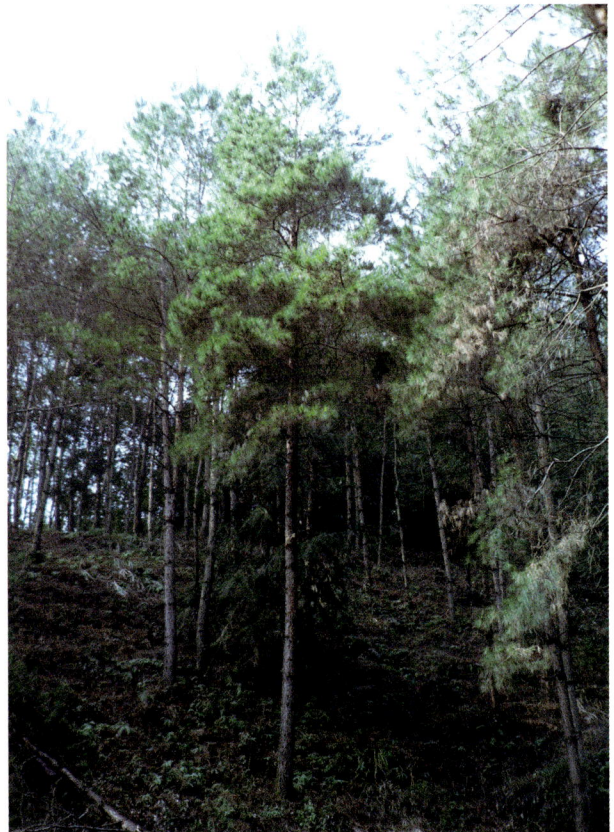

图4-7 马尾松种源材积生长的高产单株 (2)

广东信宜种源，25年生，树高19m，胸径30.9cm，单株材积0.605927m³。

在国家造林项目中大面积推广各省（自治区）提出的优良种源的同时，还设置了种源对比试验，现将在项目造林推广应用的17个种源进行生产性的比较，评选出各省（自治区）适应性强、生产力高的优良种源。根据6个试验点的测试比较，以当地优良种源为对照，分别选出适于本省（自治区）应用的5个优良种源，详见表4-5。

在国家造林项目中，各省（自治区）挑选最好的马尾松种源2～3个推广应用，大面积的幼林生长普遍优于当地一般种源，增产率达10%以上。据全国9个有马尾松造林项目的省（自治区）统计，项目林90%应用优良种源。第一期"国家造林项目"造林面积14.9万hm²，应用优良种源造林面积达13.4万hm²。第二期"森林资源发展与保护项目"造林面积10.2万hm²，应用优良种源达9.2 hm²。两期世界银行贷款造林项目，总共推广应用优良种源造林面积达22.6万hm²，占计划造林面积的90%。

经过长达二三十年之久的马尾松种源试验与优良种源生产应用的实践，各省（自治区）选出了高产稳定适于在本地推广应用的优良种源。比如广西选育的宁明与忻城两个优良种源，在本自治区内海拔350m以上推广宁明种源，350m以下应用忻城种源。中国林业科学研究院亚热带林业研究所负责浙江省的马尾松种源试验，最后提出5个优良种源，经浙江省林木良种审定委员会审查认定，由浙江省林业局公布在全省推广应用。5个种源中3个是引进的广西贵县、龙胜与湖南常宁的优良种源，2个是浙江省庆元与仙居的优良种源，详见本书附录浙江省马尾松审（认）定良种部分。

表4-5　国家造林项目六省（自治区）试验点评选的优良种源

试验点	种源名称	树高(m)	>CK(%)	试验点	种源名称	树高(m)	>CK(%)
贵州黄平	明宁	2.67	9.0	湖南浏阳	宁明	2.23	21.2
	忻城	2.63	7.3		英德	2.11	14.7
	安远	2.62	3.9		武平	2.11	14.7
	蒲江	2.64	7.8		安远	2.00	8.7
	黄平	2.61	6.5		都匀	2.00	8.7
广西桂平	英德	3.35	32.9	福建武平	宁明	4.42	36.4
	宁明	3.07	21.8		忻城	4.36	34.6
	信宜	2.98	18.3		英德	3.96	22.2
	黄平	2.84	12.7		信宜	3.90	20.4
	都匀	2.75	10.9		安远	3.74	15.4
江西分宜	涪陵	2.63	31.5	浙江淳安	安远	2.20	29.4
	武平	2.20	10.0		庆元	2.00	17.6
	黄平	2.20	10.0		武平	1.80	10.6
	吉安	2.17	8.5		黄平	1.80	10.6
	都匀	2.10	5.0		都匀	1.80	10.6

第五节 种源区的划分

一、地理变异的气候生态特征

参试种源产地有关气象因子与种源生长、物候和开花等性状的相关分析表明，产地热量因子（年均温、1月均温、1月最低温、≥10℃年积温）对种源的影响较水分因子显著。产地温度越高，则苗木地上部分生长越好，封顶越迟，开花越少。通过分析进一步证明，产地温度（1月均温，年均温，≥10℃年积温）对种源生长的直接影响最大，其次是适宜生长期（无霜期）和水分条件（年均降水量），年日照时数的影响最小。综合相关分析结果可知，温度是马尾松种源变异的首要因素。前述马尾松种源各性状纬向为主的地理变异，体现了冷暖气候生态因子在自然选择中的作用。

二、按带划分种源区

1. 种源区划分的可能性和必要性

马尾松在长期的自然演变进化过程中形成了各种类型，种源试验苗期和幼林期材料表明种源间有丰富的异同信息。从多点试验林的观察材料，按照回归分析的取样设计进行统计分析，结果表明马尾松苗期和幼林期许多表型性状与产地纬度有着密切的相关关系，少数性状与产地经度相关。这些相关表明：马尾松是有着明显的地域性变异的树种。从生长节律和物候的差异来看，不同地区的种源截然不同，并存在明显的地域界限（表4-6）。为了适地适种源，划分种源区是可能和必要的。

2. 种源区的划分和变异模式

据广西南宁、广东韶关、福建邵武、四川仁寿和河南信阳5个试点8～15项表型性状数据，对各点种源分别进行聚类分析（表4-7），综合15份材料的聚类结果，将马尾松种源划分为三带六区（暂缺台湾资料），结果如图4-8所示。

图4-8是马尾松种源多点试验资料按表型指标聚类结果的种源区划分图，从图可以看出各聚类结果的界线具有明显的规律，带区界线的划分与自然地理、植物地理的分区基本符合。其地理位置分述如下。

表4-6 各种源物候性状差异

项目	南岭山地及两广种源	四川盆地种源	其他地区种源	材料来源
3年生幼林二次抽梢率（%）	60.4	11	＜5	浙江临海点
	83.8	50	＜15	福建邵武点
	76.1	38	＜20	河南桐柏点
幼林封顶期	11月15日至12月15日	11月上旬	北带东区：10月15日；中带及汉中盆地：10月15日至11月15日	福建邵武点

表4-7 马尾松种源表型性状聚类结果说明

试验点	聚类资料				聚类结果	
	种源数	指标数	主成分数	阈值	归类种源数	占资料的比例
四川仁寿	75	15	9	1.35	74	98%
河南信阳	63	10	4	1.4,1.9	53	84%
福建邵武	88	13	5	1.3,2.5	81	92%
广东韶关	61	8	4	1.5	60	98%
广西南宁	73	10	4	2.7,2.8	73	100%

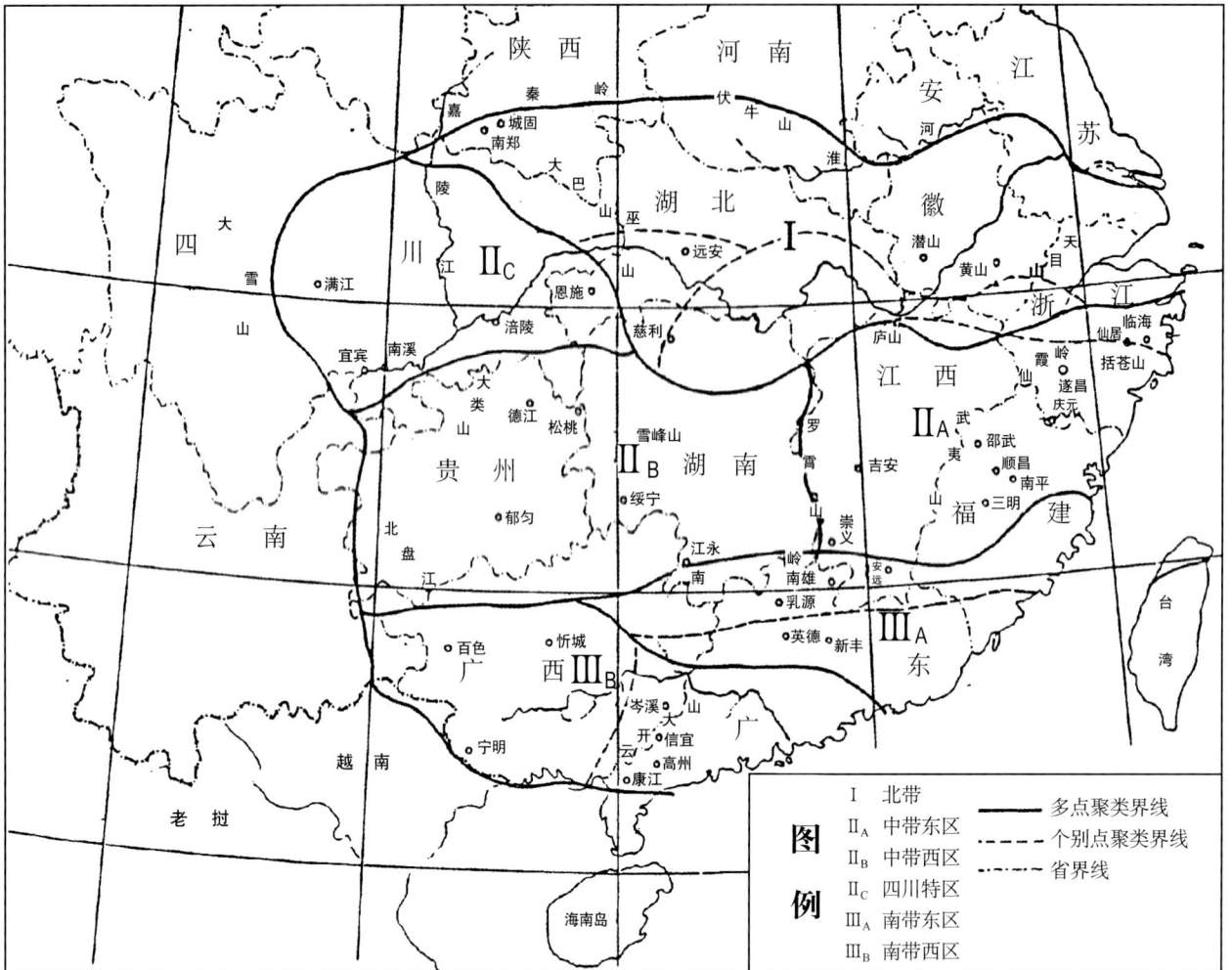

图 4-8 马尾松种源分为三带六区的区划示意图

I 北带：多数点的聚类结果，其南界沿大巴山南部向东南，经神农架、巫峡南下抵武陵山东端，沿洞庭湖平原南部东走，经九岭山北坡、鄱阳湖南端至天目山，沿天目山南麓到会稽山、四明山北坡。四川仁寿点聚类将三峡山地均归入中带四川盆地区。北带包括秦岭山地、桐柏山地、大别山地、鄂西北山地、洞庭湖外围丘陵（南部除外）、鄂东南低山丘陵、江淮丘陵、天目山地等。

II 中带：多数点的聚类结果，南界西段与广西盆地接壤，从贵州高原南部开始，经湖南、贵州、广西三省交界山地南麓，从广西北部北山伸向南岭，沿南岭山地北坡至武夷山南部，经戴云山南部至滨海。仅广东韶关点材料聚类结果将南岭山地划入中带，沿南岭山坡经博平岭南端至滨海。

中带东部（II_A）和中带西区（II_B）：两个试点的聚类结果是有部分种源划在罗霄山以东地区。据此中带可

以罗霄山为界分为东、西两区，中带东区（II_A）包括江西盆地，武陵山区北部，浙江的金衢盆地，四明山以南的浙闽沿海区。中带西区（II_B）包括贵州高原、湘西山区、湘中丘陵和湘东山地。

中带四川盆地区（II_C）：北界为大巴山南麓，东界为巫峡以西，南界为大娄山、武陵山北麓，包括四川盆地及四周的山地，邛崃山、巫峡、瞿塘峡山地，鄂西南恩施地区，湖南的武陵山以北山地。

III 南带：多数点的聚类可将该带分为两区。东区（III_A）包括南岭山地南北两侧，武夷山南端，戴云山以南、罗浮山以东的闽粤沿海丘陵。西区（III_B）包括广西盆地，云开大山，西江两岸及珠江三角洲，但据广西南宁点的材料聚类结果，西区仅包括广西盆地。

江西、福建、安徽、湖北、湖南等省应用不同聚类方法进行种源区划分，均得出相似结果。

从过氧化物酶同功酶及五项生理指标分析也可将马尾松种源大致归为北、中、南三带。

上述研究表明，马尾松具纬向倾群的变异模式，种内又可划分为若干地理生态种群。可见，现有的马尾松是一个天然种，种内的分化受长期的自然气候变迁影响极大，现有的马尾松各地理生态类型是不同地理气候条件下自然选择等导致的。

三、种源区划分结论

马尾松地理种源苗期、幼林试验研究结果表明，马尾松地理种源遗传变异极其丰富，且多与产地纬度呈一定的线性相关，其变异趋势，低纬度种源一般生长期长，地上部分生长量大，幼苗主根较短，每年抽梢可达2～3次，冠幅较宽，始花较晚，封顶较迟，适应性较差。

马尾松种源的纬向倾群变异模式，体现了南北气候生态条件的渐变，尤以产地温度为影响马尾松种源变异的首要因素。因而深入了解和利用这一遗传变异规律，是提高马尾松选育效果的重要内容和基础。

据马尾松各种源的生长、生物量组成、形态解剖、分枝、物候、结实及适应等性状的差异，运用多元统计分析，参照分布区气候、土壤和植被的差异及特点，将马尾松分布区的种源初步划分为三带六区：Ⅰ. 北带区；Ⅱ. 中带区，包括中带东区（ⅡA）、中带西区（ⅡB）和中带四川盆地区（ⅡC）三区；Ⅲ. 南带区，又分为南带东区（ⅢA）和南带西区（ⅢB）两区。

在马尾松地理种源试验中，运用过氧化物酶同功酶和5项生理指标的测定以补充其他表型性状的观察分析，均得出大体接近的分析结论，佐证了马尾松各种源的确有大量的遗传变异，提供了早期选择的可行性。

第六节　马尾松种子区划

林木种子区划是将一个树种的分布区和栽培区划分为自然条件和遗传结构相同的若干地域单元的工作。所划分的水平地域单元通常称为种子区。有时在一个种子区内部再划分种子亚区，或按海拔高度再分垂直带。种子区划工作的目的是为了克服造林用种的种源不清和盲目调拨的现象，务求造林用种适地适树适种源，以减少因此而产生的重大经济损失，保证营造稳定而生产力高的人工林。种子区划的基本原则是：尽量利用当地或与当地条件类似地区的种子。如果种源试验的期限和规模已足以确证某些外区产的种子，其后代具有生长快、材质好和稳定性强的优点，则这样的种子也可采用。

一般可根据以下四个方面的研究总结工作进行种子区划。①关于分布区内生态条件，主要是地貌、气候、植被条件的异质性及其对林木生长和稳定性影响的研究；②对一个树种在天然生境下变异式样进行的生物系统学研究；③通过种源试验进行的遗传变异研究；④通过对生产上使用不同种源的种子育苗造林经验的总结。目前，世界上大多数种子区划，都是基于气候地理条件而划分的。然而通过种源试验取得结果用以种子区划则显然更合理，但这需要较长的时间。为了便于实际应用，种子区应有明确的边界，要尽量利用行政界线（如省界、县界）、人工界线（如铁路、公路）和天然界线（如山脊、河流）作为种子区划的界线。

种子区划又可称为种源区划、产地区划、种子区区划或种子调拨区划。名称的不同反映了强调方面的不同。种子区划或种子调拨区划，强调了这项工作的目的，是为种子工作服务的；种源区划或产地区划强调的是划分的依据，也即它的基本属性。种子区区划是因为划分的基本单位是种子区而得名的。种子区划也可为林木育种服务。将来自同一种子区的优树无性系集中在一个种子园中繁育，然后将由它产生的种子用于原种子区造林。这种意义的区划单元，可称之为育种区，或者将种子区作为育种区使用。种子区划在林业上有重要的意义，它是科学造林的重要组成部分，是林木育种工作的起点。一个国家没有种子区划工作，就谈不上合理、科学的林业。

种源生态型的划分与林业生产的种子区区划，两者有着密切的关系，也有着不同的考虑。前者以物种历史形成的结果为依据，而后者是以生长条件与生产应用为依据。根据马尾松的种源研究，总结现实的生产状况，参考植被、气候、地貌等学科的研究成果，并参照行政管辖范围，将马尾松整个分布区划分为 9 个种子区、22 个种子亚区 (图 4-9)。

Ⅰ 秦巴山地种子区

    Ⅰ1 汉水上游山地丘陵种子亚区

    Ⅰ2 大巴山地种子亚区

Ⅱ 长江中下游丘陵山地种子区

    Ⅱ1 江淮丘陵及大别山种子亚区

    Ⅱ2 长江中游沿岸丘陵种子亚区

    Ⅱ3 天目山种子亚区

Ⅲ 四川盆地种子区

    Ⅲ1 四川盆地西部山地种子亚区

    Ⅲ2 四川盆地东部山地丘陵种子亚区

    Ⅲ3 三峡山地 (含清江流域) 种子亚区

Ⅳ 贵州高原 (含湘黔山地) 种子区

    Ⅳ1 大娄山地种子亚区

    Ⅳ2 黔西高原种子亚区

    Ⅳ3 湘黔山地种子亚区

Ⅴ 湘赣低山丘陵 (含罗霄山中北段) 种子区

Ⅵ 闽浙山地种子区

    Ⅵ1 浙东丘陵 (含金衢盆地) 种子亚区

    Ⅵ2 武夷山中、北部山地种子亚区

    Ⅵ3 浙闽沿海丘陵种子亚区

Ⅶ 广西盆地 (含珠江三角洲、西江水系) 种子区

    Ⅶ1 右江上游干热山地种子亚区

    Ⅶ2 南岭都庞岭以西山地种子亚区

    Ⅶ3 南宁盆地丘陵 (含十万大山) 种子亚区

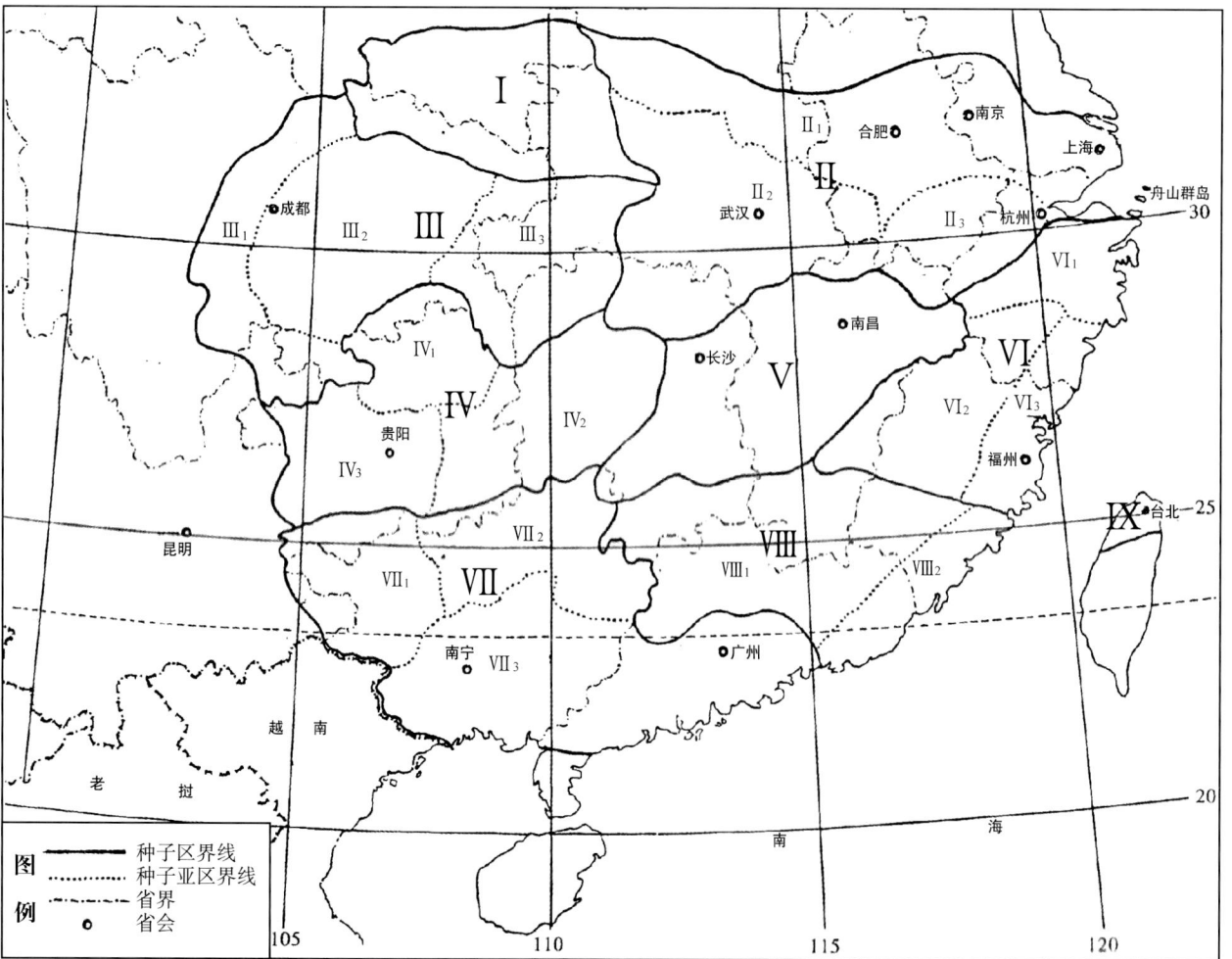

图 4-9　马尾松种子区划示意图

VII 4 云开山地（含珠江三角洲）种子亚区

VIII 南岭都庞岭以东丘陵山地种子区

　　VIII 1 南岭都庞岭以东（含博平谷）种子亚区

　　VIII 2 闽粤沿海丘陵种子亚区

IX 台湾北部山地种子区

带和区的划分是根据种源试验和其他学科的研究结果，亚区的划分则参照自然地理条件和栽培效果予以确定。根据亚区的栽培条件和种源试验的结果，提出该区最适宜的调种范围和可以引进的优良种源。马尾松种子区划见表4-8。

表 4-8　马尾种子区划表

种子区编号	种子区名称	种子亚区编号	种子亚区名称	范　围	用种说明
I	秦巴山地（北带西段）	I 1	汉水上游山地丘陵	商洛地区、略阳、勉县、留坝、汉中、南郑、城固、洋县、西乡、佛坪、宁陕、石泉、汉阳、紫阳、安康、自河、均县、十堰市	可用 I2、II 3 种子，也可引进 II 3、III 2、VI 2 种子
		I 2	大巴山地	宁强、镇巴、岚皋、平利、镇坪、竹溪、竹山、房县、神农架、巫溪、城口、万源、通江、南江、旺苍、广元、保康、老河口、谷城、襄阳、枣阳	可用 III 3、II 3 种子，也可引进 III 1、VI 2 种子
II	长江中下游丘陵山地（北带东段）	II 1	江淮丘陵及大别山	南阳地区、信阳地区、随县、泌阳、确山、滁县地区、大安地区、桐城、枞阳、安庆、黄岗地区、孝感地区、岳西、潜山、太湖、怀宁、宿松、望江、彭泽、上海、苏州、无锡、常州、镇江、南京、扬州、淮阴、定海地区、嘉兴地区（安吉除外）绍兴、上虞、余杭、肖山、余姚、慈溪、镇海、鄞县	可用 II 3、III 3 种子，也可引进 VI 2 种子
		II 2	长江中游两岸丘陵山地（含汉水中下游）	咸宁地区、荆州地区、青阳、贵池、巢湖地区、南陵、繁昌、当涂。芜湖、宣城、朗溪、湖口、九江、星子、瑞昌、南漳、当阳、宜都、枝江、澧县、临澧、安乡、常德、桃源、南县、源江、益阳、岳阳、临湘、汨罗、华容	可用 III 3、II 3、VI 2 种子，也可引进 VIII 1 种子
		II 3	天目山	衢州地区、太平、石台、东至、泾县、广德、建德、淳安、桐庐、临安、富阳、安吉、开化、景德镇、德兴、婺源、宜兴	可用 III 3、VI 2 种子，也可引进 VII 2、VIII 1 种子
III	四川盆地（含三峡山地区）（中带四川）	III 1	四川盆地西部	青川、平武、北川、安县、剑阁、江曲、绵竹、雅安地区（谷山除外）、沐川、成都市、洪雅、峨眉、沐山、峨边、屏山、高县、筠连、珙县、叙永、古蔺、兴文、绥江、盐津、镇雄	可用 III 3、IV 1、IV 2 种子，也可引进 VI 2 种子
		III 2	四川盆地东部地区	南充地区、内江地区、梓潼、绵阳、盐亭、三台、中江、德阳、射洪、遂宁、彭山、眉山、仁寿、青神、夹江、乐山、健为、井研、富顺、隆昌、宜宾、泸州、合江、江安、长宁、垫江、丰都、涪陵、重庆市、巴中、平昌、宣汉、达县、开江、渠县、大竹、邻水、开县、万县、梁平、忠县	可用 III 1、III 3、VI 2 种子，也可引进 VII 2、VII 3、VII 4、VIII 1 种子
		III 3	三峡山地（含清江流域）	云阳、奉节、巫山、恩施地区、宜昌地区（当阳、宜都、枝江除外）、石柱、铃江、酉阳、秀山、石门、慈利、大庸、桑植、龙山、永顺、保靖、花恒、古丈	可用 IV 1 种子，也可引进 VI 2 种子

（续）

种子区编号	种子区名称	种子亚区编号	种子亚区名称	范 围	用种说明
IV	贵州高原区（含湘西山地）（中带西段）	IV 1	大娄山地	遵义地区、铜仁地区、南川、武隆、彭水、沿河、德江、思南、卯江、石阡	可用III 1、III 3、VI 2种子，也可引进VIII 1种子
		IV 2	黔西高原	毕节地区、贵阳市、安顺地区、大盘山地区、独山、瓮安、福泉、贵定、龙里、晴隆、普安、兴仁	可用III 1种子，也可引进VII 1、VII 2、VIII 1种子
		IV 3	湘黔山地	黔东南地区、黔阳地区、邵阳地区、新化、涟源、新邵、东邵、安化、桃江、吉首、凤凰、泸溪、都匀	可用III 3、VI 2、VII 2、VIII 1种子，也可引进VII 3、VII 4种子
V	湘赣低山丘陵（含罗霄山中北段）（中带中段）			长沙市、湘潭地区、衡阳地区、宁乡、娄底镇、双峰、零陵、东安、双牌、永兴、安仁、耒阳、全州、宜春地区、吉安地区、修水、武宁、德安、永修、都昌、波阳、乐平、玉山、上饶、铅山、弋阳、万年、余干、余江、鹰潭、进贤、东乡、抚州、临川、金溪、崇仁、宜黄、乐安	可用VII 2、VIII 1种子，也可引进VII 3、VII 4种子
VI	闽浙山地（中带东段）	VI 1	浙东丘陵（含金衢盆地）	台州地区、金华地区（除开化）、诸暨、新昌、嵊县、奉化、宁海、象山	可用VI 2、III 3种子，也可引进VII 2、VIII 1种子
		VI 2	武夷山北段山地	建阳地区、三明地区、丽水地区（青田除外）、资溪、南城、黎川、南丰、广昌、宁都、石城、兴国	可用VII 2、VIII 1种子，可引进VII 3、VII 4种子
		VI 3	闽浙沿海丘陵山地（含戴云山）	温州地区、宁德地区、福州市、蒲田地区、青田、德化	可用VII 2、VIII 1种子，可引进VII 3、VII 4种子
VII	广西盆地（含珠江三角洲、西江水系）（南带西段）	VII 1	右江上游干热山地（滇、黔、桂交界地区）	百色地区、天等、天峨、凤山、东蓝、巴马、广南、富宁、望漠、册享、安龙、兴义、贞来、罗甸	可用VII 2、VII 3、VII 4种子
		VII 2	南岭山地西段（柳江、桂江上游山地）	桂林地区（全州除外）、三江、融水、融安、全秀、南丹、河池、罗城、宜山、都安、环江、蒙山、钟山、贺县、富州、昭平、平塘、荔枝	可用VII 3、VII 4种子
		VII 3	南宁盆地丘陵（含十万大山）	钦州地区（浦北、灵山除外）、南宁地区（天等除外）、来宾、武重、象州、柳州、柳城、鹿寨、桂平、平南、贵县	可用VII 4种子
		VII 4	云开山地（含珠江三角洲）	佛山地区、广州市（新丰除外）、博罗、惠阳、惠东、东莞、罗定、德庆、云浮、新兴、肇庆、四会、封开、高要、高州、信宜、阳春、廉江、化州、茂名、阳江、梧州、藤县、苍梧、岑溪、玉林、北流、容县、博白、陆川	可用VII 3种子

（续）

种子区编号	种子区名称	种子亚区编号	种子亚区名称	范围	用种说明
VIII	南岭都庞岭以东丘陵山地（南带东段）	VIII 1	南岭山地东段（含武夷山的南段）	韶关地区、梅县地区、龙岩地区、新丰、广宁、怀集、河源、紫金、龙川、和平、连平、新田、道县、宁远、江永、兰山、江华、桂东、汝城、郴州、嘉禾、宜章、临武、赣州地区（广昌、宁都、石城、兴国除外）	可用VII 2、VII 3、VII 4种子
		VIII 2	闽粤沿海丘陵	汕头地区、龙溪地区、厦门市、晋江地区（德化除外）	可用VII 2、VII 3、VII 4、VIII 1种子
IX	台湾北部山地丘陵			苗栗等地	

第七节　生产应用的实际问题

马尾松种源经过20～30年的试验研究和生产实践，取得了多项科研成果，积累了宝贵的生产经验，现今推广应用的优良种源，对马尾松良种化程度的提升和生产经营效益的提高，发挥了极为重要的作用。但在马尾松种源研究的过程中，也发现了一些问题，有待进一步明确和跟踪研究以逐渐解决。这些问题归纳起来就是：种源推广的地域性，优良种源的速生性，速生高产的稳定性，生态环境的适应性。

1. 种源推广的地域性

种源试验最后评选的优良种源，除了原产地应用之外，还要推广到其他适生的地区，扩大良种繁殖提高生产经营效益。评选出的每个优良种源都有一定的适生范围，也就是说推广不能盲目，而是受地域限制的。例如甲地从乙地引进一个优良种源，如若在甲地生长发育正常，而且生长量明显大于当地种源，那么乙地这个种源在甲地是值得推广的。种源区的划分与种子区划，都是基于这种考虑，使优良种源得到有效的推广。

从大范围的地域性考虑，南部种源生长优于北部种源，西部种源生长好于东部种源，因此引进种源的基本原则是，北部与东部地区一般向其邻近的南部与西部的种子区引进。根据多年的观测，西部种源引进到东部生长比较安全，未发现明显的生态灾害。例如浙江淳安马尾松种子园与育种园，利用四川、贵州的无性系作为建园材料，从嫁接后接穗开始生长，直到长成大树开花结实，均与当地种源相似未发现异常现象。而南部种源引进到北部尤其是两广种源，在浙江淳安的生长发育，与当地种源相比有较大差异，甚至出现了一定的生态灾害。主要表现在幼苗易感病害、苗期出现低温冻害、1～3年生的幼林也会出现轻微的冻害、树体长大进入郁闭以后易受雪压、在风袭地带林木易遭倒伏等等。由于有这样一些灾害存在，致使生长受到一定影响，同时也由于温度低积温不足，使得结实不良，种子产量低。地势高寒同样也影响林木的生长，常见到在高海拔地带的马尾松针叶，因低温而出现焦黄的冻害现象，这也是引进低海拔种源应注意的问题。

前面论述分析的问题，引进种源从西到东或由高到低，一般都不会出现招致引种失败的问题，主要是北部从南部引种出现的问题较多。高纬度向低纬度引进优良种源，气温是逐渐降低的，林木生长量也是呈现出下降趋势，到达一定纬度生长受抑制，甚至出现生态灾害。这里的问题是，北部从南部引进优良种源，应当以多大的纬距最为科学合理？以前也曾有关于马尾松引种跨越多大纬度的报道，但说法不一，没有确切的定论。现根据多年的生产实践与灾情观察，在北纬25°以南的种源引进到北纬30°以北地区，发生不适应的生态灾害的情况较普遍，因此引种的纬距跨度以不超过5°为宜。

2. 优良种源的速生性

马尾松良种选育的目的，主要是速生高产、形质优良。当初在种源选择与优树选择中，重点选择指标就是生长迅速与干形通直。优良种源速生在幼林期主要是树高生长量，后期主要是材积。在全分布区、局部、中试种源试验中所评选的优良种源，都是按树高与材积为指标而评选出来的。一般要求达到树高大于对照（当地种源）10%以上，材积大于对照30%以上。

3. 速生高产的稳定性

优良种源引进推广在生产上表现的速生高产是否稳定，是生产经营者极为关注的问题。稳定性常用以衡量良种遗传型与环境互作程度，也是科技工作者一个重要研究课题。林木生长量主要体现在树高与胸径生长上，高径生长量大而且稳定，是林木速生高产稳定性的基础。有关研究发现树高和胸径的稳定性存在着显著的地理变异模式，稳定性与产地经度及海拔相关性较小，主要与产地纬度有关。低纬度南部种源稳定性低，高纬度北部种源稳定性高。产地气候因子与稳定性参数的相关分析表明，种源遗传稳定性存在显著的地理模式，有其潜在生态学基础，产地温度是主要环境作用因子。云开大山和南岭山脉是著名的马尾松中心产区，水热资源极为丰富，霜期短，几乎无生长停滞期，年生长量大，长期自然选择使这里的种源适合于优越的环境条件。当将其引种推广到原产地以外的地区时，若立地条件好，环境优越，能保持其原有的生长特性，但在较差的立地上，生长潜力受到限制，与其他产地的种源差异不大，甚至还不如其他种源。武夷山脉和大娄山地也是马尾松中心产区和优良种源区，处在马尾松分布区中部，水热资源比较丰富，但不如云开大山和南岭山脉两地区，这里的种源既生长快，又具平均稳定性，能适应不同立地条件，是属于广谱性的优良种源。分布区北缘的产地，因所处地区水热资源较差，霜期长，生长期短，抗逆性状得到发展，因而能适应较差的立地条件，但在好的立地条件上生长潜力也能得到发挥，表现出较高的稳定性。

4. 生态环境的适应性

在种源推广的地域性方面，实际上是要求引进的优良种源，既要适应引进地区的生态环境，又要求速生丰产。适应性与速生性两者必须兼备，缺一不可，但首先应当适应生存，然后才可进行速生丰产栽培。在多年的马尾松种源试验研究中所涉及的适应性问题，主要有以下几方面。

（1）幼苗病害　1991年浙江淳安县富溪林场在实施国家造林项目中，发现来自不同产区的种源幼苗不同程度地感染病害。在参试的18个种源中，广东和广西的5个种源发生褐斑病。据调查，发病率广西忻城种源为23.3%、宁明种源为12.3%、藤县种源为11.3%，广东信宜种源为15.3%、英德种源为4.3%。来自其他产地的种源除个别之外未发现感病现象。在发病之后，南部的广东和广西种源易于感病，而北部的种源不易感病，这与南部种源幼苗不适应北部气候有一定关系。

（2）苗期冻害　北带地区引进南带种源苗期冻害是一个较为常见的现象。为了比较深入地了解马尾松种源苗期抗寒性能的差异，了解低纬度优良种源北移的范围和极限，为不同生态区筛选适生优质种源提供依据，对不同产地的种源苗木做了电导率的测试。测试于1994年12月在苗圃采样，样品按测定要求制成浸提液后，利用DDS-11A型电导仪和Varian原子吸收分光光度计测定浸提液的电导率，以衡量冷冻后离体茎细胞电解质的外渗值。马尾松5个有代表性的种源苗木浸提液，在-25℃低温下，分别处理4、8和12h，相对电导率随处理时间延长而增加。这说明在某一低温下，冻害时间长则细胞破坏程度大，质膜透性增大，相对电导率亦相应增大。相对电导率与处理时间成正比，与相同处理时间不同处理温度结果相吻合。现将来自不同纬度种源相对电导率随处理时间变化的百分值及其与时间的相关系数列于表4-9。

马尾松苗木低温处理后的电导率测定表明，低纬度种源（宁明、博罗）电导率值高，两种源3种处理时间变化值为72.5%～80.4%；高纬度种源（枝城）电导率值低，变化值为62.8%～65.2%；中纬度种源（分宜、怀化），变化值居中，为64.4%～69.2%。电导率值高说明苗木细胞因冻害受破坏程度大，相反受破坏程度小。这就是南部种源引进到北部易受冻害的细胞生理机制，是受冻害的基本原因。因此，在中、北亚热带各

表 4-9　各种源相对电导率变化值（%）及其与处理时间的关系

参试种源产地	地理位置		处理时间（h）			相关系数
	北 纬	东 经	4	8	12	
广东博罗	23° 06′	114° 17′	73.4	76.2	79.5	0.999
广西宁明	22° 10′	107° 04′	72.5	75.6	80.4	0.992
江西分宜	27° 49′	114° 41′	65.6	67.2	69.2	0.998
湖南怀化	28° 42′	109° 56′	64.4	65.2	66.6	0.988
湖北枝城	30° 23′	111° 26′	62.8	63.3	65.2	0.948

试验点遇到零下低温，广东和广西种源的苗木常会出现不同程度的冻害现象。

（3）风倒雪压　南部低纬度种源引种到北部，当幼林郁闭之后，风倒雪压也是常有的现象，尤其是山冈风口地段，当大风大雪来临时，林木极易发生倒伏、压弯和折断等。其主要原因是南部种源生长迅速，树冠茂密生物量大，降雪易在冠层积聚，当重量超过树干负荷支撑时，就会发生树干被压弯或折断。由于树冠茂密，树干支撑力有限度，树体头重脚轻，当大风袭来时也极易被吹倒。

风倒有两种情况，一种是树干弯曲倒下，另一种是连根兜一起倒下。前者主要是冠重干弱不敌风力所致，后者除了与前者相同的原因之外，还与不同产地的种源根系生长性状有关。林木根系固持力的强弱与抗风强度密切相关，一般水平根与垂直根都比较发达的林木，根系固持力好、抗风力强而不易发生连根风倒。凡是水平根强垂直根弱，或水平根弱垂直根强的林木，根系固持力均较差则容易发生连根风倒。

（4）适应性　一个马尾松优良种源对于生态环境的适应性，是指引进之后能正常生长发育并能获得速生高产，达到引用推广的目的，这种适应性的评价是包含引种目的性在内的。前面阐述了几个有关生态灾害的情况，也是生态适应性问题，这并非是说不适应就一定产生灾害。例如浙江淳安县姥山林场马尾松良种基地，种源试验林的广西种源生长良好，除了苗期在严寒低温时有轻微冻害之外，在幼林与成林期均未发生其他生态性灾害，对此只要苗期注意防寒并选择适宜的造林地，这样的优良种源还是值得引进推广的。同时还有一个事例，即应用广西优良无性系作为建园材料，植株生长很好，进入开花结实期之后球果寥寥无几，由于气温低和积温不足，种子园的广西无性系产量很低。作为种子园的建园材料，仅是植株生长好而不能正常结实，也不适于建立种子园。根据引进良种的主要目的，不达目的者则不能引用，能达目的而有一些不适应甚或有轻微灾害出现，也可以针对性采用相应营林措施而予以引进利用。

第八节　种源保存及利用

浙江省淳安县姥山林场国家马尾松良种基地保育的马尾松优良种源，是第二次马尾松全分布区源试验林，种子采自 13 个省（自治区）57 个产地（表 4-1）。造林试验采用平衡不完全区组设计(BIB)，57 种源 8 次重复(P2 + P + 1)，株行距 2m×2m，8 株双列小区。造林后进行正常的抚育管理。随着林木生长、林分郁闭和林木分化，需要疏伐调整密度时，先后进行了两次间伐，造林时每小区 8 株，间伐保留 3 ～ 4 株。8 个重复中 I 重复与 IV 重复因地处阴坡、坡度大等原因, 不列为长期保育之外, 其他 6 个重复保存完好而进行长期保存。共实际参试统计分析 55 个种源。

为了说明种源资源的优质性, 对种源试验林的生长,

按 5 年为一个生长期, 分别在造林后 5、10、15、20 和 25 年时, 进行树高、胸径、材积生长量测试, 以分析比较参试种源的生长表现及差异 (表 4-10, 表 4-11)。

表 4-10　马尾松种源林不同龄期林木树高、胸径、生长量定期测试

种源编号	产地（省 - 县）	5 个年龄段的树高生长量（m）					5 个年龄段的胸径生长量（cm）				
		5 年	10 年	15 年	20 年	25 年	5 年	10 年	15 年	20 年	25 年
11	陕西 - 城固	3.1	5.6	8.6	11.7	12.8	3.4	7.6	11.1	13.5	13.7
12	- 南郑	3.0	6.2	9.5	12.0	15.0	3.2	8.9	12.0	14.4	15.2
21	河南 - 桐柏	2.9	5.9	9.6	13.3	15.7	3.2	8.9	12.7	14.7	15.5
22	- 新县	2.8	5.8	9.5	12.9	14.7	3.2	8.1	12.1	14.6	15.4
31	安徽 - 霍山	2.8	5.6	8.8	12.1	13.6	3.0	7.9	11.0	13.1	13.6
32	- 太平	3.0	6.0	9.6	13.4	15.2	3.3	10.4	14.8	17.3	18.5
33	- 屯溪	3.3	6.4	10.2	13.7	16.6	3.8	10.1	14.5	17.6	19.7
41	江苏 - 江浦	3.1	6.3	9.8	13.0	15.2	3.4	10.1	13.4	14.9	15.8
51	浙江 - 镇海	3.3	6.1	9.8	13.0	15.7	3.5	9.1	13.1	16.1	16.8
52	- 仙居	3.2	6.2	9.6	13.7	15.6	3.7	9.7	14.2	16.5	17.8
53	- 永康	3.4	6.5	10.3	13.2	16.0	4.0	10,2	14.0	16.0	17.2
54	- 庆元	3.2	6.6	11.1	14.5	17.7	3.9	11.5	16.4	19.9	22.0
56	- 淳安	2.9	5.9	10.0	13.4	16.4	3.4	9.9	15.0	17.6	18.8
61	江西 - 乐平	3.3	6.5	9.9	13.4	16.9	3.7	10.3	14.2	17.7	20.0
62	- 乐安	3.1	6.4	10.5	13.9	16.6	3.6	10.2	15.8	18.9	20.5
63	- 吉安	3.3	6.5	9.8	13.4	16.6	4.0	10.3	13.8	16.6	17.9
65	- 信丰	3.7	7.2	11.2	14.5	18.4	5.1	12.5	17.2	20.7	22.3
71	湖南 - 慈利	3.3	6.3	10.0	13.5	16.5	3.7	10.1	14.1	17.5	18.6
72	- 安化	3.3	6.5	9.8	13.8	16.7	3.9	10.1	13.5	15.9	17.0
73	- 绥宁	3.2	6.5	10.5	14.3	17.9	4.0	12.0	17.1	20.5	22.3
74	- 资兴	3.5	6.9	11.3	15.0	17.2	4.3	12.0	17.5	21.0	22.6
81	湖北 - 远安	3.3	6.1	9.9	13.3	16.1	3.6	9.6	14.0	16.5	17.3
83	- 红安	2.6	5.3	8.1	11.9	14.0	2.7	7.4	10.3	13.3	14.9
84	- 通山	3.1	5.9	10.0	13.1	15.6	3.5	9.7	13.9	16.5	17.7

（续）

种源编号	产地（省-县）	5个年龄段的树高生长量（m）					5个年龄段的胸径生长量（cm）				
		5年	10年	15年	20年	25年	5年	10年	15年	20年	25年
91	福建-邵武	3.5	7.0	10.9	14.6	18.0	4.4	12.3	18.4	20.9	22.4
92	-大田	3.8	7.2	11.5	15.4	18.5	4.7	12.9	18.6	22.9	25.6
93	-南靖	3.5	6.7	10.9	14.5	18.1	3.8	10.3	15.8	18.8	20.1
94	-仙游	3.4	6.4	9.2	12.5	14.1	3.7	9.7	12.8	15.3	16.3
95	-永定	3.5	6.9	11.5	15.0	17.9	4.2	12.5	18.0	21.8	24.0
101	广东-蕉岭	3.5	6.8	11.2	15.0	18.9	4.4	12.4	18.0	21.5	24.2
102	-乳源	3.6	7.0	11.1	14.7	17.8	4.7	12.8	18.0	21.9	24.2
103	-英德	3.9	7.1	11.3	14.8	18.6	4.6	11.5	16.8	20.0	22.2
104	-博罗	3.4	6.3	10.6	13.8	17.2	4.6	10.8	16.1	19.6	20.9
105	-信宜	3.8	7.0	11.3	15.2	18.6	4.8	12.6	17.1	21.2	21.8
106	-高州	3.5	6.6	10.4	15.7	16.5	4.5	11.7	16.2	22.4	23.5
111	广西-恭城	3.8	7.2	11.5	15.3	18.2	4.9	12.3	18.8	22.8	25.0
112	-忻城	3.8	6.8	10.5	14.1	17.2	4.8	11.8	16.8	20.9	23.1
113	-宁明	3.6	7.1	11.4	14.8	17.4	4.4	12.5	17.8	22.3	24.4
114	-岑溪	4.0	7.4	11.9	15.1	18.2	5.2	13.2	18.5	22.7	24.6
115	-横县	4.1	7.4	11.8	15.9	18.4	5.5	14.4	19.9	24.2	26.5
121	贵州-德江	3.4	6.6	10.0	13.0	15.5	4.0	10.1	14.6	17.1	18.4
122	-黄平	3.4	6.4	10.6	13.4	16.4	3.7	10.0	14.8	16.7	18.6
123	-都匀	3.5	6.8	9.7	13.5	15.4	4.4	10.6	14.6	17.4	18.4
124	-黎平	3.5	6.8	10.5	13.3	16.5	4.2	11.5	16.4	19.6	21.3
131	四川-南江	3.2	6.1	10.2	12.9	15.2	3.4	10.0	15.0	17.5	19.2
132	-江油	3.2	6.2	9.8	12.6	14.4	3.4	9.5	13.5	16.5	16.8
133	-蒲江	3.3	6.3	9.9	12.9	15.3	3.5	9.1	13.3	15.5	16.0
134	-古蔺	3.3	6.4	10.2	13.4	15.8	3.5	10.3	14.8	17.4	18.8
135	-酉阳*	3.5	6.9	11.2	13.8	17.0	4.2	10.6	14.6	17.0	18.9
平均		3.4	6.5	10.3	13.8	16.5	4.0	10.7	15.2	18.3	19.7

注：*所示地区现归属重庆。

表 4-11 马尾松种源林不同龄期林木材积生长量定期测试

种源编号	产地（省-县）	5个年龄段的单株材积生长量（m³）					25年生	
		5年	10年	15年	20年	25年	m³/hm²	位次
11	陕西-城固	0.00181	0.01431	0.04689	0.08732	0.10147	121.80	
12	-南郑	0.00157	0.02095	0.05891	0.10258	0.14099	169.20	
21	河南-桐柏	0.00161	0.01999	0.06303	0.11030	0.14537	174.45	
22	-新县	0.00148	0.01663	0.05810	0.10731	0.13653	163.80	
31	安徽-霍山	0.00134	0.01535	0.04632	0.08234	0.10042	120.45	
32	-太平	0.00166	0.02702	0.08287	0.15467	0.19649	235.80	
33	-屯溪	0.00235	0.02728	0.08607	0.16390	0.24233	290.85	
41	江苏-江浦	0.00182	0.02676	0.07114	0.11318	0.15257	183.15	
51	浙江-镇海	0.00203	0.02166	0.06811	0.12915	0.17304	207.60	
52	-仙居	0.00219	0.02534	0.07927	0.14694	0.18845	226.20	
53	-永康	0.00269	0.02801	0.08021	0.13424	0.18403	220.80	
54	-庆元	0.00255	0.03571	0.11450	0.21627	0.31196	374.40	
56	-淳安	0.00176	0.02406	0.08729	0.15641	0.21764	261.15	
61	江西-乐平	0.00234	0.02827	0.08165	0.16080	0.25062	300.75	
62	-乐安	0.00208	0.02837	0.09989	0.18543	0.25320	303.90	
63	-吉安	0.00264	0.02870	0.07570	0.14310	0.19805	237.60	
65	-信丰	0.00444	0.04473	0.12454	0.222574	0.32828	393.90	
71	湖南-慈利	0.00231	0.02695	0.08156	0.16098	0.22154	265.80	
72	-安化	0.00252	0.02817	0.07440	0.13892	0.18625	223.50	
73	-绥宁	0.00252	0.03815	0.11973	0.22225	0.32178	386.10	
74	-资兴	0.00326	0.03995	0.13432	0.24538	0.32142	385.65	
81	湖北-远安	0.00218	0.02356	0.07901	0.14285	0.18953	227.40	
83	-红安	0.00105	0.01257	0.03675	0.08325	0.12499	150.00	
84	-通山	0.00205	0.02399	0.07694	0.14261	0.19330	231.90	
91	福建-邵武	0.00337	0.04238	0.13863	0.23737	0.33115	397.35	

（续）

种源编号	产地（省-县）	5 个年龄段的单株材积生长量（m³）					25 年生	
		5 年	10 年	15 年	20 年	25 年	m³/hm²	位次
92	- 大田	0.00398	0.04803	0.14920	0.29453	0.42981	517.20	
93	- 南靖	0.00254	0.02939	0.10462	0.18873	0.27133	325.65	
94	- 仙游	0.00224	0.02626	0.06176	0.11472	0.14800	177.60	
95	- 永定	0.00310	0.04311	0.14161	0.26183	0.37265	447.15	
101	广东 - 蕉岭	0.00336	0.04294	0.14059	0.26428	0.40400	484.80	
102	- 乳源	0.00388	0.04715	0.13968	0.27253	0.38326	459.90	
103	- 英德	0.00385	0.03768	0.12287	0.22249	0.34591	415.05	
104	- 博罗	0.00351	0.03083	0.10659	0.19846	0.27500	330.00	
105	- 信宜	0.00425	0.04425	0.12593	0.24751	0.32395	388.80	
106	- 高州	0.00360	0.03799	0.11341	0.28950	0.35134	421.65	
111	广西 - 恭城	0.00476	0.04402	0.15317	0.29011	0.40608	487.35	
112	- 忻城	0.00452	0.03918	0.11608	0.23392	0.33678	404.10	
113	- 宁明	0.00350	0.04659	0.13882	0.27284	0.37267	447.15	
114	- 岑溪	0.00521	0.05189	0.15590	0.29147	0.40535	486.45	
115	- 横县	0.00577	0.06025	0.17194	0.33128	0.45747	549.00	
121	贵州 - 德江	0.00272	0.02841	0.08583	0.14849	0.19693	236.25	
122	- 黄平	0.00232	0.02722	0.09130	0.14140	0.21358	256.35	
123	- 都匀	0.00339	0.03128	0.08198	0.15704	0.19706	236.40	
124	- 黎平	0.00304	0.03658	0.10831	0.18954	0.26716	320.55	
131	四川 - 南江	0.00193	0.02649	0.09402	0.15938	0.21969	263.70	
132	- 江油	0.00194	0.02390	0.07106	0.13037	0.15529	186.30	
133	- 蒲江	0.00213	0.02257	0.07275	0.12194	0.15199	182.40	
134	- 古蔺	0.00213	0.02900	0.08980	0.15936	0.21825	261.90	
135	- 酉阳*	0.00319	0.03263	0.09350	0.15366	0.22543	270.45	
平 均		0.00279	0.03177	0.09789	0.18215	0.25184	302.24	

注：* 所示地区现归属重庆。

（续）

第五章
优树选育资源

优树（Superior of plus tree）又称正号树，是指在相似环境条件下，如立地条件、林龄、营林措施相同的天然林或人工林中，在生长量、形质、材性及抗性、适应性上表现特别优良的个体。用材树种优树的主要优良性状应包括木材生长量、形质指标以及抗逆性能等3个方面。优树选择应在属于优良种源区范围内、选用起源为实生天然林或人工林的优良林分，从中选取中龄林或近熟林的优良个体。实际上，优树是在优良种源区的优良林分里所选择的优良个体，优中选优，这样选出的优树具有3个层面的优秀质量。当年开展选优的目的很明确，精心选择这种高质量的优树，是将选优和建园紧密地结合在一起，称之为"选优建园"。优树选定之后，继而进行的两项工作：一是采集优树穗条首先建立用于营建种子园的采穗圃（或育种园），将所选的全部优树都收集到育种园里；二是采集优树种子，进行优树子代测验，营建优树子代测定林。这样就形成了马尾松优树选育资源，主要体现在育种园里面，内容包含：①直接选于浙江、江西、安徽、湖北四省的优树共540株（无性系），从广东、广西、福建、湖南、四川、重庆、贵州7省（自治区、直辖市）引进优树无性系230个。②选择与引进的优树无性系，收集建立育种园120亩（1亩＝1/15公顷，

图5-1　马尾松1代基本育种群体林相

后同），得到妥善的保存与利用。③建立优树子代测定林12hm²，评选出优良家系80个。④由育种园提供穗条营建马尾松1代无性系种子园子33.3 hm²。20世纪80年代全国开展选优建园，总共选出马尾松优树4500株，营建初级种子园1000hm²。现将马尾松优树资源的形成、保育及应用作如下介绍。马尾松育种群体林相与全景见图5-1，图5-2。

图5-2　马尾松1代基本育种群体林相与全景

第一节 选优林分及选优方法

一、优树选择的林分条件

1. 应在优良种源区选择优树

林木选优的林分条件，主要应在优良种源区的优良林分里选择优良个体（优树）。因此，首先要确定选优的林区是否是属于优良种源区。20世纪80年代先后两次开展马尾松全分布区种源试验，最后评选确定了优良种源区。从全分布区试验范围内分析比较，全国有四大主要优良种源区，即南岭山地和云开大山是我国马尾松主要的优良种源区，大娄山地和武夷山地也是重要的优良种源区。在全分布区种源试验中，全国马尾松主产省（自治区）都设有多处试验点，参试的种源包括外省与本省的，最后评选出适应试验所在地区推广应用的优良种源。比如浙江在全分布区种源试验中，全省设置5个试验点，最后进行评选并经省林木良种审定委员会认定的优良种源5个，其中外省种源3个（湖南常宁、广西贵县与龙胜）、本省2个（庆元与仙居）。有了以上种源试验资料，选优之前应有所了解，以便确定选优的优良种源。如是处在全国四大优良种源区范围内，可直接使用业已区划的优良种源区；倘若不处在其范围内，则可以各省评选的优良种源所在林区为依据，经踏查核实确定符合选优要求的优良种源区。

2. 选优林分的基本条件

①选优的林分应属于优良种源区范围内的优良林分。确定优良种源区应当以可信的种源资料为依据，如当种源资料不足时，可在邻近有依据可信的优良种源区进行选择。②林分起源，最好是实生天然林或实生人工林分。若在天然林中选优，优树间应有5～10倍树高的距离。若林分有明显的小群体分化，则在同一群体内，一般只能选取一株，以避免优树间具有相同的亲缘关系。另据应用同功酶对邻近小群体和远距离群体遗传结构的研究表明，马尾松天然群体具有较高的遗传变异水平，遗传改良潜力很大；邻近小群体间

的分化程度不高，群体内杂合体不足，纯合体过量，处于不平衡状态，存在一定程度的亲缘交配。因此，优树作为建园亲本应选自多个林分，以避免遗传基础变窄和近亲繁殖。③林龄，选优林分的林龄，以中龄林或近熟林为宜。④郁闭度，选优林分的郁闭度，要求在0.6以上。

二、优树选择的标准与方法

1. 选优标准

选择优树要以标准为依据，一般因树种、目的、资源状况而有所不同。就马尾松而言，按用材林的目的要求，优树选择的性状指标主要是生长量大、形质优良、抗逆性强；如按脂源目标选优，则应以干粗冠大、产脂量高为主要指标。

（1）生长量标准 现根据北纬27°～30°东部中亚热带地区马尾松选优资料，统计分析不同龄级的优树高、径、材积平均生长量。利用52株优树生长量资料，按5年为一个龄组级，以年均生长量比较分析。由此得知：16～20年龄级优树高、径生长快，21～30年龄级生长量居中，31～40年龄级生长量较慢；而材积生长正好相反，高龄级快、低龄级慢。优树材积与对比木比较，低龄级比对比木大55.4%，高径比为75；两中龄级比对比木平均大36.7%，高径比平均为70.3；两高龄级比对比木大35.1%，高径比为70.3。从优树生长量以及子代测定分析，以分龄级提出高、径、材积生长量指标作为选优指标是适用的。但在实际应用时，要视环境条件不同标准有个幅度，立地好幅度要适量提高，反之适量降低。马尾松优树各龄级平均生长量见表5-1。该标准是地区性的，适用于中亚热带，如供南亚热带选优作参考，就应提高优树生长量的标准值。

（2）形质指标 优树的形质指标主要有以下几项。①树干圆满通直，形率不低于3或5株优势木形率的平均值。②树冠较窄，不超过树干高度的1/4～1/3，

均匀对称,侧枝较细。③自然整枝良好,无大的枯死节,枝下高为树干总长的1/3～2/3。④树皮较薄,纹理通直,无扭曲现象。⑤主干无折顶、分叉现象。⑥无病虫害和机械损伤。⑦结实能力中等。选优林分见图5-3至图5-6。

2. 选优方法

林木选优按工作步骤可分为初选、复选和精选三步;

按优树材积选择标准则常用的有优势木对比、基准线和小标准地三种方法。

(1)优树选择步骤 ①初选。实际上是选优之前对选优林分全面进行踏查,以确定适合选优的林地以及开展选优的行动路线。然后按优树标准目测预选和实测评比,凡符合优树标准的个体,给予编号登记。实测各项因子,填入优树调查登记表,并在1.3～1.5m

表 5-1 马尾松优树各龄级平均生长量

龄级(年)	数量(株)	树高(m)	胸径(cm)	材积(m³)	材积大于对照(%)	高径比
16～20	9	0.81	1.08	0.01288	55.4	75.0
21～25	14	0.73	1.05	0.01695	39.4	69.5
26～30	14	0.71	1.00	0.01878	33.9	71.0
31～35	7	0.65	0.92	0.01960	39.8	70.7
36～40	8	0.58	0.83	0.02017	30.3	69.9

图 5-3 广西三门江马尾松选优的优良林分

图 5-4 广西宁明马尾松选优的优良林分

图 5-5　贵州黄平马尾松选优的优良林分

图 5-6　浙江淳安马尾松选优的优良林分

树高处涂上鲜明标记以资识别，便于采集种子和穗条。②复选。初选工作结束后，将所选优树资料集中起来，按精度要求进行统一复查考核，优中选优，凡不符合条件的优树一律淘汰。③精选。从经复选的优树上采集穗条和种子。一方面利用穗条建立采穗圃或直接用于建立初级无性系种子园，另一方面利用优树种子作单亲子代测定。根据测定结果，再次淘汰表现差的家系的母树。

（2）优树选择方法　①优势木对比法。在符合选优的林分中，先用目测选出预选木，然后以预选木为中心，在立地条件相似的 10～25m 半径范围内，其内至少应包括 30 株以上的树木，从中选出仅次于预选木的 3～5 株优势木，实测并计算其平均树高、胸径和材积。如预选木树高、胸径、材积三者与优势木对比，超过规定标准，即可入选。一般情况优树评选工作，多数在同龄林中进行，如在异龄林中选优，相差树龄必须换成同龄之后，才能比较评定入选优树。②基准线法（又称绝对值法）。用该树种生长过程表中平均木的树高、胸径乘上一定系数，制订出优树的树高和胸径的基准线，凡预选树的生长量超过同龄级的基准线时，即属合格。此法在异龄林选优时应用较多。③小标准地法。以预选木为中心，在立地条件近似的范围内逐株实测 30 株以上的胸径、树高，以平均胸径、树高、单株材积与预选木比较，符合标准的，即可入选。入选优树树体表形见图 5-7 至图 5-10。

图 5-7　马尾松 5181 号优树

优树选自浙江淳安姥山林场马尾松天然林。31 年生，树高 20.4m，胸径 29.0cm，单株材积 0.60279m³，树皮厚 1.8cm，冠幅 5.8m，枝下高 12.1m。树高＞CK 34.2%，胸径＞CK 33.6%，材积＞CK 104.5%。树干通直，圆满度 0.7，高径比 70，冠径比 20，树皮指数 0.2，自然整枝 0.6。

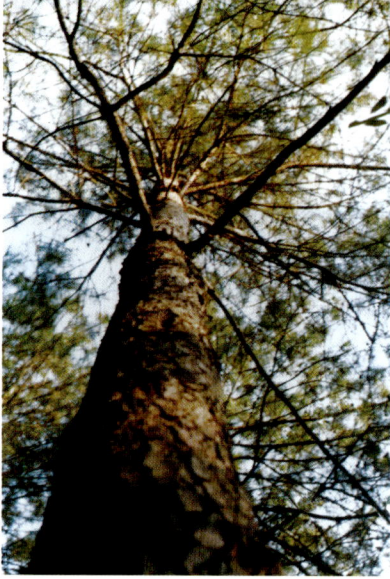

图 5-8　马尾松 5204 号优树

优树选自浙江建德新安江林场马尾松人工林。32 年生，树高 19.9m，胸径 27.4cm，单株材积 0.52661m³，树皮厚 1.3cm，冠幅 5.1m，枝下高 7.8m。树高 > CK 8.2%，胸径 > CK 13.2%，材积 > CK 37.0%。树干通直，圆满度 0.7，高径比 73，冠径比 19，树皮指数 0.11，自然整枝 0.4。

图 5-9　马尾松 3201 号优树

优树选自安徽歙县林业科学研究所马尾松人工林。32 年生，树高 18.8m，胸径 26.8cm，单株材积 0.47960m³。树高 > CK 6.8%，胸径 > CK 25.8%，材积 > CK 67.5%。树干圆满通直，形率 71，树皮厚中等 1.9cm。

图 5-10　马尾松 3413 号优树

优树选自安徽休宁县板桥乡马尾松天然林。38 年生，树高 21.5m，胸径 28.3cm，单株材积 0.60103m³。树高 > CK 7.4%，胸径 > CK 14.6%，材积 > CK 52.4%。树干较圆满通直，形率 65，树皮薄，厚度 0.9cm。

第二节　马尾松优树资源收集保存

一、优树无性系收集

马尾松优树资源自 20 世纪 80 年代开展选优建园至今，总共收集 1220 株优树无性系。前后分为三批收集保存在浙江省淳安县姥山林场国家马尾松良种基地。

第一批为 1983～1986 年，分别在浙江、江西、安徽、湖北等省选择优树，总计 499 株。其中浙江省在淳安、建德、遂昌、松阳、庆元、龙泉、武义、东阳、永康、仙居、镇海、开化 12 县（市）选出优树 303 株；江西省在婺源、德兴、分宜、安福、宜黄、广昌 6 县（市）选出优树 138 株；安徽省在太平、歙县、屯溪、休宁、黟县、祁门 6 县（市）选出优树 55 株；湖北省在远安

县选出优树 3 株。选出的全部优树分布在 4 省 11 市 25 个县（市）的马尾松优良种源区。

第二批为 1986～1988 年间，为营建马尾松 1 代育种群体（育种园），除了自选的优树无性系之外，还分别从 6 省（自治区）约 70 县（市）的马尾松优良种源区引进 255 个优良无性系。其中，贵州 50 个、四川 30 个、福建 49 个、广西 47 个、广东 49 个、湖南 30 个。

第三批为 2011 年春，从福建省邵武市卫闽林场基因库引进的 420 个无性系，是优树子代测定林与种源试验林中选出的优良单株，这是从广东、广西、贵州、湖南与福建 5 省（自治区）33 县（市）优良种源子代林选出的优树，以及福建本省 20 个县（市）所选优树的子代测定林中选出的优良单株。此外，于 2003 年从浙

江开化县林业科学研究所马尾松收集区，引进40个优树无性系。以上两处的种源子代林与优树子代林中所选优良个体，属于半同胞无性系，也用于马尾松2代无性

系种子园的建园材料。在优树资源收集中的10个马尾松主产省（自治区）优树无性系的林相及林木表形见图5-11至图5-20。

图5-11 广西马尾松优树无性系

无性系号1114，优树选自大青山，平均树高14.8m，胸径28.1cm，单株材积0.400000m³。

图5-12 广东马尾松优树无性系

无性系号1005，优树选自连县，平均树高14.1m，胸径27.1cm，材积0.357071m³。

图5-13 福建马尾松优树无性系

无性系号9628，优树选自南靖，平均树高15.0m，胸径28.7cm，材积0.421389m³。

图5-14 浙江马尾松优树无性系

无性系号5136，优树选自淳安，平均树高14.4m，胸径26.5cm，材积0.349514m³。

图 5-15　湖南马尾松优树无性系

无性系号 7633，平均树高 16.2m，胸径 28.6cm，材积 0.450663m³。

图 5-16　贵州马尾松优树无性系

无性系号 1201，优树选自黄平，平均高 14.0m，胸径 31.7cm，单株材积 0.474400 m³。

图 5-17　江西马尾松优树无性系

无性系号 6102，优树选自婺源，平均树高 14.8m，胸径 28.4cm，材积 0.407980 m³。

图 5-18　安徽马尾松优树无性系

无性系号 3201，优树选自歙县，平均树高 14.6m，胸径 23.3cm，材积 0.278941m³。

图 5-19　四川马尾松优树无性系

无性系号 1323，优树选自綦江，平均树高 14.1m，胸径 25.7cm，材积 0.323608 m³。

二、优树子代测定

营建测定林自 1983 年选择马尾松优树开始，就有计划地选一批优树、采一批优树种子、培育一批大田苗、建立优树子代测定林。并对子代测定林进行生长量测定，评选优良家系。

1. 营建测定林的主要作用

营建测定林是林木改良的基础工作，是遗传测定的重要环节。没有遗传测定，就无从知晓育种材料的质量水平，更不可能使增益得到大幅度提高。通过遗传测定可解决育种工作中的主要问题：①估算待测树木的育种值，并据此对待测树木确定取舍；②估算各种变量组分和遗传力，并据此可采用最有效的育种方法；③为多世代育种提供没有亲缘关系的繁殖材料；④通过田间对比试验，评定遗传增益。由此可见，营建优树子代林进行遗传测定，从遗传增益水平来评估所选优树的优质性是必不可少的。

2. 子代林的营建与生长情况

（1）育苗 当时一般采用大田播种育苗。为了各优树家系苗期生长性状的比较，苗圃起垄作床条播，床面宽 1.2m，按床宽方向开播种条沟，每株优树种子（每个家系）播种 3 行（条沟）为 1 小区，重复 3～4 次，同一重复的各家系随机播种。播后床面覆草，进行常规的圃地管理。当年秋末冬初，进行苗木生长量调查。一般出圃造林苗木，地径 0.3cm 以上、苗高 25cm 以上。

（2）造林 试验造林整地，明穴栽植，植穴规格为 30cm×30cm×25cm。株行距 2m×2m 或 1.5m×2m。家系苗木田间栽植为随机区组设计，5～6 次重复，8 株或 10 株双行小区。造林后抚育 3～4 年，前 3 年每年抚育 2 次，最后抚育 1 次。根据遗传测定设计要求，年终进行生长量调查。现将浙江省淳安县姥山林场马尾松良种基地及外地多点试验的优树子代测定林营建与林木生长情况列于表 5-2。

（3）优树子代林生长情况 根据淳安县姥山林场马尾松良种基地的测定，三个林龄的林木生长量分别为：① 5 年生林木的平均树高 2.6m、胸径 3.0cm、单株材积 0.00125m³；② 8 年生的生长量分别为 5.0m、7.2cm、0.01192m³；③ 10 年生的生长量分别为 6.2m、9.3cm、0.02330m³。各林龄的林木长势与生长量均优于当地优良林分，其中一些优良家系生长更为突出。④其他的测试林分，由于立地条件不同，林木生长情况不如姥山林场的

图 5-20 湖北马尾松优树无性系

无性系号 8101，优树选自远安，平均树高 14.1m，胸径 21.6cm，材积 0.234419m³。

测试林分，在当地属于一般林分的生长水平（表 5-2）。

三、优树优良家系评选

优树子代林优良家系评选：从 1985 年开始连续 7 年营建优树子代测定林，当优树子代林 5 年、8 年、10 年生时，进行生长量测定，评选优良家系。优树子代林营建及其优良家系评选工作分为两部分：一是主要测试林建在浙江省淳安县姥山林场马尾松良种基地，建有 8 处（片）林地，参试家系 486 个，初评单亲优良家系 151 个，占测试家系总数的 31.1%；二是为了测验评估环境互作的影响，设置了多点测试，分别在浙江龙泉、安徽屯溪、江西分宜营建试验林，建有 5 处（片）林地，参试家系 355 个（与淳安 8 处参试验家系相同），初评单亲优良家系 102 个，占测试家系数的 28.7%。各批次优树子代测定林初选出的优良家系数详见表 5-2。

表 5-2　马尾松优树子代林营建及林木生长情况

顺序编号	造林地点	造林年份	参试家系	调查年份	树龄(年)	生长量			初选优良家系(个)
						树高(m)	胸径(cm)	材积(m³)	
1	浙江淳安	1985	28	1994	10	6.2	9.3	0.02330	10
2	浙江淳安	1986	103	1993	8	4.5	7.0	0.01040	33
3	浙江淳安	1987	77	1994	8	5.3	7.5	0.01348	24
4	浙江淳安	1987	54	1994	8	4.9	6.6	0.01030	17
5	浙江淳安	1988	70	1995	8	5.1	7.6	0.01350	20
6	浙江淳安	1988	94	1992	5	2.6	3.2	0.00146	27
7	浙江淳安	1989	44	1993	5	2.4	2.7	0.00102	15
8	浙江淳安	1991	16	1995	5	2.8	3.0	0.00128	5
9	浙江龙泉	1988	64	1995	8	5.0	6.6	0.01010	18
10	安徽屯溪	1986	70	1990	5	2.2	2.4	0.00067	20
11	安徽屯溪	1987	82	1991	5	2.4	2.6	0.00085	24
12	安徽屯溪	1988	81	1992	5	2.1	2.2	0.00055	24
13	江西分宜	1986	58	1990	5	2.1	2.3	0.00060	16

注：表中初评优良家系共253个，其中淳安8处为151个，另外5处为102个家系。

第三节　马尾松优树资源保育

一、第1代育种群体优树资源

1. 自选优树无性系资源

在4个省开展马尾松优树选择，共选得优树499株。其中在浙江12个县（市）选出303株占60.7%，江西6县（市）选出138株占27.7%，安徽6县（市）选出55株占11.0%，湖北1个县选出3株占0.6%。选优的林分中，选自天然林的优树437株占87.6%，人工林62株占12.4%。这里对其中的180株马尾松优树的产地、生长指标、形质性状予以列表说明，详见表5-3。

2. 引进优树无性系资源

在20世纪80年代中期，全国成立马尾松种子园建

立技术协作组，当时的重点任务就是选优建园，结合工作的计划与安排，由各省协作组提供马尾松优树无性系穗条，给姥山林场马尾松良种基地作为种子园与育种园的建园材料。提供马尾松优树无性系穗条的省（自治区）有：广东49个、广西47个、福建49个、贵州50个、四川30个、湖南22个，按现有保存数共计247个。各省提供的马尾松优树无性的编号与产地，详见表5-4至表5-9。

二、第2代育种群体优树资源

1. 杂交育种形成的全同胞优树无性系

自20世纪90年代初开展杂交育种，主要的目标任

表 5-3 马尾松优树产地及生长指标与形质性状登记表

优树编号	优树产地	树龄（年）	生长指标			优树大于对比木（%）			优树形质性状		
			树高(m)	胸径(cm)	材积(m³)	树高	胸径	材积	形率	弯曲	树皮
5101	桐子坞	29	20.6	31.8	0.73100	29.6	13.2	59.9	59.7	2	1.9
5102	桐子坞	29	19.1	26.6	0.47897	22.4	15.2	54.5	65.4	1	2.0
5106	界首	28	16.9	28.0	0.47789	8.3	24.0	64.2	64.3	0	1.7
5107	界首	28	18.8	25.2	0.42405	36.2	3.7	39.6	70.6	0	1.3
5109	梓桐口	24	17.4	28.0	0.48989	17.6	17.2	57.3	67.1	0	1.7
5112	梓桐口	27	18.7	29.4	0.57452	13.3	10.5	35.9	61.9	0	2.3
5113	梓桐口	25	18.6	26.0	0.44725	23.2	22.6	79.5	73.5	1	1.9
5118	叶琪	24	17.5	26.0	0.42448	14.4	25.0	75.0	67.7	1	2.0
5121	叶琪	34	18.9	35.0	0.82174	14.5	38.3	115.9	59.1	0	2.2
5122	叶琪	23	17.9	26.0	0.43276	25.2	8.9	43.0	63.5	0	1.5
5124	叶琪	26	20.8	28.8	0.60467	20.9	24.7	83.1	71.5	1	0.8
5124	叶琪	38	24.4	35.5	1.05770	8.0	16.4	45.0	63.4	1	2.5
5128	叶琪	22	18.0	24.3	0.37983	16.1	17.4	56.1	69.5	0	1.0
5129	十八坞	31	20.0	30.3	0.64689	8.1	26.8	71.9	62.7	0	2.0
5137	龙川	33	21.1	30.0	0.66438	12.8	11.9	37.8	66.7	1	1.4
5140	龙川	39	21.5	32.5	0.79266	13.5	20.7	58.3	74.2	0	2.5
5141	龙川	41	23.0	32.2	0.84479	23.4	11.7	52.1	68.9	1	2.1
5142	龙川	40	20.8	34.2	0.85268	10.6	21.3	60.0	62.9	1	2.8
5143	龙川	35	25.4	33.4	0.97043	35.1	44.6	172.4	66.5	1	2.7
5144	龙川	41	19.9	35.0	0.85926	11.8	23.2	67.2	64.0	0	2.4
5145	龙川	24	17.1	22.5	0.31168	11.8	19.7	56.6	65.8	0	1.6
5150	金竹牌	28	21.0	31.8	0.74340	1.0	21.8	49.7	65.1	1	2.3
5153	金竹牌	25	19.6	31.3	0.67819	18.1	24.7	77.6	72.2	1	2.0
5155	小金山	24	18.2	34.7	0.78190	16.3	18.4	44.3	64.8	0	1.5
5158	屏门	32	24.3	38.0	1.20749	19.2	17.7	39.0	67.1	1	2.0
5159	屏门	30	21.1	32.0	0.75591	11.1	68.5	75.0	75.0	1	2.0
5160	屏门	39	23.5	36.0	1.05197	4.1	19.7	54.4	69.4	1	2.0
5161	屏门	33	24.5	35.5	1.06156	14.0	24.6	73.2	74.6	0	2.0
5162	屏门	32	23.5	33.5	0.91094	15.8	25.5	78.5	64.2	1	1.2
5163	屏门	31	21.0	30.5	0.68386	5.8	19.9	39.3	68.9	1	1.2
5165	屏门	35	24.0	30.0	0.74432	10.4	11.8	41.4	68.3	1	1.7
5166	屏门	24	21.3	29.0	0.62597	28.2	27.2	73.7	70.7	1	1.0
5167	屏门	25	19.0	29.0	0.56673	9.8	22.1	50.9	65.5	1	1.0

（续）

优树编号	优树产地	树龄（年）	生长指标			优树大于对比木（%）			优树形质性状		
			树高(m)	胸径(cm)	材积(m³)	树高	胸径	材积	形率	弯曲	树皮
5168	浪苑口	30	21.5	37.0	1.02756	26.0	39.6	124.1	62.2	1	1.0
5169	浪苑口	29	22.5	32.0	0.79982	44.6	16.2	74.1	73.4	1	2.2
5170	浪苑口	27	19.0	25.0	0.42117	9.1	17.5	55.2	76.0	1	0.9
5171	富 溪	26	16.5	23.5	0.32985	23.5	24.6	90.7	78.7	1	0.7
5173	里 阳	30	20.6	28.0	0.56674	33.9	23.2	70.4	67.9	1	1.5
5174	里 阳	26	17.6	28.0	0.49470	13.7	17.4	65.3	67.9	1	1.7
5204	新安江	32	19.9	27.4	0.52661	8.2	13.2	36.9	69.3	0	1.3
5301	上 定	29	19.0	31.8	0.68145	19.0	18.3	62.6	70.1	1	2.0
5302	上 定	26	22.4	28.6	0.63639	15.7	20.4	60.2	72.4	2	2.0
5303	上 定	30	23.8	31.8	0.83013	0.9	8.1	50.2	78.9	2	2.5
5305	上 定	31	24.0	38.8	1.24504	6.7	43.2	117.0	65.7	2	2.5
5306	王村口	25	19.3	32.5	0.72148	7.8	24.2	72.2	69.2	1	2.5
5307	王村口	16	14.9	17.8	0.17372	19.5	21.9	58.3	70.2	0	1.0
5402	安 民	21	17.3	22.3	0.30921	24.4	15.8	64.4	67.3	1	1.3
5404	安 民	19	15.2	22.5	0.28222	13.8	22.2	70.2	71.1	1	1.3
5406	安 民	22	18.3	27.5	0.49340	13.3	32.3	94.8	69.1	1	1.4
5407	安 民	21	16.9	25.5	0.39636	16.6	28.1	80.0	60.8	1	1.5
5409	哈 湖	24	18.5	25.0	0.41100	16.1	19.3	48.2	64.0	1	1.0
5410	哈 湖	20	16.5	27.5	0.45170	1.0	26.1	71.9	58.2	2	1.0
5411	哈 湖	19	17.3	24.0	0.35816	11.4	16.5	48.6	66.7	0	1.0
5412	赤 寿	33	20.6	27.8	0.55867	22.0	22.0	87.3	71.9	1	1.5
5414	赤 寿	32	21.6	2.68	0.54120	12.1	13.1	38.5	71.3	1	1.5
5415	交 塘	18	18.7	28.5	0.53989	14.9	18.1	56.3	61.4	0	1.3
5416	交 塘	19	17.6	28.7	0.51974	2.4	12.7	42.5	63.4	1	2.0
5418	交 塘	27	19.1	23.5	0.37384	12.9	14.4	46.4	68.1	1	1.8
5501	关门岙	25	16.5	23.2	0.32149	19.8	8.4	36.9	69.8	1	1.0
5503	关门岙	26	16.5	23.0	0.31597	21.2	29.1	38.3	66.1	1	1.4
5504	关门岙	28	17.3	26.0	0.42034	5.8	20.8	39.2	64.2	1	1.1
5507	关门岙	28	19.8	25.8	0.46487	11.6	11.8	40.3	64.0	0	2.3
5509	关门岙	27	20.5	27.1	0.52864	27.5	17.5	70.4	70.1	1	2.3
5601	宣 武	28	19.6	27.8	0.53500	17.6	39.1	113.9	64.0	1	2.0
5603	宣 武	25	17.3	24.8	0.38243	14.6	11.2	44.7	77.4	1	1.7
5604	宣 武	26	16.6	25.2	0.38125	22.5	34.8	99.5	73.8	0	1.3

（续）

优树编号	优树产地	树龄（年）	生长指标			优树大于对比木（%）			优树形质性状		
			树高(m)	胸径(cm)	材积(m³)	树高	胸径	材积	形率	弯曲	树皮
5605	宣 武	25	16.7	22.4	0.30277	20.4	22.2	70.7	70.5	0	1.5
5606	宣 武	26	18.5	27.3	0.48967	22.8	11.4	42.9	67.8	2	1.8
5607	宣 武	27	19.5	29.5	0.59976	11.4	29.3	82.4	67.5	1	1.4
5609	宣 武	22	18.2	26.0	0.43897	28.0	31.5	85.9	658	0	1.3
5610	宣 武	25	18.2	25.0	0.40585	22.2	37.4	113.6	64.8	3	1.1
5611	宣 武	30	22.2	29.8	0.68547	17.5	12.7	44.1	68.5	1	1.8
5702	南 江	26	16.0	20.5	0.24458	6.7	28.1	68.0	68.3	2	1.3
5703	南 江	26	16.2	21.6	0.27439	11.3	18.2	63.3	62.5	2	2.2
5705	南 江	25	17.7	19.8	0.24857	12.0	12.7	75.1	76.8	1	1.2
5801	官 路	42	23.7	33.0	0.85727	10.2	28.9	74.3	70.0	0	1.6
5802	官 路	43	23.2	31.0	0.77122	6.9	28.6	74.8	69.4	1	1.0
5803	官 路	47	25.5	35.7	1.11259	15.9	10.5	39.3	79.8	1	1.3
5807	官 路	45	24.7	32.5	0.89619	16.0	25.0	78.1	66.8	0	1.0
5809	官 路	32	21.4	25.5	0.48599	5.9	14.9	38.8	82.0	1	2.0
5818	官 路	28	19.0	25.0	0.42117	15.2	39.7	120.1	68.0	0	2.0
5902	镇 海	32	18.9	26.1	0.45696	16.0	9.2	35.3	70.9	1	1.3
5903	镇 海	35	19.4	25.7	0.45318	20.7	11.3	45.0	77.0	1	1.1
5904	镇 海	33	19.8	31.4	0.68857	12.9	13.1	42.9	67.5	1	1.1
5905	镇 海	33	20.9	28.0	0.57394	21.5	12.4	49.6	69.3	2	1.3
5907	镇 海	34	19.7	28.3	0.55687	11.3	24.0	69.2	70.0	1	1.3
5911	镇 海	32	19.1	30.4	0.62560	9.1	29.9	82.0	76.3	2	1.3
5912	镇 海	36	19.1	31.1	0.65474	15.8	11.1	39.9	79.4	0	1.0
5913	镇 海	33	19.3	30.0	0.61475	18.4	15.8	55.0	70.7	1	1.6
5001	张 湾	19	13.8	28.0	0.40344	6.1	57.3	159.8	51.1	0	2.0
5002	张 湾	21	14.4	24.0	0.30699	13.3	17.6	53.4	75.0	1	2.5
5003	张 湾	22	14.9	24.0	0.31581	13.7	18.2	55.5	66.7	0	1.5
5005	张 湾	19	13.4	21.0	0.22153	17.1	19.3	58.8	83.8	0	1.5
5006	张 湾	21	14.7	21.0	0.23909	13.1	20.7	61.1	68.1	0	1.5
5007	张 湾	19	11.3	20.0	0.17521	23.5	25.6	81.6	76.5	0	1.2
5008	张 湾	18	12.4	23.3	0.25609	14.8	20.7	62.6	65.7	0	1.0
5009	张 湾	18	11.1	19.0	0.15591	9.9	21.3	55.6	70.5	0	1.0
5010	张 湾	18	14.7	19.1	0.19779	25.7	34.9	101.1	86.9	0	1.0
5011	张 湾	19	13.8	20.0	0.20584	22.7	36.6	93.5	80.0	0	1.0

（续）

优树编号	优树产地	树龄（年）	生长指标			优树大于对比木（%）			优树形质性状		
			树高（m）	胸径（cm）	材积（m³）	树高	胸径	材积	形率	弯曲	树皮
5012	张　湾	26	15.0	24.0	0.31758	10.3	27.7	76.7	79.6	1	1.5
5013	张　湾	24	14.8	21.0	0.24044	12.1	29.6	155.8	79.0	0	1.5
5014	张　湾	21	13.4	18.9	0.17944	3.1	18.1	45.1	70.9	0	1.5
5015	张　湾	22	13.5	18.7	0.17673	13.3	18.4	47.2	85.0	1	2.0
6101	郆沽坊	21	15.3	28.3	0.44893	9.2	7.1	35.0	64.7	0	1.6
6102	郆沽坊	34	24.0	47.9	1.98753	13.8	25.3	163.0	71.0	0	3.1
6106	郆沽坊	29	21.8	42.5	1.37209	6.5	30.8	130.8	56.0	0	3.1
6108	郆沽坊	41	26.5	45.5	1.87068	23.7	36.8	96.0	69.2	0	3.0
6110	郆长林	23	17.9	24.0	0.36874	31.8	23.1	68.4	64.6	0	2.0
6112	郆长林	45	25.9	40.0	1.41636	22.6	16.4	37.4	58.8	0	3.0
6114	郆长林	28	18.5	28.5	0.53491	20.8	34.2	89.8	57.9	0	2.1
6115	郆长林	28	23.1	29.0	0.67234	21.3	17.8	54.7	61.4	3	2.5
6117	郆长林	31	18.9	29.0	0.56286	3.8	21.8	58.8	62.1	1	2.2
6118	郆长林	27	20.6	27.2	0.53482	11.4	29.7	82.5	57.7	0	2.5
6119	郆长林	46	26.7	41.0	1.52925	12.8	11.3	37.8	64.9	0	3.1
6125	郆沽坊	28	16.9	32.4	0.63827	4.5	13.5	52.0	47.8	0	1.7
6128	郆沽坊	25	18.0	28.2	0.51153	5.6	16.3	52.9	61.0	0	1.5
6131	郆沽坊	35	18.8	33.0	0.72717	15.4	15.2	43.5	60.6	0	2.5
6135	郆沽坊	20	14.3	23.9	0.30269	5.2	22.1	54.5	75.3	0	0.9
6137	郆沽坊	25	16.4	28.5	0.48267	6.9	26.1	53.3	61.8	0	1.7
6138	郆浮溪	26	15.0	25.5	0.35852	3.7	15.1	46.2	66.7	0	1.3
6139	郆长林	29	18.5	29.8	0.58482	10.5	23.3	70.4	61.4	0	1.6
6201	大茅山	23	17.8	31.9	0.64833	2.2	25.7	64.8	62.7	0	2.0
6202	大茅山	22	15.4	31.3	0.55215	19.1	20.8	46.3	58.5	0	1.4
6205	大茅山	26	16.3	29.4	0.51098	7.9	17.3	47.1	59.5	2	2.2
6206	大茅山	23	19.9	38.2	1.02357	10.1	29.1	78.6	60.7	3	1.9
6208	大茅山	21	17.5	28.5	0.51003	9.6	14.5	41.8	66.7	0	1.9
6209	大茅山	24	17.1	26.8	0.44220	18.1	15.1	45.2	63.8	0	1.5
6302	长　埠	31	16.9	30.6	0.57076	2.4	23.0	52.4	73.9	1	2.5
6308	长　埠	32	20.3	32.4	0.74760	7.9	21.4	5.3	70.4	2	1.8
6309	长　埠	27	18.3	29.2	0.55629	13.2	49.2	146.0	61.3	0	1.6
6310	长　埠	27	16.9	28.7	0.50082	11.7	16.9	35.9	69.7	0	2.0
6312	大岗山	30	18.7	25.4	0.42883	22.1	11.2	37.5	71.7	0	1.5
6313	大岗山	35	20.6	25.9	0.48492	21.2	25.6	96.1	84.9	0	1.5

（续）

优树编号	优树产地	树龄（年）	生长指标			优树大于对比木（%）			优树形质性状		
			树高(m)	胸径(cm)	材积(m³)	树高	胸径	材积	形率	弯曲	树皮
6315	大岗山	37	19.6	31.8	0.69848	9.7	35.7	98.2	66.7	0	1.7
6316	大岗山	38	21.5	33.7	0.85228	11.1	18.2	63.6	66.8	0	2.2
6317	大岗山	35	20.9	29.8	0.62419	14.0	20.0	59.2	68.1	0	1.5
6318	大店下	32	18.3	29.2	0.55498	1.3	18.0	82.5	66.1	2	2.2
6320	苑 坑	43	19.5	37.5	0.96917	19.3	36.1	75.8	59.2	0	4.8
6401	山 庄	39	20.1	31.0	0.67997	15.4	17.3	48.2	72.6	3	2.0
6404	山 庄	27	19.6	23.7	0.38883	15.6	13.1	35.3	73.8	0	1.5
6405	山 庄	28	20.2	28.3	0.56914	5.8	21.7	55.0	67.1	2	1.5
6406	山 庄	27	21.2	26.7	0.52844	8.7	14.1	40.2	71.9	0	2.5
6408	山 庄	28	21.4	29.0	0.62855	16.9	18.9	61.8	81.0	0	2.0
6409	山 庄	27	18.6	26.0	0.44725	4.3	30.2	75.2	64.6	0	1.8
6501	黄 陂	31	15.4	24.7	0.34291	13.0	18.4	52.4	63.6	2	2.5
6507	黄 陂	28	16.6	28.0	0.46948	6.0	21.4	55.5	73.9	0	1.7
6508	黄 陂	25	15.4	28.4	0.45779	9.5	29.0	64.7	64.1	0	2.3
6509	黄 陂	31	17.6	31.4	0.62213	7.0	13.8	35.2	66.2	0	1.3
6512	新 丰	39	19.3	28.0	0.53432	13.1	9.1	39.2	65.0	0	1.2
6513	新 丰	34	20.4	32.7	0.76478	9.0	16.4	38.4	62.7	0	2.5
6601	盱 江	28	17.8	24.8	0.39091	14.9	15.5	46.4	78.6	0	1.3
6604	盱 江	30	15.8	30.2	0.52520	7.9	19.7	48.2	71.2	0	1.6
6605	盱 江	31	20.3	29.2	0.60722	9.6	26.0	70.9	70.2	0	2.3
6613	沿 江	31	19.4	30.7	0.64666	11.9	24.1	67.8	68.4	0	2.1
6616	沿 江	33	18.6	33.4	0.73808	5.9	32.4	82.6	86.8	0	2.1
6618	沿 江	33	18.8	26.0	0.45140	12.4	22.6	65.7	68.5	0	1.2
6619	沿 江	36	20.3	33.5	0.80094	6.1	25.6	65.8	74.6	2	1.5
6621	翠雷山	37	24.3	31.7	0.84030	5.3	31.4	80.1	76.7	0	1.2
6622	翠雷山	37	21.5	33.5	0.84219	9.8	33.3	86.2	70.1	0	1.2
6623	翠雷山	28	22.4	34.0	0.89939	1.2	45.0	116.8	62.4	0	2.0
3201	林科所	32	18.8	26.8	0.47960	6.8	25.8	67.5	70.9	0	1.9
3203	林科所	33	23.0	29.2	0.67904	13.9	21.7	65.9	73.6	0	1.0
3204	林科所	33	21.7	30.0	0.68092	6.4	14.1	37.3	80.0	0	0.9
3206	林科所	33	23.0	24.5	0.47804	4.1	15.0	37.1	75.5	0	0.8
3402	板 桥	26	22.7	31.2	0.76630	11.8	26.2	71.5	65.1	1	1.5
3404	板 桥	33	19.9	36.0	0.90907	2.5	23.2	62.5	63.9	0	1.3

（续）

优树编号	优树产地	树龄（年）	生长指标			优树大于对比木（%）			优树形质性状		
			树高(m)	胸径(cm)	材积(m³)	树高	胸径	材积	形率	弯曲	树皮
3405	板 桥	43	24.7	39.8	1.34400	3.4	5.5	36.1	73.4	0	1.8
3407	板 桥	43	26.8	47.1	2.02494	17.4	26.1	83.0	50.5	0	2.4
3409	板 桥	36	21.3	30.4	0.68787	13.9	16.9	52.3	64.1	2	1.3
3410	板 桥	40	21.8	31.2	0.73946	16.3	23.9	45.4	66.3	0	1.5
3411	板 桥	34	22.2	31.8	0.78057	31.7	15.9	49.0	66.7	2	1.8
3412	板 桥	33	21.0	31.1	0.71103	14.1	30.9	81.3	66.9	1	1.7
3413	板 桥	38	21.5	28.3	0.60103	7.4	14.6	52.4	63.3	0	1.8
3502	碧 山	21	16.1	22.9	0.30680	23.8	17.4	61.3	67.7	0	1.1
3602	闪 里	30	20.7	28.7	0.59795	5.1	29.2	84.8	67.9	0	1.5
3604	闪 里	32	19.4	30.2	0.62577	10.3	18.9	53.2	64.4	0	1.7
3605	闪 里	29	18.4	31.4	0.64629	9.0	20.8	62.7	65.6	0	1.5
3606	闪 里	27	19.0	27.4	0.50592	12.6	32.8	89.4	59.9	2	1.9
3607	闪 里	32	23.9	30.3	0.75647	7.3	23.8	80.3	68.6	0	2.0
3612	雷 湖	35	19.0	34.4	0.79743	7.1	23.5	48.2	57.3	0	2.2

表 5-4　广东优树无性系（广东信宜林业科学研究所提供）

统一编号	原编号	统一编号	原编号	统一编号	原编号
1001	仁化：仁 4	1018	海丰：黄 7	1034	信宜：竹 13
1002	仁 5	1019	黄 8	1035	竹 14
1003	仁 10	1020	高州：朋 10	1036	竹 17
1004	连县：清 9	1021	信宜：白 10	1037	竹 27
1005	清 10	1022	怀 2	1038	竹 31
1006	英德：连 13	1023	怀 11	1039	竹 33
1007	连 15	1024	径 3	1040	竹 34
1008	连 113	1025	径 6	1041	竹 35
1009	连 119	1026	洪 1	1042	竹 38
1010	兴宁：兴 5	1027	洪 3	1043	竹 40
1011	兴 6	1028	金 11	1044	竹 320
1012	兴 9	1029	金 13	1045	竹 321
1013	潮安：孚 0	1030	朱 3	1046	竹 323
1014	孚 9	1031	朱 4	1047	竹 332
1015	孚 11	1032	竹 6	1048	竹 333
1016	孚 5-2	1033	竹 12	1049	竹 338
1017	海丰：黄 1				

表 5-5　广西优树无性系（广西林业科学研究院提供）

统一编号	原编号	统一编号	原编号	统一编号	原编号
1101	黄　洞 -4	1117	三门江 -13	1133	林　校 -9
1102	-9	1118	-38	1134	七　平 -1
1103	-10	1119	天洪岭 -11	1135	-44
1104	大　原 -2	1120	天　洪 -13	1136	-66
1105	-4	1121	庆　远 -4	1137	六万山 -7
1106	-7	1122	-16	1138	永　乐 -1
1107	-14	1123	安　远 -13	1139	亚　计 -6
1108	广　远 -20	1124	国　有 -3	1140	-4633
1109	-27	1125	红泥坡 -2	1141	龙　潭 -0
1110	-32	1126	-5	1142	林　朵 -6
1111	大　容 -0742	1127	海　明 -1	1143	华　石 -2
1112	大青山 -7	1128	-2	1144	金　田 -0777
1113	-11	1129	柳　花 -1	1145	平　山 -11
1114	-12	1130	-3	1146	天　堂 -7
1115	大　双 -1～16	1131	-8	1147	-9
1116	三门江 -1	1132	林　校 -1		

表 5-6　福建优树无性系（由开化林业科学研究所提供）

统一编号	原编号	统一编号	原编号	统一编号	原编号
9002	南　平 -2	9402	连　城 -402	9585	南　安 -585
9005	-5	9477	柘　荣 -477	9587	-587
9082	邵　武 -82	9512	寿　宁 -512	9616	南　靖 -616
9107	光　泽 -107	9515	-515	9617	-617
9111	-111	9519	-519	9618	-618
9128	松　溪 -128	9522	-522	9621	-621
9134	-134	9527	-527	9628	-628
9236	太　宁 -236	9528	平　南 -528	9633	-633
9263	宁　化 -263	9531	屏　南 -531	9649	长　太 -649
9270	清　流 -270	9539	古　田 -539	9651	-651
9309	永　安 -309	9563	永　春 -563	9653	-653
9311	-311	9568	-568	9676	诏　安 -676
9315	-315	9574	德　化 -574	9679	闽　清 -679
9321	大　田 -321	9577	-577	9700	-700
9384	武　平 -384	9580	-580	9725	莆　田 -725
9391	-391	9584	南　农 -584	9744	仙　游 -744
9393	-393				

表 5-7　贵州优树无性系（贵州林业科学研究院提供）

统一编号	原编号	统一编号	原编号	统一编号	原编号
1201	黄　平-1	1218	岑　巩-2	1235	开　阳-2
1202	-2	1219	-10	1236	-3
1203	-3	1220	-12	1237	-4
1204	-5	1221	-13	1238	-5
1205	-6	1222	-14	1239	-6
1206	-7	1223	-15	1240	-8
1207	-8	1224	-16	1241	紫　云-1
1208	-20	1225	-17	1242	-3
1209	-21	1226	剑　河-0	1243	-5
1210	-22	1227	-4	1244	-7
1211	-23	1228	-12	1245	-8
1212	-24	1229	-15（付）	1246	-10
1213	-25	1230	-15	1247	三　穗-1
1214	-26	1231	-17	1248	-2
1215	-28	1232	-19	1249	-3
1216	-29	1233	-21	1250	林科所-44
1217	岑　巩-1	1234	开　阳-1		

表 5-8　四川优树无性系（四川林业科学研究院提供）

统一编号	原编号	统一编号	原编号	统一编号	原编号
1301	石　柱83-30	1311	高　县-25	1321	綦　江-32
1302	-31	1312	-32	1322	-34
1303	-32	1313	-39	1323	-36
1304	-33	1314	-40	1324	-37
1305	-34	1315	-50	1325	-38
1306	-35	1316	-51	1326	-39
1307	-36	1317	-59	1327	-50
1308	-37	1318	-63	1328	-52
1309	-38	1319	-90	1329	-56
1310	-39	1320	-94	1330	-60

表 5-9　湖南优树无性系（湖南林业科学研究院提供）

统一编号	原编号	统一编号	原编号	统一编号	原编号
7601	01	7633	33	7749	49
7606	06	7634	34	7750	50
7607	07	7636	36	7752	52
7616	16	7640	40	7756	56
7619	19	7646	46	7770	70
7620	20	7649	49	7776	78
7624	24	7651	51	7778	78
7631	31				

务是为营建 2 代无性系种子园创制建园材料。杂交获得双亲组合种子，用于育苗造林进行全同胞子代测定，在 21 世纪之初从测试林里评选出一批全同胞优树，用于 2 代无性系种子园与 2 代育种群体的营建材料。由此形成的优良无性系，特地建立 2 代育种园（2 代育种群体），为营建 2 代种子园提供接穗与继续开展育种的需求。2 代育种群体林相如图 5-21 所示。

（1）二代育种群体无性系亲本的优良性状　亲本生长性状有 3 个年龄级别的测定结果：① 11 年生 23 个亲本的平均测值，树高 7.4m、胸径 11.2cm、单株材积 0.043881m^3，材积＞CK 71.9%；② 10 年生 12 个亲本的平均测值，树高 7.1m、胸径 11.5cm、单株材积 0.040194m^3，材积＞CK 112.6%；③ 6 年生 14 个亲本的平均测值，树高 5.7m、胸径 9.7cm、单株材积 0.022571m^3，材积＞CK 72.4%。结果详见表 5-10。

（2）2 代育种群体无性系植株的生长性状　2 代育种群体植株生长性状的优劣，对新建种子园的种子品质和杂交子代的遗传品质都会产生实质性的影响。为

图 5-21　马尾松 2 代育种群体林相

表 5-10 马尾松 2 代育种群体的亲本生长性状

栽植编号	杂交组合（母本 × 父本）	树龄（年）	亲本林木生长量			材积＞ CK	有关内容说明
			树高 (m)	胸径 (cm)	单株材积 (m³)		
浙 01	1009 × ABCD	11	6.0	11.4	0.037630	38.9	
浙 02	5476 × 1127	11	7.4	12.9	0.048618	71.5	
浙 03	5476 × 5906	11	6.6	10.7	0.032853	21.2	
浙 04	5131 × 5906	11	5.7	9.8	0.025736	4.9	
浙 05	5910 × 1134	11	6.9	10.7	0.033193	22.4	
浙 06	5910 × 5906	11	8.2	15.0	0.070950	150.3	
浙 07	5158 × 1134	11	6.8	11.6	0.037348	37.7	
浙 08	6617 × 1134	11	6.5	10.1	0.029439	8.6	
浙 09	5476 × 1134	11	7.8	12.0	0.044710	57.7	
浙 10	6101 × 5907	11	7.5	11.4	0.041956	31.7	
浙 11	6313 × 1130	11	8.8	13.1	0.059046	108.3	
浙 12	8101 × 1128	11	9.6	15.8	0.092006	161.5	
浙 13	7750 × 1126	11	9.0	14.0	0.068244	140.7	
浙 14	3201 × 1123	11	8.4	13.2	0.057278	102.0	
浙 15	6101 × 6101-3	11	8.3	12.7	0.052711	85.9.5	
浙 16	5134 × 1123	11	7.2	9.9	0.028983	6.9	
浙 17	6501 × 1123	11	8.1	12.5	0.055689	106.9	
浙 18-1	6627 × 1003	11	7.1	10.0	0.031251	71.0	
浙 19	5163 × 6627	11	6.9	9.4	0.026371	44.3	
浙 20-1	1003 × 3412	11	7.0	10.4	0.033746	84.7	
浙 21	3412 × 1003	11	7.1	9.6	0.028979	58.6	
浙 22	6627 × 3412	11	7.1	9.9	0.029938	63.8	
浙 23-1	6627 × 5907	11	6.9	9.4	0.026300	43.9	
浙 24	1003 × 5907	11	6.9	9.3	0.026229	43.5	
浙 25	6627 × 6610	11	7.3	10.2	0.032816	79.6	
浙 26	1145 × 1126	10	7.2	12.4	0.053112	211.6	
浙 27	1201 × 1121	10	7.0	10.8	0.038416	125.4	
浙 28	1202 × 1121	10	7.1	11.7	0.043000	152.2	
浙 29	1134 × ABCD	10	7.6	17.1	0.084131	201.5	
浙 30	1134 × 1121	10	7.8	16.2	0.078017	179.6	
浙 31	1325 × 1126	10	7.6	12.0	0.046917	175.2	

注：ABCD 指混合花粉，下同。

（续）

栽植编号	杂交组合（母本 × 父本）	树龄（年）	亲本林木生长量			材积＞CK	有关内容说明
			树高 (m)	胸径 (cm)	单株材积 (m³)		
浙 32	1145×1139	10	7.0	10.7	0.044503	161.1	
浙 33	1145×1121	10	7.7	11.5	0.046205	171.0	
浙 20-2	1003×3412	10	7.0	11.9	0.044984	119.7	原浙 34
浙 23-2	6627×5907	10	6.8	10.1	0.030203	47.5	原浙 35
浙 18-2	6627×1003	10	7.4	11.8	0.043457	12.3	原浙 36
浙 37	5907×3412	10	7.2	12.8	0.046681	79.0	
浙 38	5907×6627	10	7.0	10.2	0.032544	58.9	
浙 39	5163×1003	10	7.2	10.2	0.034547	68.7	
浙 40	5163×5907	10	6.5	10.2	0.028909	41.2	
浙 41	6627×5163	10	6.5	10.6	0.030757	50.2	
浙 42	3412×1003	10	7.0	10.7	0.033938	65.8	
浙 51	1215×1130	6	6.0	11.0	0.029600	98.0	
浙 52	1208×5249	6	5.5	9.1	0.019160	28.2	
浙 53	1222×6404	6	6.4	9.2	0.022600	51.2	
浙 54	3412×6610	6	4.9	9.5	0.01858	24.3	
浙 55	5907×1003	6	5.1	9.0	0.017460	16.8	
浙 56	3412×5907	6	5.6	9.4	0.020700	38.5	
浙 57	1217×1121	6	5.1	9.0	0.017460	16.8	
浙 58	1325×ABCD	6	6,1	8.6	0.019050	27.4	
浙 59	1217×1126	6	6.1	9.6	0.023360	56.3	
浙 60	1145×1116	6	6.4	12.8	0.041710	179.0	
浙 61	1305×1121	6	5.6	10.5	0.025430	70.0	
浙 62	1202×1116	6	5.8	9.7	0.022690	51.8	
浙 63	5916×ABCD	6	5.3	9.0	0.018120	21.2	
浙 66	9002×6623	6	5.9	9.0	0.020070	34.3	

此，对育种群体无性系植株的主要作用，一是为营建 2 代无性系种子园提供接穗，二是为杂交育种提供亲本实体。亲本植株接后 8 年生植株的生长性状进行全面调查，共检测统计 54 个无性系植株的树高、胸径、材积、冠幅、轮枝 5 项生长指标（表 5-11）。2 代育种群体中同一无性系的植株高、径、冠幅生长比较一致，调查时林木正处在旺盛生长期，并已进入正常开花结实期，园地管理与林木管护都比较好，调查资料全面完整，可供参考应用。检测资料表明：①树高生长。54 个无性系平均生长量 8.06m，平均年生长量 1.01m。最高的 29 号无性系达 10.2m，年均 1.28m；最低的为 6.3m，年均 0.79m。②胸径生长。平均达 14.56m，年均为 1.82cm。

表 5-11 2代育种群体 8 年生无性系植株的生长性状

无性系号	杂交组合 （母本×父本）	树高（m）		胸径（cm）		单株材积（m³）		冠幅 （m）	轮枝 （盘）
		测值	年均	测值	年均	测值	年均		
01	1009×ABCD	8.3	1.04	15.0	1.88	0.071780	0.008973	5.0	8
02	5476×1127	8.5	1.06	18.2	2.28	0.105122	0.013140	5.0	7
03	5476×5906	7.1	0.89	14.7	1.84	0.059543	0.007443	4.5	6
04	5131×5906	8.3	1.04	15.9	1.99	0.079974	0.009997	4.0	7
05	5910×1134	8.0	1.00	12.5	1.56	0.049410	0.006176	4.0	6
06	5910×5906	7.5	0.94	13.5	1.69	0.053580	0.006698	3.5	6
07	5158×1134	7.7	0.96	13.4	1.68	0.054193	0.006774	4.0	7
08	6617×1134	6.6	0.83	11.8	1.48	0.036935	0.004617	3.0	7
09	5476×1134	6.7	0.84	12.7	1.59	0.042945	0.005368	3.5	7
10	6101×5907	6.8	0.85	13.2	1.65	0.046793	0.005849	3.5	7
11	6313×1130	9.0	1.13	15.0	1.88	0.077562	0.009695	5.0	8
12	8101×1128	9.5	1.19	15.4	1.93	0.085767	0.010720	4.5	9
13	7750×1126	9.1	1.14	13.0	1.63	0.060110	0.007514	3.5	9
14	3201×1123	9.5	1.19	15.7	1.96	0.088892	0.011112	4.5	8
15	6101×6101-3	8.0	1.00	14.2	1.78	0.062596	0.007825	4.0	6
16	5134×1123	8.4	1.05	14.3	1.79	0.066447	0.008306	3.0	7
17	6501×1123	8.5	1.06	13.8	1.73	0.062910	0.007864	4.5	7
18	6627×1003	8.0	1.00	14.3	1.79	0.063416	0.007927	4.5	6
19	5163×6627	6.7	0.84	12.5	1.56	0.041699	0.005212	4.0	7
20	1003×3412	7.3	0.91	13.5	1.69	0.052212	0.006527	5.0	7
21	3412×1003	8.0	1.00	13.6	1.70	0.057778	0.007222	4.5	6
22	6627×3412	7.8	0.98	13.7	1.71	0.057167	0.007146	4.5	6
23	6627×5907	7.4	0.93	12.6	1.58	0.046541	0.005818	4.5	6
24	1003×5907	8.0	1.00	12.4	1.55	0.048479	0.006060	4.5	6
25	6627×6610	7.2	0.90	12.7	1.59	0.046006	0.005751	3.5	6
26	1145×1126	9.5	1.19	15.5	1.94	0.086803	0.010850	3.5	10
27	1201×1121	8.5	1.06	14.7	1.84	0.070733	0.008842	4.0	6

（续）

无性系号	杂交组合（母本×父本）	树高（m）		胸径（cm）		单株材积（m³）		冠幅（m）	轮枝（盘）
		测值	年均	测值	年均	测值	年均		
28	1202×1121	7.5	0.94	14.3	1.79	0.059619	0.007452	4.0	7
29	1134×ABCD	10.2	1.28	18.1	2.26	0.123884	0.015486	5.0	10
30	1134×1121	9.5	1.19	16.1	2.01	0.093139	0.011642	4.0	9
31	1325×1126	9.3	1.16	16.9	2.11	0.099853	0.012482	4.0	9
32	1145×1139	9.0	1.13	14.3	1.79	0.070981	0.008873	4.0	9
33	1145×1121	7.9	0.99	13.3	1.66	0.054773	0.006847	3.5	8
36	6627×1003	7.3	0.91	15.3	1.91	0.065858	0.008232	5.5	7
38	5907×6627	7.5	0.94	12.8	1.60	0.048540	0.006068	3.5	6
39	5163×1003	6.3	0.79	11.6	1.45	0.034225	0.004278	3.0	6
40	5163×5907	7.1	0.89	13.3	1.66	0.049454	0.006182	4.5	6
41	6627×5163	7.1	0.89	17.8	2.23	0.084918	0.010615	3.5	7
42	3412×1003	8.5	1.06	18.2	2.28	0.105122	0.013140	5.0	7
51	1215×1130	7.5	0.94	15.8	1.98	0.071738	0.008967	4.0	8
52	1208×5249	7.8	0.98	16.8	2.10	0.083462	0.010433	5.0	6
53	1222×6404	7.0	0.88	12.3	1.54	0.042202	0.005275	3.5	6
54	3412×6610	6.8	0.85	9.7	1.21	0.026421	0.003303	2.5	6
55	5907×1003	8.3	1.04	14.7	1.84	0.069139	0.008642	5.0	6
56	3412×5907	8.1	1.01	12.2	1.53	0.047797	0.005975	4.5	6
57	1217×1121	7.8	0.98	18.1	2.26	0.095839	0.011980	5.0	9
58	1325×ABCD	9.7	1.21	18.3	2.29	0.120499	0.015062	5.5	7
59	1217×1126	8.4	1.05	16.2	2.03	0.083750	0.010469	4.5	7
60	1145×1116	9.0	1.12	17.5	2.19	0.103239	0.012905	5.0	7
61	1305×1121	8.5	1.06	14.5	1.81	0.068958	0.008620	5.0	6
62	1202×1116	8.5	1.06	16.2	2.03	0.084704	0.010588	5.0	7
63	5916×ABCD	7.3	0.91	13.6	1.70	0.052931	0.010366	3.5	6
66	9002×6623	7.8	0.98	13.2	1.65	0.053357	0.006670	3.0	6
95	1145×1121	9.4	1.18	17.1	2.14	0.103107	0.012888	5.0	10

最粗的 58 号无性系达 18.3cm，年均 2.29cm；最小的为 9.7cm，年均 1.21cm。③单株材积生长。平均为 0.068017m³，年均为 0.008502m³。最高的 29 号无性系达 0.123884m³，年均 0.015486m³；最小的为 0.026421m³，年均 0.003303m³。④冠幅生长。平均 4.20m，年均 0.53m。最大的为 5m，最小的 2.5m。⑤轮枝生长。平均 7.02 盘，年均 0.88 盘。最多的 10 盘，最少的 6 盘。以上 5 项生长指标，在浙江地区对于马尾松来说是很突出的生长表现，这说明马尾松 2 代育种群体，植株生长优，遗传品质高，潜在增益大。2 代育种群体生长形态及栽植图见图 5-22 至图 5-24。

2．引进半同胞优树无性系

从浙江省开化县林业科学研究所与福建省邵武市卫闽林场引进的半同胞优树无性系，是在种源试验林与优树子代林里选择的优良个体（无性系），可用于 2 代种子园的建园材料。从卫闽林场引进的无性系材料，参见本书第三篇卫闽林场马尾松资源保育部分。这里仅将从开化林业科学研究所引进的半同胞无性系列表介绍如下（表 5-12）。

图 5-22　马尾松 2 代育种群体林木生长情况

图 5-23　马尾松 2 代核心育种群体无性系生长形态

36 号无性系：杂交组合 6627×1003，树高 7.3m，胸径 15.3cm，单株材积 0.065858m³。图为无性系分株的生长形态。

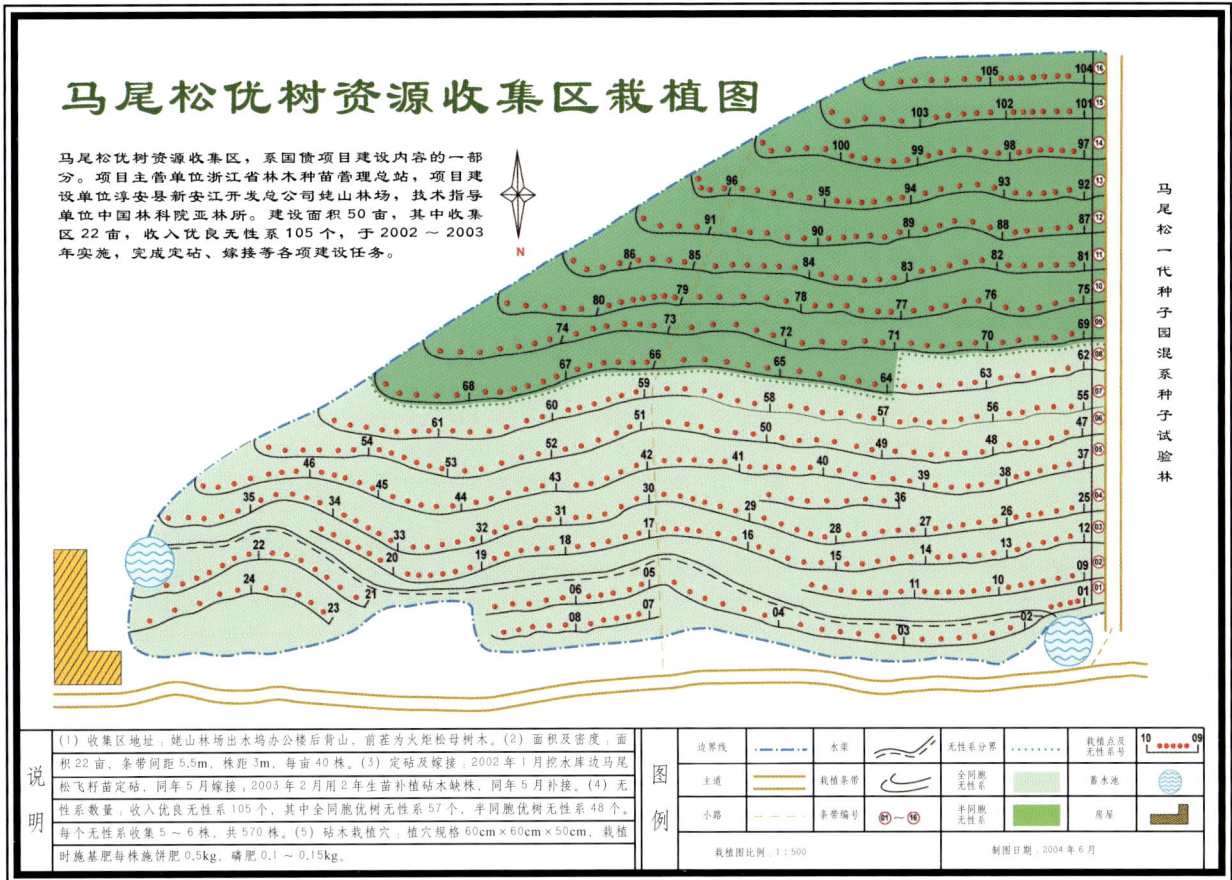

图 5-24　马尾松 2 代核心育种群体栽植图

表 5-12　从开化林业科学研究所收集区引进的半同胞优树无性系

统一编号	原有编号	树龄（年）	生长指标			优树年均生长量			优树形质性状	
			树高 (m)	胸径 (cm)	单株材积 (m³)	树高 (m)	胸径 (cm)	单株材积 (m³)	形率	树皮
0101	开化 -1	20	11.0	11.2	0.05379	0.55	0.56	0.00269	0.79	0.2
0105	开化 -5	23	15.3	16.0	0.14350	0.66	0.70	0.00624	0.77	0.4
0108	开化 -8	17	13.6	19.8	0.19934	0.80	1.16	0.01173	0.68	1.8
0109	开化 -9	21	12.4	22.9	0.24705	0.58	1.09	0.01165	0.56	1.5
0116	开化 -16	17	11.0	15.0	0.09649	0.65	0.88	0.00568	0.67	1.8
0202	江山 -2	31	16.1	24.3	0.34546	0.52	0.78	0.01114	0.66	2.8
0303	东阳 -3	26	18.9	30.3	0.61586	0.73	1.16	0.02369	0.73	1.9
0305	东阳 -5	28	22.4	33.8	0.88884	0.80	1.21	0.03174	0.67	2.0
0307	东阳 -7	28	20.1	29.0	0.59506	0.72	1.04	0.02125	0.71	2.2
0310	东阳 -10	24	18.3	27.0	0.47562	0.76	1.12	0.01982	0.67	1.5
0314	东阳 -14	25	21.8	28.6	0.62135	0.87	1.14	0.02489	0.66	2.1

（续）

统一编号	原有编号	树龄（年）	生长指标			优树年均生长量			优树形质性状	
			树高 (m)	胸径 (cm)	单株材积 (m³)	树高 (m)	胸径 (cm)	单株材积 (m³)	形率	树皮
1203	宁海-3	22	15.4	20.3	0.23225	0.70	0.92	0.01056	0.71	1.5
1205	宁海-5	23	15.3	22.2	0.27626	0.67	0.97	0.01201	0.67	1.4
1206	宁海-6	22	15.1	19.0	0.20014	0.69	0.86	0.00910	0.71	1.2
1401	象山-1	27	16.0	27.5	0.44012	0.59	1.02	0.01630	0.73	1.5
1607	仙居-7	45	21.6	28.4	0.60899	0.48	0.63	0.01353	0.72	2.3
1703	临海-3	15	14.1	15.1	0.11943	0.94	1.01	0.00796	0.71	0.8
1901	三门-1	53	21.8	43.4	1.43082	0.41	0.82	0.02700	0.71	2.9
2101	云和-1	23	18.7	22.8	0.34553	0.81	0.99	0.01502	0.70	1.7
2103	云和-3	24	17.3	26.0	0.42034	0.72	1.08	0.01751	0.65	2.5
2104	云和-4	21	19.6	28.0	0.54272	0.93	1.33	0.02584	0.73	0.7
2303	缙云-3	25	17.9	24.6	0.38741	0.72	0.98	0.01550	0.69	1.7
2304	缙云-4	20	17.4	23.4	0.34215	0.87	1.17	0.01711	0.74	1.4
2306	缙云-6	32	24.5	34.5	1.00259	0.76	1.08	0.03133	0.65	2.5
2405	青田-5	22	19.0	23.5	0.37215	0.85	1.07	0.01692	0.77	0.8
2406	青田-6	23	20.2	26.7	0.59703	0.88	1.16	0.03031	0.66	0.8
2503	丽水-3	18	15.4	25.4	0.36263	0.85	1.41	0.02015	0.67	1.8
2601	永嘉-1	25	18.8	21.5	0.30937	0.75	0.86	0.01237	0.81	0.8
2701	泰顺-1	26	21.1	26.0	0.49902	0.81	1.00	0.01919	0.75	1.2
2702	泰顺-2	25	20.4	25.0	0.44797	0.82	1.00	0.01792	0.73	1.1
2704	泰顺-4	25	22.9	27.5	0.59996	0.92	1.10	0.02400	0.69	1.4

（续）

杂交是指两个遗传组成不同的亲本间的交配，其所产生的后代称为杂种。在林业中杂交通常指不同树种或同一树种不同小种（种源）间的交配。杂交育种是植物遗传改良的一种有效手段和主要途径。其成效就在于通过有性杂交，致使基因重组获得最重要的遗传变异，有变异就有选择，这就是杂交创新的核心与基础。杂交育种的主要目的，是要获得具有强杂种优势的优良新品种，其中亲本选配是杂交育种成败的先决条件。杂种优势是指两个具有不同性状的亲本杂交而产生的杂种，在生活力、生长势、繁殖力、适应性、产量品质以及对不良环境因素的抗逆性等方面超过其双亲的现象，这是生物界的一种普遍现象，现已在农业、林业、园艺作物与牲畜饲养上都得到了成功应用。本着科研创新的理念和追求创制新品种的目的，自20世纪90年代初开始，对马尾松开展了系统的杂交育种工作。当时将"马尾松短周期工业用材良种选育"项目列为"八五"国家科技攻关计划的主要内容，设立专题正式开展马尾松的杂交育种。中国林业科学研究院亚热带林业研究所科研人员在浙江省淳安县姥山林木良种基地，先后进行了15批次的杂交制种和育苗造林试验，控制授粉600多个杂交组合，累计

图6-1　2007年浙江淳安姥山林场马尾松2代育种园内控制授粉

套袋 3 万余袋。在浙江淳安姥山林场、富溪林场、燕山林场、建德林场、桐庐分水镇臧家村以及福建省建瓯市、邵武市卫闽林场等地建立双亲子代测定林 20 多片，试验林面积 400 多亩。利用这些双亲控制授粉家系测定林，深入分析了马尾松生长和材性的一般配合力 (GCA) ／特殊配合力 (SCA)、加性／显性／上位基因效应、父本／母本效应、杂种优势、近交衰退等遗传变异规律，揭示了马尾松主要经济性状的基因作用方式，建立了杂交亲本的分子标记辅助选配和杂种优势预测技术，已从双亲控制授粉家系测定林中筛选出优良杂交组合 50 个，优良单株 66 株，并应用于 2 代育种群体构建和种子园的营建。杂交育种是林木常规育种的重要组成部分，应用于马尾松虽然起步较迟，但屈指数来已达 20 年之久，在此期间边摸索边前行，攻坚克难，取得一定成绩，尤其是 2007 年和 2008 年在浙江淳安姥山林场马尾松 2 代育种园内开展了大量的控制授粉工作 (图 6-1，图 6-2)，并获得了全同胞种子，进行了双亲子代遗传测定。由中国林业科学研究院亚热带林业研究所主持的研究成果"马尾松杂交育种及二代建园材料选择研究"获 2004 年度浙江省科学技术奖三等奖。更为重要的是在杂交育种过

图 6-2　2008 年浙江淳安姥山林场马尾松 2 代育种园内杂交套袋

程中，对于有性杂交无性利用技术有了较为丰厚的积累，并得到广泛的利用。近几年在浙江、福建、江西、安徽多处利用姥山基地所创制培育的全同胞优良无性系，营建了多处 2 代无性系种子园，所形成的杂交创新资源，为我国马尾松良种化建设和良种化水平提升，发挥了积极的促进作用。

第一节　杂交制种

杂交制种是杂交育种中最重要和最基础的工作环节，取得杂交种子只不过是完成了杂交育种工作的第一步，还必须对"杂种"进行育苗与造林开展子代遗传测定，然后根据子代测定结果对各杂交 (组合) 加以评估和选择。杂交制种包括套袋、采粉、交配设计、授粉、去袋、采种等重要环节，现分别介绍如下。

一、交配设计方案

杂交制种的主要目的是为了产生具有较多杂种优势性状的杂交组合。实践证明，用不同地理起源的无性系作亲本，可使杂交后代的遗传基础更为丰富，出现更多的变异类型，更多机会产生强杂种优势的杂交组合。授粉前，应先根据套袋雌球花无性系和采集的花粉无性

系设计交配方案。现简单介绍马尾松常用的几种交配设计方案。

1. 全双列交配设计

包括正交、反交和自交，共有 P^2 个组合，其中 P 为设计亲本数。该交配设计可以提供所有参试亲本的一般配合力 (GCA) 和所有组合的特殊配合力 (SCA)，以及遗传方差分量和遗传力的估计值，并且可以提供最大量的无亲缘关系的子代家系供更高级世代选择。但是，进行这种交配的工作量大，获得完整设计组合种子的难度也较大。

2. 分组不连续半双列交配设计

在保持全双列交配设计大部分优点的同时，大大减少了杂交组合数，降低了杂交育种工作量，并且不同组群间无亲缘关系，有利于高世代选择。子代测定工作

也可以几个单位协作，可以一个单位只测定一个组群或若干个组群。

3．测交系交配设计

又叫北卡Ⅱ号设计（NCⅡ），或 AB 设计，或双因素交叉式设计。它是析因设计的一种，其方法简单、精度较高，可以估算出待测群体中所有亲本的育种值，提供各种方差分量和遗传力的合理估算值，并可了解各亲本无性系的 GCA 和 SCA。但该设计子代遗传基础狭窄，能提供无亲缘关系的子代数约等于测交系的数目，这在数量上限制了下一代的选择，如果测交系中偶尔出现劣等无性系，也会影响测定结果。

4．巢式交配设计

亦称群状交配设计，或北卡Ⅰ号设计（NCⅠ），或（A/B）设计，或套式设计。该设计多在父本和母本的亲本数相差较大时采用。这种设计，可以估算加性遗传方差、非加性遗传方差和遗传力，但不能估算出母本的 GCA，只能估算父本的 GCA。此外，子代中可供选择的无亲缘关系的数目受到父本数的限制，只有不同父本群中选择的子代个体才是无亲缘关系的。

5．单交设计

是指一个亲本与另一个亲本的简单交配，即两个不同亲本间进行交配。单交时，两个亲本可以互为父母本，即 A×B 或 B×A。这种设计操作方便，工作量小，同时可以维持最大的有效种群规模，为下一世代的选择提供丰富的基础。但单交设计不能估算出母本或父本的GCA，也不能估算加性方差和非加性方差，故不能为种子园去劣等提供信息。

二、杂 交 制 种 技 术

1．套袋

套袋目的是为了避免其他花粉污染袋中的雌球花。由于马尾松花期雨水偏多，把握适宜的套袋时间非常重要，过早套袋容易使袋子破损，过迟套袋会使花粉污染。根据我们多年的实践经验，浙江省淳安县姥山林场林木良种基地的马尾松适宜套袋时间一般在 3 月下旬，福建省邵武市卫闽林场林木良种基地的马尾松适宜套袋时间一般在 2 月下旬，每年的具体套袋时间会因花期气温等不同而略有变化，应视实际情况而定，即当雌球花顶部珠鳞开裂呈微红色时须及时套袋。套袋可用称量纸或硫酸纸自制加工，规格为长 35～40cm，宽 12～15cm，长边用缝纫机封口，短边其中一边用回形针封口，另一边开口不封。套袋前首先要抹去套袋雌球花枝上的雄球花，不可把雄球花套在袋中，套袋深度为 3/4 左右，袋子顶部留出 1/4 即 8～10cm 的抽梢空间，下袋口必须牢固捆扎在去年老枝上。马尾松杂交套袋的雌球花坐果率一般在 15%～20%，因此每无性系一般需要套袋30～50 个以上。套袋同时须摘除少量未套袋的雌球花，并登记套袋情况，记载套袋母树无性系、母树所在位置、套袋日期、套袋数量、雌球花适宜授粉日期等。

2．采粉

掌握适宜采粉时间非常重要，过早采集雄球花穗因小孢子还未发育成熟，花粉很难处理出来，过迟采粉因雄球花自然散粉会错过采粉时机，适宜的采粉时间在雄球花穗由青色变成金黄色且明显膨大时。花粉需按无性系分别采集，采集时应登记采粉情况，记载采集雄球花穗日期和所采无性系等。采下的雄球花穗放入袋中，标上标签，带回室内倒入盒子中摊开，放到阳光下晒干，用 80～100 目筛子筛出花粉，干净花粉晾干后放在食品袋内备用。花粉若需放到下年再用，则须干燥后放在 4～5℃环境中冷藏。

3．授粉

应严格按照交配设计方案进行授粉。当雌球花珠鳞开放，柱头分泌黏液，呈粉红色时，即可授粉。授粉期的长短因树种而异，马尾松雌球花的适宜授粉时间一般只有 3～5d。授粉最好在无风的早上进行，授粉时先打开袋子顶端，然后用毛笔、小刷子或授粉器授粉，授粉后须马上将袋子封口，最后挂牌登记。为了达到更好的授粉效果，一般需对套袋雌球花进行第二次授粉，两次授粉间隔时间 2～3d。

4．去袋

需及时去袋，过早去袋因雌球花珠鳞还未完全闭合，会引起其他花粉污染，过迟去袋会严重影响套袋果枝的正常生长。当雌球花珠鳞增厚、闭合、失去光泽、呈紫黑色时，或周围马尾松花粉都散尽时即需去除套袋。

5．采种

马尾松从开花到球果成熟一般历时 20 个月左右。因此杂交种子采集一般是在第二年 11 月，当球果颜色由青变褐时进行。要求按各交配设计分别杂交组合采集球果和种子处理。

第二节 杂交新种质测定和评选

马尾松第一代杂交育种始于1991年。当时在淳安县姥山林场林木良种基地优树收集区(1代育种群体)内有少量无性系开花,对这些开花的无性系进行了杂交套袋与控制授粉试验,1992年以后,有较多无性系进入了正常开花,我们根据不同育种目标和亲本特点,开展了全双列、分组不连续半双列、测交系、巢式和单交等多种遗传交配设计的杂交制种及子代测定,现分别作如下介绍。介绍时也简单提及性状的GCA/SCA等遗传规律,以让读者对杂交育种结果有一个全面的了解。

一、全双列交配设计子代测定

1992年和1993年连续2年在浙江淳安县姥山林场马尾松1代育种群体内,选用广东(1003)、安徽(3412)、浙江(5163、5907)和江西(6610、6627)等不同产地的优树无性系,开展6×6全双列遗传交配设计的控制授粉杂交制种(表6-1)。1993年和1994年分别杂交组合(全同胞家系)采收球果并种子处理。1994年和1995年分别育苗并进行苗期遗传测定。1995年和1996年分别在淳安县姥山林场、建德市建德林场和桐庐县分水镇等地营建多地点的双亲子代测定林(图6-3至图6-6)。造林试验采用完全随机区组设计,8株小区,5次重复。在试验林5～6年生和10～11年生时分别进行全林每木调

查测定,5～6年生时测定指标包括树高、胸径、冠幅和干形,10～11年生时增加木材基本密度和结实量等测试内容。首先根据5～6年生测定结果进行优良组合和优良单株的初选,在10～11年生时根据在多个地点的生长、干形和材性测定值,并结合优树无性系在2代育种群体中的结实情况等进行复选,从全部36个组合

图6-3 浙江淳安姥山林场1996年营建的马尾松双亲子代测定试验林(10年生)

表6-1 1992年和1993年马尾松6×6全双列交配设计

♂ \ ♀	1003	3412	5163	5907	6610	6627
1003	⊕	✓	✓	✓	✓	✓
3412	×	⊕	✓	✓	✓	✓
5163	×	×	⊕	✓	✓	✓
5907	×	×	×	⊕	✓	✓
6610	×	×	×	×	⊕	✓
6627	×	×	×	×	×	⊕

注:P(亲本数)=6个,⊕—自交,✓—正交,×—反交。连续两年进行相同交配设计的控制授粉。

图 6-4 浙江淳安富溪林场 1998 年营建的马尾松双亲子代测定试验林 (12 年生)

图6-5 2011年马尾松双亲子代林中所选的35号优树(12年生)

图 6-6 桐庐分水藏家村马尾松双亲子代测定试验林 (5 年生)

左：杂交优良家系 (高 7.1m，胸径 12.2cm)；中：淳安商品种子 (高 4.9m，胸径 6.3cm)；右：种子园混系 (高 6.9m，胸径 9.0cm)。

表 6-2 全双列子代林中所选优良杂交组合

优良杂交组合	测定年龄	营建时间	测定地点	树高 (m)	胸径 (cm)	材积 (m³)	材积＞平均 (%)
1003×3412	11 年生	1995 年	淳安姥山	7.3	11.9	0.043176	101.98
	10 年生	1996 年	淳安姥山	6.1	10.5	0.038496	64.70
6627×6610	11 年生	1995 年	淳安姥山	7.5	11.3	0.039520	84.88
	10 年生	1996 年	淳安姥山	6.3	11.0	0.033787	44.55
6627×1003	11 年生	1995 年	淳安姥山	7.1	10.9	0.035563	66.37
	10 年生	1996 年	淳安姥山	6.5	10.4	0.036024	54.12
1003×5907	11 年生	1995 年	淳安姥山	7.1	10.3	0.032347	51.32
	10 年生	1996 年	淳安姥山	6.3	11.1	0.033799	44.60
6627×5163	10 年生	1996 年	淳安姥山	6.7	11.9	0.039250	67.92
	11 年生	1995 年	淳安姥山	6.8	9.5	0.027210	27.29
3412×1003	11 年生	1995 年	淳安姥山	7.4	10.3	0.032856	53.70
	10 年生	1996 年	淳安姥山	6.8	10.3	0.030971	32.50
5163×1003	11 年生	1995 年	淳安姥山	6.8	10.7	0.032143	50.37
	10 年生	1996 年	淳安姥山	6.3	9.1	0.031289	33.86

注：平均是指优良杂交组合所在试验林的所有组合的平均值。

表 6-3 全双列子代林中所选优树

优树	所属组合	测定年龄	营建时间	测定地点	树高 (m)	胸径 (cm)	材积 (m³)	材积＞平均 (%)
20	1003×3412	10 年生	1996 年	淳安姥山	8.9	19.8	0.12844	453.29
39	5163×1003	10 年生	1996 年	淳安姥山	9.1	17.3	0.10214	339.99
18	6627×1003	10 年生	1996 年	淳安姥山	8.6	17.1	0.09469	307.90
40	5163×5907	10 年生	1996 年	淳安姥山	8.0	15.3	0.07189	209.68
221	5163×3412	11 年生	1995 年	淳安姥山	7.6	15.0	0.06598	184.27
54	3412×6610	5 年生	1996 年	桐庐分水	4.4	5.5	0.00597	169.28
25	6627×6610	11 年生	1995 年	淳安姥山	8.5	14.1	0.06547	162.34
23	6627×5907	10 年生	1995 年	淳安姥山	8.8	13.0	0.05821	150.75
24	1003×5907	11 年生	1995 年	淳安姥山	7.5	14.2	0.05885	135.82
38	5907×6627	10 年生	1996 年	淳安姥山	7.5	13.6	0.05432	134.00
21	3412×1003	10 年生	1996 年	淳安姥山	8.0	12.8	0.05163	122.42
55	5907×1003	11 年生	1995 年	淳安姥山	8.1	11.9	0.04564	98.09
56	3412×5907	11 年生	1995 年	淳安姥山	7.8	11.8	0.04334	88.09
19	5163×6627	11 年生	1995 年	淳安姥山	7.8	12.2	0.04610	84.73

注：平均是指优树所在试验林的所有林木个体的平均值（下同）。

中综合评选出结实正常、干形通直、材性中等以上、生长增益大的优良杂交组合7个，优良单株（优树）14株。优良杂交组合和优树分别列于表6-2和表6-3。

二、分组不连续半双列交配设计子代测定

1992年在姥山林场马尾松一代育种群体内，选用广东（1016）、广西（1101、1114、1123、1145）、安徽（3201）、浙江（5132、5134、5148、5162、5172、5466）和江西（6101、6101-3、6131、6302、6312、6403、6501）、福建（9321）等不同产地的20个优树无性系，分成5个组群，开展4×4分组不连续半双列遗传交配设计的控制授粉杂交制种，在每个组群中的4个亲本分别作半双列交配（自交除外），设计见表6-4。1993年采种和种子处理，1994年育苗进行苗期遗传测定，1995年分别在淳安县姥山林场和建德林场营建双亲子代测定林。造林试验采用完全随机区组设计，8株小区，5次重复。在试验林6年生和11年生时进行全林测定，6年生时测定指标包括树高、胸径、冠幅和干形，11年生时增加木材基本密度和结实量等内容。首先根据6年生测定结果进行优良组合和优良单株的初选，在11年生时根据生长、干形和材性测定值，并结合优树无性系在2代育种群体中的结实情况等进行复选，从全部30个杂交组合中综合评选出结实正常、干形通直、材性中等以上、生长增益大的优良杂交组合5个（每组群1个），优良单株（优树)5株。优良杂交组合和优树分别列于表6-5和表6-6。

表6-4 1992年马尾松4×4分组不连续半双列交配设计

♀/♂	1016	1114	1145	6312	♀/♂	6101-3	6131	5172	6101
1016		×	×	×	6101-3		×	×	×
1114			×	×	6131			×	×
1145				×	5172				×
6312					6101				

♀/♂	1123	6501	5134	3201	♀/♂	9321	5148	1101	5466
1123		×	×	×	9321		×	×	×
6501			×	×	5148			×	×
5134				×	1101				×
3201					5466				

♀/♂	5162	5132	6302	6403
5162		×	×	×
5132			×	×
6302				×
6403				

注：20个亲本分成5组半双列，共30个杂交组合。

表6-6 分组不连续半双列子代林中所选优树

优树	所属组合	测定年龄	营建时间	测定地点	树高（m）	胸径（cm）	材积（m³）	材积>平均（%）
205	6312×1145	11年生	1995年	淳安姥山	11.0	20.8	0.17235	277.99
14	3201×1123	11年生	1995年	淳安姥山	10.2	20.4	0.15467	239.21
16	5134×1123	11年生	1995年	淳安姥山	10.3	20.0	0.15048	230.02
214	1145×1114	11年生	1995年	淳安姥山	10.6	19.5	0.14758	223.66
15	6101×6101-3	11年生	1995年	淳安姥山	9.7	17.4	0.10974	140.67

三、测交系子代测定

1992 年和 1993 年连续 2 年在姥山林场马尾松 1 代育种群体内，开展测交系遗传交配设计的控制授粉杂交制种。1992 年选用广西（1127、1134）、安徽（3203）、浙江（5906）不同产地的 4 个优树无性系及混合花粉为测交系，广东（1009）、贵州（1201、1217）、四川（1325）、安徽（3205、3411）、浙江（5131、5158、5476、5910）和江西（6337、6608、6617）等不同产地的 13 个优树无性系为待测系。1993 年选用广西（1116、1121、1126、1139）4 个优树无性系及混合花粉为测交系，广西（1134、1145）、贵州（1201、1202、1217）、四川（1305、1325）、浙江（5121、5915、5916）和福建（9236）等不同产地的 11 个优树无性系为待测系，遗传交配设计见表 6-7 和表 6-8。1993 年和 1994 年分别采种和种子处理，1994 年和 1995 年分别育苗进行苗期遗传测定，1995 年和 1996 年分别在淳安县姥山林场、建德林场和桐庐县分水镇等地营建多地点双亲子代测定试验林。造林试验采用完全随机区组设计，8 株小区，5 次重复。在试验林 5～6 年生和 10～11 年生时分别进行全林测定，5～6 年生时测定指标包括树高、胸径、冠幅和干形，10～11 年生时增加木材基本密度和结实量等内容。首先根据 5～6 年生测定结果进行优良组合和优良单株的初选，在 10～11 年生时根据在多个地点的生长、干形和材性测定值，并结合优树无性系在 2 代育种群体中的结实情况等进行复选，从 11 年生 48 个和 10 年生 52 个组合中分别评选出结实正常、干形通直、材性中等以上、生长增益大的优良杂交组合 6 个和 8 个，优良单株（优树）6 株和 10 株。优良杂交组合和优树分别列于表 6-9 和表 6-10。

表 6-7　1992 年马尾松测交系交配设计

♂ ＼ ♀		待 测 系												
		1009	1201	1217	1325	3205	3411	5131	5158	5476	5910	6337	6608	6617
测交系	1127	×	×	×	×	×	×	×	×	×	×	×	×	×
	1134	×	×	×	×	×	×	×	×	×	×	×	×	×
	3203	×	×	×	×	×	×	×	×	×	×	×	×	×
	5906	×	×	×	×	×	×	×	×	×	×	×	×	×
	混合	×	×	×	×	×	×	×	×	×	×	×	×	×

注：混合是指 1127、1134、3203、5906 这 4 个无性系等量的混合花粉。

表 6-8　1993 年马尾松测交系交配设计

♂ ＼ ♀		待 测 系										
		1134	1145	1201	1202	1217	1305	1325	5121	5915	5916	9236
测交系	1116	×	×	×	×	×	×	×	×	×	×	×
	1121	×	×	×	×	×	×	×	×	×	×	×
	1126	×	×	×	×	×	×	×	×	×	×	×
	1139	×	×	×	×	×	×	×	×	×	×	×
	混合	×	×	×	×	×	×	×	×	×	×	×

注：混合是指 1116、1121、1126、1139 这 4 个无性系等量的混合花粉。

表6-9　测交系子代林中所选优良杂交组合

优良杂交组合	测定年龄	营建时间	测定地点	树高 (m)	胸径 (cm)	材积 (m³)	材积>平均 (%)
5476×1127	11年生	1995年	淳安姥山	7.4	12.9	0.050171	76.96
1134×ABCD	10年生	1996年	淳安姥山	7.7	13.0	0.058001	55.00
1325×3205	11年生	1995年	淳安姥山	6.7	12.3	0.040852	44.09
1145×1126	10年生	1996年	淳安姥山	7.2	12.4	0.053112	41.93
5476×ABCD	11年生	1995年	淳安姥山	7.2	11.4	0.038223	34.82
1134×1139	10年生	1996年	淳安姥山	7.4	12.3	0.049907	33.37
1009×ABCD	11年生	1995年	淳安姥山	6.9	11.4	0.037663	32.84
5158×1134	11年生	1995年	淳安姥山	6.8	11.6	0.037348	31.73
3205×1127	11年生	1995年	淳安姥山	6.6	10.7	0.036714	29.49
1325×1139	10年生	1996年	淳安姥山	7.8	11.9	0.048102	28.55
1145×1121	10年生	1996年	淳安姥山	7.7	11.5	0.047365	26.58
5121×1121	10年生	1996年	淳安姥山	7.3	12.4	0.047115	25.91
1325×1126	10年生	1996年	淳安姥山	7.6	12.0	0.046917	25.38
5121×1116	10年生	1996年	淳安姥山	7.4	12.3	0.046474	24.20

注：ABCD指混合花粉，1995年造试验林A、B、C、D分别指H2-7、1134、3203、5906无性系；1996年造试验林A、B、C、D分别指1116、1121、1126、1139无性系（下同）。

表6-10　测交系子代林中所选优树

优树	所属组合	测定年龄	营建时间	测定地点	树高 (m)	胸径 (cm)	材积 (m³)	材积>平均 (%)
201	5121×1126	10年生	1996年	淳安姥山	11.5	21.5	0.19123	411.04
2	5476×1127	11年生	1995年	淳安姥山	8.5	17.3	0.09568	252.93
211	1305×1139	10年生	1996年	淳安姥山	9.4	19.3	0.12906	244.90
219	5158×ABCD	11年生	1995年	淳安姥山	8.5	16.2	0.08470	198.77
234	5476×5906	11年生	1995年	淳安姥山	7.2	17.0	0.079025	178.73
225	3205×1127	11年生	1995年	淳安姥山	9.0	14.9	0.07661	170.23
27	1201×1121	10年生	1996年	淳安姥山	9.3	17.0	0.10095	169.78
62	1202×1116	10年生	1996年	淳安姥山	8.0	18.3	0.10021	167.80
31	1325×1126	10年生	1996年	淳安姥山	8.6	17.6	0.09989	166.94
1	1009×ABCD	11年生	1995年	淳安姥山	7.3	16.0	0.07156	163.96
235	5910×5906	11年生	1995年	淳安姥山	8.2	15.0	0.070952	150.25
63	5916×ABCD	10年生	1996年	淳安姥山	8.5	16.9	0.09162	144.84
57	1217×1121	10年生	1996年	淳安姥山	8.9	16.1	0.08750	133.83
59	1217×1126	10年生	1996年	淳安姥山	9.5	15.1	0.08269	120.98
58	1325×ABCD	10年生	1996年	淳安姥山	9.2	15.3	0.08217	119.59
28	1202×1121	10年生	1996年	淳安姥山	6.7	17.3	0.07620	103.63

四、巢式交配设计子代测定

　　1994年和1995年连续2年在姥山林场马尾松1代育种群体内,开展巢式遗传交配设计的控制授粉杂交制种。1994年选用广西(1102、1123)、贵州(1208、1217)、四川(1312)、湖南(7631)、福建(9134、9263)、短叶松和黑松等不同树种或产地的10个优树无性系为父本,广东(1005、1009)、安徽(3201、3202、3404、3416、3603、3604、3617)、浙江(5108、5120、5123、5129、5131、5132、5148、5159、5178、5281、5473、5476)和江西(6101、6107、6124、6126、6127、6128、6130、6131、6136、6302、6303、6312、6337、6338、6501、6602、6603、6608、6609、6611、6613、6619、6628)、湖南(7601、7631)、福建(9002、9236、9321、9621)50个不同产地的优树无性系为母本,每个父本分别与5个不同母本杂交。1995年选用广西(1104、1108、1116)、浙江(5122)、福建(9134、9515)6个不同产地的优树无性系为父本,浙江(5037、5038、5107、5112、5117、5118、5121、5125、5126、5147、5150、5174、5305、5402、5411、5405、5502、5504、5901、5903)、江西(6111、6114、6118、6311、6332)和福建(9393、9527、9587、9628、9700)30个不同产地的优树无性系为母本,每个父本分别与5个不同母本杂交,遗传交配设计见表6-11和表6-12。1995年和1996年分别采种和种子处理,1997年把两年的种子合并在一起后统一育苗进行苗期遗传测定,1998年分别在浙江省淳安县富溪林场和福建省建瓯市等地营建多地点双亲子代测定林。造林试验采用完全随机区组设计,8株小区,5次重复。在子代林12年生时进行全林每木测定,测定指标包括树高、胸径、冠幅、干形、木材基本密度和结实量等,从测试的83个组合中综合评选出结实正常、干形通直、材性中等以上、生长增益大的优良杂交组合19个,优良单株(优树)21株。优良杂交组合和优树分别列于表6-13和表6-14。

表6-11　1994年马尾松巢式交配设计

♀	♂	♀	♂	♀	♂	♀	♂	♀	♂
3416		5129		6302		1005		5473	
3604		5131		6303		1009		6107	
3617	1102	5132	1123	6312	1208	7601	1217	6124	1312
5108		5148		6337		7631		6127	
5123		5159		6338		9621		6128	
♀	♂	♀	♂	♀	♂	♀	♂	♀	♂
5120		3201		6101		5281		6602	
5178		3202		6126		6501		6603	
9002	7631	3404	9134	6130	9263	6613	短叶松	6608	黑松
9236		3603		6131		6619		6609	
9321		5476		6136		6628		6611	

　　注:10个父本50个母本,共50个杂交组合。

表6-12　1995年马尾松巢式交配设计

♀	♂	♀	♂	♀	♂	♀	♂	♀	♂	♀	♂
5107		5112		5038		9393		5174		5037	
5147		5118		5402		9527		5305		5117	
6111	1104	5150	1108	5405	1116	9587	5122	5411	9134	5121	9515
6114		6311		5901		9628		5502		5125	
6118		6332		5903		9700		5504		5126	

　　注:6个父本30个母本,共30个杂交组合。

表 6-13　巢式子代林中所选优良杂交组合

优良杂交组合	测定年龄	营建时间	测定地点	树高 (m)	胸径 (cm)	材积 (m³)	材积>平均 (%)
5281×短叶松1	12 年生	1998 年	淳安富溪	10.5	15.7	0.097645	85.02
5148×1123	12 年生	1998 年	淳安富溪	10.2	14.7	0.086058	63.07
3404×9134	12 年生	1998 年	淳安富溪	10.4	14.0	0.080513	52.56
5159×1123	12 年生	1998 年	淳安富溪	10.5	13.4	0.079507	50.65
3202×9134	12 年生	1998 年	淳安富溪	9.9	13.3	0.074938	42.00
9002×7632	12 年生	1998 年	淳安富溪	10.5	13.5	0.074837	41.80
3617×1102	12 年生	1998 年	淳安富溪	10.2	12.7	0.072480	37.34
5504×9134	12 年生	1998 年	淳安富溪	10.2	12.6	0.068311	29.44
5178×7631	12 年生	1998 年	淳安富溪	10.6	12.1	0.068121	29.08
5131×1123	12 年生	1998 年	淳安富溪	10.0	12.8	0.068094	29.03
7601×1217	12 年生	1998 年	淳安富溪	9.9	12.4	0.067427	27.76
5132×1123	12 年生	1998 年	淳安富溪	10.2	12.3	0.065864	24.80
6118×1104	12 年生	1998 年	淳安富溪	9.0	13.4	0.063716	20.73
5305×9134	12 年生	1998 年	淳安富溪	10.1	11.7	0.061738	16.98
5405×1116	12 年生	1998 年	淳安富溪	10.2	12.0	0.061661	16.84
6236×7231	12 年生	1998 年	淳安富溪	10.3	12.2	0.061382	16.31
3604×1102	12 年生	1998 年	淳安富溪	9.6	11.6	0.060446	14.53
5411×9134	12 年生	1998 年	淳安富溪	10.4	11.6	0.060135	13.95
6303×1208	12 年生	1998 年	淳安富溪	10.1	11.7	0.058336	10.54

表 6-14　巢式子代林中所选优树

优树	所属组合	测定年龄	营建时间	测定地点	树高 (m)	胸径 (cm)	材积 (m³)	材积>平均 (%)
202	7601×1217	12 年生	1998 年	淳安富溪	12.2	22.2	0.21474	306.94
203	3202×9134	12 年生	1998 年	淳安富溪	12.8	21.6	0.21370	304.96
204	5159×1123	12 年生	1998 年	淳安富溪	12.8	21.0	0.20282	284.35
206	3604×1102	12 年生	1998 年	淳安富溪	12.0	21.4	0.19746	274.19
208	3617×1102	12 年生	1998 年	淳安富溪	11.8	20.7	0.18269	246.20
209	5112×1108	12 年生	1998 年	淳安富溪	12.0	20.5	0.18233	245.52
212	7631×1217	12 年生	1998 年	淳安富溪	12.0	20.3	0.17905	239.30
213	6338×1208	12 年生	1998 年	淳安富溪	12.5	19.8	0.17776	236.86
216	5178×7631	12 年生	1998 年	淳安富溪	12.5	18.8	0.16147	205.99

优树	所属组合	测定年龄	营建时间	测定地点	树高(m)	胸径(cm)	材积(m³)	材积＞平均(%)
217	5411×9134	12年生	1998年	淳安富溪	12.0	19.0	0.15836	200.09
218	6303×1208	12年生	1998年	淳安富溪	12.0	19.0	0.15836	200.09
220	5129×1123	12年生	1998年	淳安富溪	12.0	18.6	0.15223	188.48
222	1009×1217	12年生	1998年	淳安富溪	11.8	18.6	0.14980	183.87
223	5901×1116	12年生	1998年	淳安富溪	12.0	18.2	0.14621	177.07
224	5122×1108	12年生	1998年	淳安富溪	12.5	17.7	0.14438	173.60
226	6305×9134	12年生	1998年	淳安富溪	12.5	17.5	0.14137	167.90
228	5405×1116	12年生	1998年	淳安富溪	12.0	17.8	0.14031	165.89
230	5132×1123	12年生	1998年	淳安富溪	12.5	16.8	0.13106	148.36
231	6130×9263	12年生	1998年	淳安富溪	11.0	17.9	0.13045	147.20
232	3201×9134	12年生	1998年	淳安富溪	9.5	19.2	0.12912	144.68
233	5504×9134	12年生	1998年	淳安富溪	11.5	17.2	0.12641	139.55

五、单交交配设计子代测定

1992年和1993年连续2年在姥山林场马尾松1代育种群体内开展单交设计的控制授粉杂交制种，1993年和1994年分别采种和种子处理，1994年和1995年分别育苗进行苗期遗传测定，1995年和1996年分别在淳安县姥山林场、建德市林场和桐庐县分水镇等地营建多地点双亲子代测定试验林。造林试验采用完全随机区组设计，8株小区，5次重复。在试验林5～6年生和10～11年生时分别进行全林测定，5～6年生

时测定指标包括树高、胸径、冠幅和干形，10～11年生时增加木材基本密度和结实量等。首先根据5～6年生测定结果进行优良组合和优良单株的初选，在10～11年生时根据在多个地点的生长、干形和材性测定值，并结合优树无性系在2代育种群体中的结实情况等进行复选，从11年生17个和10年生11个组合中分别评选出结实正常、干形通直、材性中等以上、生长增益大的优良杂交组合3个和2个，优良单株（优树）6株和4株。优良杂交组合和优树分别列于表6-15和表6-16。

表6-15 单交子代林中所选优良杂交组合

优良杂交组合	测定年龄	营建时间	测定地点	树高(m)	胸径(cm)	材积(m³)	材积＞平均(%)
5467×1126	10年生	1996年	淳安姥山	7.9	13.5	0.058642	85.01
8101×1128	11年生	1995年	淳安姥山	9.6	15.8	0.092006	56.81
5466×1145	10年生	1996年	淳安姥山	7.6	12.1	0.046437	46.51
6619×1121	11年生	1995年	淳安姥山	8.8	14.3	0.073541	25.34
6130×1102	11年生	1995年	淳安姥山	8.9	14.3	0.073403	25.10

表 6-16 单交子代林中所选优树

优树	所属组合	测定年龄	营建时间	测定地点	树高(m)	胸径(cm)	材积(m³)	材积＞平均(%)
207	5467×1126	10 年生	1996 年	淳安姥山	9.8	17.6	0.113190	257.11
215	5466×1145	10 年生	1996 年	淳安姥山	8.0	18.4	0.101230	219.34
227	1114×5467	10 年生	1996 年	淳安姥山	9.0	15.7	0.084410	166.28
236	7750×1126	11 年生	1995 年	淳安姥山	11.2	19.3	0.152615	160.11
237	8101×1128	11 年生	1995 年	淳安姥山	10.3	19.7	0.146324	149.38
229	1110×53-3	11 年生	1995 年	淳安姥山	9.5	20.5	0.145810	148.53
238	6130×51102	11 年生	1995 年	淳安姥山	11.0	18.8	0.142877	143.51
239	6313×1130	11 年生	1995 年	淳安姥山	12.0	17.8	0.140308	139.13
240	1215×1130	10 年生	1996 年	淳安姥山	7.1	15.1	0.062584	97.45
10	6101×5907	11 年生	1995 年	淳安姥山	9.4	17.7	0.109920	87.35

第三节 第二代杂交新种质的创制和测定

一、种内杂交制种和子代测定

2 代杂交创制的种质资源是 3 代育种的基础材料。马尾松 2 代杂交制种始于 2007 年，目前已连续进行了 5 年，前 3 年 (2007 ～ 2009 年) 是在浙江省淳安县姥山林场国家马尾松种质资源库 2 代育种群体内进行的，后 2 年 (2010 年和 2011 年) 在福建省邵武市卫闽林场国家杉木、马尾松良种基地的马尾松 2 代种子园内进行的。前者采用了半双列和单交两种交配设计，3 年共完成 174 个杂交组合的套袋和控制授粉；后者把杂交亲本无性系分成两个亚系，在亚系内各自开展交配，2 年共完成 147 个杂交组合的套袋和控制授粉。2008 年开始每年按杂交组合 (全同胞家系) 分别采集球果和种子处理，2009 年至 2011 年分别在姥山林场林木良种基地苗圃内开展 2 代杂交子代 (3 代) 苗期遗传测定，2010 年和 2011 年分别在姥山林场和卫闽林场等地营建多地点子代测定林。造林试验均采用完全随机区组设计，10 株小区，5 次重复。其中 2010 年淳安试验林半双列杂交组合 15 个，单交组合 62 个，邵武试验林半双列杂交组合 15 个，单交组合 37 个，2011 年淳安试验林杂交组合

69 个，邵武试验林杂交组合 77 个。由于采用了轻基质网袋容器苗造林，造林成活率和保存率均在 98% 以上，并且幼林生长很好。半双列遗传交配设计见表 6-17，单交组合因数量较多，在此不一一列举了。

二、种间杂交制种和子代测定

2006 年和 2007 年连续 2 年在姥山林场马尾松 2 代育种群体内开展马尾松与火炬松、黄山松等种间控制授粉杂交制种，2007 年和 2008 年分别采种和种子处理，2009 年把两年的种子合并在一起后统一培育轻基质网袋容器苗进行苗期遗传测定，2010 年分别在浙江省淳安县姥山林场和福建省邵武市卫闽林场等地营建多地点子代遗传测定试验林。造林试验采用完全随机区组设计，10 株小区，5 次重复，子代测定的 35 个杂种 (杂交组合) 见表 6-18。2010 年年底对 1 年生试验林调查数据统计分析显示，植株保存率达 98% 以上，幼林生长良好，杂种分化明显。当幼林 5 年生时将进行一次全林每木详细测定，对测试杂种进行一次全面评价及优良材料初选。

表 6-17　2007 年马尾松 2 代 6×6 分组不连续半双列交配设计

♂ ＼ ♀	种源 1123	3412×5907	6627×3412	5163×5907	1003×3412	1145×1121
种源 1123		×	×	×	×	×
3412×5907			×	×	×	×
6627×3412				×	×	×
5163×5907					×	×
1003×3412						×
1145×1121						
♂ ＼ ♀	1134×ABCD	1201×1121	1217×1121	1305×1121	3412×1003	6627×1003
1134×ABCD		×	×	×	×	×
1201×1121			×	×	×	×
1217×1121				×	×	×
1305×1121					×	×
3412×1003						×
6627×1003						

表 6-18　马尾松种间杂交组合

序号	♀	♂	序号	♀	♂	序号	♀	♂
1	5163×6627	火 1	13	3201×1123	火 6	25	1003×5907	火 11
2	6101×5907	火 1	14	5163×1003	火 6	26	6627×1003	火 12
3	1003×3412	火 2	15	5907×6627	火 6	27	6627×1003	火 14
4	1134×1121	火 2	16	1009×abcd	火 7	28	1145×1121	火 16
5	6617×1134	火 3	17	1217×1126	火 7	29	6627×5163	火 16
6	6627×1003	火 3	18	5910×3412	火 7	30	1202×1121	火 17
7	1202×1121	火 4	19	5476×5906	火 8	31	1208×5249	黄山松
8	1325×1126	火 4	20	砧木 2	火 8	32	1217×1126	黄山松
9	5131×5906	火 4	21	种源 1101	火 8	33	1325×1126	黄山松
10	3412×1003	火 5	22	1325×1126	火 9	34	5163×6627	黄山松
11	5134×1123	火 5	23	3412×6610	火 9	35	6101×5907	黄山松
12	砧木 1	火 5	24	5910×5906	火 10			

表6-19 不同类型分子标记遗传距离与子代性状之间的相关性

		子代生长性状					超亲杂种优势				
		树高	DBH	材积	木材密度	木材生物量	树高	DBH	材积	木材密度	木材生物量
普通标记	综合	0.425**	0.478**	0.514**	-0.484**	0.444**	0.343*	0.418**	0.459**	-0.427**	0.400*
	ISSR	0.339*	0.389*	0.408*	-0.464**	0.336*	0.224	0.296	0.314	-0.433**	0.255
	RAPD	0.316	0.357*	0.396*	-0.404*	0.337*	0.289	0.334*	0.384*	-0.355*	0.328*
	SSR	0.402*	0.410*	0.435**	-0.209	0.414*	0.362*	0.403*	0.432**	-0.137	0.419*
有利标记	综合	0.649**	0.709**	0.733**	-0.323	0.692**	0.446**	0.515**	0.552**	-0.174	0.511**
	ISSR	0.448**	0.500**	0.495**	-0.262	0.458**	0.186	0.245	0.252	-0.123	0.224
	RAPD	0.631**	0.704**	0.728**	-0.308	0.692**	0.505**	0.589**	0.618**	-0.186	0.579**
	SSR	0.612**	0.620**	0.673**	-0.285	0.636**	0.466**	0.478**	0.547**	-0.150	0.502**
无效标记	综合	0.176	0.216	0.242	-0.466**	0.172	0.172	0.238	0.267	-0.481**	0.211
	ISSR	0.214	0.248	0.264	-0.466**	0.191	0.164	0.222	0.235	-0.477**	0.173
	RAPD	0.066	0.092	0.125	-0.348*	0.070	0.093	0.121	0.164	-0.355*	0.114
	SSR	0.109	0.116	0.109	-0.075	0.107	0.139	0.183	0.175	-0.086	0.186

* 在 $p<0.05$ 水平显著相关。 ** 在 $p<0.01$ 水平显著相关。

第四节　杂种优势的利用与发展趋势

杂种优势的广泛利用是20世纪植物遗传学对农业生产做出的最杰出贡献。杂种优势的利用是杂交育种的主要目的。通过有性杂交，能获得新的强杂种优势的优良品种。虽然杂种优势是生物界的一种普遍现象，但产生杂种优势的遗传基础是复杂的，并且不同生物甚至同一物种的不同品种间产生杂种优势的遗传机理不尽相同。要实现持续有效地利用杂种优势，关键在于对杂种优势利用模式的科学把握。事实上，并不是任何不同亲本之间杂交都能产生杂种优势，有的甚至会产生杂种劣势。因此必须对杂交后代进行遗传测定，对测定结果进行配合力分析，进而评选出优良杂交亲本与杂交组合加以推广应用。大量的研究表明，马尾松不同交配组合间的杂种优势差异很大。根据地理上远距离杂交可以产

生杂种优势的理论，科研人员利用马尾松良种基地收集保存的不同产地无性系，采用全双列、半双列、测交系、巢式等多种交配设计进行杂交制种，并把获得的杂交组合种子，分别在多个地点造林进行遗传测定，评选出一批强杂种优势的杂交组合。选出的优良杂交组合主要有两方面的用途：①有性杂交制种和无性繁育利用；②从优良杂交组合（全同胞家系）中选择优树，用于更高世代育种材料和营建更高世代无性系种子园。

生产上为了充分利用新品种的杂种优势，一般对优良杂交组合中的优株进行无性繁殖。常用无性繁殖主要有扦插、嫁接和组织培养。就马尾松而言，嫁接技术主要应用于种子园营建，组织培养技术尚未成功突破，扦插是一种既经济又实用的理想无性繁殖技术。首先，

按照强杂种优势的杂交组合进行控制授粉杂交制种，把获得的杂交种子进行容器育苗，根据苗期生长表现从各家系（杂交组合）中选择一定数量的超级苗建立杂种优势利用的采穗圃，用采穗圃中优质穗条进行扦插育苗和造林。马尾松扦插育苗技术比较成熟，扦插生根成活率一般均在 80% 以上。获得扦插成功的关键，一是幼化穗条的选择，二是扦插圃地微环境的水分调控。其技术要点包括穗条选择、扦插时间、扦插基质、激素处理、水分调控、灭菌防病、苗期管理等（详见本书"第七章 - 无性繁育资源"部分）。

第五节　分子标记辅助聚合杂交优势

杂种优势与亲本间遗传差异有关，因而要选配强的杂种优势组合，就必须充分了解亲本的遗传背景和遗传差异。植物育种家在检测亲本遗传差异的基础上，将亲本划分为不同的杂种优势类群，群间具有较大的遗传差异，同时具有产生强优势杂交组合的潜力，而群内遗传差异较小，获得强优势组合的频率也较小。杂种优势群划分可克服杂交组配盲目性，简化强优势组合选配、提高育种效率。最初人们利用形态标记、同功酶等方法进行遗传多样性分析和杂种优势群划分，但是这些方法存在标记数量少、稳定性差等局限性。分子标记则为亲本遗传多样性分析和杂种优势群划分提供了一个有效的技术手段，目前杂交育种中发挥着重要作用。在玉米、水稻、棉花等作物中，通过分子标记划分杂种优势类群、构建杂种优势模式已显著提高了杂交亲本选配预见性，促进了育种效率和杂种优势利用。在林木中，目前在杉木、柳树、国外松等树种开展了一些分子标记辅助育种研究，在一定程度上对杂交育种和杂种优势利用提供了理论上的指导。但相关研究还不深入，对杂种优势利用所产生的实质性帮助较为有限。

由于马尾松生长周期较长，通过子代遗传测定的途径选配优良亲本及子代所需周期长、工作量大且效率低，成为制约林木新种质创制的瓶颈因素。而通过分子标记辅助的杂交亲本辅助选配，将可加快速生、优质马尾松优良种质的选育和创制。下面将这一方面开展的研究及进展分几个方面进行概述。

一、F₁ 代和 BC₁ 代遗传作图群体构建

利用马尾松 F_1（5916[浙江]×1139[广西]）代和

BC₁（1003[广东]×3412[安徽])×1003[广东]）杂交子代种子，2007 年 3 月在中国林科院亚林所温室大棚内培育无纺布容器苗 400 多袋，于 2008 年春栽植在浙江省淳安县富溪林场试验苗圃，构建了适用的马尾松 F_1、BC₁ 遗传作图群体，用于马尾松连锁遗传图谱构建。2008~2009 年加强了该试验林作为采穗圃的培育，并于 2011 年 5 ～ 11 月开展了无性扦插繁育，用于营建作图群体试验林。本研究的实施，为构建较高密度的马尾松遗传连锁图谱，开展马尾松生长性状的 QTL 定位、早期测定以及分子辅助选择奠定了实质性的基础。

二、分子辅助育种基础数据的调查与分析

主要利用营建在浙江省淳安县姥山林场的 12 年生全双列和测交系交配设计遗传测定林，于 2006 ～ 2008 年对全林进行生长和材性进行测定。利用所调查的子代测定林树高、胸径和材积等性状值，通过研究揭示，马尾松树高、胸径和材积 GCA（一般配合力）、SCA（特殊配合力）、REC（正反交效应）极为显著，初选出一批材积优良杂交组合，材积增益 70% 以上。揭示了马尾松胸径、材积等重要生长性状的遗传控制方式，为马尾松新种质创制提出了科学指导（详见本章第二节）。所获得的大量马尾松全双列和测交系等双亲测定林生长数据，将为分子标记辅助选择育种提供了大量重要的数据基础。

三、分子标记辅助杂交育种技术体系的建立

于 2007 ～ 2010 年，选择有代表性的、分别来自

10 个省（自治区）的 78 个优树无性系进行遗传分析。采集无性系的当年新生针叶，提取 DNA、开展分子标记实验。从大量引物中，共筛选了多态性较好的 16 组 ISSR 引物、31 组 RAPD 引物和 29 组 SSR 引物进行分子标记实验，这些引物共产生了 398 个条带，其中 280 个为多态性条带。利用筛选的多态性标记对不同亲本无性系进行扩增，比较不同产地（省份）无性系间遗传多样性和遗传变异规律，分析优良组合亲本间遗传距离与子代材积性状表型值及杂种优势的相关性。

通过研究，证实了马尾松 1 代育种亲本的整体遗传多样性水平较高，亲本之间的 ISSR 遗传距离与亲本产地的纬向地理距离关系密切，纬度相差较大的亲本间 ISSR 遗传距离相对较大。分析杂交亲本间遗传距离与子代生长性状的相关性，发现当遗传距离处于 0.263～0.556 范围时，其与子代树高、胸径和材积显著相关。进一步深入分析发现，将全部多态性标记作为"普通标记"，基于这些普通标记进行计算的亲本间遗传距离与子代生长性状之间呈显著相关，但相关系数较小。分析这些多态性标记在每个杂交组合的双亲间的杂合性，与其子代性状表现之间的相关性，共在 280 个多态性标记中筛选出 38 个具有特殊杂合效应的标记，将这些标记定义为"有利标记"。基于这些具有特殊杂合效应的标记计算亲本间遗传距离，发现其与子代生长性状的相关性较高，与胸径和材积的相关系数分别达到 0.709 和 0.733。

根据本研究结果，确定分子标记辅助杂交亲本选配的一般原则为：优先选择来自纬度差异较大的不同种源区、同时遗传距离也较大的优树作为高世代育种亲本，不仅能有效维持高世代育种群体较高的遗传多样性，也利于创制强优势杂交组合，提高杂种优势利用程度。基于全部多态性标记计算亲本间遗传距离、预测子代杂种优势时，相关系数较小、预测能力较弱。基于具有特殊杂合效应的标记计算亲本间遗传距离、预测子代杂种优势时，亲本遗传距离与子代生长的相关系数较高、预测能力较强（表 6-19）。

四、分子标记辅助的杂种创制和杂种优势利用

在利用分子标记分析马尾松育种群体遗传多样性的基础上，合理选配杂交亲本，优先选择来自纬度差异较大的不同种源区、同时 ISSR 遗传距离也较大的优树

作为高世代育种亲本，于 2007～2009 年的三年时间里，在二代核心育种群体中分别开展半双列、单交等遗传交配设计的人工控制授粉杂交，完成杂交组合 210 个，完成套袋 6000 多个。其中 2007 年开展控制授粉杂交的组合，已于 2008 年 11 月收获杂交种子 2 万余粒，平均每个组合收获杂交种子 200 余粒。而 2008 年、2009 年开展控制授粉杂交的组合，分别于 2009 年、2010 年 11 月收获杂交种子。于 2009 年 3 月，利用 2008 年收获的 2 万余粒杂交种子播种、育苗，并于 2010 年 2 月营造控制授粉子代测定林，为第三世代育种提供丰富的种质材料和遗传资源。

五、分子辅助杂交育种的发展趋势

马尾松具有树体高大、生活周期长、基因杂合程度高、栽培程度低等特点。虽然在理论上也可以构建足够大的遗传作图群体，通过 SSR 等传统分子标记构建高密度的遗传连锁图谱，以检测重要经济性状的 QTLs，但实际操作起来难度较大，难以在短期内对育种实践产生显著指导。而通过发掘和利用第三代分子标记——SNP 标记，开展生长等性状与 SNP 位点的遗传关联分析，将可直接对重要经济性状进行分子辅助改良。由于 SNP（单核苷酸多态性）标记具有遗传稳定性高、分布密度和均一性高、共显性的特点，非常适合在马尾松及其他生长周期长、杂合度高、自然变异丰富的林木中发掘和应用。例如对欧洲黑杨木质素合成酶和纤维素合成酶基因的 SNP 变异进行分析，并对分型的 SNPs 与木材材性进行遗传关联分析，证实了应用 SNP 对材性性状进行遗传改良的潜力。

在马尾松的分子辅助杂交育种中，如能分离控制重要性状的相关功能基因，鉴定这些功能基因的 SNP 位点，则可开展 SNP 多态性—经济性状的遗传关联分析，发掘出稳定实用的 SNP 标记，以直接应用于重要经济性状的早期选择，提高杂交育种的效率。通过相关研究，将进一步构建马尾松杂种优势利用模式；高精度地分析亲本遗传距离与子代杂种优势的相关性，提出通过构建杂种优势模式提高亲本选配预见性、辅助聚合杂种优势的可行策略及方法。通过这些研究的实施，有望提高马尾松杂种优势利用程度，提升马尾松人工林的生产力；丰富树木杂交育种理论，对促进整个林木遗传改良和人工用材林建设，将有重要的借鉴和启发意义。

第七章
无性繁育资源

无性繁殖(Vegetative propagation)又称营养繁殖。这是林木在长期进化和人工培育过程中，形成的一种繁殖方式。从总体上看，林木繁衍方式分为无性繁殖与有性繁殖两大类，但森林树种的绝大多数是通过有性方式繁衍其后代的，人们通常称为自然繁殖，而无性繁殖则被认为是一种人工繁殖。随着现代人工造林事业的兴起，在集约经营的人工林培育中，无性繁殖方式日益受到人们的重视，应用规模正在快速发展。无性繁殖是指没有精子或卵子直接参与的繁殖过程，由树木母体的一群细胞、一部分组织或器官，通过体细胞的有丝分裂，而分化发育成各种组织或器官，直到长成完整的植株。由于植物细胞具有全能性，如切取树木的芽、根、茎、叶等营养器官，在适当人工辅助条件下，可再生完整的新植株。从一个个体通过无性繁殖产生的后代群体，称为无性繁殖系或简称无性系(Clone)。无性系是某一原始母株(Ortet)，通过无性繁殖所产生的无数分株(Ramet)的总称，因为它们都具有与母本相同的基因型，所以能够保持原始亲本的性状和特性，表现出无性繁殖下的遗传稳定性。正因为无性繁殖具备保持原始亲本的特点和繁殖的遗传稳定性，利用这一特性就可通过育种创制获得新品系的优质性，其性状如同亲本一样得以传承繁殖、推广应用，致使林木良种创新获得高额遗传增益。我们的祖先在一千多年前，就已发现无性繁殖的优越性，在园艺作物培育生产上运用无性繁殖技术。迄今为止不仅是园艺作物需要通过无性繁殖保持果品的优质性，就是林木生产所需的良种培育也要采用无性繁殖手段。无性繁殖有多种方式，其中最为广泛应用的有两种，一是应用嫁接技术培育为种子园建设提供无性系嫁接苗，二是通过扦插技术为营建无性系林提供造林苗木。由此可见，无性繁殖技术在林木良种建设与无性系林业发展上，是一项必不可少的实用技术。通过无性系育种，将优良个体繁育成无性系，发展无性系林业。其整个选育过程不经过有性世代，入选的优良无性系具有相同的基因型，个体间分化小，比有性育种具有较大的实用价值和较高的遗传增益。嫁接苗圃地与加套防护罩景观见图7-1，图7-2。

图7-1 马尾松嫁接苗的圃地景观

这是大容器嫁接苗，先将砧木苗栽入大容器，然后把大容器埋在圃地苗床土壤里，待砧木长到符合规格时进行嫁接。图为春季嫁接成活并于秋季剪砧后的圃地苗木景观。

图 7-2 圃地嫁接苗加套防护罩的景观

为了提高嫁接成活率，圃地嫁接需要加套白色塑料薄膜防护罩，以使接部微环境具有较适宜的湿度，可提高嫁接成活率达 20% 左右。

第一节 无性繁殖的关键技术

马尾松嫁接不易成活、扦插难于生根，是无性繁殖比较困难的树种。在 20 世纪 80 ～ 90 年代，全国马尾松良种选育科研协作组设专题研究攻关，找到难点及其关键所在，无性繁殖困难的关键问题得以解决。

一、马尾松嫁接的关键技术

1. 嫁接繁殖的特点

嫁接在我国是一门古老的技术，数百年之前古人就利用嫁接方法来繁殖各种果木，并认识到通过嫁接所显现的生产效果。以前主要是用于果木嫁接，至于用在林木嫁接的时间比较迟，直到现代高效林业发展对优质良种的需要，必须收集种质资源与营建种子园时，嫁接技术才得以重视和应用。对于建立无性系种子园与基因资源收集，最主要的一个技术环节就是嫁接。以往的果木嫁接主要是阔叶树种，嫁接技术应用研究历史悠久，在长期的探索中不断得到完善。以用材林为主的林木主要是以松、杉、柏为主的针叶树，其中除少数之外，多数针叶树不仅扦插难生根、而且嫁接也是比较困难的。马尾松是我国主要的针叶用材树种之一，在营建无性系种子园时对嫁接技术进行探索，掌握了嫁接繁殖的特点，取得了很好的效果。①选用发育阶段最年幼的砧木。曾对不同年龄的砧木作过比较试验，以 1 ～ 2 年生砧木最为适宜，并以根颈部位嫁接最好。年幼砧木根颈处是发育阶段最年幼的部位，嫁接部位年幼的亲和力强，接面易于愈合，嫁接成活率高。②采用生长阶段最年轻的接穗。在年周期生长中最年轻的是尚未木质化的嫩枝梢，嫩枝的薄壁细胞多，容易形成愈伤组织，嫁接易于成活。

图 7-3　嫁接苗成活后的生长形态

嫁接苗接在砧木根颈部，成活较快，长势较好。

图 7-4　嫁接成活植株剪砧

夏末秋初，要将接口以上的砧木枝干剪掉。剪口不能平剪（图左 3 株），应当斜剪（图右 3 株）。

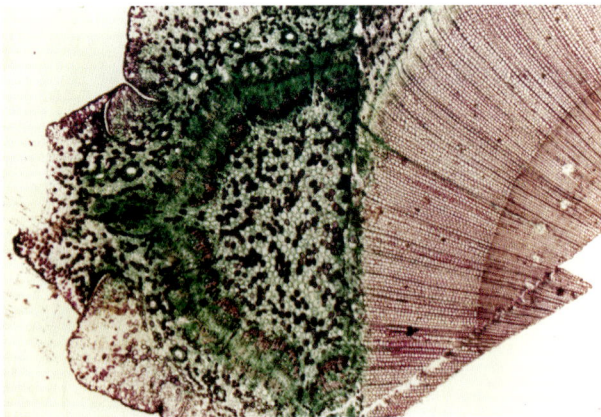

图 7-5　穗髓心形成层对接的愈合解剖形态

图右浅红部分为砧木，左边是接穗。图示嫩枝穗削至髓心与砧木形成层相贴接，相接处的髓部产生丰富的愈伤组织，以证明这种嫁接方法是成功的，效果很好。

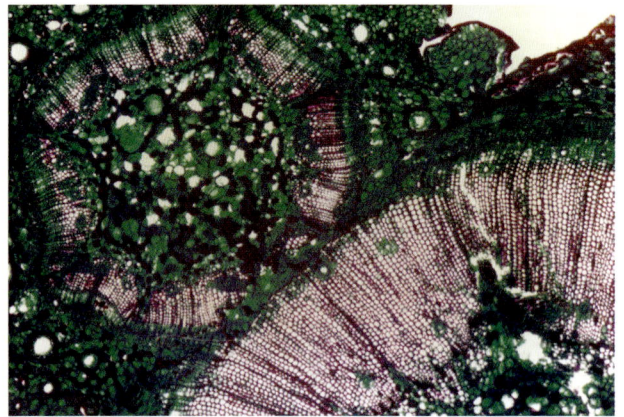

图 7-6　穗砧皮层形成层对接的愈合解剖形态

图右下角为砧木，左上角是接穗。图示嫩枝穗削至皮层与砧木相贴接，实际是穗砧形成层相贴，嫩枝接穗皮层接面的薄壁细胞也可产生愈伤组织，也能取得较好的嫁接效果。

③嫁接方法用髓心形成层对接法最好。其主要特点是接面大，嫁接时要求穗砧接面一侧的皮下形成层对准相接，接穗削平的髓心接面与砧木皮下形成层接面紧贴相接，充分利用穗砧接面的形成层与髓心接面，接面大嫁接后的愈合面也就大，易于愈合成活。④接穗采集后的时间与保鲜。这个问题有两个要点，一是接穗采集后待接时间越短越好，二是接穗待接保存越新鲜越好。因选用的接穗是未木质化嫩枝，容易失水，如若保鲜不当或气温过高，嫩穗易变质，直接影响嫁接成活。一般而言，最好是随采随接，采后一两天内接完，保鲜得好三五天内也无大碍，但与随采随接相比较，对嫁接成活总是有些影响的。⑤嫩枝接穗待接保鲜最佳方法。选用没有阳光直射的阴凉处，将接穗每 30～50 根捆成一把，放在流动的清水槽(或水沟) 里，顶芽朝上，剪口一端浸在水里(约5cm 深)。这样可以防止日晒与高温，保鲜效果好。同时由于接穗剪口浸在水中，流动的清水可以浸出并带走穗内的松脂，有助于提高嫁接成活率。嫁接苗成活生长、接株剪砧及接面愈合解剖形态见图 7-3 至图 7-6。

2. 嫁接技术的要点

根据近30年来的实践经验总结与最新研究成果，马尾松嫁接中的每项应用技术渐趋完善与规范，现择其要点分项阐述。①速成培育合格砧木。利用轻基质无纺布网袋容器小苗，早春栽植，加强圃地管理，年底生长量根颈达1cm、苗高达25cm以上，符合嫁接砧木规格的要求。②选择最适成熟度嫩枝作接穗。当年用于采穗母树的新梢长到15cm以上，银白色的针叶芽钻出棕色芽鳞、部分绿色针尖刚露出时，采穗嫁接最为适宜，这样的接穗不仅成活率高，而且接穗新梢当年生长量大，可达15cm以上。③适时嫁接。适时的实际效果，不仅要求嫁接成活率高，而且接穗新梢当年要有较高的生长量。在我国南方亚热带地区，一般于3～5月进行嫁接，具体时间从南到北可相应推迟，各地应根据春季气温回升与最适嫩枝接穗生长物相，确定最适嫁接时间。④嫁接部位以低接为佳。按照砧木接部高度可分为3种不同嫁接位置，砧木接部大于50cm称为高位嫁接，小于50cm为中位嫁接，接在砧木根颈处为低位嫁接。就目前马尾松无性系种子园树体管理发展趋势看，一般都看好低位嫁接。主要原因有两点：一是低位嫁接实际就是砧木根颈部位嫁接，从缩短培育砧木时间分析，根颈粗生长比砧木任何部位都要快，能提早达到砧木嫁接的规格要求，可缩短砧木培育的时间。前面已有分析，根颈处嫁接成活率高。二是低接可以降低树冠层，便于

①圃地培育砧木苗景观

②嫁接前砧木苗形态

③嫁接时砧木苗修剪

④砧木根颈部接后状况

⑤接株加套塑料防护罩

⑥防护罩上下两端扎紧使呈灯笼状

图7-7 嫁接砧木苗及接后状况

①接穗选用银白色针叶芽显
露时的嫩枝梢最为适宜

②削制嫩枝接穗的接面

③在接面后背基端反削一刀
使呈楔形

④削制砧木接面的皮层基部
要留一段

⑤将削好的接穗插到砧木接
面基部皮层内

⑥用塑料绑带将两相对贴的
穗砧扎紧

图 7-8 马尾松嫁接技术操作示范

图 7-9 大容器嫁接苗根部形态

图左为大容器嫁接苗脱去塑料袋前的形态，图中为嫁接苗脱去塑料
袋后的形态示根部宿土紧实，图右为嫁接苗洗去宿土示发达的根系形态。

树体管理。总结以往经验，树体高大，不便防虫打药与
球果采摘，因此母树矮化是今后种子园管理必须改革
实施的技术措施。树体矮化涉及嫁接苗培育、种子园栽
植密度、母树整形修剪等多项技术措施，但首先需从培
育嫁接苗的低接开始，低接可直接降低母树的树冠层，
效果尤为明显。⑤接后及时保湿防护。嫁接完成后要及
时在接部加套塑料保湿防护罩，使接穗周围微环境保
持较高的湿度，接穗不至受干旱、风袭而失水，以提
高嫁接成活率。一般加套保湿防护罩可提高嫁接成活
率达 20% 左右。马尾松嫁接砧木苗及嫁接技术操作示
范见图 7-7，图 7-8。采用大容器培育的嫁接苗根部形态
见图 7-9。采用低接，接后接部壅土，可诱使接穗基部
生根，生根形态见图 7-10。

图 7-10 诱根嫁接的接穗生根形态

右图为诱根嫁接 3 年生时接穗基部的生根形态。左图前为接株 25 年生时穗基根粗生长的形态。有了穗基自生根就不会产生穗砧不亲和现象；左图后边是普通嫁接的植株穗砧界面明显，穗基没有自生根，这有可能产生不亲和现象而影响到树体生长。

二、马尾松扦插的关键技术

1. 扦插繁殖的难点

（1）生根特点与根系形态　树木扦插生根可分为 3 种类型，一是愈伤部位生根型，二是皮部生根型，三是中间生根型，马尾松是属于愈伤生根型。愈伤生根型是由愈伤组织形成愈伤根，需要经过根原基发端细胞→根原基发端→根原基→愈伤根等一系列分化和形成过程。因此，这一类型生根过程很长，据对马尾松的观测，长达 2 ~ 3 个月之久。在此期间要为插穗提供适宜而稳定的水分条件，这就是马尾松扦插成活的难点所在。

（2）随树龄增长插穗生根力降低　马尾松扦插生根能力不仅随母树年龄增大而降低，而且扦插苗造林后的生长势也有相应减弱的趋势。为此，曾对来自 4 个不同年龄母树的穗条进行了扦插育苗对比试验，结果详见表 7-1。

根据表 7-1 试验结果显示可知，随着母树年龄增

表 7-1　不同年龄母树穗条扦插苗生根率与生长量比较试验

母树年龄（年）	插穗生根			1 年生苗		移栽 1 年后生长量		
	扦插株数（株）	生根株数（株）	生根率（%）	苗高（cm）	侧根数（条）	保存率（%）	树高生长（cm）	当年生长（cm）
2	252	240	95.2	14.7	27.4	98.7	33.5	18.8
3	252	233	92.5	13.8	27.2	95.8	28.8	15.0
4	252	207	82.1	13.6	21.7	96.0	27.3	13.7
6	252	183	72.6	12.2	20.3	91.5	21.2	9.0

大，插穗生根率、苗高、侧根数、移栽1年后保存率与高生长均由高依次降低，充分说明插穗成活和生长与采穗母树的年龄密切相关。经方差分析，不同年龄之间的差异极显著（F值18.17＞$F_{0.01}$＝5.95）；又经多重比较法检验，除3年生与4年生间差异不显著外，其他各年龄相互间的差异均达极显著或显著水平。关于母树年龄效应产生对扦插成效的影响，一般认为是插穗枝条内含生根抑制剂有差异的缘故，这种抑制剂的含量是随树龄增大而提高的。为了证实这一点，特采用生物鉴定法进行验证，即将不同年龄的母树枝条粉碎后用水浸提，用浸提液浸泡油菜籽作发芽试验。结果表明，1年生母树枝条抑制剂含量最少，油菜籽发芽率与发芽指数最高，分别为99%与38.5，与未经浸提液处理的对照相一致。2～5年生的发芽率与发芽指数依次降低，5年生为93%与34.3（图7-11）。这说明随着树龄增大，其枝条内含抑制剂相应提高。同时也证实了枝条内确实存在有关学者提出的"插穗本身存在阻碍生根的物质"。

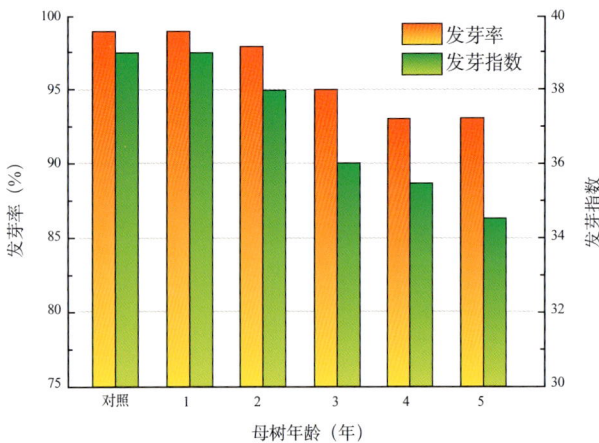

图 7-11　不同年龄母树枝条浸提液对油菜籽发芽的影响

1995～1996年，季孔庶的"马尾松插穗内源抑制物质的研究"，更加全面而深入地阐明了马尾松扦插繁殖年龄效应对扦插成效的影响。对于马尾松插穗难生根原因的结论是：愈伤生根型，低内源吲哚乙酸（IAA）水平，高内源玉米素（iPA）、脱落酸（ABA）、赤霉素（GA1＋3）和生根抑制物（Min）是马尾松插穗难生根的主要原因，吲哚乙酸氧化酶（IAAO）和多酚氧化酶（PPO）也影响其生根率。其中对马尾松扦插内源生根抑制物（Min）进行全面研究，并按母株年龄分别7个组分作了量化分析，结果见表7-2。

根据表7-2可知，随着母株年龄的递增，7种Min相对含量值均依次升高。从量化水平上表明Min含量随年龄递增而升高是马尾松扦插繁殖年龄效应的原因之一。由此可推测其他树种的扦插繁殖年龄效应也可能与内源抑制物质有关。因此克服年龄效应的一个较有效手段，将是怎样设法抑制因母株年龄增长所造成的插穗内源抑制物质的升高。

在母株插穗内源抑制物质量化测试分析时，又将Min经高效液相色谱法（HPLC）分离，均产生7个吸收峰，进一步确证Min是由7个成分（MI_1、MI_2、MI_3、MI_4、MI_5、MI_6、MI_7）组成，并初步确定MI_1、MI_2和$MI_7$3个为苯酚类，其他4个为黄酮类。各Min吸收峰表达的谱图见图7-12。由图可看出，2、4、6和8年生母株插穗的Min对应组分吸收峰随年龄递升其峰值明显增高。其中以8年生的MI_7相对含量值为最高，达51.57%，2年生的MI_2相对含量值为最低，仅6.67%。各Min吸收峰的谱图，也同样说明马尾松年龄效应导致扦插难生根，插穗内源抑制物质是内在的主要原因。

表 7-2　马尾松不同年龄母株插穗内源抑制物质对应组分含量比较

母株年龄（年）	母树插穗内源抑制物质对应组分含量（%）							平均（%）
	MI_1	MI_2	MI_3	MI_4	MI_5	MI_6	MI_7	
2	14.08	6.76	9.65	13.47	17.81	9.27	13.17	12.03
4	23.09	19.74	25.19	27.58	22.69	19.60	17.33	22.17
6	29.00	30.33	29.77	27.84	26.68	25.90	17.93	26.78
8	33.83	43.17	35.39	31.12	32.82	45.23	51.57	39.02

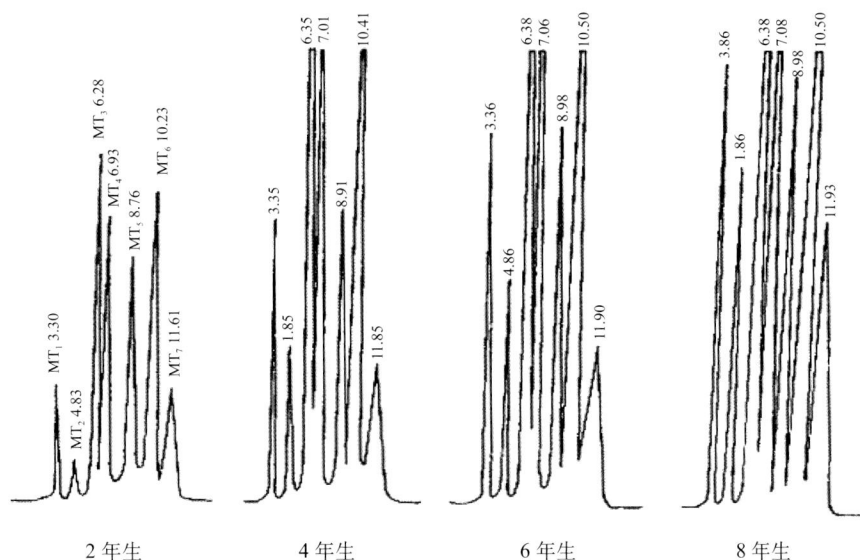

图 7-12　不同年龄母株插穗 Min 的 HPLC 谱图

（2年生　4年生　6年生　8年生）

2. 扦插繁殖的技术要点

应针对马尾松扦插繁殖的难点（即插穗母株的年龄效应与愈伤生根型等），采取相应有效的技术措施，以获较高的插穗生根成活率，达到较为理想的扦插繁殖效果。

（1）选用生根成活力最强的适龄母株插穗　马尾松扦插繁殖实践证明，树龄在 10 年以内的母树枝条，扦插均可获得生根成活的植株，但 5 年以下母树插穗生根成活率高，可用于生产性扦插育苗，而 6 年以上母树生根率逐渐降低，扦插成苗数很有限，到 10 年生时的母树插穗成苗数很少，仅有百分之几，不宜实际生产利用。在 1～5 年生的母树插穗中，其生根成活力与可利用的插穗数量也有所不同。1～2 年生母株虽生根成活力强，但树冠小，可用于插穗的枝条少；到 5 年生的母树插穗，其可用枝条虽多，但生根成活力已开始呈现降低的趋势。因此利用 3～4 年生母树插穗，不仅扦插成苗率高，而且树冠大可用于插穗的枝条多，这是最适的扦插采穗母树。

（2）培养插穗母树与插穗枝条　①培养插穗母树。从半同胞或全同胞子代表型测定评为优良家系的林分中，选出优良个体（优树），采集优树种子培育大田苗，再在众多的大田苗中挑选超级苗，按 1m 或 0.5m 见方的株行距定植，培养扦插采穗母树。②树冠侧枝培养插穗。此法培养插穗树冠较大，要按 1m 见方的株行距定植。当植株主干轮生枝停止生长后的初秋，要将轮生枝的主顶剪掉，以利次年侧枝生长与增殖。插穗母树定植的第二年和第三年，根据树高与长势要将主顶剪截定干，剪截位置要在顶芽基部或轮生枝节之下。紧接枝节下面的主干针叶芽萌发力强，可结合定干促萌培养插穗。③干基促萌培养插穗。此法培养插穗树冠较小，可按 0.5m 见方的株行距定植。一般在定植第二年当根颈长到 1～2cm 时，进行剪顶促萌。干基促萌剪口高度，距根颈 10～15cm。接近根颈的主干萌发力强，嫩枝增殖数量大，促萌的效果比较好。④加强插穗母树的管理。培养插穗母树是要在短期内生产大量扦插所需的穗条，为达此目的必须加强肥、水管理，供给足够的养料和水分，以促进母树枝条的生长。

（3）插穗成熟度以半木质化嫩枝最为适宜　马尾松插穗生根成活时间比较长，如果插穗未开始木质化，质地幼嫩容易失水，不利生根成活；若是插穗成熟度老化，细胞分化形成愈伤组织性能降低，影响愈伤根的形成导致扦插不能成活。曾将插穗枝条成熟度按极幼嫩、较幼嫩、较嫩未木质化、已开始木质化分为 4 级，进行扦插试验作比较，结果插穗从极幼嫩到开始木质化的生根成活率，依次分别为 12%、28%、44% 和 59%。开始木质化的插穗要比极幼嫩高 47%。此后的多次试验以及大批量的生产性扦插繁殖，均采用已开始木质化到半木质化的枝条作插穗，生根成活率高达 80% 以上。为了便于识别和应用，以木质化程度表示插穗枝条的成熟度,将不同成熟度的插穗枝条形态与生长性状,列于表7-3。

根据表7-3所列5种不同成熟度的插穗枝条形态与性状特征可知,前面两种未木质化枝条显然成熟度太嫩,最后一种已基本木质化成熟度又过老,两者不宜用作插穗。中间两种的成熟度处在开始木质化过渡到半木质化当中,外观形态为绿色针叶已完全出鞘,针叶长达2～8cm,新枝呈绿枝态。新枝内部维管组织呈环状,髓部率达37%～50%。插穗枝条的水分与蛋白质含量较高,有利插穗愈合生根。有机碳含量提高,说明嫩枝进入木质化时期,可提高抗逆性能。一个幼嫩的马尾松枝条进入开始木质化生长时期,形态与生长性状发生变化,使得细胞分生能力增强,有利产生愈伤组织,扦插后枝条又不易失水,因而扦插生根成活很高。幼嫩的

插穗可通过修剪促萌(图7-13至图7-16)。

(4)插穗生根成活期间的水分调控 马尾松插穗生根属于愈伤组织生根型,先从插穗切口形成愈伤组织,然后分化形成根原基长出新根,时间长达2～3个月之久。在这一过程中必须保持插壤和地表空间有相适宜的湿度。不掌握这种对湿度要求的特点,要取得扦插成功是困难的。克服这一难点的关键是:从扦插取穗考虑,要选择易于产生愈伤组织、成熟度最适的嫩枝作插穗;从插后管理考虑,在插穗大量生根以前,要随时通过水分调控,保持插穗周围空间相适宜的水分条件。一般大批量扦插的水分调控管理,主要是采用全光照喷雾设备予以实施。全光照喷雾设施,可以调控时间和水量,只要管理者勤于观察扦插环境所需水情,扦插水分调控可获得预期效果。

(5)扦插的土壤基质 插壤对插穗生根影响很

表7-3 马尾松插穗嫩枝形态与性状特征

嫩枝成熟度	(幼嫩)未木质化	(较嫩)未木质化	开始木质化	半木质化	基本木质化
嫩枝形态	针芽态	鞘叶态	针叶态	绿枝态	硬枝态
针叶长 (cm)	未出叶鞘	0.6 ～ 0.8	1.2 ～ 1.8	7.5 ～ 9.1	9.2 ～ 9.5
维管组织	呈束状	形成层开始呈环状	形成环状	呈环状	呈环状
髓部率 (%)	53.3 ～ 54.5	56.5 ～ 64.3	38.2 ～ 50.0	36.8 ～ 38.4	25.6 ～ 30.4
水 分 (%)	81.74	81.61	80.63	74.51	70.26
有机碳 (%)	9.68	9.77	10.32	13.75	16.18
蛋白质 (%)	1.300	1.150	1.131	1.069	0.944

图 7-13 未经促萌的采穗圃

未经促萌的植株只有侧枝顶芽萌发,形成可供采穗嫁接的枝条少,质量也较差。

图 7-14 经过促萌的采穗圃

经过促萌的植株萌发枝条多,绝大部分枝条都可用于采穗嫁接,萌发枝条利用率高,质量比较好。

大，也是扦插成功的一个重要条件。在扦插试验阶段，曾用过圃地土、松林表土、阔叶林腐殖质土、粗河沙、细河沙、面粉沙、炭化谷糠、蛭石等，并设计了多种配方进行对比试验。最后得出的结果认为：多种配方都是可行有效的，但对大批量扦插来说，应力求便于取材，

简于施行。因此，从保水性、渗透性、通气性等条件有利于扦插成活，又取材容易以及应用简便考虑，认为面粉沙作为扦插基质是很适宜的，扦插生根成活率高，值得推广应用。

（6）适宜的扦插季节　马尾松扦插在春、夏、秋三个季节均可进行。试验结果表明，初春（3月上旬）扦插以选用前一年夏末秋初促萌枝较好，扦插的生根成活率达65%～90%；晚春（5月下旬）扦插宜用当年初春萌发枝或促萌枝为好，扦插的生根成活率高达77%～92%。各个季节相比较，以春季扦插为优。此外，春季萌发枝在夏季扦插，只要水分管理适宜，也能获得较好的结果。夏季萌发的枝条在秋末冬初扦插，借助低架塑料拱棚保湿防护越冬，只要管理得当生根成活率也比较高。无性系林分林相整齐与分株生长较一致（图7-17，图7-18）。

图 7-15　植株上部枝干促萌

在树冠枝干顶芽基部与主干针叶交接处剪断促使剪口下针叶芽萌发新枝梢，当萌发枝梢长达 6～8cm，即可采穗扦插。

图 7-16　植株基部促萌

于植株高 10～15cm 处剪断主干，促使萌发新枝梢。植株基部促萌，萌发旺枝条多，要及时采穗扦插。

图 7-17　马尾松无性系林分的林相整齐

图 7-18　马尾松无性系分株生长较一致

第二节 马尾松无性系林营建技术

一、 无性系林营建材料

1. 半同胞无性系

20 世纪 80 年代，浙江省开展马尾松选优，进行优树子代测定评选优良家系。从优良家系中选择超级苗定植促萌，经扦插繁殖获得无性系苗，用于营建无性系林。参建无性系共 13 个，以优树编号为无性系号（表 7-4）。半同胞无性系测定林于 5 年生与 8 年生时进行两次树高与胸径生长量调查，计算单株材积生长量，以其为依据评选优良无性系。以当地优良林分为对照，计算优良

无性系大于对照的百分值。按 8 年生半同胞无性系的单株材积，一般比对照大 35.4% ～ 124.8%。

2. 全同胞无性系

在浙江省淳安县姥山林场国家马尾松良种基地一代育种群体中，于 1993 年开始杂交育种，次年获得杂交种子，1995 年进行大田育苗，然后从优良全同胞家系苗木中选取超级苗，定植在圃地促萌培养穗条，经扦插繁殖的苗木用于营建无性系林。参建无性系 14 个，按统一编号标明杂交组合（表 7-4）。全同胞无性系测定林，6 年生时经生长量检测评选优良无性系，以同龄的

表 7-4 马尾松扦插无性系试验林 11 年生林木生长量

半同胞扦插无性系林木生长量					全同胞扦插无性系林木生长量				
无性系号	树高（m）	胸径（cm）	材积（m³）	材积＞CK	无性系号	树高（m）	胸径（cm）	材积（m³）	材积＞CK
5006	9.2	13.7	0.066949	79.0	1003×5907	9.9	11.9	0.055301	47.8
5010	10.3	18.8	0.134166	258.7	1003×6610	9.3	15.5	0.085054	127.4
5149	9.1	15.5	0.083303	122.7	1134×1121	10.9	16.2	0.107460	187.7
5229	9.4	14.5	0.075929	103.0	1145×1121	12.8	16.8	0.134066	258.4
5401	9.2	17.0	0.099913	167.1	1145×ABCD	11.7	15.1	0.100931	169.8
5521	9.3	14.3	0.080729	115.8	1217×1126	9.9	20.2	0.147588	294.6
5606	9.5	15.8	0.089945	140.5	1325×1121	11.3	14.9	0.095242	154.6
5802	8.2	13.5	0.058355	56.0	3412×1003	8.5	13.4	0.059569	59.2
5813	9.7	14.7	0.080260	114.6	5121×1121	9.4	14.8	0.078869	110.8
5815	8.7	13.2	0.059233	58.4	5163×1103	9.2	15.8	0.087226	133.2
5819	8.9	14.9	0.075791	102.6	5406×1145	10.1	15.3	0.089850	140.2
5821	8.8	14.0	0.066792	78.6	5916×1121	10.4	13.6	0.074266	98.5
5914	10.2	13.8	0.074900	100.2	3201×1123	11.2	18.7	0.143931	284.8
平均	9.3	14.9	0.080482	115.2	6321×1116	9.3	15.6	0.086074	130.1
CK	7.4	11.2	0.037406		平 均	10.3	15.6	0.096102	146.7
CK 为 11 年生 2 代建园优树生长量（22 株平均值）					CK	7.4	11.2	0.037406	

一代种子园混系种子试验林为对照，结果表明：全同胞无性系比一代种子园混系林树高大 34.9%，胸径大 44.2%，单株材积大 170.3%。若与当地优良林分种子同龄林相比较，全同胞无性系的树高要大 50%、胸径大 75%、单株材积大 326%。

二、营建无性系试验林

1. 无性系扦插苗培育

利用半同胞与全同胞优良家系种子分别培育大田苗，次年春从中挑选出超级苗，定植培育采穗母株。定植第二年 8 月进行第一次促萌，第三年 2 月第二次促萌，促使萌发扦插穗条。第一批从第一次促萌嫩枝采穗扦插，第二批从第二次促萌嫩枝采穗扦插。插穗粗 0.2～0.4cm，穗长 6～8cm。扦插后采用塑料小拱棚保湿遮荫，后来大批量繁殖采用全光照喷雾扦插育苗。其中半同胞无性系扦插苗次年移床培育，全同胞无性系扦插苗未经移床。翌年 3 月出圃造林。培育的扦插苗生长量，稍大于同龄实生苗，说明扦插苗可在实际生产造林中推广应用（表 7-5）。

2. 无性系扦插苗造林

无性系试验林面积 1hm²，半同胞与全同胞无性系扦插苗造林分为两个试验区，株行距 2m×2.5m。半同胞无性系扦插苗经换床移植，苗木生长粗壮，根系也较发达，起苗带土较多，有利造林成活。未经移床的全同胞无性系扦插苗，起苗带土较困难，要尽量多带土保护苗根，以提高栽植成活率。扦插苗的根是生自穗基的愈伤根，愈伤组织形成的根容易折断，在起苗栽植时要避免损伤根系。另外扦插苗水平根发达，栽植时要将过长的根剪短，以免窝根影响成活与生长。

3. 无性系扦插苗造林效果

利用扦插苗营建的无性系试验林，11 年生时对半同胞 13 个与全同胞 14 个无性系进行每木树高和胸径测定，计算单株材积，并以 2 代种子园建园的全同胞优树生长量为对照（CK），分析比较扦插繁育的各无性系生长与增益水平。详见表 7-4。

（1）比较分析的对照 半同胞与全同胞扦插无性系生长量均以同一对照（CK）进行比较分析。CK 是全同胞子代测定林经评选确定用于 2 代种子园建园的优良单株（优树），所测定的 22 株平均树高 7.4m、胸径 11.2cm、单株材积 0.037406m³，年均生长量分别为 0.67m、1.02cm、0.003401m³，在同类地区是属于长势好、生长量较高的林分。以此为对照证实，马尾松扦插无性系繁育的林分，确是生长量大、遗传增益高。

（2）半同胞无性系生长量 11 年生时平均树高 9.3m、胸径 14.9cm、单株材积 0.080482m³，年均分别为 0.85m、1.35cm 和 0.007317m³。与对照相比较，三者分别高 25.7%、33.0% 和 115.2%。单株材积增幅在 56.0%～258.7% 之间。其中以 5010 号无性系生长量最大，树高、胸径和单株材积分别为 10.3m、18.8cm 和 0.134166m³，年平均生长量为 0.94m、1.71cm 和 0.012197m³，与对照相比较分别高 39.2%、67.9% 和 258.7%。

（3）全同胞无性系生长量 11 年生时平均树高 10.3m、胸径 15.6cm、单株材积 0.096102m³，年均分别为 0.94m、1.42cm 和 0.008737m³。与对照相比较，三者分别高 39.2%、39.3% 和 156.9%。单株材积增幅在 47.8%～294.6% 之间。其中有三个是特高产无性系：① 1217×1126 号，树高 9.9m、胸径 20.2cm、

表 7-5 扦插苗与实生苗造林后生长量比较

树龄（年）	造林苗木	保存率(%)	I（较好地块）			II（较差地块）			I 与 II 两地块合计		
			调查株数	根颈 (cm)	树高 (cm)	调查株数	根颈 (cm)	树高 (cm)	调查株数	根颈 (cm)	树高 (cm)
1	扦插苗	86.2	30	0.78	36.5	30	0.61	33.0	60	0.69	34.8
		88.8	30	0.71	29.4	30	0.70	28.9	60	0.71	29.1
2	实生苗	83.3	40	1.59	68.5	40	1.55	67.9	80	1.57	68.2
		83.3	40	1.55	66.3	40	1.48	66.4	80	1.51	66.3

单株材积 0.147588m³，分别比 CK 高 33.8%、80.4% 和 294.6%；② 3201×1123 号，树高 11.2m、胸径 18.7cm、单株材积 0.143931m³，分别比 CK 高 51.4%、67.0% 和 284.8%；③ 1145×1121 号，树高 12.8m、胸径 16.8cm、单株材积 0.134066m³，分别比 CK 高 73.0%、50.0% 和 258.4%。

（4）两类扦插无性系比较 全同胞无性系的平均树高 10.3m、胸径 15.6cm、单株材积 0.096102m³，比半同胞无性系分别高 10.8%、6.7% 和 19.4%。生长量存在这样的明显差别，主要有两方面的原因：一是产地不同，全同胞无性系的杂交亲本多半来自南亚热带或中亚热带南部地区，而半同胞无性系的插穗亲本主要产自中亚热带。马尾松生长的地理效应是很明显的，一般南部种源比北部种源生长快。二是双亲子代与单亲子代有所不同，用于培育全同胞无性系的材料，是经测定评选的优良亲本，所利用的父母本都是经选配优良的亲本进行杂交而获得的。而用于培育半同胞无性系的亲本植株，虽经测定评选也是优良的植株，但只知其母不知其父，因此一般认为全同胞无性系比半同胞无性系更为优异。①半同胞扦插无性系。全是选自浙江各地的优树形成的无性系，生长量一般都小于来自中亚热带南部与南亚热带的无性系，但优于当地优良种源的生长量，按各无性系平均生长量比较，树高较当地优良种源高 13.4%、胸径大 21.8%、单株材积多 66.4%。②全同胞扦插无性系。林木生长量比较大，年平均树高生长 0.77m、胸径 1.02cm、单株材积 0.004789m³，分别比当地优良种源大 33.4%、50% 和 186.4%。而且干形通直，均比半同胞无性系与当地种源为优。③全同胞无性系生长量明显大于半同胞无性系。树高生长量大 17.6%、胸径大 23.2%、单株材积大 72.1%。因为全同胞无性系的亲本主要来自南亚热带，生长量一般均高于中、北亚热带，加之杂交亲本是从优树中选择，优中选优，这样形成的扦插无性系，生长快遗传增益比较高也是必然的。因此，无性繁育资源培育，应当选择生长快遗传增益高的亲本进行杂交，将杂交组合种子育苗造林，培育全同胞子代测定林，从中选出优良个体（优树），通过扦插繁殖营建无性系林，肯定能获得显著的营林效益。马尾松无性系育苗造林实施过程中的扦插苗生根形态、造林效果、试验林林相、单系林木长势见图 7-19 至图 7-24。

图 7-19　马尾松扦插苗的生根形态

3 张图分别表示：中图为扦插苗从穗基切口外缘靠近皮层部位长出幼根的形态；左图为扦插苗与同龄实生苗相比较根系发达长势好；右图为扦插苗造林后幼树呈现出发达的根系生长形态。

图 7-20　扦插无性系苗的造林效果

　　图为扦插苗造林后 5 年生幼林生长景观（图左为全同胞无性系幼林，右为半同胞无性系幼林）。无性系造林成活率高生长快，7 年生时与同龄实生苗幼林相比较，树高大 9%、胸径大 22%、材积大 57%。

图 7-21　半同胞扦插无性系试验林林相

　　半同胞无性系，林相整齐，林木生长较好，11 年生材积大于对照达 56% ～ 259%。

图 7-22　全同胞扦插无性系试验林林相

　　全同胞无性系，林相整齐，林木生长良好，11 年生材积大于对照达 48% ～ 295%。

图 7-23 半同胞单系（5606）林木形态

前右 2 株为半同胞单系（5606）林木，树高 9.2m、胸径 13.7m、单株材积 0.066949m³，材积比对照大 79%。

图 7-24 全同胞单系（1145×1121）林木形态

前 3 株为全同胞单系（1145×1121）林木，干形好生长快，树高 12.8m、胸径 16.8m、材积 0.134066m³，单株材积比对照大 258%。

第三节 无性系在林业生产中的应用

一、马尾松无性系应用的可行性

无性系栽培在园艺中的应用具有悠久历史，并且早已普及。林业生产中的特用经济树种，是指那些不以生产木材为目的的栽培树种，如香料、油料、胶料、干果、药材等产品，经济价值较高，属商业性栽培，为了获得更高的产量和产品质量，参照园艺栽培方式，无性系的应用也日渐广泛。以生产木材为目的的森林树种，与生产非木质产品的经济树种或园艺植物不同，所处的环境条件有巨大差异，人工造林中强调立地条件的选择，适地适树，对立地条件的人为控制能力还很弱。天然更新、播种造林、培育实生苗造林，一直是森林更新的主要方式。过去在杉木产区，农民有插条造林的传统，但仅限于局部区域。在众多的针叶用材树种中，具有无性繁殖的也仅有极少的几个树种，大多数都属于扦插难生根的树种。但是，针对扦插的难点，全国林业科研单位经多年科研协作，攻坚克难，针叶树种扦插取得突破性进展，攻克了扦插难生根的技术难点，为发展扦插难生根的针叶树种的无性系林业，提供了实用性的技术支撑。马尾松是我国的主要用材树种，一直被认为"断头不发芽，飞籽满山青"的扦插难生根树种。但经较长时间的研究与实践，终于取得可供生产应用的扦插技术成果，嫩枝扦插的生根成活率达 80% 以上。对无性系应用的可行性得到证实。

二、无性系林业是现代高效林业的发展趋势

近二三十年以来，随着人工林集约经营强度的提高，特别是木材加工和制浆造纸等工业原料的需求，大规模短周期工业原料林的发展，对林木定向遗传改良提出了迫切的要求。由于经过无性系育林方式的改良后，无性系林分单位面积产量高，增产效果显著，林相整齐，便于集约经营，产品性质一致，符合工业加工的要求。因此，无性系在商品林业中的应用，受到广泛的关注。

大多数的林木改良一般采用有性和无性两种繁殖方法。有性繁殖是产生遗传变异的基本方式，有变异就有选择；无性繁殖属简单遗传，主要是基因的简单复制，可保持基因型的稳定和增殖。总而言之，就是"有性制种，无性利用"。通过杂交育种，从变异中选择优良家系或优良个体，将其优良种子用无性繁殖方式，培育成无性系扦插苗，营建优质高产的无性系林。从理论上讲，一组变数的平均值，永远比这组变数中最大变数的值小，种子园杂种子代的遗传进展，只能是亲本组成的遗传效应的平均值，而无性系选育可利用其中少数最佳基因型，从而可得到最大的遗传进展。这可说是无性系选育能够获得优质高效理论的简明诠释。现代高效林业的需求，必将推动无性系林业迅速发展。

三、无性系扦插繁殖的实际应用

1. 直接用于工业用材林的营建

马尾松是造纸工业与纤维板工业的主要原料树种，而且要求定向培育短轮伐期的专用林，建立上规模的造纸材与纤维材的原料基地。实行集约经营，加速成材进程，达到林相整齐、产量高、质量好、产品一致之目的，这就必须转换传统林业经营的方式，以现代林业应用高科技追求高效益的思路，才能实现这一经营目的。因此，提出无性系扦插苗运用于工业用材林的建设，是

完全能符合这一目的要求的。实现这一目的的关键技术，就是培育优良无性系扦插苗。根据多年来的研究成果与实践经验，应用大批量育苗的先进设备条件，培育符合规格的扦插苗一定能获得成功。

2. 无性系扦插苗运用于良种建设

从两方面按不同生产方式用于良种建设。一方面是用于营造生产性林木种子园，生产品质优良的种子，这可促进早结实，多结实，增加种子产量，提高种子品质。另一方面是培育扦插苗直接提供生产造林。近 20 多年以来，我国营建并已投产的马尾松种子园，多数产种量不高，大面积种子园的单产在 0.5kg/667m^2 左右，而生产投入很大且效益很低。为弥补良种生产之不足，培育无性系扦插苗直接用于造林，确为补救不足之良方。

3. 应用无性系扦插苗的独特功能

①具有获取最大遗传增益的潜力。遗传变异主要由加性和非加性两种方差组成，通过种子繁殖一般仅能控制加性成分，由于无性系不产生遗传分离，可有效利用加性和非加性方差，无性繁殖可以从原株上获取和转移所有遗传潜力到新的分株群体上。像材积生长这些遗传力低的性状，与种子繁殖相比较，无性繁殖在短期内可能获得高得多的遗传增益。②避免因实生繁殖产生的分化。无性繁殖不产生遗传分化，群体有更大的一致性，可为工业加工生产在规格大小、质量、材性上保持均一的原料。③缩短改良繁育周期。无性系扦插苗在林木改良中，可快速取得成果。只要经过测定证明基因型优良，就可大量繁殖用于生产，即一步到位。④扦插繁殖简单易行。在常规的林木无性繁殖方法中，扦插技术比较简单容易掌握。曾认为马尾松是扦插难生根树种，是因以前对其生根机理不了解、扦插关键环节不掌握，如今已破解了这些难点问题，扦插就成为易于掌握的一般技术问题。现在利用马尾松嫩枝扦插一般都能获得 70% ~ 80% 生根成活率。⑤加快无性系林业的发展。对于扦插繁殖技术由难而易得到根本性的解决，使其成为一项成熟的易于掌握的普通技术，有效地促进了无性系林业的发展，加快了以无性系林业代替传统的实生林业时代的到来，无性系林业将会很快变成一项经济实用的新型林业体系。

第八章
良种生产资源

　　林木良种 (Improved tree variety) 是林业发展所必需的优良繁殖材料。广义上的繁殖材料有籽粒、果实等有性繁殖材料和根、茎、苗、芽、叶等无性繁殖材料，这里是特指优良的林木种子。种子是林业生产最广泛、最主要的繁殖材料。良种应用更是林业发展、获取较高遗传增益最重要的手段。"林以种为本"这是一条已被证实十分宝贵的经验。拥有了丰富的林木种质资源，就等于掌握了良种创新的主动权，占据了种苗研发的制高点。抓住了林木的良种生产，就是抓住了林业发展的根本。回顾近30多年以来的我国林木良种生产，林业主管部门与科研单位紧密结合，选择优树营建种子园，为林

木良种建设和良种化水平的提升，取得了显著成效，做出了重大贡献。20世纪80年代，全国成立了"马尾松种子园建立技术研究"的攻关协作组，在主产省(自治区)开展马尾松选优建园工作。马尾松种子园科研攻关项目由南京林业大学与中国林业科学研究院亚热带林业研究所共同主持，参加协作组的成员当时有福建省林木种苗公司、四川省林科所、贵州省林科所、广西壮族自治区林科所、广东韶关地区林科所、湖南省林科所、中国林科院大岗山实验局。协作组的首要任务就是选择优树营建种子园。"六五"期间在9个省(自治区)的160多个县开展了选优，通过实践与研究，拟定出马尾松优树标

图 8-1　世行专家检查指导

　　1994年8月，世界银行官员及专家来浙江检查、咨询。图为斯科比(前排左2)、苏姗·沈(后排右6)、迈克·威尔考科斯(后排右11)、达乌德·阿赫迈德(后排右9)在林业部世行项目管理中心屈树业主任(后排右8)、中国林业科学研究院洪菊生副院长(后排右7)、浙江省林业厅毛志忠副厅长(后排右10)陪同下，在淳安县姥山马尾松良种基地种子园检查、指导。

准与选择方法，选出优树 1600 多株，95% 以上优树收集在采穗圃里，为即将进行大面积建园准备接穗，部分穗条用于种子园嫁接。随后在"七五"期间继续选优建园，前后总共选择优树 4500 多株，营建 1 代无性系初级种子园逾 1000hm²。初级种子园定植密度较大，进入结实期之后进行了适当疏伐，以优树子代测定结果为依据，以留优去劣与调整密度相结合为疏伐原则，疏伐后的初级种子园成为 1 代去劣种子园。还有的根据优树子代测定结果，选择遗传增益高的优树无性系，重建 1 代种子园（即 1.5 代种子园）。21 世纪初，随着经济建设的腾飞，林业发展对良种提出了更高要求，在总结以往林木良种建设经验的同时，启动了新一轮林木良种建设，重点是营建马尾松二代无性系种子园。至此，建成了包括 1 代初级、1 代去劣、1 代重建（1.5 代）、半同胞 2 代

和全同胞 2 代马尾松无性系种子园，此外还有部分实生种子园，形成了多种以种子园形式存在的马尾松良种生产资源。30 多年来，在林木良种主管部门关心指导与全国协作组共同努力下，良种建设与科研双丰收，选优建园成绩卓著、硕果累累。1993 年"马尾松第一代无性系种子园建立技术"研究成果获得林业部科技进步奖二等奖和国家科技进步奖三等奖；1999 年"马尾松材性遗传变异与制浆造纸材优良种源选择"研究成果获得国家林业局科技进步奖一等奖和国家科技进步奖二等奖。同期，各协作组成员在本省、本地区获得多项成果奖，为我国马尾松良种建设与良种化水平的提高做出了重大贡献。下面以中国林业科学研究院亚热带林业研究所在浙江省淳安县姥山林场马尾松良种基地为例予以阐述。世行官员及专家在马尾松良种基地检查、指导（图 8-1）。

第一节　马尾松初级 1 代种子园

一、选择建园材料

为营建马尾松 1 代无性系初级种子园，开展优树选择。在浙江 29 个县（市）选出优树 527 株，其中天然林优树 422 株占 80%、人工林优树 105 株占 20%。在江西、安徽、湖北三省选出 209 株天然林优树。此外还从广东、广西、福建、贵州、四川、湖南 6 省（自治区）引进收集优树无性系 341 个，共收集 10 省（自治区）868 个优树无性系。浙江淳安县姥山林场国家马尾松良种基地马尾松 1 代初级种子园皆是利用上述优树无性系营建的。约选用 300 个无性系作为建园材料，一般每小区配置 50 个无性系。马尾松 1 代初级种子园见图 8-2。

二、主要建园技术措施

1. 种子园栽植密度

马尾松有其固有的生长结实生物学特性，要针对其特点确定种子园的栽植密度。总原则是初植密度可稍

图 8-2　马尾松 1 代初级种子园

树龄 20 年时的景观，树体高大，树冠下部枝条球果很少，当年球果主要在树冠上部。

大，以后适时去劣疏伐调控至适宜的密度。当时设计种子园水平条带间距 5m，株距 2.5 ~ 3.0m，每公顷定砧 660 ~ 800 株，计划去劣疏伐 55%，最后每公顷保留 300 ~ 360 株。疏伐后不久发现，这一保留密度仍然过大。浙江地处中亚热带的中北部，一般每公顷定植 240 ~ 300 株比较适宜，立地条件较好取上限种子园的密度可小些；反之立地条件差取下限，栽植密度可适当加大。

2. 嫁接建园

营建马尾松初级种子园，采用先定砧后嫁接的建园程序，即采集无性系穗条到建园山地进行嫁接。与圃地嫁接相比较，嫁接方法虽然一样，但立地环境条件不同，对嫁接效果会产生很大差异。因此针对山地条件，必须加强防范性的技术措施，确保高成活率与高质量的嫁接成效。①接穗保鲜。采穗后要妥为保鲜，最好随采随接，务求在一两天内接完；②嫁接部位。先定植的砧木有的已有轮生枝，有的还没有，两者的嫁接部位有所不同。有轮生枝的应在轮生枝上边的主干基部，嫁接后轮枝适当疏剪留作辅养枝，这有利于接穗成活与生长；对于没有轮生枝的砧木，接部尽可能低些，在山地特别是山冈处阳光与风力都较强，接部低可减轻强光与风的影响，有利嫁接成活，也有助于降低树冠层，便于树体管理。③接部防护。嫁接之后要在嫁接部位加套塑料保湿防护罩，使得接穗周围的微环境具有较适宜的湿度，这对嫁接成活是十分有效的措施，一般可将成活率提高 20%。④成活检查。马尾松嫁接后约 25d 即可成活，成活期来临要及时检查，尽早发现不能成活的嫁接植株，以便能在当年嫁接期内进行补接。当年补接比次年后补接的优点是：不会造成植株高低不一、园相不齐，影响建园成效。⑤接后管理。一般接后 25d 左右接株成活时，应及时解除保湿防护罩，否则会妨碍接穗新梢生长。当接穗新梢正常生长时要定干，即在上接口处将砧木主干剪掉，对接部以下的砧木枝条，以去强留弱为疏剪原则，选留好辅养枝。

3. 无性系定植配置

种子园无性系的配置原则是，同一无性系分株应保持一定间隔，尽量避免自交和近交，避免无性系之间的固定搭配，使各无性系间充分地随机授粉，提高所产种子的遗传多样性；采用的设计方案应便于施工与生产经营管理，对不同无性系的生长和产种量便于统计分析。根据以上原则，马尾松种子园主要采用系统错位与分组随机两种排列配置方式。一般在坡度大的地段采用错位排列，而在较平缓的地块采用分组随机排列。

（1）系统错位排列　在坡度适中的坡面设置基准线，从基准线最上边的条带定植点开始，由上而下按无性系顺序的相隔位次排列，然后在每条带基准线的无性系向前倒序、向后顺序即可。此法能够实现同一无性系分株相隔 20 ~ 25m 的要求，但左右之间会形成固定搭配。

（2）分组随机排列　先将园地划分为区组进行配置。一般每组 50 个无性系，5 个条带，带距 5m，每带定植 10 株，株距 2.5 ~ 3.0m，形成 25 ~ 30m 方块配置小区。将 200 个无性系分为 4 组，4 组无性系按编号 1234 与 3412 两种顺序交替排列，同一组无性系至少相隔一个组距，并均匀地排列在整个园地。在同一组内 50 个无性系进行随机排列。分组随机排列避免了固定搭配，符合无性系配置原则，有利种子遗传品质的提高。

无性系分组的原则是将生态区域相近的无性系分在同一组，避免花期不遇，以提高种子产量。姥山林场马尾松初级种子园的 4 组无性系：第一组为浙西北无性系，第二组为浙中南无性系，第三组为赣东北与皖南无性系，第四组为赣中南无性系。配置时使组间交替、组内随机排列。

三、建园成效与种子生产

姥山林场马尾松初级种子园从开始营建到进入种子生产，大致可分为嫁接营建期、投产初期与投产期三个阶段。

1. 嫁接营建期

从 1986 年开始，前 3 年主要是嫁接建园，后 2 年是以补接为重点的后续工作，到 1990 年前后达 5 年之久，完成 400 余亩的嫁接建园任务。后经调整，马尾松初级种子园的规模定为 300 亩，最早嫁接的植株有的已开花结实。

2. 投产初期

从 1991 年开始，种子园开花结实的植株逐渐增多，进入投产初期。此后连续 4 年进行产量统计：300 亩种子园年平均生产球果 3517kg，最高年产球果 8180kg；年均产种子 70kg，最高年产种子 135kg；球果年均出籽率为 2.08%，最高年份出籽率达 2.54%；年均亩产种子只有 0.235kg，最高为 0.45kg（表 8-1）。

3. 投产期

1995 年进入投产期，连续 5 年进行了球果与种子的产量统计。300 亩种子园年均球果产量 9915kg，最

表 8-1 马尾松初级种子园投产初期 4 年产量统计

产种年份	1991	1992	1993	1994	4 年平均	备 注
球 果 (kg)	315	1169	8180	4405	3517	球果出籽率年度之间的差异，一是与当年天气干旱影响籽粒饱满度、二是与球脱粒种子干净程度有关。
出籽率 (%)	1.90	2.22	1.65	2.54	2.08	
产种量 (kg)	6	26	135	114	70	
亩产量 (kg)	0.02	0.085	0.45	0.375	0.235	

高年份 15999kg；年均产种子 204kg，最高年产种子 310kg；球果年均出籽率为 2.10%，最高年份出籽率达 2.38%；年均亩产种子只有 0.67kg，最高年份为 1.035kg。其间有一年试验区 40 亩林地中平均每亩生产种子 1.26kg，最高小区亩产 1.855kg（表 8-2）。

四、初级 1 代去劣种子园混系种子造林效果

马尾松初级种子园定植密度较大，依照园地郁闭情况需要及时进行疏伐，以改善园地通风透光条件，促进母树开花结实。更为重要的是需根据优树子代测定结果，留优去劣，以提高种子园种子的遗传品质。疏伐可起到调控密度与提高种子品质的双重作用。姥山林场初级种子园在嫁接建园后的 8～10 年间，树体高、郁闭度大，进入投产时期，进行了第一次疏伐。疏伐后植株密度从每亩 44～53 株，降到 20～24 株，疏伐强度达 55%。后来发现这一密度还是过大，还需进行第二次疏伐，将密度降到每亩 16～18 株。1 代初级种子园经去

劣疏伐后，种子品质得到相应的提高，故将其称为 1 代去劣种子园。

初级种子园改建为去劣种子园，对于种子品质改良的效应的多大，特将同龄的去劣种子园混系子代与未经去劣种子园混系子代、当地优良种源混系子代的生长进行测定比较，结果详见表 8-3。

由表 8-3 可知：去劣疏伐对提高马尾松初级种子园混系种子品质的效果明显，5 年生时树高、胸径和单株材积生长量比未经去劣种子园混系分别提高 19.8%、68.9% 和 220.1%，比当地种源混系（CK）分别提高 23.6%、68.9% 和 223.8%。未经去劣种子园混系的种子品质与当地种源种子品质基本接近，胸径相当，树高与单株材积仅高 3.8% 和 3.7%。由此可见，初级种子园通过去劣疏伐，改建 1 代去劣种子园甚为必要，改建投入不大，却能获得显著提高种子遗传品质的效果。但关键是在于做好优树子代测定，真正评选出优良的家系，为去劣留优疏伐提供依据，这样改建为 1 代去劣种子园才能取得预期的效果。马尾松 1 代去劣种子园及其混系子代林见图 8-3，图 8-4。

表 8-2 马尾松 1 代初级种子园投产后连续 5 年产量统计

产种年份	1995	1996	1997	1998	1999	5 年平均	备 注
面 积 (亩)	300	300	300	300	300	300	试验小区产量：1995 年 40 亩试验区亩产种子 1.26kg，最高小区亩产种子 1.855kg。
球 果 (kg)	9400	9262	6513	8400	15999	9915	
出籽率 (%)	2.13	1.73	2.30	2.38	1.98	2.10	
产种量 (kg)	200	160	150	200	310	204	
亩产量 (kg)	0.665	0.535	0.50	0.665	1.035	0.67	

表8-3　三种5年生混系子代林生长量比较

三种混系子代生长量比较	树　高		胸　径		单株材积	
	(m)	(%)	(cm)	(%)	(m³)	(%)
经去劣种子园混系	3.56	123.6	5.10	168.9	0.004316	323.8
未去劣种子园混系	2.99	103.8	3.02	100	0.001382	103.7
当地种源混系（CK）	2.88	100	3.02	100	0.001333	100
经去劣混系＞CK（%）	0.68	33.6	2.08	68.9	0.002983	123.8
未去劣混系＞CK（%）	0.11	3.8	0	0	0.000049	3.7
去劣＞未去劣混系（%）	0.57	19.8	2.08	68.9	0.002934	220.1

图8-3　马尾松1代去劣种子园

　　去劣疏伐后的种子园正常结实期的树冠形态。1代种子园定植密度大，树冠下层缺乏光照，枝条细弱结实很少，树冠上层的球果由于树体高大采收很不方便。

图8-4　马尾松1代种子园混系子代林

　　图左为5年生幼林。图右上部是阔叶林，下部是竹林，中间为10年生子代林。系1代去劣混系子代林，长势好生长快，材积生长量比当地同龄种源林高224%，比未去劣混系子代林高212%。

第二节　马尾松重建1代（1.5代）无性系种子园

姥山林场马尾松良种基地完成初级1代种子园营建之后，为了不断提高良种水平，浙江省林业种苗管理总站又规划营建100亩1.5代（即重建1代）种子园。建园材料在原有的基础上，经子代测定评选出的优良家系中，优中选优，从优良家系中再选优良单株，培育无性系嫁接苗用于建园定植。新建的种子园不仅代级有所提升，而且种子品质得到明显的改良。因此提出，要从优良无性系中挑选木材产量高、基本密度大的无性系用于建园，定向目标是为造纸工业培育原料林提供优质良种。针对定向目标，从优树子代测定林与种源试验林中，通过生长量调查与木材基本密度测定，选择高产量、高密度的优良个体，培育建园的无性系嫁接苗。马尾松1.5代种子园见图8-5。

一、建园材料优质性状

通过单株材积、木材基本密度与单株干物质重量三方面的测定，综合评估确定73个无性系为1.5代种子园的建园材料。

1. 福建省邵武市卫闽林场种源林优树无性系28个。在种源林11年生时进行测定：①单株材积平均0.1088m³，＞CK 97.8%；②木材基本密度平均为0.3634g/cm³，＞CK 1.62%；③单株干物质重量39.5 kg，＞CK 99.49%。各无性系亲本的单株材积及其木材性状详见表8-4。

2. 浙江省淳安县姥山林场种源林优树无性系22个。在种源林8年生时进行生长量测定：①单株材积平均0.0469m³，＞CK 60.1%；②木材基本密度平均与CK相近；③单株干物质重量17.1 kg，＞CK 55.45%。各无性系亲本的单株材积及其木材性状详见表8-5。

3. 浙江省淳安县姥山林场子代林优树无性系23个：在子代林8年生时进行生长量测定，优良家系，与对照相比较，树高大0.61～0.70m，＞CK 10%～21%；单株材积平均大0.0015～0.0018m³，＞CK达34%～60%。各优树无性系单株生长量及大于对比木的百分值详见表8-6。

图8-5　马尾松1.5代无性系种子园

图为马尾松1.5代种子园林相。种子园面积6.67hm²，分为两片，北片1996年营建面积3.67hm²，南片1997年定植建园面积3hm²。结实母树长势良好，树体进行过截顶矮化，树高6～8m。进入正常投产期，平均每公顷生产种子7.5～16.1kg，属于中等产量水平的种子园之列。

表 8-4　马尾松 1.5 代材性种子园建园材料（一）

顺序编号 （无性系号）	种源产地 （省 - 县）	测试株号 （重复 - 种源 - 株号）	单株材积 （m³）	木材密度 （g/cm³）	干物质重量 （kg）	单株干物质 ＞ CK（%）
01（001）	广东 - 广宁	73-4-1	0.1735	0.3916	67.9	242.93
02（007）	罗定	16-60-3	0.1073	0.3387	36.3	83.33
03（012）	信宜	70-57-5	0.0854	0.3542	30.2	52.53
04（013）	英德	53-61-4	0.1686	0.3635	61.3	209.6
05（016）	乳源	78-63-2	0.1043	0.3648	38.0	01.92
06（019）	高州	70-62-3	0.0999	0.3819	38.2	92.93
07（027）	韶关	12-65-4	0.1193	0.4662	55.6	180.81
08（005）	广西 - 岑溪	51-66-5	0.1517	0.3194	48.5	144.95
09（010）	宁明	38-69-5	0.1120	0.3050	34.2	72.73
10（002）	江西 - 崇义	38-36-3	0.1445	0.3236	46.8	136.36
11（018）	崇仁	73-37-4	0.1018	0.3506	35.7	80.30
12（022）	资溪	62-42-1	0.0809	0.4165	33.7	70.20
13（024）	安远	88-39-3	0.1032	0.3305	34.1	72.22
14（003）	湖南 - 汝城	3-31-4	0.0925	0.3457	32.0	61.62
15（009）	绥宁	28-25-5	0.0940	0.3808	35.8	80.81
16（015）	江永	17-32-3	0.0926	0.3786	35.1	77.27
17（030）	临湘	89-26-3	0.0837	0.3844	32.2	62.63
18（028）	贵州 - 黄平	36-22-4	0.1191	0.3469	41.3	108.59
19（006）	福建 - 永定	69-89-5	0.1008	0.3588	36.2	82.83
20（008）	邵武	20-91-4	0.1084	0.3446	37.4	88.89
21（011）	三明	14-74-4	0.1191	0.3820	45.5	129.80
22（017）	顺昌	72-70-4	0.1002	0.3503	35.1	77.27
23（020）	连城	58-87-1	0.0642	0.3767	24.2	22.22
24（021）	建阳	74-71-4	0.0788	0.3520	27.7	39.90
25（023）	仙游	81-80-5	0.1501	0.3747	56.2	183.84
26（025）	漳平	24-88-3	0.1122	0.3777	42.4	114.14
27（026）	武平	70-90-1	0.0896	0.3679	33.0	66.67
28（029）	周宁	38-76-5	0.0889	0.3472	30.9	56.06
平均	28 株平均		0.1088	0.3634	39.5	99.49
CK	中带东区种源平均值		0.0555	0.3576	19.8	

表 8-5 马尾松 1.5 代材性种子园建园材料（二）

顺序编号 （无性系号）	种源产地 （省 - 县）	测试株号 （重复 - 种源 - 株号）	单株材积 （m³）	木材密度 （g/cm³）	干物质重量 （kg）	单株干物质 ＞ CK（%）
01（031）	广东 - 英德	1-103-3	0.0573	0.3491	20.0	81.82
02（038）	乳源	2-102-4	0.0387	0.3530	13.7	24.55
03（043）	高州	5-106-4	0.0515	0.3570	18.4	67.27
04（047）	信宜	8-105-8	0.0523	0.3550	18.6	69.09
05（051）	蕉岭	8-101-5	0.0495	0.4221	20.9	90.00
06（032）	广西 - 横县	1-114-7	0.0407	0.3233	13.2	20.00
07（041）	宁明	5-113-1	0.0347	0.4254	14.8	34.55
08（044）	岑溪	8-115-5	0.0710	0.3434	24.7	124.55
09（046）	恭城	8-111-2	0.0763	0.3332	25.4	130.91
10（049）	忻城	8-112-6	0.0474	0.3630	17.2	56.36
11（033）	福建 - 永定	2-95-2	0.0468	0.3552	16.6	50.91
12（034）	南靖	2-93-1	0.0385	0.4051	15.6	41.82
13（048）	大田	8-92-6	0.0472	0.3558	16.8	52.73
14（052）	邵武	7-91-2	0.0439	0.3654	16.0	45.45
15（037）	江西 - 信丰	2-65-4	0.0360	0.3563	12.8	16.36
16（042）	乐平	5-61-4	0.0332	0.3911	13.0	18.18
17（036）	湖南 - 绥宁	3-73-5	0.0397	0.3606	14.3	30.00
18（040）	资兴	8-74-5	0.0579	0.3599	20.8	89.09
19（050）	四川 - 古蔺	8-134-7	0.0345	0.3704	12.8	16.36
20（035）	贵州 - 都匀	3-123-1	0.0473	0.3844	18.2	65.45
21（039）	德江	5-121-8	0.0398	0.3572	14.2	29.09
22（045）	黎平	8-124-5	0.0467	0.3872	18.1	64.55
平均	22 株平均		0.0469	0.3670	17.1	55.45
CK	中带东区均值		0.0293	0.3753	11.0	

表 8-6　马尾松 1.5 代材性种子园建园材料（三）

无性系号 （优树号）	树龄 （年）	亲本优树生长量指标			优树大于对比木（%）		
		树高（m）	胸径（cm）	单株材积（m³）	树高（m）	胸径（cm）	单株材积（cm³）
3407	43	26.8	47.1	2.02494	17.4	26.1	83.4
3610	40	20.4	28.2	0.56999	25.2	12.1	52.4
5004	24	16.9	21.0	0.26881	9.7	9.4	29.4
5006	21	14.7	21.0	0.23909	13.1	20.7	61.1
5012	26	15.0	24.0	0.31758	10.3	27.7	76.7
5131	34	21.0	31.5	0.72944	0.4	0.9	2.4
5145	24	17.1	22.5	0.31168	11.8	19.7	57.3
5148	26	17.9	24.9	0.39692	8.5	2.9	13.5
5149	23	17.2	22.8	0.32164	6.8	3.6	11.9
5153	25	19.6	31.3	0.67819	18.1	24.7	77.6
5180	24	15.1	26.5	0.35277	10.2	32.5	72.4
5307	16	14.9	17.8	0.17372	19.5	21.9	72.0
5401	25	18.0	25.0	0.40203	8.1	9.3	27.7
5404	19	15.2	22.5	0.28222	13.8	22.2	66.2
5423	20	17.0	20.0	0.24504	4.9	20.5	51.2
5501	25	16.5	23.2	0.32149	19.8	8.4	36.9
5508	26	16.1	21.5	0.27044	7.7	2.9	12.6
5509	27	20.5	27.1	0.52864	27.5	17.5	70.1
5813	46	24.2	31.2	0.81102	6.8	20.8	54.4
5821	41	26.5	31.7	0.90802	11.2	24.5	70.4
6101	21	15.3	28.3	0.44893	9.2	7.1	23.4
6135	20	14.3	23.9	0.30269	5.2	22.1	55.4
6405	28	20.2	28.3	0.56914	5.8	21.7	55.4

二、主要建园技术措施

马尾松 1.5 代种子园选建在姥山林场黄石库湾边缘山地，分为南北两片，面积共 100 亩。北片在库湾左侧于 1996 年 3 月定植建园，面积 55 亩；南片在库湾右侧于 1997 年 1 月定植建园，面积 45 亩。①栽植密度。建园材料是经子代测定评选的，定植以后不再进行去劣疏伐，初植密度保持不变，因此按最终密度定植，株行距 6m×7m，每亩栽植 16 株。②整地规格。按水平条带整地，条带间距 7m，带面栽植株距 6m。植穴 60cm×60cm×50cm。③施足底肥。栽植时先在穴底施 1kg 菜饼为基肥，饼肥要撒开并与土壤混拌为宜。④栽植要求。一般是采用大容器培育建园嫁接苗，搬运时不要损伤接穗新梢，栽植时要将塑料容器袋脱除，植穴填土时分层填实，确保栽植成活。⑤无性系配置。每小区配置约 30 个无性系，随机排列，同一无性系分株间隔 20m 以上。⑥绘制栽植图。1.5 代种子园分南北片绘制两张栽植图，以便分单系采种利用和园地管理。

三、建园成效与种子生产

1. 园地景观

结实母树生长良好，大部分地块保存完整，园相基本整齐。

2. 树体生长

据建园后第十一年调查的生长量，树高平均 7m，胸径 13.9cm，冠幅 5.5m，活枝平均 8.7 盘，全园植株长势良好。但是树体高大，不便采摘球果。当时曾做过剪顶矮化试验，剪口高 4.6m，剪去主干高 2.4m，剪后树高按顶部枝高计为 6m，活枝平均剪去 2.1 盘，余下 6.6 盘。这样虽然树高有所降低，但对扩展结实面和提高结实量并不明显。主要原因是实施剪顶矮化的时间过迟，剪顶部位是处在光照充足、生长旺盛的部位，丝毫不能改变树冠下部枝条受光与生长状况，生长结实越来越依赖于上部树冠，仍然不能有效扩展结实面和降低树冠部位。根据后来的实践表明，马尾松树体矮化不是单一的树体管理技术，而是从培育嫁接苗、定植株行距等开始就应重视的综合性技术措施。单就剪顶矮化而言，时间以建园嫁接苗定植后 4 ~ 5 年实施最为适宜。

3. 种子生产

嫁接苗定植建园后第五年进入开花结实期，球果产量不多，一直未逐年统计产量。最近 3 年种子园母树年龄为 11 ~ 13 年生，球果和种子产量按年度作了统计。第一年生产种子 35kg；第二年生产种子 75kg；第三年采收球果 2611kg，生产种子 46.5kg，出籽率为 1.78%。因有的地块生长不好或缺株或疏于管理，球果很少，按实际计算单产，3 年依次约为每亩约 0.50kg、1.07kg 和 0.67kg，年均 0.75kg。作为大面积种子园在一般管理条件下，平均亩产 0.765kg 种子可算是一般生产水平。

四、球果与种子性状

采集了两个无性系单株的球果，对其有关性状进行测定。① 5153 号无性系。全树采收球果 648 个，重 9kg，获得种子 0.225kg，种子千粒重 12.5g。根据 10 个中等以上的球果测定：平均果长 6cm、平均果径 2.8cm、平均单果重 21.6g(图 8-6)。② 5148 号无性系。采收球果 666 个，果重 9.9kg，获得种子 0.250kg，种子千粒重 12.3g。根据 10 个中等以上的球果测定：平均果长 5.6cm、平均果径 2.9cm、平均单果重 22.1g (图 8-7)。这两个无性系单株的结实性状很相近，是属于结实良好的无性系，所占比例约 20% ~ 30%。这说明应加强园地与树体管理，以促进单株结实量，这是提高种子园单位面积产量的基础。

图 8-6 马尾松 1.5 代种子园高产无性系（5153）母树的树体与球果形态

图 8-7　马尾松 1.5 代种子园高产无性系（5148）母树的树体与球果形态

第三节　马尾松 2 代无性系种子园

2002 年浙江省林业厅在林木良种基地的规划和调整中，将马尾松 2 代种子园列为国债建设项目，并于 2002～2003 年在姥山林场林木良种基地全面实施，力争按预期完成 2 代无性系种子园的建设任务，在新世纪之初使马尾松良种化水平上一个新台阶。从此开始了马尾松高世代良种建设的历史进程。

一、建园材料选育

姥山林场林木良种基地于 20 世纪 90 年代初大规模开展马尾松杂交育种，其中列有为高世代种子园准备建园材料的内容。针对营建 2 代无性系种子园建园材料的

质量要求，在营建初级 1 代种子园的优树中，以子代测定所评选的优良家系为依据，优中选优，选出遗传品质高的优树无性系，从中挑出优良单株为杂交亲本。确定杂交亲本后，开展全同胞杂交制种，获得的杂交组合种子，进行育苗造林，建立全同胞子代测定林。在测定林 5～6 年生时，经生长量测定评选优良家系，选择优良家系中的优良个体（全同胞优树），以其为建园材料，采穗培养嫁接苗，建立马尾松 2 代无性系种子。从全同胞测定林中评选出 54 株优树，培育无性系嫁接苗供 2 代种子园栽植建园。各全同胞无性系亲本生长性状见表 8-7。

表 8-7 中 54 个全同胞无性系的亲本生长性状良好，其中 25 个无性系树龄 11 年生，平均树高 7.35m、平

8-7 马尾松 2 代育种群体营建亲本生长性状

栽植编号	杂交组合 (母本 × 父本)	树龄 (年)	亲本植株生长量			材积 > CK
			树高 (m)	胸径 (cm)	单株材积 (m³)	
浙 01	1009 × ABCD	11	6.0	11.4	0.037630	38.9
浙 02	5476 × 1127	11	7.4	12.9	0.050171	85.0
浙 03	5476 × 5906	11	6.6	10.7	0.032853	21.2
浙 04	5131 × 5906	11	5.7	9.8	0.025736	4.9
浙 05	5910 × 1134	11	6.9	10.7	0.033193	22.4
浙 06	5910 × 5906	11				
浙 07	5158 × 1134	11	6.8	11.6	0.037348	37.7
浙 08	6617 × 1134	11	6.5	10.1	0.029439	8.6
浙 09	5476 × 1134	11				
浙 10	6101 × 5907	11	7.5	11.4	0.041956	31.7
浙 11	6313 × 1130	11	8.8	13.1	0.065255	114.5
浙 12	8101 × 1128	11	9.6	15.8	0.092006	161.5
浙 13	7750 × 1126	11	9.0	14.0	0.072305	121.0
浙 14	3201 × 1123	11	8.4	13.2	0.061102	107.2
浙 15	6101 × 6101-3	11	8.3	12.7	0.057842	101.5
浙 16	5134 × 1123	11	7.2	9.9	0.081107	201.3
浙 17	6501 × 1123	11	8.1	12.5	0.055689	106.9
浙 18-1	6627 × 1003	11	7.1	10.0	0.031251	71.0
浙 19	5163 × 6627	11	6.9	9.4	0.026371	44.3
浙 20-1	1003 × 3412	11	7.0	10.4	0.033746	84.7
浙 21	3412 × 1003	11	7.1	9.6	0.028979	58.6
浙 22	6627 × 3412	11	7.1	9.9	0.029938	63.8
浙 23-1	6627 × 5907	11	6.9	9.4	0.026300	43.9
浙 24	1003 × 5907	11	6.9	9.3	0.026229	43.5
浙 25	6627 × 6610	11	7.3	10.2	0.032816	79.6
浙 26	1145 × 1126	10	7.2	12.4	0.053112	211.6
浙 27	1201 × 1121	10	7.0	10,8	0.038416	125.4
浙 28	1202 × 1121	10	7.1	11.7	0.043000	152.2
浙 29	1134 × ABCD	10	7.6	17.1	0.049482	190.3
浙 30	1134 × 1121	10				
浙 31	1325 × 1126	10	7.6	12.0	0.046917	175.2
浙 32	1145 × 1139	10	7.0	10.7	0.044503	161.1
浙 33	1145 × 1121	10	7.7	11.5	0.046205	171.0
浙 20-2	1003 × 3412	10	7.0	11.9	0.044984	119.7

（续）

栽植编号	杂交组合（母本 × 父本）	树龄（年）	亲本植株生长量			材积> CK
			树高（m）	胸径（cm）	单株材积（m³）	
浙 23-2	6627×5907	10	6.8	10.1	0.030203	47.5
浙 18-2	6627×1003	10	7.4	11.8	0.043457	12.3
浙 37	5907×3412	10				
浙 38	5907×6627	10	7.0	10.2	0.032544	58.9
浙 39	5163×1003	10	7.2	10.2	0.034547	68.7
浙 40	5163×5907	10	6.5	10.2	0.028909	41.2
浙 41	6627×5163	10	6.5	10.6	0.030757	50.2
浙 42	3412×1003	10	7.0	10.7	0.033938	65.8
浙 51	1215×1130	6	6.0	11.0	0.029600	98.0
浙 52	1208×5249	6	5.5	9.1	0.019160	28.2
浙 53	1222×6404	6	6.4	9.2	0.022600	51.2
浙 54	3412×6610	6	4.9	9.5	0.018580	24.3
浙 55	5907×1003	6	5.1	9.0	0.017460	16.8
浙 56	3412×5907	6	5.6	9.4	0.020700	38.5
浙 57	1217×1121	6	5.1	9.0	0.017460	16.8
浙 58	1325×ABCD	6	6.1	8.6	0.019050	27.4
浙 59	1217×1126	6	6.1	9.6	0.023360	56.3
浙 60	1145×1116	6	6.4	12.8	0.041710	179.0
浙 61	1305×1121	6	5.6	10.5	0.025430	70.0
浙 62	1202×1116	6	5.8	9.7	0.022690	51.8
浙 63	5916×ABCD	6	5.3	9.0	0.018120	21.2
浙 66	9002×6623	6	5.9	9.0	0.020070	34.3
浙 95	1145×1121	6				

注：表中浙 20-2 原编号浙 34，浙 23-2 原编号浙 35，浙 18-2 原编号浙 36。表中共 57 个无性系，其中 3 个为重复实验，实际共 54 个无性系。

均胸径 11.22cm、单株材积 0.043881m³，单株材积 > CK 71.9%；有 17 个无性系树龄 10 年生，树高 7.12m、胸径 11.51cm、单株材积 0.040194m³，单株材积 > CK 达 122.63%；还有 15 个无性系树龄 6 年生，树高 5.70m、胸径 9.67cm、单株材积 0.022571m³，单株材积 > CK 72.41%。

二、主要建园技术措施

马尾松 2 代无性系种子园，采用先培育嫁接苗后定植建园程序实施营建，主要应用以下几项技术措施。

1. 培育大容器嫁接苗

这种方式是最早采用培育的建园嫁接苗的方法，当时没有经验，选用了特大号容器，口径 18cm、高 25cm，可装填土壤基质 9kg，经实际使用实在太大、太重了，搬运费劲很不方便。后来改用中、小型号的容器。容器培养基质可用松林表层土或圃地土，加入少量复合肥混合后装进容器，将砧木苗栽入容器后埋进条沟土壤中。要将容器苗按 30 ~ 40cm 间距排列整齐，以便嫁接与管理。用于培育的砧木苗，以前多半是大田裸根苗，栽在容器里生长缓慢，嫁接成活率也较低；近两年使用配方基质无纺布小容器苗，栽入大容器无缓苗期，生长很快。要加强砧木容器苗的管理，特别是在干旱高温季节要保持容器内有相适应的水分，最好用杂草铺盖整个床面，减少地面蒸发，防止或减少苗床与容器内的水分散失。这样经过1年的培养就能达到符合嫁接要求的砧木苗。

2. 嫁接的技术要点

①采用未木质化的嫩枝接穗和1年生根颈0.8cm以上的砧木进行嫁接，发育阶段最年幼的砧木与年生长最幼嫩的穗条接后，亲和力强，成活率高。②嫁接部位以砧木根颈处最为适宜，一是此处亲和力强、愈伤组织形成快、成活率高，二是接位低有利于降低轮枝层、矮化树冠。③嫁接方法应用髓心形成层对接为最佳，一方面利用穗砧一侧的形成层相对接；另一方面接穗削面的髓心薄壁细胞层与砧木皮下削面相贴接，两处相接，接面大容易成活。④接后控制接部上方砧木枝的长势。采用低接其上方砧木枝的强势生长，势必影响接穗的成活与生长，需控制砧木枝的强势生长，其方法是嫁接后随即将砧木主顶梢与接穗上方的枝条剪去，以后如发现强势枝压抑接穗生长现象，及时进行调控修剪。⑤接部加套保湿防护罩，用塑料薄膜制作一个高25cm、径8～9cm，两头通的套筒，套在接部后上下两端扎紧，以防漏气不保湿，并将套筒上部提挺使呈灯笼状即可。当嫁接后25d左右，接穗成活抽梢生长时，要及时拆除，以防对接穗新梢生长形成阻碍。

3. 种子园整地方式

根据用于建园的地势不同，分为山地种子园与平地种子园，因而采用两种不同的整地方式。①山地种子园。用于建园的山地坡度大，一般都在20°～30°之间，有的坡度甚至更大，也没有可供利用的灌溉条件。每当干旱高温期到来时，种子园受旱影响母树生长结实。对此在整地方式上应考虑到，如何减轻将会出现旱情而受损的程度。实践证明，山地种子园水平条带是防旱保墒最有效的整地方式。基本操作方法是：沿山坡面的水平方向，开筑水平条带，带宽1.5～2.0m，带面栽植点间隔（即株距）6.5m，带间距（即行距）7m。带间为斜坡生草带，采用动刀不动土的抚育方式，任其发挥自然生态水的效应。条带内侧开挖宽、深各20cm的沟，每2m留一20cm长的土埂，形成能截水、贮水的竹节沟。水平栽植带的抚育管理，带面松土并将斜坡生草带劈抚也

杂草摊盖其上，松土覆草防蒸发保墒情的效果十分明显。②平地种子园。建园场地条件与山地完全不同，地势平缓，一般坡度在10°以下，具备灌溉条件。整地不需采用修筑水平条带方式，只要翻耕土壤整平挖开定植穴即可。

4. 栽植密度与无性系配置

①株行距设置，山地种子园植株受光不一致，采用株行间不等距设置，行间7m，株间6.5m，每亩定植15株；平地种子园植株受光均匀，采用株行间等距设置，株行距6.7m×6.7m，每亩定植15株。②无性系配置，每栽植小区随机排列，同一无性系分株相隔20m以上，尽可能地避免近亲授粉，以提高种子遗传品质。

5. 精确无误绘制栽植图

绘制建园无性系栽植图，以便于园地管理和种子调拨使用。可将混系良种与高产单系良种，分别用于一般和集约速生丰产林造林，充分发挥良种潜在的遗传增益。

三、建园成效与种子生产

马尾松2代无性系种子园是21世纪之初兴建的，与20世纪80年代营建初级1代种子园相比较，在种子园经营理念、追求目标、建园技术等方面都有很大区别，所取得的成效是比较好的。

1. 种子园母树生长情况

嫁接苗定植建园后的第五年进行截顶矮化修剪，剪后分别在5个栽植带调查母树生长量，调查结果见表8-8。

表8-8是在两个栽植区的5个条带样地所调查的98株的生长数据，显示出母树矮化修剪前后的生长状况。①建园嫁接苗定植第五年时在修剪前的生长量：树高3.1m、基径7.0cm、下冠幅2.1m、轮枝4.7盘。②矮化修剪之后保留的树高：剪口树干高1.5m、冠顶枝高2.3cm、剪口粗3.2cm、剪口节下干粗4.0cm、上冠幅1.3m、轮枝保留3.6盘。③修剪前后生长量差别：主干高度降低1.6m，树冠高降低0.8m，轮枝减少1.1盘。④经过两年即定植后第七年，固定观测株的生长量：树高4.9m、冠幅5.1m、地径17.7cm、剪口粗13.6cm，枝下高0.33m。⑤矮化修剪后两年间的树体生长量：冠高由2.3m增至4.9m，冠幅由2.1m增至5.1m，地径由7.0cm增至17.7cm，枝下高只有0.33m。上述对比说明，一是通过矮化修剪，树冠扩展形成较大的结实面；二是降低树冠层便于树体管理，7年生母树冠高不超过5m，比不施行矮化修剪的树高要低1/3；三是枝下高很低，使

原本树冠下的无效空间得到利用。这说明矮化修剪的树体管理效果是十分明显的。马尾松2代无性系种子园植株长势见图8-8。

2．种子园母树结实情况

马尾松2代无性系种子园，自嫁接苗定植后第五年开始生产种子。第一年按结实面积采收球果统计，生产种子3.5kg，平均亩产0.1kg；第二年生产种子14kg，平均亩产0.4kg；第三年生产种子40.5kg，平均亩产1.0kg。投产初期的种子园每亩达到1kg种子的产量，可属于比较好的种子园之列。至于母树单株产种量，各无性系之间差别较大，大体上高产无性系占1/4、中等的占2/4、结实少的占1/4。在高产的无性系中单株最高的产球果11.3kg、折合种子0.285kg。因此，建园无性系的选配，应当兼顾材积与种子两方面的产量为宜。

表8-8　2代种子园5年生母树矮化修剪后的生长状况

调查区-带	调查（株）	树高（m）			树干粗（cm）			冠幅（m）		轮枝（盘）		
		剪前	剪口	枝高	剪口	节下	地径	下冠	上冠	保留	剪掉	合计
II-1	16	3.0	1.4	2.1	3.6	4.3	7.3	2.0	1.2	3.4	0.9	4.3
II-5	20	3.1	1.7	2.5	3.1	3.9	7.1	2.3	1.3	3.7	1.1	4.8
III-1	17	3.2	1.5	2.3	3.6	4.5	7.3	2.0	1.3	3.5	1.1	4.6
III-3	22	2.9	1.4	2.2	2.8	3.5	6.4	1.9	1.3	3.5	1.2	4.7
III-5	23	3.3	1.7	2.4	3.1	4.0	7.0	2.1	1.2	4.0	1.2	5.2
平均	19.6	3.1	1.5	2.3	3.2	4.0	7.0	2.1	1.3	3.6	1.1	4.7

图8-8　马尾松2代无性系种子园

第四节 高产无性系的结实性状

马尾松 2 代无性系种子园，嫁接苗定植后第七年，已进入正常开花结实投产期。对其当年球果产量高的 10 个优良无性系结实性状，进行全面测定与统计。先以表格形式将测定数据统计比较，然后以图示形式分别无性系进行介绍。

果重 29.1（20.0 ～ 40.5）g。③单果的果鳞数量为 107.5（87 ～ 129）个。④种子千粒重 14.9（11.3 ～ 20.1）g。详见表 8-9。优良无性系雌球花见图 8-9，高产无性系结实形态见图 8-10。

一、高产无性系的球果性状

（1）各无性球果可分为 3 种类型 ①大果型。果长 6cm 以上，果径 3.4 ～ 3.5cm。球果形状为卵锥形或长锥形。②中果型。果长 5.5 ～ 5.9cm，果径 2.8 ～ 3.0cm。球果形状为锥形。③小果型。果长 5.1 ～ 5.3cm，果径 2.7 ～ 3.2cm。球果形状为锥形或卵锥形。

（2）高产无性系果平均性状 ①单株球果数量 552.3（260 ～ 845）个、重量 10.3（5.6 ～ 18.2）kg。②单个球果长 5.9（5.1 ～ 7.3）cm，果径 3.2（2.7 ～ 3.5）cm，

图 8-9 优良无性系雌球花开满枝头

表 8-9 2 代种子园 10 个高产无性系球果性状

无性系号	单株球果		单个球果			球果形态		种子千粒重 (g)	种翅：长 × 宽 (cm)
	数量（个）	重量（kg）	长（cm）	径（cm）	重（g）	果鳞（个）	果 型		
02	712	18.2	6.4	3.5	38.5	109	大果、卵锥形	14.4	1.9 × 0.8
06	427	6.7	5.6	3.0	24.2	97	中果、锥形	20.1	1.8 × 0.7
25	704	11.0	5.9	2.8	24.0	119	中果、锥形	14.3	1.3 × 0.7
28	635	9.5	5.3	3.2	27.1	102	小果，锥形	14.0	1.6 × 0.7
32	222	5.6	6.4	3.4	38.7	106	大果、卵锥形	14.3	1.8 × 0.8
37	845	12.8	5.5	2.9	21.0	106	中果、锥形	16.0	1.5 × 0.6
48	738	11.3	5.2	2.7	20.0	107	小果，锥形	11.3	1.5 × 0.6
53	525	9.5	5.1	3.1	24.2	87	小果，卵锥形	15.7	1.8 × 0.7
58	455	10.3	6.0	3.5	33.2	113	大果、卵锥形	14.0	1.8 × 0.7
62	260	7.9	7.3	3.4	40.5	129	大果、长锥形	15.0	1.8 × 0.7
合计	5523	102.8	58.7	31.53	291.4	1075		149.1	
平均	552.3	10.3	5.9	3.2	29.1	107.5		14.9	

图 8-10　高产无性系结实形态

二、高产无性系生长和结实性状

　　从 2 代无性系种子园评选出 10 个高产的无性系，对其生长性状进行测试，并分别采收球果，进行种子处理，测定球果与种子产量，以说明与比较各高产无性系的优异性状。各无性系均有树形、球果、种子、种翅图版，性状介绍与图版说明结合叙述。10 个优良无性系单株编号见表 8-9 的无性系编号，各单株的种子形态、植株与结实形态，详见图 8-11 至图 8-22。

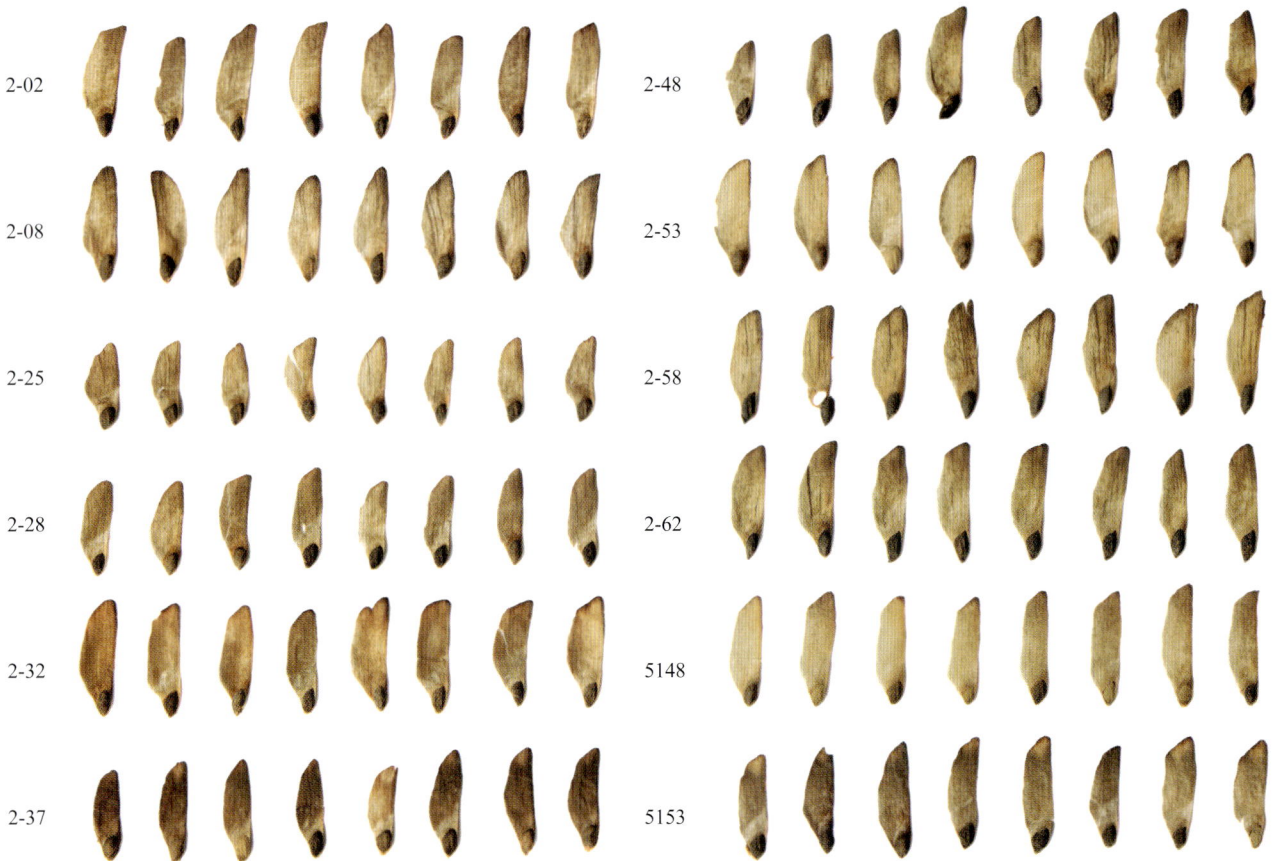

2-02　　　　　　　　　　　　　　　　　2-48

2-08　　　　　　　　　　　　　　　　　2-53

2-25　　　　　　　　　　　　　　　　　2-58

2-28　　　　　　　　　　　　　　　　　2-62

2-32　　　　　　　　　　　　　　　　　5148

2-37　　　　　　　　　　　　　　　　　5153

图 8-11 高产无性系种翅形态

2-02   2-08   2-25   2-28

2-32   2-37   2-48   2-53

2-58   2-62   5148   5153

图 8-12　高产无性系种子形态

图 8-13　浙姥 202 号无性系

　　无性系植株生长性状与种实形态：①树体生长性状，树高（冠高）4.9m，冠幅 4.9m×5.8m，地径 16.5cm，定干剪口粗 13.1cm，枝下高 0.33m。②球果生长性状，果较大，长锥形或卵锥形。单果重 38.5g，种子千粒重 14.4g。种翅长宽 1.8～2.0cm×0.7～0.9cm，种子长宽 0.45～0.5cm×0.35～0.4cm。

图 8-14　浙姥 206 号无性系

　　无性系植株生长性状与种实形态：①树体生长性状，树高（冠高）4.9m，冠幅 4.2m×4.3m，地径 15.4cm，定干剪口粗 13.0cm，枝下高 0.37m。②球果生长性状，果中等，锥形。单果重 24.2g，种子千粒重 20.1g。种翅长宽 1.7～1.9cm×0.6～0.8cm，种子长宽 0.55～0.65cm×0.35～0.4cm。

图 8-15　浙姥 225 号无性系

　　无性系植株生长性状与种实形态：①树体生长性状，树高（冠高）4.7m，冠幅 3.6m×5.0m，地径 17.6cm，定干剪口粗 11.4cm，枝下高 0.20m。②球果生长性状，果中等，锥形。单果重 24.0g，种子千粒重 14.3g。种翅长宽 1.2～1.4cm×0.6～0.8cm，种子长宽 0.5～0.6cm×0.35～0.4cm。

图 8-16　浙姥 228 号无性系

　　无性系植株生长性状与种实形态：①树体生长性状，树高（冠高）4.6m，冠幅 4.2m×5.0m，地径 14.2cm，定干剪口粗 12.3cm，枝下高 0.20m。②球果生长性状，果较小，锥形。单果重 27.1g，种子千粒重 14.0g。种翅长宽 1.5～1.7cm×0.6～0.8cm，种子长宽 0.5～0.6cm×0.3～0.35cm。

图 8-17　浙姥 232 号无性系

　　无性系植株生长性状与种实形态：①树体生长性状,树高（冠高）5.3m，冠幅 5.0m×6.1m，地径 21.8cm，定干剪口粗 16.2cm，枝下高 0.42m。②球果生长性状，果较大，卵锥形。单果重 38.7g，种子千粒重 14.3g。种翅长宽 1.7～1.9cm×0.7～0.9cm，种子长宽 0.55～0.6cm×0.35～0.4cm。

图 8-18　浙姥 237 号无性系

　　无性系植株生长性状与种实形态：①树体生长性状，树高（冠高）5.1m，冠幅 4.7m×6.5m，地径 18.1cm，定干剪口粗 15.0cm，枝下高 0.25m。②球果生长性状，果中等，锥形。单果重 21.0g，种子千粒重 16.0g。种翅长宽 1.4～1.6cm×0.6～0.7cm，种子长宽 0.55～0.6cm×0.4～0.45cm。

图 8-19　浙姥 248 号无性系

　　无性系植株生长性状与种实形态：①树体生长性状，树高（冠高）5.1m，冠幅 4.9m×5.7m，地径 18.4cm，定干剪口粗 15.1cm，枝下高 0.28m。②球果生长性状，果较小，锥形。单果重 20.0g，种子千粒重 11.3g。种翅长宽 1.5～1.6cm×0.5～0.6cm，种子长宽 0.6～0.65cm×0.35～0.4cm。

图 8-20　浙姥 253 号无性系

　　无性系植株生长性状与种实形态：①树体生长性状，树高（冠高）5.2m，冠幅 6.2m×6.3m，地径 19.1cm，定干剪口粗 14.4cm，枝下高 0.15m。②球果生长性状，果较小，卵锥形。单果重 24.2g，种子千粒重 15.7g。种翅长宽 1.8～1.9cm×0.6～0.8cm，种子长宽 0.55～0.6cm×0.4～0.45cm。

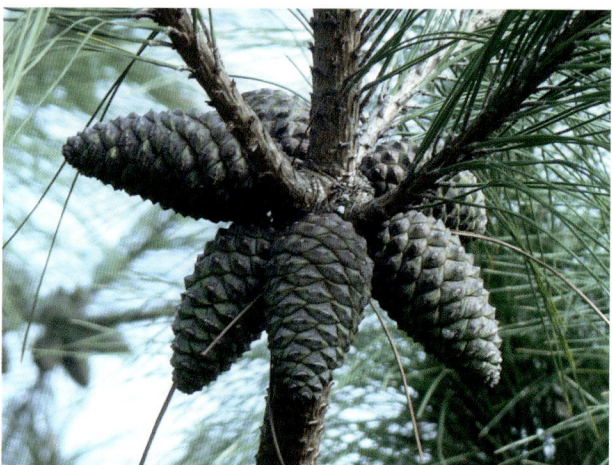

图 8-21 浙姥 258 号无性系

无性系植株生长性状与种实形态：①树体生长性状，树高（冠高）5.1m，冠幅 4.5m×6.2m，地径 20.0cm，定干剪口粗 14.4cm，枝下高 0.20m。②球果生长性状，果较大，卵锥形。单果重 33.2g，种子千粒重 14.0g。种翅长宽 1.7～1.8cm×0.7～0.8cm，种子长宽 0.6～0.65cm×0.4～0.45cm。

图 8-22 浙姥 262 号无性系

无性系植株生长性状与种实形态：①树体生长性状，树高（冠高）5.0m，冠幅 5.3m×6.0m，地径 20.3cm，定干剪口粗 15.2cm，枝下高 0.32m。②球果生长性状，果较大，长锥形。单果重 40.5g，种子千粒重 15.0g。种翅长宽 1.7～1.8cm×0.7～0.8cm，种子长宽 0.55～0.6cm×0.35～0.4cm。

第九章
松脂良种资源

松脂是松树中含有的生理分泌物，是松树木质部受到损伤后分泌出来的一种黏稠、透明的无色液体。松脂由松香和松节油组成，松香属于天然树脂，松节油属于芳香油。固体的松香溶解于液态松节油中形成的混合物就是松脂。松香是自然界中产量最大的天然树脂之一，具有许多优良的物理和化学性能，是造纸、涂料、油墨、火柴、橡胶、电器、医药、纺织、有机合成等许多工业中不可缺少的原料。因此，世界许多国家都很重视发展松香生产。我国松脂利用和松香生产的历史悠久，早在2000年前的《神农本草经》一书中就有关于松脂作为药物的记载，1400多年前的南北朝时期，就有采脂方法的记述。千百年来松脂生产、利用延续不断，直至当今，松香已成为我国林业唯一在世界上有重大影响的大宗出口商品。多年来我国松香产量占世界总产量的1/3，出口量占一半以上，产量和出口量均居世界首位。近年来，我国松香年产销量已达60万t，占世界松香总产量的50%和脂松香产量的60%，产量和出口量占世界松香贸易的70%，产值近1000亿元。我国脂松香远销全球的60多个国家和地区，成为主要松香出口国之一。发展松脂产业，市场看好，前景广阔。

我国幅员辽阔，气候温和，适于松树生长，具有丰富的松林资源。松属树种有190多种，生长在我国的有50多种，其中已经作为采脂树种的有马尾松、云南松、思茅松、南亚松、黄山松、油松和红松等。从国外引种成功的湿地松也是产量较高的产脂树种。此外如华山松、华南五针松、樟子松和赤松等松脂含量也较丰富，也可进行采脂。松脂在林业生产经营中是一种具有高附加值的非木质产品，有着多种多样的用途，经营效益很好。据有关统计分析，一个产量中等的林分，采脂收入可占营林总收入的45%以上。经过产脂力选育营造的林分，生物产脂力可以提高1倍，也比同样林分用作造纸材时纯收入高出1倍。就资源存量而言，有数十种松树可供割脂；单就马尾松和云南松而言，利用其10%的林分采脂，每年就可产松香50万t。由此可见，充分利用松树资源发展松香生产，是山区新农村经济建设的新亮点，是我国社会经济建设的重要组成部分。

在上述松脂生产利用分析中，也给科研提出至关重要的课题，经过改良的采脂林分，生物产脂力可成倍提高，遗传增益甚为显著。松香原料——松脂的主产地在我国南方诸省，主要产脂树种是马尾松，占总产脂量的90%以上。由于产脂松林大多为天然林，单株产脂力低，年产量仅3kg左右，加之资源分散、交通不便、运输困难、劳动强度大、采脂效率不高，严重影响松脂的生产。为了改变单株产脂力与采脂效率不高的局面，20世纪80年代初期，中国林业科学研究院决定设置"马尾松高产脂类型研究"专题，旨在选择并繁育马尾松高产脂力类型，为建立马尾松松脂基地提供良种。科研的主要任务在于：选育高产脂良种，营造高产脂林，实行集约经营，提高松脂林单位面积产脂量。高产脂研究课题组由中国林业科学研究院原副院长侯治溥研究员负责，协作单位有中国林业科学研究院林化所、亚林所、大岗山实验局以及广东、广西、福建、江西、安徽、浙江等省（自治区）的科研与生产单位。1982～1984年是该项研究的第一阶段，已取得阶段性的研究成果。1986～1990年第二阶段的研究工作也有计划安排，但后来由于未能列入国家计划内的项目，原课题就由各省协作组在第一阶段的基础上，分别开展后续的研究工作。2011年中国林科院亚热带林业研究所主持林业公益性行业科研专项项目"脂用马尾松和湿地松育种体系营建技术"，在前两阶段研究工作的基础上，重启脂用马尾松的遗传改良研究。现对自开展马尾松高产脂类型研究以来，在不同的三段时间内所进行的松脂资源保育作如下综述介绍。

第一节　高产脂优树选择及资源保育

一、高产脂类型的优树选择

1．优树选择的标准

以高产脂为主要目标，兼顾速生及干形品质。

（1）按林业部松脂采集规程采割测定，产脂力在 10～15g（南部高而北部低）以上。

（2）在同一立地条件下，为同一林分内树龄胸径相近林木产脂力的 2 倍以上。高产脂力群体的选择绝对指标必须优异。

（3）生长正常，干形较通直，树冠完整，无病虫害及机械损伤，非被压木、林缘木。

（4）优树树龄 20～40 年生，胸径 25～40cm，采脂两年以上。

2．优树选择的方法

在产脂地区，发动群众报优，用五株对照木比较法测定，连续重复 3 次以上。然后调查优树及对照木的割面情况、生长因子及其立地条件，最后进行内业标定。

二、优树选择的地区及数量

马尾松高产脂类型优树的选择地区，主要在广东、广西、福建、江西、安徽、浙江 6 省（自治区）13 个地区的 33 个县。选优范围在东经 109°58′～119°33′、北纬 21°57′～30°18′，约占全国马尾松分布 1/6 的地区，共选出优树 578 株。为了确定优树产脂力的可靠性，保证入选优树的质量，各协作组对初选优树进行了复查，查明 80% 的优树达到标准。各省（自治区）选择的优树数量与分布情况见表 9-1。

三、高产脂优树产脂力测定

产脂力测定标准，按割面侧沟 10cm 长所分泌出的松脂重量（g）的多少，以衡定产脂力的高低。以此为依据，对 6 省（自治区）优树所测定的胸径、产脂力与松脂含油率，按树龄组分别进行了统计。树龄共分为 7 组：① 15～20、② 21～25、③ 26～30、④ 31～35、⑤ 36～40、⑥ 41～45、⑦ 46～50 年生。各省（自治区）所选优树年龄不尽相同：广东与广西只有①至④树龄组的优树，江西、浙江与安徽 3 省有②至⑤树龄组的优树，福建有②至⑦树龄组的优树。各项测定统计结果见表 9-2。

表 9-2 中每一龄组每项测定的数据为 10 株优树的平均值，其中只有福建为 8 株优树的平均值。测定结果如下。①高产脂类型优树的年龄：总体平均为 32.3 年生，

表 9-1　马尾松高产脂优树分布地区及数量

省（自治区）	广东	广西	福建	江西	安徽	浙江	合计
选择优树的县（市）	高州-信宜 德庆-郁南 河源-连县	平南-容县 博白-玉林	建瓯-龙岩 连城-武平	赣县-宁都-广昌-会昌 上犹-于都-安远-寻乌 定南-崇义-吉安-德兴	太平-祁门 黟县	庆元-龙泉 松阳-云和	33 个县
各县所选优树（株）	18-26 17-21 10-10	9-42 1-2	32-3 12-10	23-7-15-43 25-2-30-10 13-8-14-25	38-25 36	24-21 4-2	
合计	102	54	57	215	99	51	578

表 9-2　马尾松不同胸径林木的产脂力与含油率测定

优树树龄组（年）	产 地（省、自治区）	优树胸径（cm）	产脂力（g/10cm 侧沟长）			优树松脂含油率(%)
			优树	CK	优＞CK/（倍）	
15～20	广东	24.0	26.0	6.8	4.0	17.6
	广西	24.7	39.3	13.1	3.2	17.2
21～25	广东	27.6	22.7	7.4	3.0	17.8
	广西	26.4	32.6	11.4	3.0	19.3
	福建	31.0	19.9	8.7	2.3	23.6
	江西	28.5	16.0	5.8	2.8	17.3
	浙江	27.4	15.0	5.2	2.8	21.7
	安徽	29.5	14.0	5.0	3.1	—
26～30	广东	35.6	17.9	7.5	2.5	19.6
	广西	27.9	19.2	6.4	3.2	16.3
	福建	33.9	19.2	7.8	2.7	22.1
	江西	32.4	16.3	5.8	2.9	21.6
	浙江	29.9	15.9	5.9	2.9	23.5
	安徽	32.9	15.4	5.0	3.0	—
31～35	广东	35.6	19.3	7.9	2.6	18.5
	广西	30.3	20.1	7.4	2.8	18.7
	福建	36.2	22.6	8.5	2.5	24.6
	江西	33.2	14.4	5.1	2.9	22.3
	浙江	34.1	16.8	5.6	3.1	24.5
	安徽	35.6	12.7	5.0	2.9	—
36～40	福建	42.0	21.5	9.3	2.4	25.0
	江西	33.8	16.0	5.6	3.2	22.4
	浙江	37.7	20.5	6.4	3.5	22.9
	安徽	36.7	16.5	6.1	3.0	—
40～45	福建	43.1	22.2	6.9	3.6	22.1
46～50	福建	40.4	24.7	9.3	2.8	24.5
各省树优各项测定数据的平均值	广东	30.7	21.5	7.4	3.0	18.4
	广西	27.3	27.8	9.6	3.1	17.9
	福建	37.8	21.7	8.4	2.7	23.7
	江西	32.0	15.7	5.6	3.0	21.9
	浙江	32.3	17.1	5.8	3.1	23.2
	安徽	33.7	14.7	5.3	3.0	—
	平均	32.3	19.8	7.0	3.0	21.8

处在 15 ～ 50 年生之间，优树多数选于 20 ～ 40 年生的林木。②马尾松产脂力：优树总体平均值为 19.8g/10cm，对照为 7.0g/10cm，优树约为对照的近 3 倍。③马尾松产脂力随纬度的变异趋势：按选优 6 省（自治区）所处的地理位置及其产脂力的高低，产脂力存在随纬度升高而降低的趋势。地处南部的广东、广西、福建其优树产脂力最高（21.5 ～ 27.8g/10cm），处于中部的浙江、江西的产脂力次之（15.7 ～ 17.1 g/10cm），处在北部的安徽产脂力较低（14.7 g/10cm）。④马尾松松脂含油率的变化：优树松脂含油率随林木粗度增长而相应提高。按总体平均值优树胸径为 32.3cm，松脂含油率为 20.8%。各省所选优树大小不一，胸径越大含油率越高。福建优树胸径最大其含油率最高 37.8cm、23.7%（胸径、含油率，下同）；浙江 32.3cm、23.2%；江西 32.0cm、20.9%；广东 30.7cm、18.4%；广西 27.3cm、17.9%。

四、高产脂类型优树资源的收集保存

1. 优树无性系与家系收集保存

各省协作组都开展了收集保存工作，共计保存优树 496 株，收集优树无性系 412 个，收集优树家系 396 个（图 9-1 至图 9-4）。

2. 基因库的营建

各协作组根据选优情况，逐步开展了高产脂基因库的营建，共建基因库 13 处，面积 112 亩。其中广东 155 个无性系收入基因库，广西 51 个，福建 90 个，江西 151 个，安徽 61 个，浙江 39 个，共计 547 个无性系。收入基因库的无性系植株生长正常。

3. 优树子代测定林营建

各协作组在第一阶段的 3 年间，共营建子代测定林 12 处，面积 266 亩，测定家系 424 个。其中广东子代测

图 9-1 高产脂马尾松子代林测定

图 9-2 优树松脂取样

图 9-3 脂用马尾松子代林采脂——取样（用于化学组分测定）

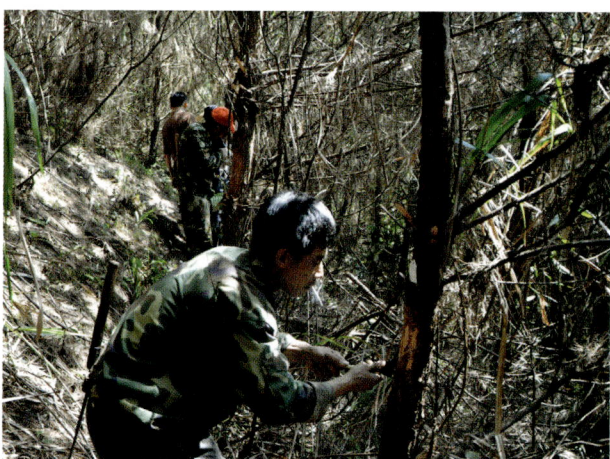

图 9-4 脂用马尾松子代林采脂——割面

定林 140 亩，测定家系 200 个；广西 20 亩，测定家系数目不详；福建 6 亩，测定家系数目不详；江西 70 亩，测定家系 147 个；安徽 20 亩，测定家系 45 个；浙江 10 亩，测定家系 32 个。优树子代测定林生长旺盛，测试效果良好（图 9-5 至图 9-7）。

4．无性系种子园营建

各协作组抓紧高产脂种子园的营建工作，共建立无性系种子园 9 处，面积 285 亩，建园无性系 226 个。种子园的嫁接幼树普遍长势良好。各省（自治区）营建的高产脂种子园规模不一，其中广东营建 130 亩，无性系 61 个；广西 60 亩，无性系 51 个；福建 40 亩，无性系 90 个；江西 20 亩，无性系数目 24 个；安徽 20 亩，无性系数目不详；浙江 15 亩，无性系数目不详。

图 9-5　高产脂优树采种

图 9-6　优树穗条收集

图 9-7　优树家系种子收集

第二节　各省协作组的研究成果

一、福建省马尾松高产脂种质资源收集和利用情况

1．马尾松高产脂优树选择与收集区建设

1982 年，福建省林业科学研究院参加国家"七五"科技攻关马尾松良种选育课题和中国林业科学研究院组织的林业部重点科研项目"马尾松高产脂类型研究"（林业部 [1982] 林科办字第 15 号），成立了由郑元英高工为组长，福建省国有来舟林业试验场和建瓯水西国有林场有关技术人员参加的"福建省马尾松高产脂类型研究协作组"。1983～1984 年，在南平建瓯市和龙岩新罗区、连城县、武平县等主要产脂区开展高产脂优树调查选择工作，按高产脂优树选择标准（产脂力的绝对指标为每 10cm 侧沟长产脂 15g 以上，相对

指标较比对木高 2 倍以上），采用五株优势木法，共
调查 60 个马尾松林分，实测了 225 株单株，从中筛选
高产脂类型的马尾松优树 54 株（每株优树测定 12 个
采脂因子和 19 个测树因子），其中 1983 年在建瓯市川
石、东峰、东游、龙村等乡镇，选择高产脂马尾松优
树 31 株，1984 年在龙岩、武平、连城等主要的马尾
松产脂区，又选择高产脂优树 23 株，并在福建省国
有来舟林业试验场林坑工区 1 林班 17 大班 5 小班营

建优树收集区 5 亩，共收集保存优树种质 55 个（含对
照 1 个）、计 131 株（含对照 3 株），详见表 9-3。

2．马尾松高产脂种子园建设

（1）高产脂初级种子园建设情况　1983～1985 年，
在福建来舟林业试验场营建马尾松高产脂初级无性系
种子园 10 亩，建设地点为该场的林坑工区 1 林班 17
大班 5 小班，1983 年定砧，1984～1985 年嫁接。现保
存建园优树无性系 47 个（其中优树无性系 46 个，对照

表 9-3　1984 年营建收集区保存马尾松高产脂优树种质情况表

序号	优树编号	优树产地	保存株数	序号	优树编号	优树产地	保存株数
1	3-1	南平	2	29	3-29	南平	5
2	3-2	南平	3	30	3-30	南平	5
3	3-3	南平	1	31	3-31	南平	3
4	3-4	南平	6	32	4-41	龙岩	3
5	3-5	南平	4	33	4-42	龙岩	1
6	3-6	南平	1	34	4-43	龙岩	2
7	3-7	南平	3	35	4-44	龙岩	3
8	3-8	南平	1	36	4-45	龙岩	3
9	3-9	南平	3	37	4-46	龙岩	2
10	3-10	南平	3	38	4-47	龙岩	1
11	3-11	南平	2	39	4-48	龙岩	2
12	3-12	南平	2	40	4-49	龙岩	3
13	3-13	南平	5	41	4-50	龙岩	2
14	3-14	南平	4	42	4-51	龙岩	2
15	3-15	南平	2	43	4-52	龙岩	2
16	3-16	南平	2	44	4-53	龙岩	1
17	3-17	南平	1	45	4-54	龙岩	3
18	3-18	南平	3	46	4-55	龙岩	2
19	3-19	南平	2	47	4-56	龙岩	1
20	3-20	南平	1	48	4-57	龙岩	3
21	3-21	南平	3	49	4-58	龙岩	2
22	3-22	南平	1	50	4-59	龙岩	1
23	3-23	南平	4	51	4-60	龙岩	3
24	3-24	南平	1	52	4-61	龙岩	1
25	3-25	南平	3	53	4-62	龙岩	1
26	3-26	南平	1	54	4-63	龙岩	2
27	3-27	南平	4	55	CK	南平（对照）	3
28	3-28	南平	2	合　计			131

表9-4 1983~1985年建福建省国有来舟林业试验场马尾松高产脂初级种子园建园优树无性系保存情况表

序号	优树编号	优树产地	保存株数	序号	优树编号	优树产地	保存株数
1	48	龙岩	5	25	20	南平	5
2	28	南平	4	26	19	南平	5
3	官28	南平	5	27	42	龙岩	3
4	17	南平	4	28	30	南平	3
5	18	南平	5	29	22	南平	5
6	29	南平	5	30	9	南平	5
7	6	南平	5	31	422	龙岩	2
8	5	南平	7	32	63	龙岩	5
9	13	南平	5	33	16	南平	2
10	55	龙岩	3	34	57	龙岩	3
11	14	南平	5	35	51	龙岩	4
12	44	龙岩	4	36	东31	南平	4
13	CK	南平（对照）	11	37	58	龙岩	2
14	60	龙岩		38	12	南平	
15	50	龙岩	2	39	21	南平	4
16	2	南平	2	40	26	南平	4
17	59	龙岩	1	41	53	龙岩	3
18	52	龙岩	3	42	10	南平	4
19	1	南平	4	43	43	龙岩	3
20	11	南平	4	44	7	南平	3
21	46	龙岩	4	45	47	龙岩	3
22	41	龙岩	4	46	54	龙岩	4
23	4	南平	3	47	56	龙岩	3
24	49	龙岩	5		合　计		189

树1个），共计189株（表9-4）。

（2）高产脂重建一代种子园情况 1990~1991年，分别在福建来舟林业试验场和建瓯水西林场营建马尾松高产脂重建1代种子园13亩和130亩，1990年定砧，1991年嫁接。来舟林业试验场建设地点为该场的林坑工区1林班17大班9小班，建园无性系为14个，共计保存358株（表9-5）；水西国有林场建设地点为水西工区街卓坑后山3林班7大班1、2小班，建园无性系为经产脂力初步测定筛选出的20个无性系，无性系编号为：04、09、12、13、17、18、26、28、29、31、44、

48、49、52、54、56、57、58、60、63，该种子园所产种子于2003年被认定为福建省林木良种（编号：闽R-CSO-PM-010-2003），其耐干旱、耐瘠薄，速生，当年生平均树高42cm，5年生树高为340cm。品种特性：高产脂，平均产脂力比对照（同龄普通马尾松林）提高2~3倍，最高可达5倍，适宜于建瓯、连城、武平等闽西北地区，以及德化、安溪、永春等闽中南地区推广应用。

2003~2005年，福建来舟林业试验场利用国债资金营建马尾松高产脂重建1代种子园68亩，建设地点

表 9-5　来舟林业试验场 1990 年重建 1 代高产脂种子园建园无性系保存情况

序号	优树编号	优树产地	保存株数	序号	优树编号	优树产地	保存株数
1	09	南平	30	8	48	龙岩	29
2	12	南平	31	9	50	龙岩	25
3	16	南平	26	10	52	龙岩	23
4	19	南平	33	11	57	龙岩	23
5	28	南平	23	12	58	龙岩	31
6	29	南平	27	13	63	龙岩	30
7	31	南平	25	14	02	南平	2

为该场林坑工区后坑水库山 1 林班 15 大班 3、4、5 小班。2002～2003 年培育马尾松大容器苗，2004 年 4 月采穗嫁接，2005 年上山定植。建园无性系 44 个，均来自于该场 1984 年（10 亩）和 1991 年营建的种子园。44 个建园无性系随机分成 2 组（每组 22 个），整个种子园共划分为 10 个小区，1 组种植 6 个小区，2 组种植 4 个小区。现保存 44 个无性系共 1879 株（表 9-6）。

3．马尾松高产脂优树自由授粉家系测定林情况

利用 1983 年在福建建瓯选择高产脂马尾松优树(31 株) 时采集到的 12 株优树自由授粉家系 [家系号为 1、3、4、7、12、13、14、17、18、24、28、28（官山）]，同时采集远离优树 500m 以外马尾松球果作为对照（CK），脱粒后 1984 年育苗，1985 年在福建省国有来舟林业试验场林坑工区后山的下坡，营造一片高产脂马尾松优树自由授粉家系测定林 2 亩，坡向朝南，坡度 23°～25°，采用完全随机区组设计，5 次重复，4 株小区，株行

表 9-6　来舟林业试验场 2005 年重建一代高产脂种子园建园无性系保存情况

序号	编号	保存株数	序号	编号	保存株数	序号	编号	保存株数
1	52	38	16	60	47	31	30	37
2	56	36	17	12	49	32	1	49
3	49	36	18	54	38	33	14	50
4	48	38	19	13	48	34	55	37
5	44	37	20	63	50	35	10	49
6	26	37	21	7	49	36	11	50
7	57	35	22	45	36	37	6	48
8	31	38	23	41	36	38	51	34
9	9	49	24	42	48	39	16	50
10	29	36	25	43	35	40	5	48
11	4	49	26	19	49	41	53	37
12	28	36	27	21	49	42	42	36
13	18	48	28	20	49	43	50	37
14	17	50	29	2	51	44	22	46
15	58	36	30	47	38	合　计		1879

距为 1.5m×3.0m。2004 年采用小割面采脂测定法，对 1985 营建的 20 年生高产脂马尾松优树子代林进行产脂力测定，平均产脂力为每 10cm 割沟单刀产脂量 15.02g。根据《福建省地方标准（推荐）FDBT/LY1486 脂松香综合标准》，该子代林分为 I 级特高产脂马尾松林分（I 级指标为林分平均产脂力大于每 10cm 割沟单刀产脂量 13g），其中有 5 个家系（1 号、3 号、12 号、14 号、28 号）的产脂力每 10cm 割沟单刀产脂量达到 20 ～ 25g。

1984 年采集龙岩市（新罗、武平、连城）12 株优树和对照树的球果，优树家系号为 41、42、422、43、44、45、48、49、50、56、61、63，1985 年育苗，1986 年在国有来舟林业试验场林坑工区后山的上坡，营造高产脂马尾松优树子代林 2.2 亩。采用完全随机区组设计，5 次重复，4 株小区，株行距为 1.5m×3.0m。因初植密度较大而又未及时开展规范间伐，难以开展有效的测定分析。

4. 马尾松高产脂种子园子代半同胞家系测定林情况

1991 年从来舟林业试验场 1984 ～ 1985 年嫁接的高产脂马尾松初级种子园中采集 33 个无性系的自由授粉种子，1992 年春育苗，1993 年在场部林坑工区 125 林班 1 小班营建 23 亩的种子园半同胞子代林，参试的家系号为：1、2、4、5、7、9、10、12、13、14、16、18、20、21、22、26、29、30、31、45、46、47、48、49、51、52、53、54、55、56、57、58、63 及 CK。试验为完全随机区组设计，5 次重复，10 株单列小区，株行距为 3.0m×3.0m。2004 年 8 月，据福建省林业科学研究院刘月蓉等对第一重复 33 个家系的 309 株和 1 个对照 7 株的测定结果，11 年生平均树高 8.5m，平均胸径 11.5cm，郁闭度为 0.8。按小割面采脂法进行采脂，计算每 10cm 割沟长的产脂量作为产脂力指标，测定了 33 个家系 165 株的产脂力，平均产脂力为 10cm 割沟长的产脂量 18.89g，其中有 23 个家系平均产脂力大于试验对照（10cm 割沟长的产脂量为 15.9 g），占 69.7%，以 22 号家系的产脂力最高，10cm 割沟长的产脂量达到 30.6 g。超过平均产脂力 10cm 割沟长的产脂量 20 g 的家系有 11 个，占 33.3%。

2003 年，来舟林业试验场在林坑工区 1 林班 1 大班 2、3 小班（海拔 300 ～ 350m）营建一片高产脂初级种子园 44 个半同胞家系子代测定林 30.2 亩，参试的家系号为 01、02、04、05、06、07、09、10、11、12、13、14、16、17、18、19、20、21、22、26、28、29、30、31、41、42、43、44、45、47、48、49、50、51、52、53、54、55、56、57、58、60、63、422，采用随机区组设计，6 次重复，5 株单列小区，株行距为 2.0m×3.0m。据该场陈文龙等 2007 年年底的调查结果，5 年生林分长势良好，平均树高 3.8m，平均胸径 5.6cm，平均冠幅 3.2m，保存率达 96%。

二、广东省马尾松高产脂种质收集和利用情况

（一）广东高脂马尾松良种选育已取得的成果

在高脂马尾松良种培育与生产方面，广东省林业科学研究院与信宜市林业科学研究所等单位经过 20 多年的研究，取得了以下主要成果。

（1）在广东省 7 个县约 700 万亩马尾松林进行普查，粗选出高产脂优树 185 株，经复选后，数量指标达到优树标准的 93 株。

（2）建立马尾松高产脂一代种子园 20hm²，依据子代测定结果对种子园去劣疏伐后保留了 19 个无性系，产脂力增益达 24.95%。

（3）开展高脂松杂交制种试验，已收获 216 个杂交组合的种子。子代测定结果表明，杂种优势明显，前 15 名杂交组合与母本比产脂力杂种优势平均为 81.27%，为营建第二代种子园提供了亲本材料。

（4）营建各类遗传测定林 50hm²，开展了 300 个无性系、半同胞和全同胞家系的遗传测定。进行了马尾松木材基本密度、管胞长度与生长量、产脂力的相关性研究。同时利用热解吸 / 气相色谱 / 质谱技术与计算机图像处理软件技术结合，研究不同产脂力马尾松色谱指纹图谱特征，开辟一条有别于传统种质鉴定和现代生物指纹图谱技术的新的思路，为早期诊断松树高产脂力奠定实验和技术基础。

（5）高产脂马尾松扦插繁殖技术取得了突破，扦插成活率达 85% 以上，已有效地应用于生产，2006 年生产扦插苗 10 万株以上。

（6）利用一代改良种子园种子推广造林 25587 hm²，制定国家林业行业标准《马尾松松脂采集技术规程》和广东省地方标准《马尾松商品林》两项。在广东省林业科学研究院的指导下，营建了信宜市高脂马尾松标准化

示范区 3000 余亩，为马尾松营造林和松脂采割提供了标准和规范。

（7）信宜市林业科学研究所优树收集圃保存的马尾松高脂类型优良种质资源，分为高脂速生、速生用材与高产脂三类共 468 份。三类的份数、来源与保存情况，详见第十一章广东信宜林业科学研究所资源收集保育概况。

（二）广东高产脂马尾松种子园种子生产情况

广东信宜的高产脂马尾松种子园处于 1 代改良代水平。高产脂马尾松工作代 1 改良种子园主要来自于两条途径：一是初级种子园在子代测定的基础上经去劣疏伐而成，二是通过综合选择，精选建园亲本，新建成 1 代改良种子园。

目前种子园总面积为 70 hm^2，其中去劣疏伐改良种子园 20 hm^2，重建 1 代改良种子园 50 hm^2。在增益方面，与普通种对照比，疏伐种子园子代产脂力增益为 24.97%，重建种子园子代产脂力增益为 27.13%。

当前马尾松高产脂良种主要采自去劣疏伐改良种子园。重建 1 代改良种子园于 2002 年起建设，现刚进入投产期。高产脂种子园生产存在大小年情况，目前一般每年产种 150～200kg，按每千克种子产苗约 6 万株计，每年可培育优良苗木约 900 万～1200 万株。按 2m×3m 的株行距设计，可供造林 123.0 万～163.7 万 hm^2。

（三）广东高脂马尾松无性系苗木生产情况

"十五"期间在广东省科技厅的支持下，广东省林科院实施"马尾松良种产业化技术研究与示范推广"项目，在继续开展良种选育的同时，加强马尾松高产脂优良无性系无性扩繁及其产业化配套技术研究。目前马尾松规模扦插繁殖的成活率达 85% 以上，2005 年生产无性系苗木 5 万株，2006 年达 10 万株。

三、广西马尾松高产脂种质收集和利用情况

2004 年开始，广西科技厅和林业厅启动马尾松高产脂良种选育项目。广西林业科学研究院已嫁接保存马尾松高产脂优树无性系 221 个，建立高产脂种子园 20.6hm²。南宁市林业科学研究所马尾松高产脂种子园是"十二五"期间广西马尾松良种基地建设的重要内容之一。2006 年至今，该所配合广西林业科学研究院已收集保存马尾松高产脂优树无性系 250 个，并建立了采穗圃，为高产脂种子园提供了优良的建园材料。

第三节　脂用马尾松育种体系营建

马尾松作为用材树种通过持续 10 年的全国协作攻关，已攻克了马尾松纸浆材 2 代遗传改良和良种繁育的核心技术，推动了马尾松全面进入 2 代育种并向 3 代育种迈进的新阶段。但马尾松作为脂用树种遗传改良较为薄弱。早在 20 世纪 80 年代，就成立了由中国林业科学研究院主持的全国马尾松高产脂良种选育协作组，得到林业部（现国家林业局）重点项目的资助，初步揭示了马尾松松脂组分含量的地理变异规律，选择高产脂优树近 300 株，建立了数十公顷的马尾松高产脂初级无性系种子，选出了一批脂用马尾松优良品系。然而后来脂用马尾松良种选育一直未列入国家科技计划，缺少研究资助，尽管各省区高产脂选育工作仍在进行，但由于各省区选育资源、技术不能共享，严重阻碍了脂用马尾松整体遗传改良进程。

近年来松脂价格逐年上涨，如 2010 年松脂收购价高达 16 元/kg，每个采脂工在 6～10 月的采脂量约为 5000kg，其松脂价值已远远超过木材的价值，很多省区都将马尾松脂用林作为高效的经济林来培育和经营，给林农带来了丰厚的经济回报。但目前松脂生产上仍主

要靠大面积采脂来完成，松脂单产低，采脂工人劳动效率低、工作强度大，加之很多松林因划为生态公益林而不能采脂，建有专用采脂林基地的企业不足10%，严重影响着我国松香产业的健康、安全发展。因此，高品质高产脂良种是建立高效采脂松树原料林的关键。但目前脂用马尾松遗传改良进程与松脂在我国林业产业中的地位极不相称。

2010年中国林业科学研究院亚热带林业研究所申报林业公益性行业科研专项项目"脂用马尾松和湿地松育种体系营建技术"（201104020）以及2011年中国林业科学研究院亚热带林业研究所申报的国家自然科学基金"马尾松产脂力和松脂化学组分的遗传控制及有效鉴别"（31100491）获得资助，这两个项目由中国林业科学研究院亚热带林业研究所主持，福建省林业科学研究院和广西林业科学研究院参与，在已有较好的研究基础上，拟整合各主产区育种资源，重点开展核心育种群体构建和新种质创制、产脂力与脂用化学组分遗传变异及高产优质脂用新品种选育、脂用无性系种子园营建及矮化丰产经营技术、脂用新品种高效无性繁育技术等研究，建立脂用为培育目标的现代松树育种技术体系，实现采脂林的良种化造林和良种用种升级，为我国松脂原料林基地建设和松香支柱产业发展在品种和技术上提供重要科技支撑。目前主要进展情况如下。

一、马尾松高产脂种质增选、整理和育种群体构建

在2011～2014年，拟对已有马尾松脂用优树种质进行遗传整理，并进一步收集保存一批育种资源，在浙江、福建和广西等地建立脂用马尾松核心育种群体，保存脂用种质资源300～400个；科学选配育种亲本开展马尾松种内杂交，创制脂用新种质150个。2010年，中国林业科学研究院亚热带林业研究所与福建省林业科学研究院合作开展新一轮马尾松高产脂优树选择，在连城县、上杭县和武平县共测定选出马尾松高产脂优树152株（其中：连城县59株、上杭县26株、武平县67株），同时采集优树家系种子82株（其中：连城县37株、上杭县17株、武平县28株），于2011年4月在浙江省淳安县姥山林场出水坞育苗17200株，拟开展优树家系苗木培育及子代测定。同年4月完成优树穗条采集与嫁接（同时采集福建省国有来舟林业试验场现保存的优树种质44个，均由浙江省姥山林场负责培育优树嫁接苗），以营建优树种质收集区。

二、马尾松高产脂种质遗传的测定和遗传规律研究

拟开展马尾松和湿地松产脂力与脂用化学组分遗传变异规律研究，揭示其所受的遗传控制式样、一般配合力（GCA）/特殊配合力（SCA）、加性/显性基因效应相对大小及杂种优势等，综合选育出一批产脂力高、高品质的脂用松树（杂交）新品种和种子园建园无性系亲本。2011年7月中国林业科学研究院亚热带林业研究所与协作单位福建省林业科学研究院在来舟林场对由45个家系组成的半同胞家系子代测定林进行了每木生长调查和产脂力测定。

1. 马尾松半同胞家系生长及产脂力遗传力测定

45个马尾松半同胞家系生长、产脂力及形态性状平均值见表9-7。表9-8显示参试性状在家系间皆存在显著差异。在45个参试家系中，有88.9%的家系产脂力高于对照，表明该子代测定林群体产脂力得到改良。其中松脂产量最高的家系29号日均产脂量可达到14.03 g，产量约是产脂力最差家系的4倍。马尾松产脂力家系遗传力为0.47，意味着通过对家系进行选择，马尾松产脂力可得到大幅度提高。

2. 马尾松半同胞家系性状间的相关性

马尾松半同胞家系性状间的相关性表明（表9-9），几乎所有性状间的遗传相关系数皆大于对应的表型相关系数，说明仅仅用表性相关估计性状间的相关性会低估间接选择获得的潜在遗传增益。马尾松产脂力与胸径、活轮盘数和活枝数呈高度正相关，遗传系数皆在0.70以上，尤其是活枝数，与产脂力相关性高达0.99，表明活枝数可作为选择高产脂优树的一个较佳的指标，其次为胸径。但由于胸径比活枝数更易测、更直观，且胸径遗传更稳定，因此，在生产实践中常将胸径作为预测马尾松产脂力高低的首要指标。树高、冠幅、冠高、树皮厚也与产脂力呈显著正遗传相关，即长的高、树冠宽且长、树皮厚的家系产脂力高。仅枝下高与产脂力呈负遗传相关，相关系数为-0.45，表明随着枝下高增加，产脂力有降低的趋势。在本研究中，产脂力和生长性状的正遗传相关表明影响光合资源获得的基因要强于控制

表9-7 马尾松半同胞家系生长及产脂力平均值

家系	胸径 (cm)	树高 (m)	枝下高 (m)	冠幅 (m)	冠高 (m)	轮盘数 (盘)	通直度	侧枝粗 (cm)	分枝角 (°)	活枝数 (个)	皮厚 (cm)	产脂力 (g)
1	12.36	7.62	2.65	2.64	4.97	5.08	4.08	3.01	63.75	24.67	0.60	6.81
2	11.69	7.86	2.84	3.01	5.02	5.25	3.17	2.65	68.75	24.00	0.47	7.51
5	13.10	7.98	2.61	2.82	5.37	5.00	3.42	3.01	61.08	24.00	0.67	12.31
6	11.90	7.62	2.43	2.56	5.19	5.33	3.42	2.84	62.08	23.75	0.71	6.16
9	10.71	7.29	2.71	2.53	4.58	4.67	3.58	2.72	56.25	21.17	0.45	9.93
10	11.63	7.39	2.20	2.77	5.20	5.00	3.42	3.13	56.25	22.75	0.68	6.01
11	11.52	7.28	2.43	2.70	4.84	4.92	3.50	2.96	60.00	22.83	0.48	8.60
12	12.19	7.53	2.41	2.60	5.13	5.00	3.42	3.22	60.83	23.92	0.64	8.77
14	11.27	7.55	2.25	2.46	5.30	5.33	3.75	2.65	56.92	22.50	0.58	8.00
16	12.12	7.76	2.23	2.87	5.53	5.42	3.83	3.18	64.17	24.92	0.65	7.64
17	11.03	7.59	2.59	2.63	5.00	4.67	3.83	3.04	62.50	22.08	0.55	5.46
18	11.41	7.73	2.53	2.55	5.19	5.00	3.58	2.89	56.25	21.50	0.53	6.41
19	10.96	6.42	2.78	2.17	3.64	3.83	3.33	3.58	59.58	18.92	0.69	6.37
20	11.22	7.68	2.34	2.74	5.34	4.83	3.42	3.07	62.50	21.75	0.58	6.81
21	11.77	7.54	2.27	2.41	5.28	5.42	3.50	3.05	64.17	21.00	0.60	7.45
22	12.46	7.59	1.96	2.59	5.63	5.75	3.42	3.27	58.75	24.83	0.66	7.89
26	11.67	7.82	2.55	2.58	5.27	5.00	3.23	2.58	68.46	21.85	0.57	4.83
28	12.80	7.96	2.18	2.61	5.78	5.67	3.25	3.13	64.58	24.58	0.62	6.09
29	11.91	7.78	2.13	2.90	5.65	5.58	3.50	3.77	59.83	24.25	0.56	14.03
30	11.38	7.91	2.57	2.70	5.34	5.08	3.75	2.83	63.75	22.17	0.63	9.17
31	10.98	7.44	2.50	2.71	4.94	4.67	3.92	3.37	65.42	21.08	0.73	5.61
41	11.29	7.33	3.13	2.38	4.20	4.58	3.50	2.54	64.58	22.25	0.60	6.52
42	12.08	7.48	2.60	2.49	4.88	4.83	3.50	2.80	66.25	23.42	0.61	8.04
43	11.23	7.56	2.41	2.83	5.15	5.25	3.92	2.88	65.25	23.17	0.53	4.83
44	10.81	7.41	2.50	2.26	4.91	4.83	3.50	2.78	62.75	20.17	0.47	3.23
45	13.14	7.96	2.95	3.05	5.01	4.83	3.25	3.66	66.25	24.83	0.67	6.28
47	11.81	8.21	2.94	2.85	5.27	4.42	3.75	2.58	66.67	24.50	0.54	3.99
48	12.76	7.64	2.50	3.04	5.14	5.08	3.67	3.05	65.42	23.42	0.68	8.93
49	10.75	7.63	2.88	2.42	4.74	4.50	3.58	2.70	67.75	20.25	0.46	5.69
50	11.85	7.65	2.88	2.78	4.77	4.92	3.17	3.31	64.17	23.92	0.58	9.59
51	11.83	7.38	2.79	2.47	4.58	4.25	3.50	2.90	67.92	18.83	0.60	7.14
52	12.00	7.80	1.73	2.81	6.07	5.50	3.25	2.94	65.42	24.08	0.62	8.35
53	12.88	8.33	2.64	3.01	5.68	5.00	3.67	3.85	69.17	23.17	0.59	7.53
54	12.04	7.92	2.26	2.93	5.66	5.50	3.50	2.83	60.00	23.58	0.60	6.83
55	12.46	7.55	2.14	2.65	5.41	5.42	3.25	3.59	54.17	25.33	0.74	11.16
56	12.30	7.34	2.11	2.59	5.23	4.73	3.55	3.19	58.64	22.73	0.64	6.97
57	11.47	7.78	2.75	2.60	5.03	5.08	3.67	2.69	61.67	23.33	0.44	6.25
58	12.04	7.68	2.57	2.84	5.11	5.17	3.50	2.88	63.33	25.50	0.60	7.48

（续）

家系	胸径 (cm)	树高 (m)	枝下高 (m)	冠幅 (m)	冠高 (m)	轮盘数 (盘)	通直度	侧枝粗 (cm)	分枝角 (°)	活枝数 (个)	皮厚 (cm)	产脂力 (g)
60	12.73	7.93	2.09	2.59	5.84	5.25	3.67	3.13	61.67	24.75	0.65	6.09
63	11.84	7.68	2.44	2.50	5.23	5.08	3.33	2.83	64.17	23.17	0.55	10.89
422	11.08	7.55	2.43	2.80	5.12	5.08	3.33	2.94	62.50	21.42	0.48	3.60
CK	7.84	6.26	2.88	1.83	3.51	5.17	3.42	2.49	69.17	20.17	0.43	4.99

表 9-8　马尾松半同胞家系各性状方差分析及遗传力估计

性状	平均值	变异系数	固定效应		方差分量 (%)				家系遗传力	单株遗传力
			区组	家系	区组 × 家系	机误				
产脂力 (g)	8.69	61.91	***	8.15***	17.00***	59.60			0.47	0.38
胸径 (cm)	11.72	14.71	***	12.67***	4.48	75.75			0.63	0.55
树高 (m)	7.60	12.40	***	5.67***	0.00	76.49			0.47	0.27
枝下高 (m)	2.50	29.24	***	6.71***	0.00	76.49			0.51	0.32
冠幅 (m)	2.67	24.82	***	2.85*	1.36	64.01			0.33	0.17
冠高 (m)	5.11	21.42	***	9.55***	0.00	74.63			0.61	0.45
活轮盘数	5.02	21.40	***	4.36*	0.00	89.02			0.37	0.19
活枝数	22.87	19.74		4.20**	4.49	90.45			0.33	0.17
树皮厚 (cm)	0.59	34.67	***	4.82**	6.15	84.05			0.36	0.20

显著水平：*** 为 P < 0.001；** 为 P < 0.01；* 为 P < 0.05。

表 9-9　马尾松半同胞家系性状间表型相关性（下三角）和遗传相关性（上三角）

性状	胸径	树高	枝下高	冠幅	冠高	活轮盘数	活枝数	树皮厚	产脂力
胸　径		0.83	-0.48	0.82	0.76	0.27	0.89	0.60	0.73
树　高	0.51		-0.46	1.36	0.86	0.36	0.75	-0.09	0.47
枝下高	-0.24	-0.06		-0.36	-0.85	-0.99	-0.59	-0.61	-0.45
冠　幅	0.48	0.63	-0.07		1.04	0.63	1.06	0.17	0.56
冠　高	0.51	0.73	-0.72	0.49		0.79	0.79	0.27	0.54
活轮盘数	0.42	0.48	-0.68	0.37	0.80		0.82	-0.07	0.70
活枝数	0.69	0.56	-0.29	0.60	0.59	0.65		0.51	0.99
树皮厚	0.51	-0.07	-0.31	0.09	0.16	0.11	0.27		0.57
产脂力	0.35	0.06	-0.20	0.49	0.18	0.29	0.32	0.20	

光合资源分配的基因。

3. 优良子代选择和评价

比较不同家系生长和材积与产脂力的差异情况，若以生长性状胸径、树高不低于对照、产脂力高于对照作为评价指标，参试家系中有 86.7% 大于对照，超过对照 20% 的家系占 80.0%，遗传增益达 4.58%；超过对照 30% 的占 62.2%，遗传增益达 8.27%；其中大于对照 50% 以上的家系，占 37.8%，遗传增益达 13.0%；超过对照产脂力 1 倍以上的家系有 4 个，分别为 29 号、5 号、55 号和 63 号，遗传增益达 30.1%。

第十章
花粉良种资源

马尾松是具有多种高效非木质林产品的经济树种，松花粉就是其中十分珍贵的产品之一。松花粉之所以珍贵，主要是因为它是来自大自然的花粉，其中不但含有诸多的营养成分，而且各种营养成分配比均衡，可谓全天然、全营养、全吸收的三全营养源。松花属于风媒花，它具有粉源单一、品质纯正、成分稳定、无农药残留及动物激素等多种优点。松花粉不仅有其得天独厚的优势，而且较其他植物花粉口感好，色泽金黄，手感爽滑，还有淡淡的松香味。故松花粉有"花粉之王"的美誉。松花粉利用历史悠久，2000多年前问世的《神农本草经》及此后历代出版的"本草"30余种，都记载有松花粉的性能与功效。千百年来，松花粉竟已成为医家的药品、奉君的贡品、百姓的食品、养生的珍品。松花粉被誉为保健养生的珍品，并非虚无的炫耀，而是有其真实内涵的。一是松花粉确有丰富的人体所必需的营养物质。据解放军总医院与德国慕尼黑大学营养生理研究所合作的权威分析，松花粉包括20种氨基酸、30多种矿质元素、14种维生素、近百种酶和活性物质等在内，含有的营养物质多达200余种，花粉被称之"微型营养库"。二是松花粉确有人体食疗保健的养生功效。花粉是植物的精细胞，是植物器官的精华所在，素有"完全营养素"之美称。多年来，国内外对松花粉的有益成分、药理作用和生理功能进行了大量的研究，证实其对人体60多种疾病具有良好的防治效果，在医药保健品、功能性食品及日用化妆品等领域有着广阔的开发前景。我国松花粉资源丰富、蕴藏量巨大，药食利用历史悠久，1997年被国家批准为新资源食品。近20年来，以食疗保健品为主打产品的新资源，开发利用得到蓬勃发展。中国林业科学研究院松花粉研究开发中心在此期间从无到有、由弱而强，成为科研型的松花粉生产企业。研发中心以科研紧密结合生产，首先从松花粉采摘开始，革新保鲜技术，解决花粉破壁难题，攻破产品研发难关，同心协力，攻坚克难，创制研发新产品——亚林松花粉粉剂、亚林松花粉片剂、亚林安体邦松花粉软胶囊、亚林松花粉辅酶Q10胶囊等

产品，行销国内外，甚受客户欢迎。在研发新产品的同时，松花粉形容开发中心十分重视千岛湖花粉原料林基地的建设，并成立科研组设置专题，开展了花粉林改建经营、松花粉特性、采收期预测、花粉采收器具研制、花粉优树选育、无性系花粉林营建等一系列相关的试验研究。在多年的实践中积累了花粉生产经验，并为松花粉专用林建设与发展奠定了必需的种质资源基础。马尾松雄球花形态见图10-1。

图 10-1　马尾松雄球花形态

第一节 马尾松花粉专用林改建

一、松花粉专用林改建的意义

在马尾松花粉生产中，采收松花穗是一个关键环节，主要方法是用手折断花穗，将花穗晾晒取粉。这种传统原始的采摘方式，对树体损伤极大，有的人为了尽快多采，直接上树砍下树枝采摘花穗，使树木成为只见枝茬不见枝叶的光杆树。松花穗是当年着生雄球花的新枝梢，既是生产松花粉的雄球花枝，也是松树高生长与扩大树冠的新枝，采摘花穗时连枝带花一起摘下，不仅树体受到严重损伤，而且下年也就没有雄花穗可采了。这种杀鸡取卵的采摘方式，是必须予以革新的，我们必须寻求利用资源与保护资源相结合的方法生产松花粉。

采摘雄球花穗晾晒取粉来收获松花粉的方法，目前尚无适用可行的方法取而代之。因此，面对不能彻底革新的现实，只好选用尽可能减少树体损伤、维护松树正常生长、确保每年有一定数量植株有花粉可采的方法。实现这一要求与目的的做法，就是将马尾松一般用材林改建为花粉专用林，并实施动态经营管理。简而言之，根据设计要求改建后的花粉专用林，孕育雄球花生产花粉的母树，其数量与密度不是绝对固定的，而是处在不断调整的动态之中。也就是说，在花粉林里，不断增植后备花粉树的幼苗幼树，同时将不能孕育雄球花的树木，逐步伐除，以维持花粉专用林必须有一定数量生产花粉的母树，每年都能收获一定数量的松花粉。对此，将一般马尾松林改建为花粉专用林，可以起到稳定与提高松花粉生产的作用，对当前发展松花粉产业具有重要意义。改建马尾松花粉林实验基地见图10-2。

二、花粉专用林改建的方法

1. 自然条件与林分状况

（1）气候条件　改建试验林设在浙江省淳安县金峰乡长岭庄，地处中亚热带季风气候区北缘，温暖湿润，雨量充沛，四季分明，光照充足。年均气温17℃，≥10℃的积温5410℃，平均无霜期263d。年均降水量1430mm，其中4～6月为多雨期，11月至翌年3月为少雨期，平均年降水天数155d，年平均相对湿度76%。平均年日照总时数1951h，年蒸发量为1381.5mm。自然生态环境适宜于马尾松生长发育与开花结实。

（2）林分状况　用于改建松花粉林的是马尾松天然次生林，原规划为一般用材林。立地环境为低山丘陵的山坡地段，海拔200～300m，土壤为紫砂岩风化的红壤，土层厚30～50cm，质地为轻砂壤或中壤。植被主要有白栎、乌饭、柃木、杜鹃、胡枝子、铁芒萁、五节芒等。改建时的林木年龄16～20年、树高4.4～6.6m、胸径6.0～8.4cm。林木生长量一般，林地土壤瘠薄，肥力较差，是属于中下等立地的马尾松次生林。在设置试验之前曾连年采摘松花穗，有的树干只见被砍的枝茬，没有完整的树冠，松花穗很少，呈现出砍枝采摘致使树体严重受损的景象。

2. 改建技术措施

（1）花粉林改建的技术环节　马尾松天然飞籽形成的用材林改建为花粉生产专用林，主要有3个技术环节：一是通过对林地的抚育清理，将林木调控为有利于花粉生产的适当密度，选留或补植幼苗增加后备花粉树；二是运用疏伐技术措施，留疏伐密、留幼伐老、留雄伐雌、

图10-2　改建马尾松花粉林实验基地

保护培育雄球花着生率高的花粉林木；三是采收花粉要掌握适时采收期与适宜的采收方式，务使利用资源与保护资源并重，以达松花粉年度间平稳生产。

（2）改建林分抚育性清理　选定改建的马尾松次生林，林内杂灌荆棘丛生，在开展试验之前需要进行抚育清理，清除杂灌荆棘与衰弱病虫植株，以便开展研究测试工作。

（3）改建林分的密度调控　飞籽形成的天然次生林，一般林木密度较大，需采用疏伐手段实施密度调控，以促进林木生长与开花结实。疏伐的依据与原则，一是留雄伐雌，改建林分的林木有偏雄与偏雌两类，占总数41.6%的偏雄植株基本上予以保留，在占58.4%的偏雌植株中按保留密度的要求进行疏伐。二是留幼伐老，保留林地内的飞籽形成的幼苗幼树，用于培育后备花粉树，伐除病虫、衰老、不产花粉的植株。三是留疏伐密，在林木稀少处要保留，在过密处按设计密度要求进行疏伐。通过密度调控，使林木间距保持3m左右。花粉林密度管理的主要目的，是为了保持林分中有大量孕育雄球花的植株，对于不产花穗的林木应予不断淘汰，同时不断地选留幼树或补进幼苗，这是一个长期不断进行的过程，实际上就是马尾松花粉林动态经营的管理过程。

（4）选留飞籽苗与补植培育苗　在改建林地的林缘与林窗空地，都会有一些由飞籽形成的幼苗幼树，可予选留培养为后备花粉树。利用飞籽苗是马尾松天然更新所常采用的一种营林方式。在没有飞籽苗可选留的林中空地，可用培育的苗木补植。2007年在100亩的试验林地补植2000多穴，每穴栽植3株共计6000多株。

三、花粉林改建的实际成效

1. 改建林分动态管理的效果

（1）呈现花粉林分成为复层林相　最高的林冠层在7m以上，约占林分总植株的20%。第二林冠层高为3～6m，这是花粉林的主要组成部分，亦是主要生产花粉的植株，约占60%。第三层树高1～3m，这是前几年飞籽形成的幼树，将陆续开始生产花粉。第四层是幼苗幼树层，高度在1m以下，这是十分重要的后备花粉树的组成部分。

（2）林分植株密度较均匀　由于采用间伐、留幼、补植等密度调控技术措施，使林木之间的距离保持在3m左右，每亩约75株，使花粉林植株有相适宜的营

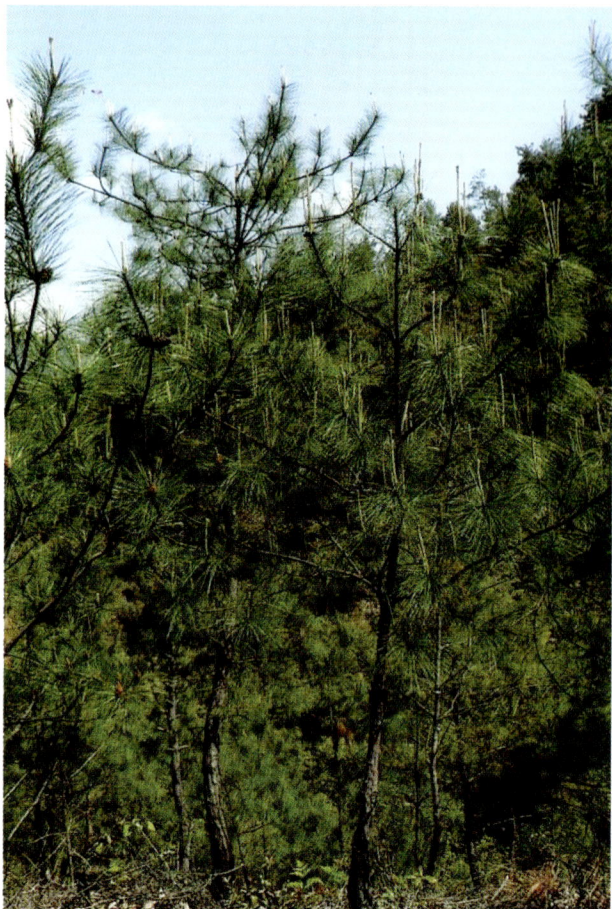

图10-3　改建马尾松花粉林林相

养空间。

（3）林分树冠趋向矮化　主要是对6m以上的植株实施剪顶，幼树以两三株成丛选留，利用大苗补植每穴栽3株，控制高生长促进树冠扩大发展。改建花粉林的植株得到一定矮化，林木结构与树龄得到适当调整，可以达到松花粉采摘方便、花粉量渐趋稳定的目的。

（4）形成有序的年龄结构　改建林分的树木由小到大形成相继不断生产花粉的树龄结构，为年度之间稳定生产花粉奠定了基础。改建林分林相见图10-3，砍枝采花穗只见枝花不见枝叶树体受损情况见图10-4。

2. 改建林分的花粉产量

2006年初开始实施花粉专用林改建，选定花粉试验林并设置5个样地，每个样地面积2.65亩。各样地林分平均树龄16～20年、平均树高4.4～6.6m、平均胸径6.0～8.4cm。于2006～2008年3月下旬至4月初连续3年采摘松花穗，每株有花穗的林木全部采摘，单株称重，按花穗重量折算花粉产量。现将马尾松改

图 10-4 砍枝采花穗后呈现的松树形态

建花粉林样地 3 年的花粉产量列于表 10-1。

由表 10-1 可知，改建花粉林花粉生产的效果是明显的。①单位面积花粉产量逐年提高：改建花粉林第一年每亩生产花粉 0.855kg；第二年平均每亩生产松花粉 1.08kg，比上年提高 26.3%；第三年每亩 5.315kg，分别为前两年的 6.2 倍与 4.9 倍。②花粉产量提高的主要原因是着生雄球花的植株增多。第一年每个样地平均为 67.6 株；第二年为 79.8 株，比上年增加 18.1%；第三年达到 190.8 株又比上年增加 1.4 倍，这种成倍增加主要是对原来过度采摘植株得到保护而恢复与选留幼小花粉树的结果。③五个改建花粉林试验样地由于立地不同花粉产量有较大差异。其中Ⅰ号与Ⅳ号样地产量最高，每亩 2.895kg 与 2.91kg；Ⅱ号与Ⅲ号为次，每亩 2.065kg 与 2.34kg；Ⅴ号较差为 1.87kg，总平均每亩达 2.415kg。现以Ⅴ号花粉产量作为 100 计与各样地产量比较的百分值为：Ⅰ号为 154.8，Ⅱ号为 110.4，Ⅲ号为 125.1，Ⅳ号为 155.6，平均为 129.1。④花粉试验林花粉产量测试结果可作为估算马尾松林花粉产量的依据。Ⅴ号样地林分相当于生产花粉与木材两用林情况，每亩花粉产量为 1.87kg，可用于一般林分花粉生产的估算；Ⅱ号与Ⅲ号样地平均亩产花粉 2.205kg，相当于中等林分的花粉产量；Ⅰ号与Ⅴ号样地平均亩产花粉 2.905kg，相当于优良林分的花粉产量。花粉试验林所设置的 5 个样地，有上、中、下 3 种花粉生产潜力的差别，取其花粉生产量的平均值是比较有代表性的，可用于估算这 3 类林分的花粉产量。

表 10-1 2006 ~ 2008 年改建花粉试验林花粉产量

年份	样地	树高＜4m		树高 4 ~ 6m		树高＞6m		合计		花粉产量		
		株数	穗重 (kg)	株数	穗重 (kg)	株数	穗重 (kg)	株数	穗重 (kg)	穗重 (kg)	粉重 (kg)	%
2006 年	Ⅰ	38	10.2	59	41.3	12	22.3	109	73.8	27.9	2.32	161.1
	Ⅱ	19	4.9	38	25.1	6	10.8	63	40.8	15.4	1.28	88.9
	Ⅲ	9	2.8	39	41.0	6	13.7	54	57.5	21.7	1.81	125.7
	Ⅳ	6	0.8	44	28.6	16	24.0	66	53.4	20.2	1.68	116.7
	Ⅴ	7	1.5	27	18.4	12	25.9	46	45.8	17.3	1.44	100
	平均	16	4.0	41.4	30.9	10.4	19.3	67.6	54.3	20.5	1.71	118.8

（续）

年份	样地	树高＜4m		树高4～6m		树高＞6m		合计		花粉产量		
		株数	穗重(kg)	株数	穗重(kg)	株数	穗重(kg)	株数	穗重(kg)	穗重(kg)	粉重(kg)	%
2007年	I	61	15.3	49	34.3	23	42.6	133	92.2	34.8	2.90	142.9
	II	25	6.3	22	14.3	16	28.8	63	49.4	18.6	1.55	76.4
	III	20	6.0	24	21.6	23	50.6	67	78.2	29.5	2.46	121.2
	IV	20	4.0	27	17.6	25	37.5	72	59.1	22.3	1.86	91.3
	V	22	4.4	20	14.0	22	46.2	64	64.6	24.4	2.03	100
	平均	30	7.2	28.4	20.4	21.8	41.1	79.8	68.7	25.9	2.16	106.4
2008年	I	69	52.7	76	141.8	57	191.9	202	386.4	145.8	12.15	156.8
	II	82	38.2	59	82.9	61	183.0	202	304.1	114.8	9.56	123.4
	III	64	39.2	62	97.9	58	174.0	184	311.1	117.4	9.78	126.2
	IV	27	12.9	106	166.1	88	264.0	221	443.0	167.2	13.93	179.7
	V	43	27.3	60	93.0	42	126.0	145	246.3	92.9	7.75	100
	平均	57	34.1	72.6	116.3	61.2	187.8	191	338.2	127.6	10.63	137.2
3年平均	I	56	26.1	61.3	72.5	30.7	85.6	148	184.2	69.5	5.79	154.8
	II	42	16.5	39.7	40.8	27.7	74.2	109	131.4	49.6	4.13	110.4
	III	31	16.0	41.7	53.5	29.0	94.4	102	148.9	56.2	4.68	125.1
	IV	18	5.9	59.0	70.8	43.0	108.5	120	185.2	69.9	5.82	155.6
	V	24	11.1	35.7	41.8	25.3	66.0	85.0	118.9	44.8	3.74	100
	平均	34	15.1	47.5	55.9	31.1	82.8	113	153.7	58.0	4.83	129.1

第二节　松花粉优树选择

一、影响雄球花形成的因素

（一）林地环境对雄球花形成的影响

　　马尾松雄球花的形成与生长的环境条件有着直接的联系。就地形坡向而言，阴坡光照不如阳坡充足，雌、雄球花形成很少，除了树冠上部有少量雄球花之外，有的林分就根本见不到雄球花。在贫瘠的山冈地段林木矮小，但小球果与雄球花很多，立地条件差，树木营养生长不良，树木长势不旺，雌、雄球花特多，这是一个普遍的逆境生理现象。但是，雌、雄球花数量虽多，而雌球果与雄球花穗特小，成熟的球果种子很少、籽粒很小；雄球花上的小孢子叶球很小、里面的花粉很少。雄球花穗与小孢子叶球小，其花粉含量少，这与立地条件好的花粉产量相差很大。不同大小的雄球花穗的花粉产量的差异见表10-2。

　　从表10-2可知，马尾松雄球花穗大小（按长度计）与着生小孢子叶球的数量密切相关，穗长则小孢子叶球数量多，小孢子叶球数量多则花粉量大。表中雄花穗长度分为4级，每级之间长度相差2cm，而小孢子叶球的数量相差很大。现以花穗长度最小的①级平均值

表 10-2   马尾松雄球花穗长与小孢子叶球数量的相关性

花穗长度分级	① 3.0 ~ 4.9cm		② 5.0 ~ 6.9cm		③ 7.0 ~ 8.9cm		④ 9.0 ~ 10.9cm	
	雄花穗长	小孢子叶球（个）	雄花穗长	小孢子叶球（个）	雄花穗长	小孢子叶球（个）	雄花穗长	小孢子叶球（个）
穗（个）	9		33		42		16	
合计	38	620	192	3448	319	6235	153	3183
平均	4.2	68.9	5.8	104.5	7.6	148.5	9.6	198.9
最大	4.5	80	6.5	144	8.5	192	10.9	264
最小	3.5	65	5.0	65	7.0	104	9.0	160

表 10-3   马尾松不同年龄组雄球花开花株率

树龄组（年）	调查样地（个）	调查株数（株）	雄球花数（个）	雄球花株率（%）
< 10	4	309	144	46.6
11 ~ 20	22	1240	665	53.6
21 ~ 30	22	1193	677	56.7
> 31	7	202	172	85.1
合计	55	2944	1658	56.3

68.9 个为 100 计，②级为 151.7、③级为 215.5、④级为 288.7，依次比①级提高 51.7%、115.5%、188.7%。因此，花粉产量不仅与雄球花的数量多少，而且与每个雄球花穗大小密切相关。以上资料说明，松树花粉优树选择的林分环境，一般应当选择立地条件中等的阳坡、半阳坡为好，选中的优树所测定的花粉高产性状比较准确、符合实际情况。

（二）雄球花生长发育的年龄效应

马尾松实生植株，定植当年不开花，第二年开始有雌花，第三年开始有雄花与球果，此后雄花、雌花与球果三者的数量逐年增多。到第六年时的开花结实株率分别为：雄球花为 49.8%、雌球花达 87.9%、结实率 81.4%，这时已进入正常开花结实期。幼林期开花结实率随树龄增大而提高，这是树木生长发育生活史的一部分。马尾松成年大树，雄球花的生长量随树龄升高而增多，这种树龄越大雄球花越多的年龄效应，是非常明显和十分普遍的现象。成林期与幼林期随树龄升高雄球花增多不同，其原因是树龄大营养生长减弱，树体长势渐趋衰退，从而使得雄球花大量形成。2007 年春季马尾松开花期间，在淳安县千岛湖周边 11 个乡镇和一个林场，设置了面积为 3 亩的 55 个样地，每个样地分

别调查株数、树龄、树高、有无雌雄球花，并按调查样地的树龄，每 10 年为一个树龄组，共分为 4 组进行统计分析，结果详见表 10-3。

由表 10-3 可知，马尾松不同年龄组雄球花数量，小于 10 年生的林分雄球花株率只有 46.6%，11 ~ 20 年生树龄组为 53.6%、21 ~ 30 年生树龄组为 56.7%，超过 31 年生时高达 85.1%，随树龄升高而增多的年龄效应是十分明显的。从以上幼林期始花年龄与成林期年龄效应分析，马尾松花粉优树选择年龄，以 5 ~ 10 年生幼龄植株为宜。各龄组平均雄球花株率为 56.3%，相当于 21 ~ 30 年生树龄组的雄球花株率。

2001 年 3 月马尾松开花期间，在 16 年生的种子园里，选择 6 株有代表性的母树，对每株树冠分别上、中、下三部位的雄球花枝统计各部位所占比例。结果表明：树冠上部雄花数为 61.5 个占 9.8%，中部 186.2 个占 29.5%，下部 382.3 个占 60.7%，大约数依次分别为 10%、30%、60%。由此可见，树冠上部雄球花最少，一般而言林木顶部具有先端生长优势，而且光照充足，有利营养生长，抑制生殖生长，影响雄球花的数量；相反，在树冠下部，光照少，枝条生长衰弱、营养生长不旺盛，致使生长大量的雄球花；处在中部的生长条件、营养生长次于上部，而开花结实又好于下部，雄球花的数量介

于上部与下部之间。

(三) 马尾松雄球花偏雄特性

松树开花结实存在比较明显的偏雄偏雌的习性，根据优树选择时的调查与相关报道，马尾松天然次生林雄球花的偏雄株率达15%～30%。在天然林里有偏雄、偏雌以及雌雄相当3种类型的林木存在，据有关马尾松植株开花类型文献报道，在一片14年生尚未间伐过的林分里，对100株林木进行每木调查，分别统计不同类型的植株显示：①偏雄植株占16%，平均胸径11.1cm、最大胸径15cm、最小胸径7cm，生长量最小；②偏雌植株占62%，胸径大小依次为13.3cm、17cm、8cm，生长量较大；③雌雄相当植株占22%，胸径依次为13.7cm、17cm、10cm，生长量最大。这是在密度较大的林分所调查情况，偏雄林木处在林冠下层，生长势弱，雄球花株率较小，而如处在疏林或林缘地带雄球花会更多。马尾松雄球花开放、散粉时的景观见图10-5至图10-8。

图 10-5　马尾松大树雄球花盛开

图 10-6　马地松幼林雄球花盛开

图 10-7　马尾松幼树雄球花盛开

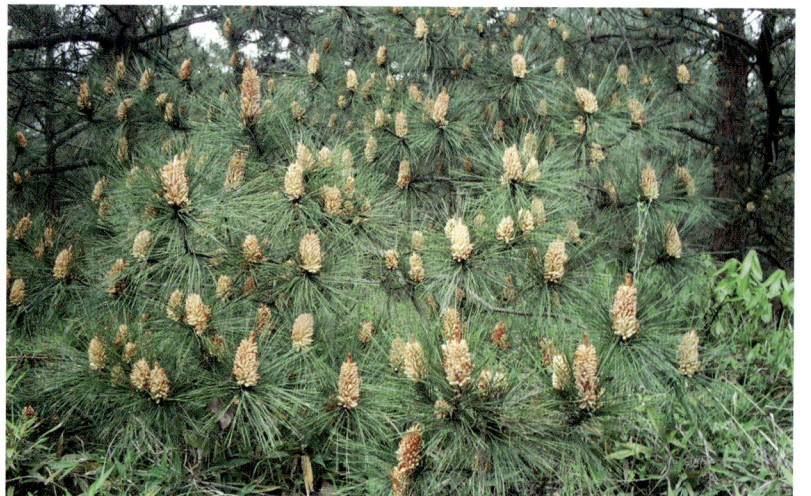
图 10-8　马尾松树冠将要散粉的花穗

二、花粉优树的测试评选

（一）优树选择的林分条件

根据马尾松生态适应性与雄球花生长发育特性，林分条件可概括为：①马尾松是强喜光树种，阳坡的林木长势好，雌雄球花多；阴坡则相反，林木生长较差，雌雄球花少。②立地条件好的山麓地带，林木长势虽好，但雌雄球花个体大而数量少；立地条件差的贫瘠地段，雌雄球花个体小而数量多，雌球果出籽率与雄球花出粉率很低。③马尾松幼树始花期比较早，一般栽后第二年就会有雌雄球花出现，5～6年后进入正常开花结实期，随着树龄增长数量逐年增多。④马尾松开花结实存在比较明显的偏雄和偏雌现象，根据优树选择时的调查与相关报道，马尾松天然次生林偏雄株率达15%～30%。综上所述，针对林地坡向、立地条件、始花年龄、偏雄习性四方面与雄球花量的直接关系，马尾松选择优树的林分应以阳坡（或半阳坡）、立地条件中等、进入正常开花结实期（5～10年生）、偏雄株率高的林分为宜。

（二）优树的标准及评选

1. 花粉优树的标准

选择林分确定之后，还需观察林木着生雄球花的情况。衡量一株松树是不是"偏雄植株"，是不是花粉高产植株，一般以各类新枝总量为基数，其中雄球花穗大、雄球花枝占新枝总数的比例高，被认定为偏雄植株或花粉高产松树。对直接关联优树花粉产量与质量的雄球花性状，制定明确的技术规范与技术经济指标，作为优树选择的技术标准。现将近几年在马尾松雄球花穗研究探索中，进行资料分析与经验总结所提出花粉优树选择的标准，并以此标准确定中选优树。

①当年雄球花枝占树冠新枝总数的90%以上；

②树冠雄球花穗枝总数300个以上，其中雄球花穗中等（长5cm）的达60%以上；

③每个雄球花穗具有100个以上小孢子叶球，可按小孢子叶球重量的80%计算出粉率；

④雄球花穗出粉率达9%以上。

2. 天然次生林选择花粉优树

淳安县姥山林场国家马尾松良种基地，位于千岛湖东南湖区姥山岛上。该岛是一个孤岛，岛上有大面积的马尾松林，由于松树的飞籽散落在库边，沿库边形成块状或带状的马尾松次生林，选优时树龄为5～6年生，已进入正常开花结实期。选优调查测试内容：一是对预选优树的树高、胸径、冠幅、轮枝等性状进行测定；二是对树冠的雌、雄球花枝梢与无花枝梢的数量进行计数。一共预选5株优树，依次编为211、212、213、214和215号（表10-4）。

由表10-4可知：①预选优树长势较好。5～6年生的林木，树高达4.1m、胸径6.5cm、冠幅2.8m、全树一级主枝30.1个、每盘轮枝6个，其树冠大，当年生长的枝梢多达999.6个，枝梢生长旺盛。②预选优树枝梢总数较多。按有无雌雄球花分为三种枝梢统计，其中无球花枝数量很少，每株只有26.6个仅占总枝梢数的3.2%。雌球花枝数量更少，只有22.6个仅占总数的2.6%。唯有雄球花枝数量特多，每株高达950.4个占总枝梢的94.2%。③预选优树雄球花枝数量特多。从211号到215号的5株优树雄球花枝所占比例依

表10-4 天然次生林马尾松花粉优树选择调查测试资料

优株编号	211	212	213	214	215	合计	平均
优树枝梢数（个）	659	1857	391	928	1163	4998	999.6
无球花枝数（个/%）	17	34	22	42	18	133	26.6
	2.6	1.8	5.6	4.5	1.5	16.0	3.2
雄球花枝数（个/%）	606	1805	365	842	1134	4752	950.4
	92.0	97.2	93.4	90.7	97.5	470.8	94.2
雌球花枝数（个/%）	36	18	4	44	11	113	22.6
	5.4	1.0	1.0	4.8	1.0	12.9	2.6

表 10-5　无性系试验林马尾松花粉优树选择测试

选优林分	测试内容		101	102	103	104	105	合计	平均
半同胞无性系试验林	优树总枝数	（个）	778	462	575	356	547	2718	543.6
	无球花枝数	（个）	41	45	19	22	18	145	29.0
		（%）	5.3	9.7	3.3	6.2	3.3	27.8	5.6
	雄球花枝数	（个）	713	411	554	334	529	2541	508.2
		（%）	91.6	89.0	96.3	93.8	96.7	467.4	93.5
	雌球花枝数	（个）	24	6	2	0	0	32	6.4
		（%）	3.1	1.3	0.4	0	0	4.8	0.9

次为 92.0%、97.2%、93.4%、90.7%、97.5%，平均达 94.2%。④雄球花穗性状。穗长 7.3(5.9～8.8)cm，每穗小孢叶球 168.2(109～205) 个，花穗出粉率 11.3%(10.6%～12.6%)，符合花粉优树标准。⑤预选的 5 株优树根据近 3 年的连续观察，每年 3～4 月开花期间，满树盛开雄球花，雄球花数量特多，说明这是偏雄类型花粉高产马尾松，可作为预选花粉优树。

3.无性系试验林选择花粉优树

马尾松良种基地建有扦插繁殖的无性系试验林，林木 7 年生时进行花粉优树选择。选优方法与前项相同，主要是测定预选优树生长量、计数树冠雌雄球花枝数量。在半同胞无性系试验林预选优树 5 株，其生长与花枝数量情况见表 10-5。

表 10-5 中选出的优树 5 株（编号为 101～105）：①树龄 7 年、树高 4.8m、胸径 7.8cm、冠幅 3.4m、轮盘枝 5 盘，每盘 4.7 个枝，生长势良好。②预选优树的无雌雄球花枝数量较少，占总枝梢数量的 5.6%；雌球花枝梢很少，占 0.9%。雄球花的枝梢数量多，平均每株占总枝梢数量的 93.5%，5 株变幅为 89%～96.7%，只有 1 株为 89%。③雄球花穗性状：穗长 7.0 (5.8～7.5) cm，每穗小孢子叶球 160.5 (138～191) 个，花穗出粉率 11.0% (10.1%～11.6%)，符合花粉优树标准。④根据近两三年的观察，每年开花期间雄球花数量都比较多，选优测试数据也说明雄球花枝梢达到中选优树的标准。花粉优树的树形与雄球花见图 10-9 至图 10-12。

4.2 代育种群体无性系选择花粉优树

（1）优树雄球花穗枝数量测试　姥山林场良种基地

图 10-9　花粉优树 336 号无性系树形

优树 8 年生，树高 7.3m，胸径 15.3cm，单株材积 0.06586m³，冠幅 4.5m，轮枝 7 盘。

图 10-10　花粉优树 336 号无性系花形

优树雄花枝 522 个占总枝数的 91.9%，小孢子叶球 114 个，花穗长 6.9cm，花穗出粉率 10%。

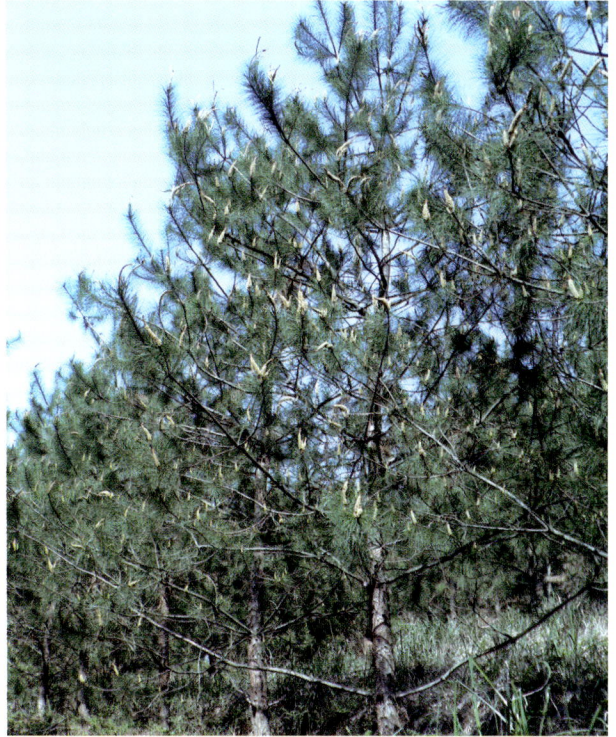

图 10-11　花粉优树 340 号无性系树形

优树 8 年生，树高 7.1m，胸径 13.3cm，单株材积 0.04945m³，冠幅 4.5m，轮枝 6 盘。

图 10-12　花粉优树 340 号无性系花形

雄花枝 332 个占总枝数的 90.7%，小孢子叶球 118 个，花穗长 7.7cm，花穗出粉率 11.9%。

于 2003 年建成马尾松 2 代育种群体，2010 年春在 8 年生的育种群体开展花粉优树选择。通过预选优树生长量、雄球花穗枝梢数量与花穗大小测定等，评选出花粉优树 11 株。优树平均树高 7m、胸径 11.4cm、冠幅 4.4m、枝下高 0.7m，树体长势很好。现将花粉优树雄球花穗枝梢数量调查结果列于表 10-6。

由表 10-6 可知：① 2 代育种群体中被选松树长势旺盛生长量大，11 株被选优树生长量平均值，树高 7m、胸径 11.4cm、冠幅 4.4m，年平均分别为 1.0m、1.63cm、0.63m，这一生长指标在浙江地区实属高生长量了。树冠枝下高只有 0.7m，冠形圆满，长势旺盛。②树冠无花枝少，雄球花枝多，11 株被选优树平均每株总枝梢数量为 694.7 个，其中无雌雄球花枝梢为 27.4 个、占 4.9%，有雄球花枝梢平均为 667.3 个占 95.1%，变幅在 90.9% ～ 99.8% 之间。

（2）花粉优树雄球花穗性状测试　为了说明雄球花穗的质量，将 11 株被选优树 6447 个雄球花穗，按大（＞8cm）、中（5 ～ 7.9cm）、小（＜5cm）3 级，结果是大穗级为 875 个占 13.6%、中等穗级 3155 个占 48.9%、小穗级 2417 个占 37.5%，中、大穗合计占 62.5%，说明

表 10-6　2 代育种群体花粉优树雄球花枝梢调查

优树编号	总枝梢数	无雄球花枝梢数		有雄球花枝梢数	
	(个)	(个)	(%)	(个)	(%)
303	868	26	3.0	842	97.0
304	1153	2	0.2	1151	99.8
305	402	26	6.5	376	93.5
307	654	37	5.7	617	94.3
312	1208	3	0.2	1205	99.8
315	612	35	5.7	577	94.3
316	436	20	4.6	416	95.4
321	799	29	3.6	770	96.4
336	568	46	8.1	522	91.9
340	416	38	9.1	378	90.9
342	526	40	7.6	486	92.4
合 计	7642	302	54.3	7340	1045.7
平 均	694.7	27.4	4.9	667.3	95.1

优树雄球花穗的产量与质量较好。同时又将 312 号优树 975 个雄球花穗中，按 3 个级别选有代表性的松花穗共 100 个，分别穗长、穗粗、穗重、每穗小孢子叶球个数作了较为详细的测试与分析，结果得出：①雄球花穗长，大的平均为 8.93cm，比小穗级高 112%，比中等穗级高 58%。②穗粗大的比细小的和中等的分别高 20% 和 16%。③穗重分别高 115% 与 45 %。④每穗小孢子叶球数量，穗大的比小的高 164%、比中等的高 89%。雄球花穗长、粗、重，则其着生小孢子叶球的数量就多，小孢叶上孕育花粉的小孢子囊就多，也就是花粉产量高。在评估花粉优树时，不仅需要雄球花穗枝多、比例高，而且还需要雄球花穗多，大中型花穗比例高，才能获得花粉高产。

(3) 雄球花穗出粉率测定　雄球花穗出粉率也是优树选择的重要因素之一。为此，对 11 株花粉优树分别采摘花穗，按编号晾晒取粉称重，计算花穗出粉率，其中有 8 株还测试了单穗出粉率。结果表明：① 11 株花粉优树雄球花穗总共 35.8kg，每株平均 3.255 (1.4 ~ 5.4) kg。② 11 株花穗总共晒出花粉 3.866kg，平均每株 0.352 (0.166 ~ 0.541) kg。③优树雄球花穗出粉率，按 11 株花穗与花粉总量计算，出粉率为 11%。

④优树雄球花单穗出粉率，8 株优树各 100 个花穗，综合计算每 100 穗取得花粉 99g，平均每穗出粉 0.99g。⑤单位面积花粉产量估算，根据 2010 年选优测定，5 ~ 11cm 长的雄球花穗，平均每穗花粉量为 0.8 ~ 1.2g，每 50kg 花穗出粉率为 4 ~ 6kg。如按每亩栽植 60 株计算，可产花粉 12kg 以上。

5. 马尾松花粉优树评选结果

根据马尾松花粉优树选择所涉及到测试分析的结论，针对选优林分与预选优树必备条件，对各批次预选优树，经评估筛选出 20 株中选优树 (表 10-7)。

对表 10-7 中的数据按 3 种不同林分进行方差分析，树高 F 值(50.44**)、胸径 F 值(23.61**)、冠幅 F 值(25.94**) 3 项均达极显著水平。雄球花枝数量与花穗出粉率各项均未达显著标准。这说明 3 种林分的雄球花枝与花穗生长性状没有显著差异，均可作为花粉选优林分。而林木生长性状个体间是有差异的，比如树冠个体间有大有小，因此大树冠雄球花枝多，小树冠就少，212 号优树雄球花枝数高达 1805 个，而 340 号优树只有 332 个，两者相差 4.4 倍，雄球花枝数量与花穗出粉率在个体之间差异很大，在同一林分中选优要比较个体的优异性，选取生长量大、花粉产量高的个体为优树。

表 10-7　马尾松 20 株中选花粉优树生长及雄球花性状

选优林分	林龄（年）	优树编号	优树生长性状			雄球花枝数量			雄球花穗出粉率		
			树高(m)	胸径(cm)	冠幅(m)	总枝数（个）	雄花枝（个）	雄花枝（%）	穗长(cm)	小孢子叶球（个）	出粉率（%）
无性系试验林	7～8	101	5.4	9.6	3.0	778	713	91.6	7.3	138	11.6
		103	5.0	8.0	3.4	575	554	96.3	7.5	191	10.1
		104	5.0	6.7	3.0	356	334	93.8	7.4	148	11.1
		105	3.6	7.4	3.0	547	529	96.7	5.8	165	11.3
天然次生林	6～7	211	3.7	4.7	2.8	659	606	92.0	8.8	170	10.6
		212	3.8	5.7	3.0	1857	1805	97.2	7.1	205	12.1
		213	4.6	5.8	2.0	391	365	93.4	7.4	196	12.6
		214	3.7	6.7	3.3	928	842	90.7	5.9	109	9.7
		215	4.6	9.6	2.8	1163	1134	97.5	7.4	161	11.5
2代育种群体无性系	7～8	303	7.2	11.8	5.4	868	842	97.0	6.9	155	9.2
		304	7.4	12.4	4.2	1153	1151	99.8	7.5	171	9.2
		305	6.5	10.0	3.5	402	376	93.5	7.2	111	11.5
		307	6.7	10.5	4.0	654	617	94.3	7.3	124	11.6
		312	8.2	10.3	4.5	1208	1205	99.8	7.0	135	12.4
		315	6.8	10.7	4.5	612	577	94.3	8.4	155	10.1
		316	7.7	10.6	4.2	436	416	95.4	7.8	168	14.6
		321	6.5	10.8	4.4	799	770	96.4	7.0	138	10.6
		336	6.7	11.7	4.6	568	522	91.9	6.9	114	10.0
		340	6.4	12.1	4.3	366	332	90.7	7.7	118	11.9
		342	7.3	14.2	5.2	526	486	92.4	8.3	152	10.9

第三节　营建无性系花粉专用林

一、培育无性系嫁接苗

1. 嫁接方法

（1）选用最适宜的嫁接穗条与砧木　要选用发育阶段最年幼的砧木和年生长周期中最幼嫩的穗条，这样的砧木和穗条嫁接之后，亲和力强，易于愈合成活。利用 1～2 年生、根颈达 1cm 以上的植株做砧木，接穗以成年树的当年未木质化的新枝梢最为适宜，并且以根颈部位嫁接的效果最好，成活率可达 80% 以上。

（2）接穗保鲜并尽快嫁接　嫁接穗条一般放在没有阳光直射阴凉处具有流动水的水沟或水槽里，将捆扎好的接穗剪口一端浸在水中，深达 5cm 即可。这样不仅是对保鲜有效，还可浸除部分松脂，减少接穗的松脂含量，有助于嫁接成活。穗条采集之后要尽快嫁接，最好随采随接，在一两天内接完，间隔时间长影响嫁接成活率。

（3）采用髓心形成层对接法　具体操作取 0.6～0.8cm 粗、10～15cm 长的穗条，在顶芽以下 4～5cm 处下刀，先以 45° 斜角切进皮层深至髓部 1/3，削成接面 6～7cm 长，并在穗基反削一刀成单楔形。削成砧木的接面要与接穗的削面相当。然后将接穗的接面对贴于砧木接面，楔形穗基插入砧木接面下边预留的皮层内，穗砧两接面要贴紧，接穗一侧的形成层与砧木形成层要对齐，最后用绑带将穗砧相接部位扎紧即可。

2. 接后管理

（1）套袋保湿　嫁接之后随即用塑料薄膜罩保护嫁接部位与接穗，以防干旱失水影响成活。防护罩呈圆筒状，直径约 7～8cm、高 25cm。套扎防护罩时，用塑料绳扎紧上下两端，不使漏气而丧失保湿作用。将扎口周围用手提挺，使防护罩呈中空的灯笼状，以利嫁接成活与穗梢生长。

（2）嫁接苗修剪　接在根颈部的接株，要将砧木的主顶剪掉，对接穗上方影响生长的砧木侧枝要剪除，其余的砧木枝条待接穗新梢正常生长时分次疏剪。接在主干部的接株，要将砧木上方的主干从上接口处全部剪掉，对砧木下方轮生枝剪除强势枝，并以去强留弱为原则，选留部分侧枝作为辅养枝。

（3）嫁接苗管护　春季嫁接不久将迎来夏季干旱高温，对于刚成活的接穗抗逆性弱，干旱高温直接影响接穗的成活。因此，一方面要通过修剪砧木强势枝，以防其压抑接穗新梢的生长；另一方面当出现旱情要及时浇水，或松土覆草保持土壤基质有适量水分，防止干旱缺水影响苗木生长。

二、花粉林造林技术

1. 新建花粉林的目的和要求

其与改建花粉林根本不同之处，主要是将有损伤采摘松花穗的方式，改变为无损伤直接采收松花粉的方式，目的在于实现花粉林永续作业，在不更换花粉树的条件下，连年稳定生产松花粉。为此要求造林时，要选好山场，仔细整地，控制密度等，以便林地管护、树体管理、花粉采收等花粉生产技术的实施。

2. 选择较好的造林地

一般应选在山坡较平缓、土层较深厚、光照充足的坡向，以满足强喜光树种对光照的需求，以适应花粉林需要较好的立地条件，以便于林地与树体管理的实施。为松花粉生产永续经营、获得稳产高产奠定基础。

3. 确定适宜的造林密度

无性系花粉林是以生产花粉为目的的经济林，并要通过矮化修剪实施矮冠作业。果木的树冠大小与栽植密度直接相关，密度大树干细高而冠窄，反之树干粗矮而冠大。花粉林的植株应冠矮而大，因而株行距需要适当大些，以利树冠发育扩展。根据坡度不同可将山地分为二种：25° 以上为陡坡山地、以下为缓坡山地。花粉林选用 25° 以下的缓坡山地为宜，可分为两种栽植密度。15°～25° 的上部缓坡山地，株行距 3m×4m，每亩定植 56 株，栽植方式可沿水平方向挖条带为栽植行，行间距为 4m，在条带上挖栽植穴，株距为 3m。15° 以下的平缓山地，株行距 3m×3m，每亩定植 74 株，可采用正方形栽植，不需挖水平条带。为了便于树体管理与球果采摘，花粉林植株树冠一般控制在 3～4m、树高 4～5m。因此，花粉林采用上述栽植株行距较为适宜。

4. 整地与挖穴

采用水平条带方式整地，带宽 1.5m～2m，陡坡处稍窄，缓坡处较宽。水平栽植带全面整地，然后按带面株距定点挖穴。植穴规格：40cm×40cm×30cm。栽植前穴底要施基肥。

5. 嫁接苗定植营造花粉林

嫁接苗有裸根嫁接苗与大容器嫁接苗两种。大容器嫁接苗，根部宿土有保护，运输安全，造林成活率高。如果是裸根嫁接苗，起苗时要带宿土，并用塑料袋或编织袋等物包扎好，不使宿土松散、脱落，否则将严重影响造林成活率。栽植时，要将塑料容器袋脱除，以免影响根系向外伸展。分层覆土，务使栽后覆土紧实。

6. 抚育管理

栽植后 2～3 个月要进行检查，发现枯死植株，及时用预留嫁接苗补植，并进行正常性林地管理。

三、嫁接苗的着花效应与造林效果

1. 嫁接苗的着花效应

为了探明着花效应，将马尾松偏雌植株的营养枝与偏雄植株的雄球花枝（花粉优树）进行嫁接对比试验，即利用 5 个无性系营养枝的 712 个接穗，接后 1 年调查，具有雄球花的接株只有 42 株，雄球花株率为 5.9%。利用优树雄球花穗条嫁接的 199 株，有雄球花的接株 68 株，雄球花株率达 34.2%，比前者高 5.8 倍。说明优树嫁接植株的着花效应是明显的。

2．嫁接苗的造林效果

（1）造林成活率 花粉优树嫁接苗，都采用大容器培育。如果是裸根嫁接苗，则在出圃起苗时，一定要用包扎物保护宿土与苗根。因此，一般造林成活率比较高，检查时发现有枯死植株仅一两株，成活率达 99% 以上。

（2）造林后的着花率 春天嫁接的 115 株花粉优树嫁接苗，冬末春初出圃造林，当年春有 45 株着生雄球花，着花株率为 39.1%；第二年春有 72 株，着花株率为 62.6%；第三年春有 94 株，着花株率达 81.7%。这说明马尾松优树嫁接苗着花的遗传重复率高，栽植后逐年升高，第三年就达到 80% 以上。

第四节 雄球花形态特征及花粉采收

一、雄球花穗及花粉粒形态特征

1．雄球花不同生长发育期间的外部形态

马尾松雄球花芽，一般于 10 月初在枝顶冬芽里开始形成，外观形态是被棕色芽鳞紧包芽体，在越冬过程中芽体逐渐孕育长大，冬芽下半段慢慢呈现出明显大于上半段的鼓胀形状。到翌年 2 月中旬，雄球花芽长大，在紧包芽鳞的外表出现像粟米粒大小的圆点状突起，这是最初见到的雄球花（小孢子叶球）的形态。3 月上、中旬芽鳞松开，淡绿色的雄球花（小孢子叶球）显露。3 月下旬至 4 月上旬雄球花（小孢子叶球）逐渐由绿变黄，花粉成熟开始散粉。根据在浙江试验点的观察：整个雄球花孕育、开花、散粉大体可划分为以下 5 个时期。①花芽期。10 月初至翌年 2 月上旬，主要特征是冬芽下部逐渐呈现鼓胀形态。②现蕾期。2 月中旬至 3 月中旬，冬芽聚集雄球花的部位，紧裹的芽鳞逐步松开，直至小孢子叶球全部裸露现蕾。③变色期。3 月下旬至 4 月初，裸露的小孢子叶球由绿变黄，外观色泽转变是松花粉将要成熟的重要物候信息。④成熟期。3 月底至 4 月上旬，着生小孢子叶球的雄球花穗全部呈现熟黄色，随即花粉囊将要开裂散粉。⑤散粉期。4 月初至 4 月中旬，紧接成熟期后花粉囊开裂，进入散粉期。散出少量花粉为初粉期，散出大量花粉为盛粉期，花粉基本散尽，花穗呈黄褐枯萎状为末粉期（图 10-13）。

2．马尾松花粉粒的形态特征

利用成熟的松花粉进行扫描电子显微镜观察，探明了马尾松等 12 个松属树种花粉的基本形态特征。各树种花粉由本体与气囊组成的轮廓形态基本一致，是属于具气囊的"松型"花粉类型。各松种花粉气囊具网纹，本体帽壁外表具有形态各异的雕纹。花粉粒大小存在差异，各树种花粉粒全长大的平均达 54.3 μm，小的平均为 41.5 μm；单粒花粉全长最大为 67 μm，最小为 35 μm。花粉粒大小与雕纹形态性状较稳定，可用于鉴别各松种花粉的差异。马尾松花粉粒较大，全长 49.6 μm，体长 34.8 μm；本体下两侧气囊呈圆形或卵圆形，侧面观花粉本体与气囊形成凹角；气囊表面较平滑，有针孔状凹穴，网纹较细密，有的清晰，有的不很清晰。两个气囊为超半圆形，对称排列，表面网纹可辨。近极面外壁云朵雕纹大，深浅凹凸明显，是典型的大朵雕纹。花粉粒近极面外壁雕纹，各松种的式样不同，也是一种形态鉴别的特征（图 10-14）。小孢子叶球解剖形态见图 10-15。

裸子植物花粉各类型都有各自标志性的特征，并有其独特的功能。①调控花粉水分的作用。马尾松等 12 个松属树种花粉的标志性特征，是本体下面具有两个大气囊。两个气囊之间"远极沟"部位是薄壁组织，具有伸缩性，当花粉潮湿时即伸胀至两个气囊呈"八"字形分开，当花粉干燥时即收缩使气囊合拢靠在一起，可起到调节平衡花粉内部水分的作用。②实现风媒传粉的作用。花粉本体下面两个大气囊，可以随风飘浮远走高飞，不论两个气囊分开还是合拢，都具有气球似的浮力，可使花粉远程飘飞，实现松花粉风媒传粉。③实现

图 10-13　马尾松雄球花生长发育形态

①冬芽期：10 月至翌年 3 月芽体被芽鳞紧裹呈冬芽状。

②隐现期：芽鳞里小孢子叶球逐渐长大外表突起小圆点。

③初现期：隐藏在芽鳞下的小孢子叶球开始露出芽鳞。

④裸现期：青绿色小孢子叶球大部分露出芽鳞表面。

⑤变色期：小孢子叶球渐变为黄绿或黄色向成熟期过渡。

⑥成熟期：小孢子叶球基本上都转变为黄色或熟黄色。

⑦初粉期：花粉成熟之后花粉囊开裂散出少量花粉。

⑧盛粉期：半数以上花穗开始大量散粉。

⑨末粉期：大量散粉过后继续散出最后少量花粉。

⑩枯萎期：花粉散尽花穗残存部分枯萎脱落。

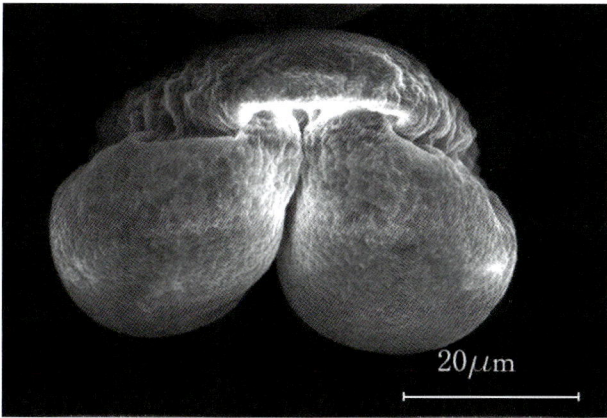

图 10-14 马尾松花粉形态

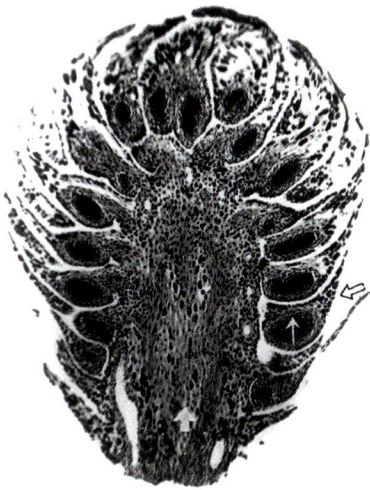

图 10-15 小孢子叶球解剖形态

好像一个花穗，中间有个轴，许多小孢子叶呈螺旋状排列方式直接着生在轴上（图正中下方白箭头所示）；小孢子叶结构简单，基部有个小柄，顶部为鳞片状薄片，与柄几成直角，基部着生小孢子囊（图右侧边缘白箭头所示）。

萌芽生长的作用。花粉本体下两个气囊之间，也即两个远极基之间，是远极沟也就是花粉发芽的萌发沟。花粉发芽时就是从这里首先出现透明的萌发点，即花粉管的先端，并逐渐延伸生长。花粉孕育到成熟过程各时期如图 10-16 至图 10-22 所示。

二、松花粉成熟采收期预测

1. 按雄球花穗成熟特征预测采收期

在浙江淳安县千岛湖周边山地气候条件下，马尾松雄球花生长孕育期长达半年之久，从 10 月初在松树冬芽基部出现雄球花初始形态之后，经过漫长冬季，直

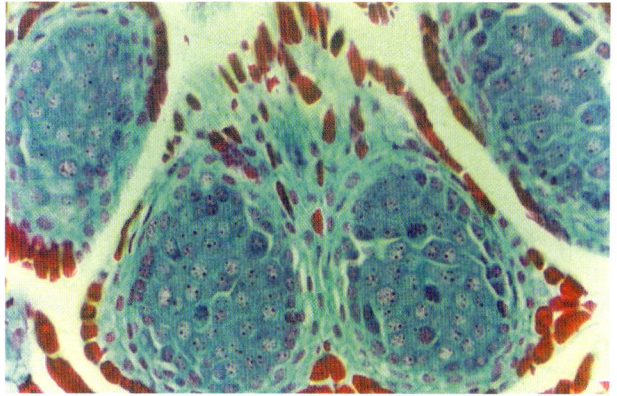

图 10-16 马尾松花粉囊（即小孢子囊）

从正中横切面观，每枚小孢子叶的远轴面，具有 2 个小孢子囊，在其中产生大量花粉。小孢子叶球的结构就像是孕育花粉（小孢子）的摇篮，当花粉成熟时，于小孢子囊开裂细胞的开裂处散出花粉。

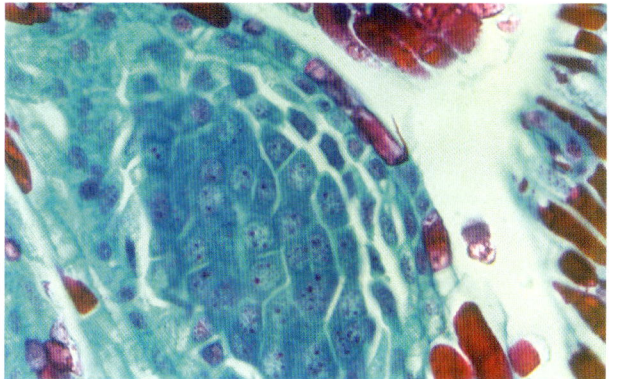

图 10-17 花粉母细胞形成时期

小孢子囊里的造孢组织分裂后形成花粉母细胞。当年秋小孢子囊由 4 层细胞构成囊壁，最里面有一层绒毡层，细胞大、质浓、双核。翌年初囊内为排列紧密的造孢组织细胞，呈多边形，富有胞质、核大、核内有 2 ～ 4 个核仁。

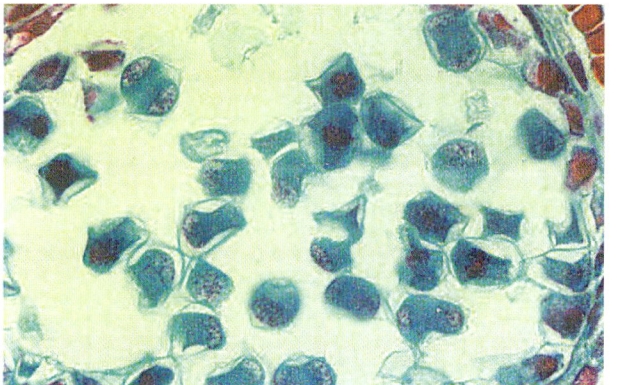

图 10-18 四分体孢子形成时期（Ⅰ）

出现小孢子母细胞进行减数分裂的前期和中期。进入减数分裂末期Ⅰ，到达两极后的染色体解体转变为 2 个子细胞核。

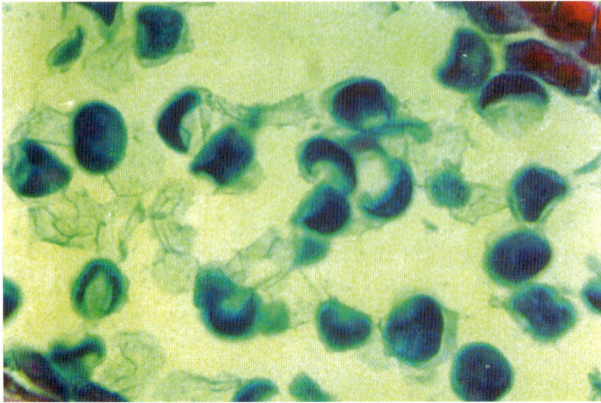

图 10-19 四分体孢子形成时期（Ⅱ）

减数分裂Ⅰ结束进入减数分裂Ⅱ，形成四分体。随后形成新细胞壁，产生 4 个呈扇形的四分体孢子。

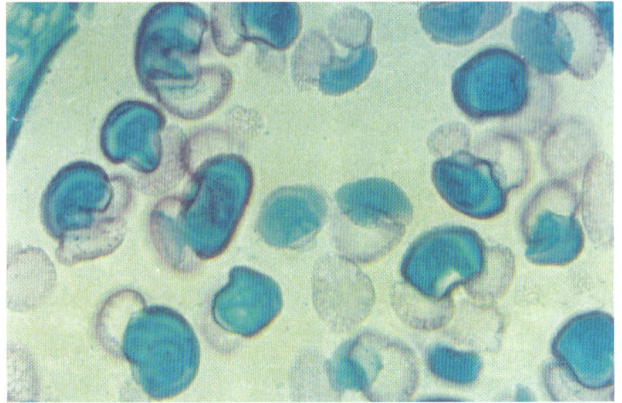

图 10-20 单核花粉粒形成时期

四分体孢子分离形成 4 个小孢子（单核花粉粒）充满花粉囊，此时花粉粒两侧具有同等大小的气囊，呈超半圆形增至最大限度。

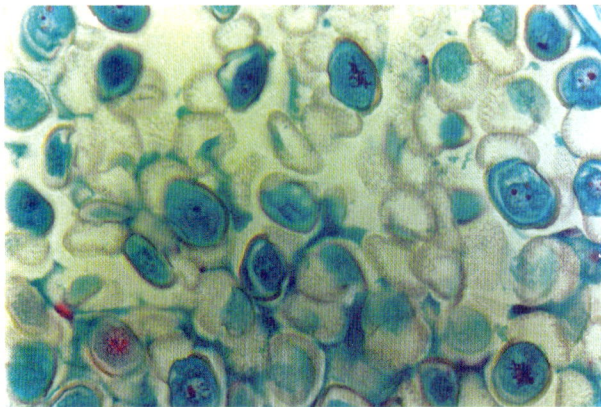

图 10-21 4- 细胞花粉粒形成时期

单核花粉粒的核分裂后，产生第一原叶细胞和胚性细胞。胚性细胞核进行分裂，产生第二原叶细胞和中央细胞。中央细胞再次进行分裂，产生生殖细胞和管细胞。小孢子经过 3 次有丝分裂，最后形成 4- 细胞的成熟花粉粒。

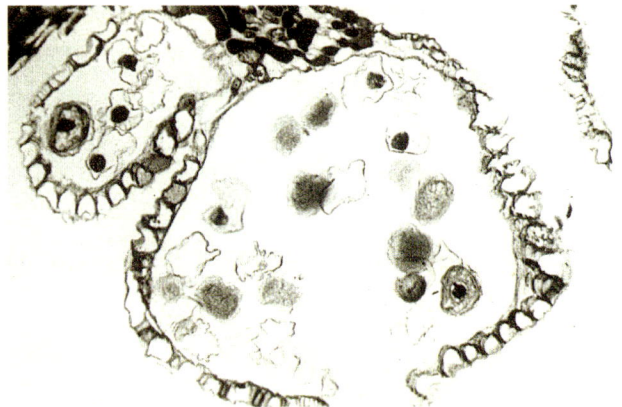

图 10-22 花粉囊开裂散粉时期

4 月初花粉成熟，充满花粉的花粉囊干燥时纵裂，裂口处有两个小细胞称为开裂细胞，会自动开裂散出花粉。

到翌年 4 月初花粉成熟，雄球花穗的形态可分为冬芽期、现蕾期、变色期、成熟期、散粉期、末粉期。形态成熟特征观察重点是在变色期，从现蕾后期特别是完全现蕾时，要勤观察并注意天气阴晴与气温变化，这时如是天晴天热，雄球花成熟加快，反之阴雨天气温低成熟时间会延长。根据实际经验，判定雄球花穗成熟形态，要特别注意两点：一是观察小孢子叶球的颜色转变为黄或熟黄色；二是小孢子叶球相互间不是很紧密而是松开。雄球花穗上的小孢子叶球呈现出熟黄和松离现象，就是松树雄球花穗成熟的形态。

2．根据天气和温度变化预测采收期

马尾松雄球花发育成熟受气温的影响很明显，在淳安县千岛湖周边林区的气候立地环境下，松花粉采收时间有以下 3 种情况：①通常在 3 月底（以 3 月 31 日为准）前后 3 ～ 5d（3 月 29 日至 4 月 2 日）为松花粉成熟采收期；②如果在采收期之前的半个多月中遇到低温，使雄球花发育成熟滞后，花粉采收期会比常年延后 3 ～ 5d（4 月 1 ～ 5 日）；③反之气温比常年高，加速了雄球花的发育成熟进度，采收期就会提前 3 ～ 5d（3 月 26 ～ 30 日）。高海拔山地要比低海拔水库边迟 6 ～ 8d。这是指大量集中采收的时间，局部小地形的影响延迟或提早的时间可能会更长。气温是松花粉生产中重要的气象因素，尤其是根据气温准确预测花粉成熟采收期，将对当年松花粉获得好收成产生直接的影响。

第五节 松花粉营养成分检测及产品开发

松花粉产品值得开发、市场营销得到客户认可,关键在于松花粉富含保健有效的营养成分。松花粉包含孕育一个新的松树生命体所需的一切营养成分及生命活性物质。到目前为止,经实验检测确认,松花粉含有多种蛋白质、20 余种氨基酸(包括人体必需的氨基酸 8 种)、15 种维生素、30 种矿物质元素、近百种酶和辅酶,以及核酸、不饱和脂肪酸、黄酮类物质、糖类等,总量达 200 余种。这些成分不仅种类全面,而且含量丰富、均衡。有些成分的含量显著高于我们平时摄取的普通食物中同类物质的含量。同等重量的松花粉蛋白质总含量是牛肉、鸡蛋的 7 ~ 10 倍;粗脂肪酸含量为蜂源花粉均值的 3 倍;β- 胡萝卜素比胡萝卜高 20 ~ 30 倍;铁元素含量比菠菜高 20 倍。不仅如此,在现有的可供人类食用的植物花粉中,松花粉的营养成分及生物活性均显著优于其他木本和草本植物的花粉。以上是对松花粉一般的总体评述,但未说明是何时何地哪种松树的花粉,不同年份、不同地区、不同松种的花粉是有差异的。为了确切说明某种松树的营养成分,特地对于马尾松等 8 种松树的花粉营养成分进行检测,其中以马尾松、油松与云南松 3 种花粉已开发利用的松树为重点,尤其是马尾松花粉为重中之重,全面检测其花粉的营养成分,并以马尾松花粉为原料研发保健产品,为松花粉产业的发展提供科学依据。

一、松花粉营养成分检测

1. 各松种花粉营养成分检测

松花粉的核心作用是在于所含营养成分的功效。检测的首要任务是,探明可被利用的松花粉所含营养成分及其含量,也是本测试所要追求的目的和所需探明的问题。为此,特设专题对马尾松等 8 种松树花粉营养成分进行测试分析。先后对松花粉 5 大类营养物质,经测定分析取得相应研究结果。

(1)蛋白质与氨基酸类 检测到蛋白质及 17 种氨基酸含量。

(2)维生素类 检测到 β- 胡萝卜素、维生素 C、B_1、B_2、B_6、B_{11}、尼克酸等。

(3)矿质元素类 检测到常量矿质元素 4 种,主要微量元素 7 种,其他微量元素 7 种。

(4)油脂类 检测到 6 种脂肪酸。

(5)除前 4 类外其余归为一类 分为两部分:一是对 8 种松树花粉检测到可溶总糖、总黄酮、甾醇、胆碱、单宁等;二是对 10 个省(自治区)的马尾松花粉测定了蛋白质、粗脂肪、粗多糖、总黄酮、胆碱、磷脂、甾醇、膳食纤维等物质含量。

综上所述,对 8 种松树尤其是马尾松花粉的营养成分进行了全面检测,取得了基本数据,为松花粉开发利用与营养学研究提供了重要的参考数据。

2. 各松种花粉主要营养物质的含量

(1)蛋白质与氨基酸含量 ①蛋白质平均含量 13.28%,火炬松(16.60%)最高、云南松(9.44%)最低。②氨基酸平均含量 58.08mg/g,黄山松(67.58mg/g)最高、油松(45.49mg/g)最低。

(2)维生素类含量 ①β- 胡萝卜素平均含量 4.64μg/100g,云南松(12.08μg/100g)最高、马尾松(2.53μg/100g)最低。②尼克酸平均 33.31μg/g,油松(66.45μg/g)最高、云南松(9.78μg/g)最低。③ Vc 与 B 族等 5 种维生素平均含量 28.10μg/g,油松(29.65μg/g)最高、云南松(26.62μg/g)最低。

(3)矿质元素含量 ①常量矿质元素平均含量 4146.86mg/kg,地盘松(5590.89mg/kg)最高、湿地松(3566.15mg/kg)最低。②主要微量元素平均含量 285.61mg/kg,黄山松(367.67mg/kg)最高、火炬松(265.16mg/kg)最低。③其他微量元素平均含量 5.077mg/kg,地盘松(11.0748mg/kg)最高、马尾松(2.6529mg/kg)最低。

(4)油脂类含量 ①含油率平均为 1.52%,云南松(2.40%)最高、火炬松(0.82%)最低。②脂肪酸平均含量 86.21%，马尾松 (94.65%) 最高、油松 (78.36%) 最低。③油酸是含量最高的脂肪酸，平均含量为 35.33%，马尾松 (41.71%) 最高、油松 (27.56%) 最低。

3．马尾松等 3 种花粉主要营养物质含量

(1) 蛋白质与氨基酸含量　①蛋白质含量马尾松为 13.33%，稍高于平均值 (13.28%)，油松 (10.60%) 与云南松 (9.44%) 均低于平均值。②氨基酸含量马尾松最高 (63.81%)，比 8 松种平均值 (58.08%) 高 5.73%，云南松 (46.31%) 和油松 (45.49%) 与其平均值比低 17.5% 与 18.32%。

(2) 维生素类含量　① β- 胡萝卜素平均 4.64μg/100g，云南松 (12.08μg/100g) 最高，其次是油松 (5.62μg/100g)，马尾松 (2.53μg/100g) 最低。② 5 种维生素总含量：油松 (29.65%) 比平均值 (28.1%) 稍高，其次是马尾松 (28.01%) 与云南松 (26.62%)，均低于平均值。③各种维生素中以 B_1 含量最高，平均值 17.52μg/g。三松种比较以油松含量最高 (18.94μg/g)，其次是马尾松 (17.43μg/g)，云南松 (16.18μg/g) 较低。

(3) 矿质元素含量　①常量元素以油松最高达 4240.45mg/kg，随后是马尾松 (4023.20mg/kg) 与云南松 (3829.91mg/kg)，依次分别为平均值 (4146.86mg/kg) 的 102.3%、97.0% 与 92.4%。②主要微量元素以云南松最高达 345.76mg/kg，随后是马尾松 (285.81mg/kg) 与油松 (109.12mg/kg)，分别为平均值 (285.61mg/kg) 的 121.1%、100.1% 与 38.2%。③其他微量元素以云南松最高达 5.8102 mg/kg，随后是油松 (4.6220mg/kg) 与马尾松 (2.6529mg/kg)，分别为平均值 (5.0770mg/kg) 的 114.4%、91.0% 与 52.3%。

4．10 省（自治区）马尾松花粉营养物质含量

(1) 蛋白质　各省（自治区）平均为 13.65%，含量最高达 15.6%，最低为 11.67%。10 省（自治区）按测值大小分为高、中、低三级：含量高的有广东 (15.6%)、江西 (15.49%)、福建 (14.84%)、浙江 (14.30%)；中等的有广西 (13.33%)、湖南 (13.09%)、四川 (13.00%)；含量低的有安徽 (12.77%)、贵州 (12.29%)、湖北 (11.67%)。

(2) 粗脂肪　平均含量 2.94%，最高达 4.36%，最低 2.12%。按三级比较：含量高的有四川 (4.36%)；中等的有湖南 (3.39%)、福建 (3.22%)、广东 (3.20%)、贵州 (3.11%)；含量低的有广西 (2.77%)、安徽 (2.51%)、湖北 (2.48%)、浙江 (2.20%)、江西 (2.12%)。

(3) 总黄酮　平均含量 0.013%，含量最高达 0.016%，最低为 0.009%。按三级比较：含量高的有浙江、四川 (0.016%)；中等的有湖北、福建、广东 (0.014%)、湖南 (0.013%)；含量低的有江西、广西、贵州 (0.011%)、安徽 (0.009%)。

(4) 胆碱　平均含量 0.19%，含量最高达 0.26%，最低为 0.15%。按三级比较：含量高的有浙江 (0.26%)、安徽 (0.24%)、江西 (0.23%)；含量中等的有湖南、广西 (0.19%)、广东 (0.18%)；含量低的有湖北、福建、贵州 (0.16%)、四川 (0.15%)。

(5) 磷脂　平均含量 7.20%，最高达 8.18%，最低为 6.11%。按三级比较：含量高的有福建、广东 (8.18%)、广西 (8.08%)；含量中等的有四川 (7.78%)、江西 (7.63%)、浙江 (6.83%)、安徽 (6.56%)；含量低的有贵州 (6.47%)、湖南 (6.21%)、湖北 (6.11%)。

5．马尾松花粉营养物质综述与评价

(1) 马尾松花粉与其他松种营养成分含量　按较高、中等、较低三级相比较，蛋白质与氨基酸含量较高、维生素与矿物质元素含量中等，胡萝卜素含量较低。

(2) 浙江松花粉生产基地的花粉与其他省（自治区）营养成分含量　按较高、中等、较低三级相比较，蛋白质、总黄酮与胆碱含量较高，磷脂含量中等，粗脂肪含量较低。

(3) 马尾松花粉生产基地生态环境优越　生产花粉的林分是飞籽形成的天然次生林，原生态的松林生产纯天然的花粉。我国南方亚热带生产马尾松花粉的地区，春天松花粉孕育成熟采收期间，气候温和，没有风沙，林地远离城镇与工矿企业，所生产的花粉洁净而不受污染，花粉质量好，以马尾松花粉为原料所生产的保健品，品质上好，服用安全。

二、松花粉保健品开发利用
（一）产品原料收购与初加工

1．定点现场收购花粉

中国林业科学研究院松花粉研究开发中心生产保健品的原料，主要来自千岛湖马尾松花粉生产基地。基地设在湖区周边的金峰乡，乡里成立松花粉专业生产合作社，参加合作社的包括各主要生产松花粉的村。每年松花粉采收时节，花粉中心的工作人员下乡与合作社人员一起，组织监管松花粉采收，同时安排收购松花粉。为了确保收购松花粉的质量，杜绝外来花粉冒充，坚持定

时、定点现场收购。

2．收购花粉的质量要求

采摘新鲜的松花穗要及时晾晒，晾晒场地应防止生物袭扰和危害。选择向阳避风、远离公路和洁净、无污染的场地，将花穗置于符合卫生要求的器物上进行晾晒。阴雨天应置于干燥通风处自然风干，期间经常翻动以防发热霉变，或采用其他干燥措施。花穗散粉后，用 80 ～ 120 目筛子过筛取粉去杂。花粉含水量一般控制在 20% 以下。从农户收购的松花粉含水率较高，要及时进行设备烘干。

3．收购花粉的干燥加工

将花粉置于密闭透光干燥室进行烘干。整个操作过程应符合食品卫生要求；干燥温度不超过 50℃，干燥后花粉含水量 ≤ 5%；通过 220 目标准筛过筛。应用紫外线照射方法，密闭干燥室每天对花粉进行 1 ～ 2h 紫外线灭菌处理。

（二）原料细加工与产品生产

从产地收购的花粉，还需进行细加工，才能达到符合产品生产的质量要求。古书记载称松花粉"不堪停久，故鲜用寄远"。因为松树的花期是在清明前后，花期很短，却又值南方的多雨季节，采集的花粉含有大量水分，只能放置一两个月，极易霉变结块，难以大规模的采集和储存，因此限制了松花粉的大规模生产利用。为使大自然献给的保健珍品为全人类造福，科研人员经十余年的潜心研究，终于获得了一套松花粉科学采集、精致加工、保鲜储存的最新技术。这项最新技术可使常温下松花粉的含水量从 40% 迅速下降到 5% 以下，而完全不损失松花粉的所有营养，且保存 2 ～ 3 年后仍具有生命活性，可以长期储存使用。这是目前唯一解决风媒花粉大规模人工采集、储存、保鲜的新技术，为我国的松花粉事业做出了巨大的贡献，为此获得国家科委颁布的发明证书。

新鲜的马尾松花粉，经过两次干燥，除尘除杂以后，活性营养检测以后，还要经过破壁工艺。显微镜下观察，松花粉颗粒被包含在坚硬的壳壁内。壳壁耐腐蚀、耐冲击，影响营养物质的吸收。对此采用低温气流破壁技术，不破坏有效成分，使松花粉有效成分可被充分吸收，吸收率提高，保健价值也大有提高，所以松花粉破壁率越高，吸收效果越好。

为了适应不同人群保健养生的需要，中国林业科学

研究院松花粉研究开发中心将破壁后的松花粉，经过制粒→总混→压片→包衣等工艺制成了松花粉片剂，还将松花粉的有效成分采取超临界 CO_2 萃取技术，制成了亚林安体邦松花粉软胶囊，并获得国家专利产品。此外，还将纯天然、高活性的马尾松花粉与生物发酵制成的辅酶 Q_{10} 成分，采取高科技的微囊包埋技术合成了亚林松花辅酶 Q_{10} 胶囊，防止辅酶 Q_{10} 见光易分解的特性，适应更多的需要健康的人群，亚林的高科技健康产品也走在了时代的前列。

（三）开发营销的主要保健产品

中国林业科学研究院松花粉研究开发中心创办于 1988 年，是国有科技型企业，是当今国内外开展松花粉研究及产品开发最早的专业机构，依托"亚热带林木培育"国家林业局开放性重点实验室，致力于松花粉的应用研究、生产及产品营销事业（图 10-23）。经过长期的潜心研究，率先发明和掌握了一套松花粉人工采集、储藏保鲜、超微破壁、CO_2 超临界萃取以及软胶囊制作等高新技术。20 多年来，先后研究开发了一系列新产品投放市场，从第一代的破壁松花粉粉剂、第二代的破壁松花粉片剂到第三代的松花粉软胶囊，松花粉研发成果不断得到提升。随着科学技术迅速发展、国际保健食品研发趋势和人类对保健与疾病治疗的更高要求，又成功研制了复合配方产品，即第四代松花粉产品——"亚林"松花辅酶 Q_{10} 胶囊。系列产品秉承了亚林松花粉的优良品质，所研制的保健食品优质上好，盛销市场，深受客户欢迎。以上提及系列产品，是研发进程中代表不同发展阶段的成果，也是自主研制的主打保健产品。现对 4 种主产品的研制概况与保健效果予以简要介绍。

1．破壁松花粉粉剂与片剂

（1）松花粉的破壁技术 采用松花粉基地生产的优质花粉为原料，通过花粉破壁制成符合保健食品要求的粉剂与片剂。用作保健食品原料的花粉，为什么要破壁呢？在显微镜下观察，松花粉的营养物质被包含在花粉本体坚硬的壳壁内。松花粉的壳壁耐腐蚀、耐酸碱，影响营养物质的吸收，为了更有效地吸取花粉内的营养成分，就必须进行破壁。经科技人员的研究攻关，终于攻克了松花粉破壁的难关，采用低温气流破壁技术，在不破坏松花粉中有效营养成分的条件下，使得松花粉的有效成分完全释放，以利于人体充分吸收。松花粉破壁技术，国内外有许多专家做了长期的研究和实验。目

图 10-23　亚林松花粉产品生产厂区

前的花粉破壁方法主要有 3 种：机械法、温差法和发酵法。这些方法破壁率只能达到 50%，而且需经长达 24～28h，时间长不易灭菌，温度高导致有效成分破坏。中国林业科学研究院松花粉研究开发中心的科技人员经多年研究，采用 21 世纪最新推出的微米级低温超级气流粉碎机，在 -40℃ 对松花粉细胞进行物理破壁，破壁率达 99%，花粉粒径可达 1～2μm，有效成分完全保留，食用经破壁的松花粉保健品，人体可充分吸取松花粉中的营养物质。松花粉片剂与粉剂加工流程如图10-24所示。

（2）片剂与粉剂的保健功效　亚林牌松花粉（粉剂与片剂）的保健功能，是对人体健康的整体调理，可概括为五大功效。一是改善肠胃功能：人体肠胃的一切活动，都受到间脑的调控，间脑发出迷走神经支配胃肠的生理活动，慢性腹泻以及长期便秘的患者都是由于肠胃功能紊乱所引起的，这种紊乱是由支配肠胃活动的神经和内分泌系统障碍而引起的。松花粉通过对间脑的调节、对神经内分泌系统的整合，达到消除肠胃功能紊乱、改善肠胃功能之目的。二是调节免疫力：现代医学将"易于激动、睡眠不好、体虚乏力、腰酸背痛、精力不济、性欲减退等状态"称之为"亚健康"。松花粉具有补脾益气、调和营养的作用，通过对神经系统、内分泌系统、消化系统等进行调理，使之恢复正常状态，从而使体虚乏力、失眠等症状好转。由此可见，松花粉是消除亚健康状态、预防感冒、强身健体的理想保健食品。三是抗疲劳：松花粉具有全面而均衡的营养，可以增强体力与精力，使疲劳得到全面的恢复。从小鼠负重游泳试验证明：小鼠喂饲松花粉，能显著提高小鼠耐力，延长小鼠游泳时间，具有明显的抗疲劳作用。而且尿素氮明显降低、肝糖元明显增加、血红蛋白明显提高，这些生化指标说明松花粉的抗疲劳作用。四是调节三高：松花粉中的维生素和微量元素，如维生素 C、维生素 E、矿物质元素 Se、Mg、Zn、K 都可以加强血管壁的弹性，改善微循环，平衡血压。松花粉中的黄酮类物质能降低胆固醇，预防动脉硬化，降低血脂。松花粉中丰富的膳食纤维，可以改善末梢组织对胰岛素的感受性，从而达到调节糖尿病患者血糖水平的目的。五是保肝护肝：松花粉中含有丰富的类维生素——胆碱，它在机体内有重要的生理功能。如乙酰胆碱是体内重要的神经递质，可促进磷脂的合成，有很强的抗脂肪作用。服用松花粉能明显改善慢性肝炎及乙型病毒性肝炎病症状并有助于肝功能的康复。松花粉中的氨基酸有利于机体吸收，并合成蛋白质和酶，维生素及 Mg、Zn、Se 等元素也有助于多种酶的组成，并能激发酶的活性，达到保肝、护肝的目的（图 10-25，图 10-26）。

花穗

↓

晒干

↓

过筛 ────→ 80目

↓

初干燥 ────→ ≤ 10% 水分

↓

沸腾干燥 ────→ ≤ 5 水分，≤ 58℃

↓ ←──── 180目

气流分级

↓

混合 ────→ 粉源控制

↓ ←──── 灭菌，20kgy

破壁 ←──── 频率、气压控制 85 ～ 110Hz，0.9kg/m²

↓

入库 ←──── 冷库存放 2 ～ 8℃

配粒

温度控制 ────→ 制粒，≤ 58℃

混合

温度控制 ────→ 压片，2kg

包衣，52 ～ 53℃

灌装

↓

外包装

↓

入库

混合

过筛

分装

↓

外包装

↓

入库

☐ 30 万级洁净区

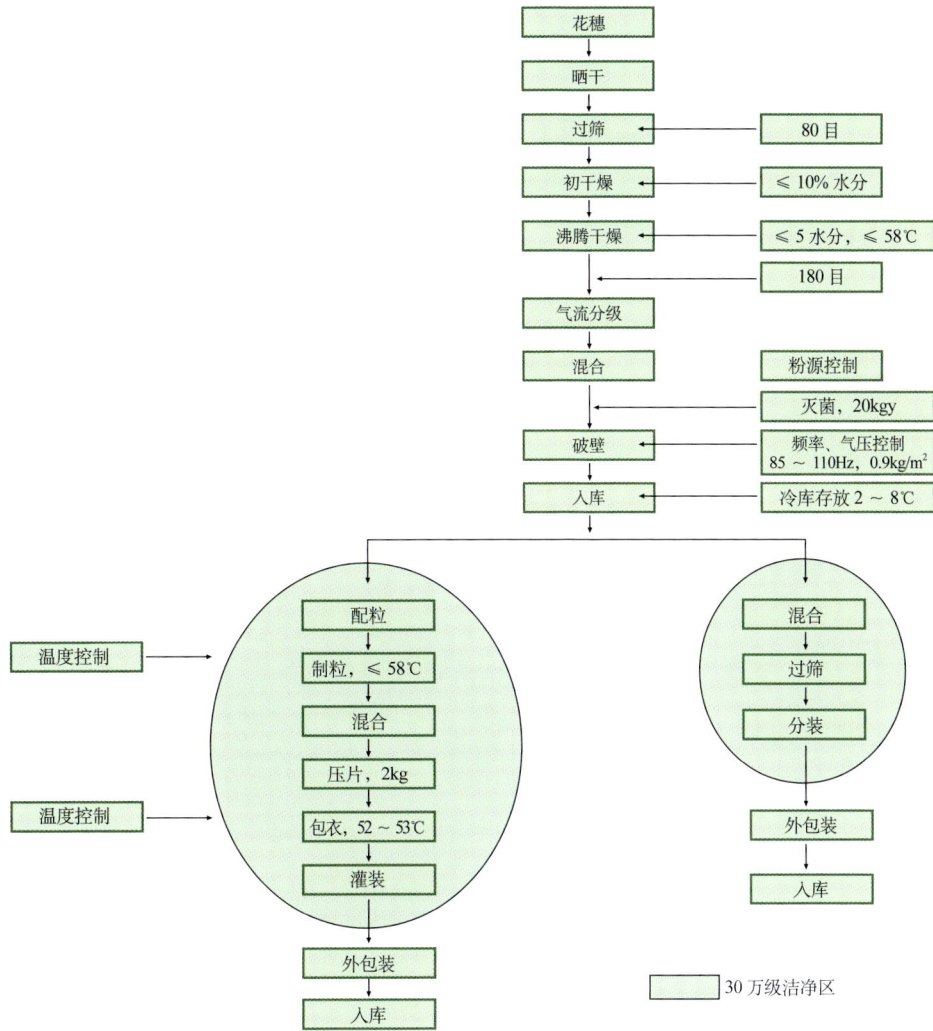

10-24　松花粉片剂、松花粉粉剂产品加工简图

图 10-25　松花粉粉剂

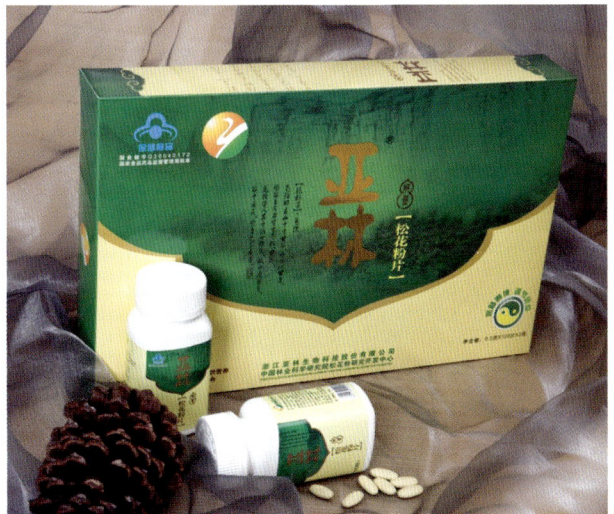

图 10-26　松花粉片剂

2. 亚林牌安体邦松花粉软胶囊

(1) 安体邦松花粉软胶囊制作 以松花粉为原料，利用先进的超临界 CO_2 萃取技术，提取分离其中的脂溶性活性成分，并辅以红花籽色拉油、维生素 E 等原料，经过配料、化胶、压丸、拣丸等软胶囊制作工艺制成的高科技保健食品。制作技术方案流程如图10-27所示。

(2) 制作技术的特点与优点 安体邦松花粉软胶囊制作包含两项核心技术，并各具特点与优点。

第一是超临界 CO_2 萃取技术：该技术是最新一代绿色环保技术，它具有提取率高、产品纯度好、流程简单、能耗低等优点，是现实生产过程绿色化的最佳选择。其特点：一是临界温度低，适用于热敏性化合物的提取和纯化；二是可避免产物氧化，不影响萃取物的有效成分；三是萃取速度快，无毒、不易燃，使用安全，不污染环境；四是无溶剂残留，无硝酸盐和重金属离子。

第二是软胶囊制作技术：软胶囊剂型是符合国际趋势的一种新剂型 (本胶囊剂型专利申请号为03150785.9)，其优点：一是崩解后在肠道直接吸收，无需溶解过程，吸收快；二是利用度高，减少服用者的服用剂量；三是稳定性好，不易吸潮；四是遮蔽性好，遮盖了成分的气味；五是方便，外观受人欢迎。

(3) 安体邦松花粉软胶囊保健功效 该保健品500mg/ 粒，功效成分主要是磷脂 (1.95g/100g)。保健功能为：调节血脂和抗疲劳。该产品于2005年10月通过省级新产品鉴定。产品具有剂型新颖、功效显著、吸收快、生物利用度高等优点。与国内松花粉同行产品开发利用不同，这是根据对松花粉功效成分的多年研究基础，在国内首次对松花粉中磷脂和植物甾醇进行开发利用；超临界 CO_2 萃取技术其萃取率高，无溶剂残余，是松花粉领域中最先进的提取分离技术；软胶囊剂型新颖，成分明确，经动物和人体功能试验证明，产品在调节血脂和抗疲劳方面功效显著，也更有利于营养成分

图 10-28 安体邦胶囊

的释放和人体的吸收 (图10-28)。

经上海市预防医学研究院的人体试食临床试验证明：受试者试食前后，血清总胆固醇可降低 9%，甘油三脂可降低 16% (一般血脂的常用药如乐脂平能把胆固醇降低 10%，甘油三脂降低 25% 左右)。因而通过食疗方法降血脂效果好，且又安全、无副作用。

3. 松花辅酶 Q_{10} 胶囊

(1) 辅酶 Q_{10} 的发现与应用 1957年美国威斯康辛大学的克雷恩博士，从细胞线粒体中发现可帮助能量生成的醌类，并将其命名为"辅酶 Q_{10}"。人体由 60 兆个细胞组成，细胞内存在着一种叫线粒体的物质，辅酶 Q_{10} 是线粒体内的重要元素，在它的作用下线粒体才能为我们的身体提供维持生存的基本能量。辅酶 Q_{10} 对人体健康起着不可替代的重要作用。由于辅酶 Q_{10} 在人体中的不可缺乏，因此欧美、日本等较早研究辅酶 Q_{10} 的科学家、医学家、营养学家也称它为"生命的阳光与粮食"。

辅酶 Q_{10} 在人体肝脏内可以自身合成，25 岁之前自身合成量可以满足机体健康的需要；之后随着年龄的增

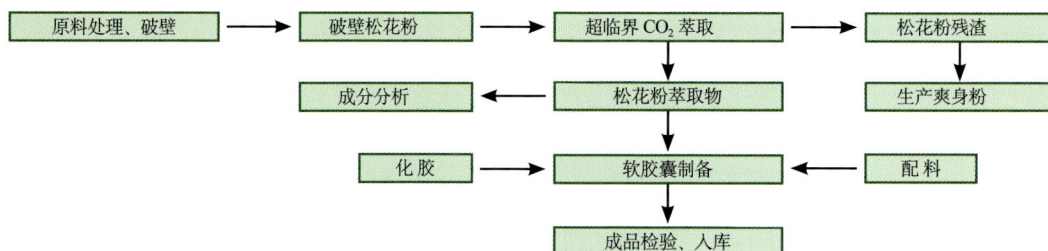

图 10-27 制作技术方案流程图

长，自身合成能力下降，辅酶Q_{10}在人体内的数量也越来越少；到45岁时自身合成辅酶Q_{10}已不足一半；到60岁以上则更为稀少。由于辅酶Q_{10}在身体制造能量的过程中起着至关重要的作用，所以体内辅酶Q_{10}的减少就会影响人体制造能量的能力，身体就会出现衰退与病态，比如阻碍血液循环，减弱身体的抗氧化能力，导致心脏和心血管类疾病、脏器功能衰竭、皮肤老化、机体衰老、免疫力下降等。因此，自从辅酶Q_{10}发现至今，已被广泛应用到药品、保健品、食品、化妆品等行业中，并通过大量的研究和使用显示，辅酶Q_{10}在人类的健康保健和疾病治疗等多方面都能起到重要作用。

（2）辅酶Q_{10}胶囊制作工艺　为解决辅酶Q_{10}见光易分解的特性，特采用高科技的微囊包埋技术。即运用特有的方法和仪器，使用天然的或合成的高分子材料，将固体、液体甚至是气体的微小颗粒，包裹在直径为$1 \sim 500 \mu m$的半透性或密封囊膜的微型胶囊内。微胶囊内的物质由于与外界环境相隔离可以免受环境的影响，从而保持稳定。在适当条件下，被包封物质又可以释放出来。通过适当手段，可以达到控释效果，微囊技术在生物、医药、农业等等多方面都有广泛应用。松花粉研究开发中心用纯天然、全活性的亚林松花粉，经生物发酵制成了高科技产品亚林松花辅酶Q_{10}胶囊，不仅防止辅酶Q_{10}见光易分解，还运用纯天然马尾松花粉的活性营养成分，为辅酶Q_{10}在人体的吸收利用提供需要的多种维生素、酶、微量元素等活性物质，大大提高了人体对辅酶Q_{10}的吸收利用。正因松花粉与辅酶Q_{10}的完美结合，在数万保健品的评比中，亚林松花辅酶Q_{10}荣获"2009中国保健行业指定产品奖"，同时被评为"中国保健品公信力百强产品"。

（3）松花辅酶Q_{10}胶囊的保健功效　"亚林"松花辅酶Q_{10}胶囊是第四代松花粉产品。产品既秉承了亚林松花粉的优良品质，又增加了细胞、心脏的动力来源——辅酶Q_{10}。那么辅酶Q_{10}具体有那些功能呢？《辅酶Q_{10}现象》一书将其作用及功能做了较为全面的总结。①消除心绞痛。独立研究显示，心绞痛患者每天摄取辅酶Q_{10}，其在运动中心绞痛的发生频率被降低。研究显示，对于那些有心律不齐同时又有糖尿病的人群，持续补充辅酶Q_{10}1个月后，可以观察到病情的明显改善。②辅助治疗各种心脏疾病。辅酶Q_{10}存在于细胞中产生能量的地方——线粒体，人体每个细胞中几乎都含有辅酶Q_{10}，而人体内辅酶Q_{10}最集中的地方是心脏和肝脏。

辅酶Q_{10}能帮助那些患有各类心脏疾病的人。当然，这样的效果要在持续补充辅酶Q_{10}后才会逐步显现。③帮助心脏术后恢复：辅酶Q_{10}还能帮助提高心脏的缺氧耐受性。研究显示，额外摄取辅酶Q_{10}的人群比一般人群更能承受心脏手术带来的后续问题。④改善高血压。辅酶Q_{10}还能通过减少对体内血流的阻挡力来帮助调节血压。研究显示，经过为期4周至4个月，甚至更长时间的辅酶Q_{10}补充，高血压人群的血压明显降低了。⑤肝脏保护作用。辅酶Q_{10}在保护和恢复生物膜的结构和功能中具有重要作用，它可抵抗实验性四氯化碳造成的肝损伤，同时对肝细胞的修复、增加肝糖原的合成及增强肝脏对毒物的解毒能力均有一定作用。临床常用于治疗急、慢性肝炎及亚急性肝坏死。辅酶Q_{10}是一种非特异性免疫增强剂，可以提高机体的体液免疫和细胞免疫功能，临床也用来提高暴发型肝炎和亚急性肝坏死患者的非特异性免疫功能。⑥改善糖尿病血糖水平。辅酶Q_{10}能在身体内分解碳水化合物的过程中发挥能量代谢作用。研究显示，辅酶Q_{10}能帮助降低糖尿病患者的血糖水平。⑦燃烧多余脂肪、促进脂肪代谢。当体内辅酶Q_{10}水平下降时，能量和热量转化会出现障碍，过多的热量最终会转化成为脂肪引发病态肥胖，日本科学家在中老年人群中做辅酶Q_{10}补充实验，发现实验人群能量和热量代谢经辅酶Q_{10}作用后逐渐正常，脂肪得以燃烧，肥胖症状明显得到改善。⑧提高精力与活力。研究表明，辅酶Q_{10}的补充不仅防止发胖，还可预防因肥胖引起的心脏疾病，同时显著提高中老年人的精力与活力（图10-29）。

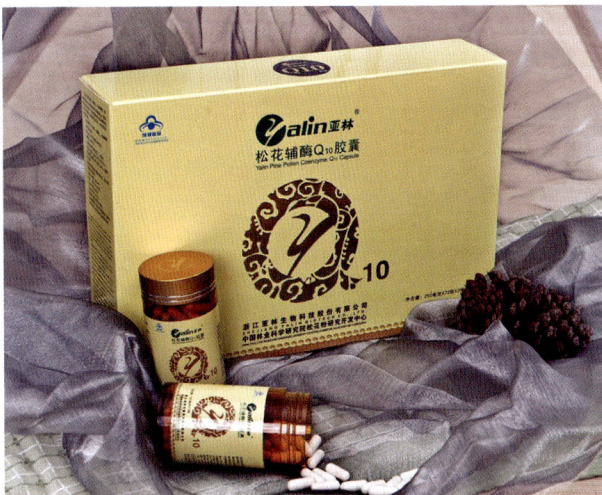

图10-29　辅酶Q_{10}

|下篇 国家马尾松良种基地|

- 浙江淳安姥山林场国家马尾松良种基地
  （国家马尾松种质资源库）
- 福建漳平五一林场国家马尾松良种基地
  （国家马尾松种质资源库）
- 福建邵武卫闽林场国家马尾松良种基地
- 广西南宁林业科学研究所国家马尾松良种基地
- 广东信宜林业科学研究所国家马尾松良种基地
- 湖南马尾松良种基地
- 贵州马尾松良种基地
- 重庆马尾松良种基地
- 江西马尾松良种基地
- 安徽马尾松良种基地
- 湖北马尾松良种基地

第十一章
马尾松良种基地

第一节　浙江淳安姥山林场国家马尾松良种基地
（国家马尾松种质资源库）

一、千岛湖里的林木良种基地

姥山林场隶属淳安县新安江开发总公司，公司前身为新安江经济开发建设公司。1957年兴建新安江水力发电站，1959年电站水库关闸蓄水，水库集水区面积为10480km²。电站建成后形成闻名遐迩的美丽千岛湖，湖区水面逾5.7万hm²与湖区岛屿及周边山林逾5.3万hm²划归国有。1961年，浙江省委决定综合开发利用新安江水库资源，组成省委和省人民政府联合工作组对新安江水库进行调查研究，并制订开发利用新安江水库资源规划。1962年，浙江省委决定并发文，成立"新安江经济

开发建设公司"。从此，淳安新安江开发总公司统一经营千岛湖区的国有山林4.3万hm²和水域面积4万hm²，1990年经林业部批准定为国家级森林公园。姥山林场是直属开发总公司的下级单位，坐落在东南湖区的姥山岛上，本岛面积829.7hm²，是千岛湖的第二大岛。这是四面环水的岛屿，气候宜人，风光秀丽，是极好的游览生息的洞天福地；山清水秀，植物繁茂，更是林木种质资源极佳的保存繁育基地。30年前，当时的浙江省林木种苗站、新安江开发总公司、中国林业科学研究院亚林所的领导与科技人员，在寻访林木良种建设基地时，经实地勘察与分析，取得一致共识，相中了姥山岛上这

图 11-1　浙江淳安县新安江开发总公司姥山林场良种基地

2009年国家林业局确定为"国家马尾松良种基地"与"国家马尾松种质资源库"。

图 11-2 浙江淳安县开发总公司姥山林场承建的国家马尾松良种基地——面貌焕然一新

块人与自然和谐相处的"良种福地"。经有关各方几十年的努力，现今所建成千岛湖里的林木良种基地，已实现初衷之目的，取得预期之成效，2009 年被国家林业局确定为"国家马尾松良种基地"与"国家马尾松种质资源库"（图 11-1，图 11-2）。姥山本岛是个孤岛，不与陆地相连，主要以船只为出入往来的交通工具。别以为去姥山岛有水无路很不方便，殊不知有了船是水就是路，特别是穿梭于湖中的摩托艇，从姥山岛到县城千岛镇只有不到 10 分钟的航程。淳安县东接桐庐、建德，南邻常山、衢州，西连开化和安徽省休宁、歙县，北界临安。县城千岛湖镇距省城杭州 128 km。湖区有 05 省道和杭千高速公路相连，交通甚为便捷。

二、地理位置和自然条件

淳安县位于浙江西部，地处新安江中游河段，建制于东汉建安十三年（公元 208 年），属浙西山地丘陵区，山地面积占全县总面积的 80%，河流（水库）占 13.5%，谷地（小平原）占 6.5%，故有"八山一水半分田"之说。山脉分布于四周边境，一般海拔在 800～1000m 左右，山岭多呈东北—西南走向。1959 年新安江水电站建成后，海拔 108m 以下的河谷、低丘均沦为水域，形成了一座巨大的人工湖，即新安江水库，蓄水量 178.4 亿 m^3，水质明净，水色晶莹，水温相对稳定。库中岛屿 1078

个，大小不等，形态各异。库内舟楫往来如梭，航线辐射四面八方。县境所处大地构造单元，系扬子准地台（Ⅰ级）钱塘台褶带（Ⅱ级）。地层出露较齐全，构造复杂，岩浆侵入活动和火山喷发作用较强烈。土壤黏质占 22.56%，砂质占 28.41%，砾质占 20.77%，肥力中等。野生生物资源丰富，已鉴定的植物达 1800 多种，动物种类达 2000 多种，其中属国家Ⅰ、Ⅱ类重点保护的动物达 22 种。全县森林覆盖率达 73.9%。

建设国家马尾松良种基地的姥山林场，地处东经 118°21′～119°20′，北纬 29°11′～30°02′，属于中亚热带北缘季风气候区，温暖湿润，雨量充沛，光照充足，四季分明。年均气温 17 ℃，≥10℃积温 5410 ℃。1 月气温最低，月均气温 5 ℃；7 月气温最高，月均气温 28.9 ℃。初霜常年出现在 11 月下旬，终霜出现在 3 月上旬，年均无霜期 263d。年均降水量 1430 mm，年均降雨天数 155d，年均相对湿度 76%。年日照时数 1951h，年辐射总量 106.9 千卡/cm^2，年蒸发量 1381.5 mm。土壤主要有红壤、岩性土两大类。土壤厚度一般为 30～120 cm，表土层 15～30 cm，有机质含量 31.1g/kg，氮含量 1.52g/kg，有效磷含量 6.6 mg/kg，速效钾含量 118.9 mg/kg，以微酸性和酸性为主，pH 值 5.5～7.5。国家级马尾松种质资源库海拔在 120～300 m 之间。山地有缓有陡、坡度在 15°～30°之间，土层较深厚、土质较肥沃。由于千岛湖独特的森林与水体的综合效应，在湖区形成了夏无酷暑、冬无严寒，与周边山地相比较，湖区温度夏天低冬天高，湖山之间的温度有2℃之差。独特的小气候非常适宜马尾松等林木的生长发育。加之种质资源库处于千岛湖中，具有很好的保存隔离条件，是种质资源收集保存和种质创新的理想之地。

三、林木良种基地建设历程

姥山林场经营面积3350.9hm²，其中人工林682.3 hm²，占20.36%；天然林2477 hm²，占73.92%；经济林121.4 hm²，占3.62%；其他70.2 hm²，占2.10%。森林覆盖率为95%。当前林场实际经营管护的面积为2862 hm²，其中生态公益林2598.1 hm²，占90.8%；林木良种基地资源保育142.5 hm²，占5.0%；茶果等经济林生产经营121.4 hm²，占4.2%。1976年，浙江省农林局规划林木良种建设，下达给姥山林场营建杉木初级种子园46.7 hm²（后调整为33.3 hm²）与国外松母树林13.3 hm²（后调整为9.3 hm²）的任务，姥山林场从此开始了林木良种基地建设的历程，并将林木良种工作作为重点加强建设力度，有计划地完成逐年的林木良种基地建设任务。

1976～1978年开始杉木初级种子园定砧，两年内在姥山林区完成43.3 hm²的定砧任务。

1979～1981年完成杉木初级种子园嫁接，收集383个无性系，主要来源江西、广东、广西、福建、湖南和浙江。同时建立1.3 hm²杉木无性系采穗圃。

1982年营建柏木种子园，57个建园优良无性系来自仙居县林业科学研究所，种子园面积原计划6.7 hm²，实际完成3.7 hm²。

1983年筹建马尾松种子园，1984～1988年定植26.7 hm²，1986～1990年利用自选和引进的优良无性系完成嫁接建园任务。与此同时，相继开展了优树子代测定林的营建与测试。

1984年林业部批复关于联合建设林木良种（种子生产）基地的设计方案，姥山林场林木良种基地被纳入部、省联办良种基地。建设期限1984～1990年，主要建设内容为母树林36 hm²，种子园101.3 hm²（其中杉木初级44.7 hm²，杉木1代13.3 hm²，马尾松33.3 hm²，柏木10 hm²），实验林56 hm²。

1987年林业部关于"关于要求调整部、省联合建设林木良种基地面积和续建计划的报告"的批复的函，姥山林场原建设种子园101.3 hm²调整为70.4 hm²（其中杉木初级33.3 hm²，杉木1代6.7 hm²，马尾松26.7 hm²，柏木3.7 hm²）。

1987年建杉木1.5代种子园，设计面积6.7 hm²，实际完成5.3 hm²。

1990年建杉木2代种子园，设计面积6.7 hm²，实际完成4 hm²（图11-3）。

1990年马尾松初级种子园调整，原第七大区80亩因山坡陡、土质差予以调整，调整后马尾松初级种子园为21.3 hm²。

1996年通过子代生长和材性测定，选择73个优良无性系营建马尾松1.5代种子园（即材性种子园），设计面积6.7 hm²，实际按计划完成。采用在圃地培育大容器嫁接苗，经一年培育出圃，将嫁接苗运到山场直接定植建园。

1999年省种苗站对全省良种基地作了适当调整，由原来30多处调整为12处规模较大的重点基地，姥山良种基地为省重点良种基地之一，并确定姥山良种基地是以马尾松为主的良种基地。

2000年国家对良种基地加大投入力度，林场申报国家预算内专项建设资金国债项目《淳安姥山林场林木良种基地建设项目》，按照国家林业局《关于浙江省林木良种基地建设项目可行性研究报告的批复》，项目建设年限3年（2001～2003年），总投资180万元，规划建设林木良种基地面积124.6hm²。

2005年省林业种苗管理总站对下属良种基地进一步调整，确立省五大林木良种繁育中心，姥山林场林木良种基地被确定为以主要用材树种种质资源保育为主的良种繁育中心之一，明确了以马尾松、杉木、柏木等树种为主。

2005年承建柏木良种示范与推广项目，营建柏木示范林6.7 hm²，并对柏木种子园进行疏伐改造。

2006～2008年，承建省级财政专项资金《浙江主要用材树种种质资源保育与创新建设》项目，建设年限3年，计划总投资120万元。主要建设内容，以种质资源保护为主的基地续建和新建。新建项目有黄山松、柳杉的异地保存，建设面积3.3 hm²。续建主要是各种子园的常规管理。

2009年1月国家林业局确定淳安姥山林场为国家马尾松种质资源库。

2009年1月国家林业局林场发〔2009〕11号文，公布第一批131处国家重点林木良种基地。姥山林场被列

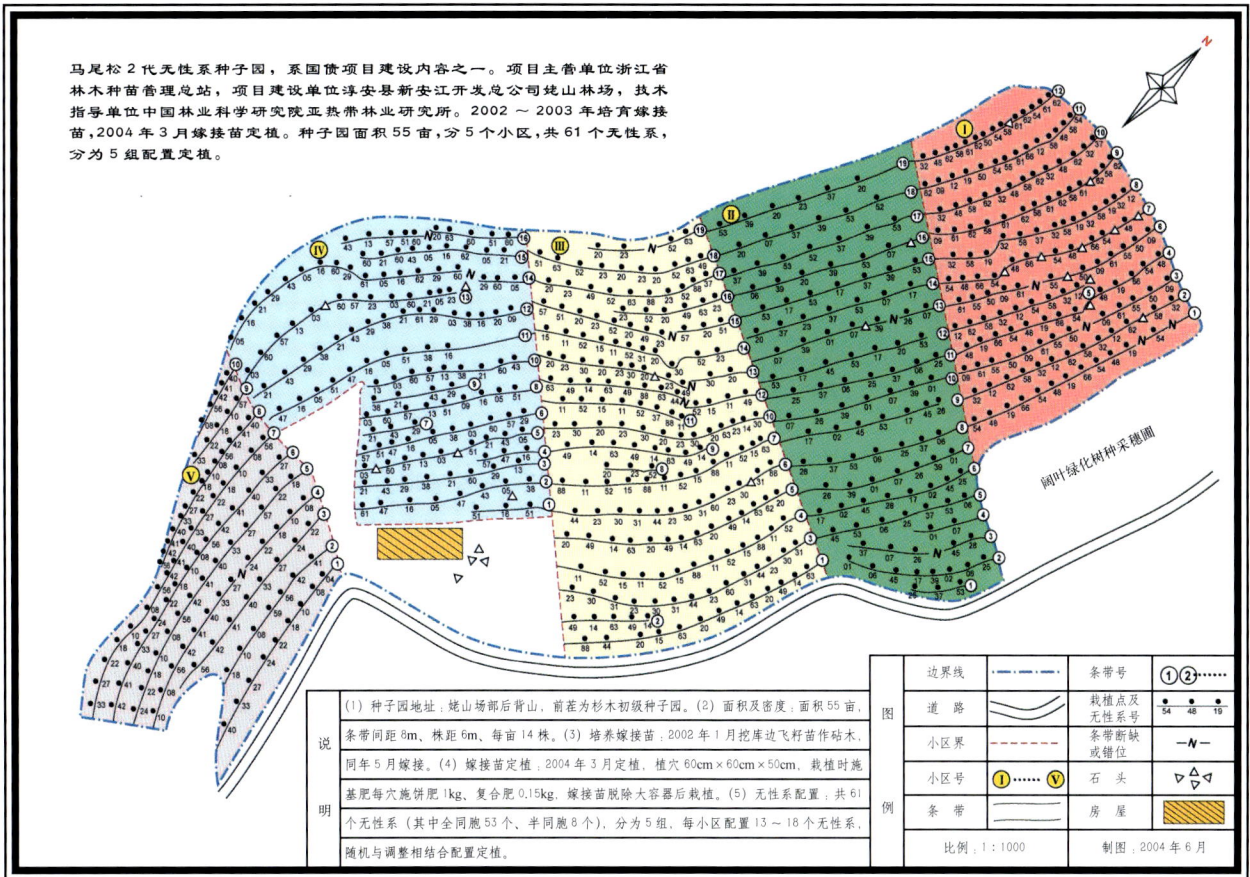

马尾松2代无性系种子园，系国债项目建设内容之一。项目主管单位浙江省林木种苗管理总站，项目建设单位淳安县新安江开发总公司姥山林场，技术指导单位中国林业科学研究院亚热带林业研究所。2002～2003年培育嫁接苗，2004年3月嫁接苗定植。种子园面积55亩，分5个小区，共61个无性系，分为5组配置定植。

说明
(1) 种子园地址：姥山场部后背山，前茬为杉木初级种子园。(2) 面积及密度：面积55亩，条带间距8m，株距6m，每亩14株。(3) 培养嫁接苗：2002年1月挖库边飞籽苗作砧木，同年5月嫁接。(4) 嫁接苗定植，2004年3月定植，植穴60cm×60cm×50cm，栽植时施基肥每穴施饼肥1kg、复合肥0.15kg，嫁接苗脱除大容器后栽植。(5) 无性系配置：共61个无性系（其中全同胞53个、半同胞8个），分为5组，每小区配置13～18个无性系，随机与调整相结合配置定植。

图例
边界线	条带号	①② ……
道路	栽植点及无性系号	54 48 19
小区界	条带断缺或错位	
小区号 ① ～ Ⅴ	石头	
条带	房屋	
比例：1:1000	制图：2004年6月

图 11-3　浙江淳安姥山林场良种基地马尾松2代无性系种子园栽植图

为国家级马尾松良种基地。

2009～2011年，承建国债项目《浙江省马尾松等主要用材树种种质资源保护与良种繁育建设》，项目建设年限3年，计划总投资338万元。主要建设内容，以马尾松为主的种质资源保护的基地续建和新建。新建项目有马尾松、黄山松、柳杉的种质资源收集与保存，建设面积128.3 hm^2。

四、良种资源保育利用

（一）种子园

基地现有各类林木种子园总面积44.4hm^2，其中马尾松种子园31.3hm^2、杉木种子园9.3hm^2、柏木种子园3.8hm^2。各种子园面积如下：

(1) 马尾松1代无性系种子园21.3 hm^2。

(2) 马尾松1.5代无性系种子园6.7 hm^2。

(3) 马尾松2代无性系种子园3.3 hm^2。

(4) 杉木1.5代无性系种子园5.3 hm^2。

(5) 杉木2代无性系种子园4.0 hm^2。

(6) 柏木1代无性系种子园3.8 hm^2。

（二）母树林

火炬松母树林6.7 hm^2。

（三）种质资源库

(1) 马尾松1代育种群体8 hm^2，收集10个省（自治区）的优树无性系1077个。

(2) 马尾松2代育种群体3.3 hm^2，收集了以优良全同胞无性系为主的2代育种亲本无性系114个。

(3) 黄山松资源1 hm^2，收集黄山松优良无性系107个。

(4) 柳杉资源1.2 hm^2，收集柳杉优良无性系100个。

(5) 柏木资源1.2 hm^2，收集柏木优良无性系103个。

(6) 其他林木种质资源3.3 hm^2，收集保存10个木兰科树种。

(7) 台湾红桧等珍贵树种3.3 hm^2。

（四）遗传测定林

（1）马尾松全分布种源试验林 4.0 hm^2，参试种源 55 个。

（2）马尾松优树子代测定林 13.9 hm^2，参试家系 400 个。

（3）马尾松全同胞家系测定林 4.0 hm^2，参试家系 168 个。

（4）马尾松种子园自由授粉家系测定林 8.0 hm^2，参试家系 138 个。

（5）马尾松无性系试定林 2.0 hm^2，参试无性系 28 个，其中全同胞无性系 15 个，半同胞无性系 13 个。

（6）柏木种子园自由授粉家系测定林 7.2 hm^2，参试家系 47 个。

（7）杉木子代测定林 24.3 hm^2，参试家系 81 个。

五、良种建设取得的成效

姥山林木良种基地始建于 20 世纪 70 年代，至今已走过了 35 年创办良种事业的艰辛历程。从 1976 年起步，虽有艰难曲折，但总在不断前行。1979 年被列为部省联营林木良种基地，20 世纪 90 年代被列入浙江省 12 个重点良种基地的行列，2005 年成为浙江省 4 大林木良种繁育中心之一，2009 年国家林业局发文确定为国家级重点林木良种基地和国家马尾松种质资源库。在国家与浙江省林业厅两级林木良种管理部门的直接部署指导与新安江开发总公司领导的重视领导之下，姥山良种基地干部职工与技术支撑单位——中国林业科学研究院亚热带林业研究所科研人员，紧密协作攻坚克难，数十年来始终如一，科研结合生产紧抓良种不放手，终

图 11-4 国家林业局国有林场和林木种苗工作总站、浙江省林木种苗总站、淳安县开发总公司领导亲临浙江淳安马尾松良种基地检查指导

图 11-5 外国专家在浙江淳安国家马尾松良种基地咨询交流、现场指导

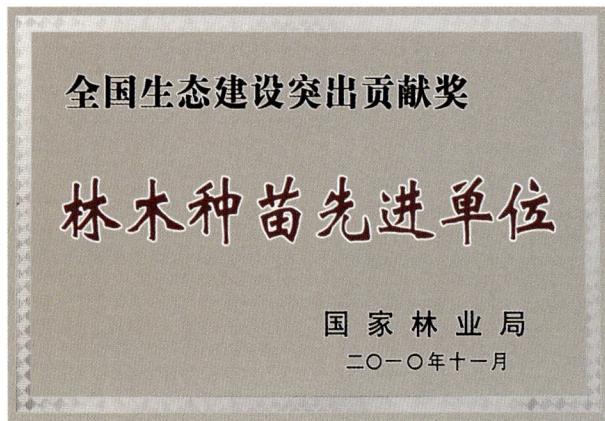

图 11-6 浙江淳安姥山林场荣获全国林木种苗先进单位称号

于取得预期成效，林木良种特别是马尾松良种建设成绩卓著，对林木良种化进程与提升做出应有的奉献（图11-4至图11-6）。

（一）林木良种建设实地资源贮存丰富，为资源保存利用奠定了坚实的基础

姥山林场国家马尾松良种基地，现有林木良种资源总面积142.5hm²，其中资源收集区24.7hm²，种子园44.4 hm²，母树林6.7hm²，采穗圃3.3hm²，试验示范林63.4hm²。这样大面积的良种资源贮备，对于资源种质创新、品种选育、建园材料更新换代和良种生产等，都将是无可替代的种质基础，是种质资源保存、利用、发展根源性的母体资源。

（二）主要保育松、杉、柏各树种，都具有一定种植规模与资源质量

该良种基地生产的马尾松、杉木、柏木等种子园和火炬松母树林等用材树种的良种，其材积遗传增益高达15%～25%，效益显著。姥山林场国家马尾松良种基地是浙江省用材树种的重点良种基地，已建成集良种生产、种质资源收集、研究开发为一体的林木良种基地。基地现收集保存了马尾松种质资源1900份，杉木种质资源108份，柏木种质资源153份，黄山松107份，柳杉100份，珍稀树种种质资源44份。实地保存资源与档案资料齐全，有实体可检测，有资料可查找。

（三）主要保育树种的良种生产，为育苗造林良种化做出重要贡献

姥山林场国家马尾松良种基地投产的种子园有杉木初级种子园、杉木1.5代种子园、杉木2代种子园、马尾松1代种子园、马尾松1.5代种子园、马尾松2代种子园、柏木1代种子园和火炬松母树林等。其中马尾松1代种子园、杉木1.5代种子园、杉木2代种子园和柏木1代种子园均已通过级省林木良种审定。良种基地自1983年开始生产良种，累计生产提供良种30320kg，其中马尾松2126kg、杉木27208kg、柏木503kg、火炬松483kg，生产销售阔叶树苗木20余万株，为浙江及周边省份林业发展应用良种以及良种化水平的提升做出重要贡献。

（四）坚持科研生产管理长期结合，在攻坚克难中追求成效与成果

针对林木改良长期性的特点，林木良种建设必须要有长期的项目经费支助、科研技术支撑和承建单位给力支持，才能获得预期的建设成效与科研成果。回顾过去30年的时间里，姥山林场马尾松良种基地，从最初选点建基地，到今天成为国家级马尾松良种基地，期间每个时间段每个重大环节，无不体现前述"三支"的紧密结合，使得每每遇难而解困，得以前行不间断。浙江省林业种苗管理总站，历任新老站长力挺良种基地建设，争取项目筹措资金，连科研人员经费困难都关心到位；中国林科院亚林所科研人员长期蹲点，以良种基地为家，潜心试验研究，解决良种建设中的技术难题，这样的技术支撑30年来从未间断过；新安江开发总公司的五届领导、姥山林场的9任场长，承建良种基地，成立基地建设领导小组，由分管领导负责，不论是哪届老总、也不论是哪任场长，30多年来只听到一种声音，为良种建设创造条件，为前来工作的科研人员做好服务，坚决支持林木良种建设，尽最大限度给力支持。正由于"三支"的力量及由此而形成融洽的协作氛围，良种基地不仅基本建设与各类保育资源林的营建，按规划完成任务并取得预期成效，而且与协作单位共同开展良种保育的试验研究，获得丰硕的科研成果。先后取得了28项科研成果，其中林业部（现国家林业局）科技进步奖三等奖4项，浙江省科学技术奖一、二、三等奖共计12项，浙江省林业厅（林学会）科技兴林奖一、二、三等奖共计12项。2010年荣获全国生态林业建设突出贡献奖——种苗先进单位。

第二节　福建漳平五一林场国家马尾松良种基地

（国家马尾松种质资源库）

一、漳平五一林场概况

漳平五一国有林场创办于 1958 年，位于福建省漳平市的东南部，地理坐标为东经 117°11′~117°44′，北纬 24°54′~25°47′。漳平市气候属南亚热带海洋性季风气候，具有冬短夏长、气候温和、降水量充沛、温暖湿润的特点。是马尾松中心产区，立地条件适合马尾松、杉木生长发育、开花结实，是建设上述树种良种繁育基地的理想地点。

林场经营总面积为 28.4 万亩，林木蓄积量 220 万 m³，年产木材 3 万 m³。拥有干部、职工 183 人，其中专业技术人员 47 人，教授级高工 1 人，高级工程师 6 人，工程师 18 人。

漳平五一国有林场是国家级马尾松种质资源收集库，也是首批国家级马尾松重点林木良种基地。现林木良种基地经营总面积达 5328 亩，分为五大区，一是科研区：主要是场部内一幢 1800 m² 科研大楼，设有多媒体远程教育展示室、马尾松研究室（分为种子检验室、种子贮存室）、组织培养研究室、森林病虫害防治中心研究室、土壤检测分析室。二是现代化苗圃区：拥有 2 条轻基质生产线、1 个智能型人工气候室、3 个温室大棚、3 个全光照无性扦插快繁圃、马尾松繁殖圃 60 亩，采穗圃 155 亩。三是采种区：种子园面积 1725 亩，其中：1985 年和 1992 年建的马尾松 1 代种子园 331 亩、1999 和 2002 年马尾松高纤维改良代种子园 400 亩，马尾松红心材、产脂型专用种子园 225 亩，马尾松 2 代种子园 304 亩，杉木 1 代种子园 65 亩，杉木 3 代种子园 200 亩，光皮桦初级种子园 100 亩，光皮桦 1 代种子园 100 亩。四是种质资源收集保存区：资源基因库 450 亩，其中，本省和广东、广西、湖南、江西等省高产脂、红心材、高纤维的马尾松优良无性系 1 代育种群体 1058 个，面积 130 亩，2 代育种群体 300 多个，面积 270 亩。累计完成人工控制杂交组合 1 万多个，选育出马尾松

优良个体及无性系 169 个。光皮桦 100 多个家系，面积 50 亩。五是良种示范测定区：试验林 1668 亩，其中，马尾松试验林 1498 亩，湿地松试验林 20 亩，火炬松试验林 50 亩，相思试验林 100 亩；马尾松示范林 1270 亩。

经过 20 余年不懈的努力奋斗，良种基地硕果累累。历年获得国家、省、市级科技进步奖 8 项，到 2011 年已生产福建著名商标"闽林"马尾松良种 7470kg，单产 2~3kg/（亩·年），杉木良种单产 2.5~10kg/（亩·年），马尾松良种累计推广造林面积达 220 万亩，现年推广造林面积达 28 万亩。良种遗传增益达 15% 以上，所营建的 16 年生马尾松林分达到省定 21 年标准。良种推广全省及周边省份，深受广大用户好评。

新时期，基地将加强与高校院所技术合作，强化种质资源的收集、保存、评价与利用，通过常规育种与现代生物技术紧密结合来加快多世代轮回改良，为区域林业经济发展提供数量充足、质量优良、品种对路的种苗再做新贡献。

二、马尾松种质基因库基本情况

福建漳平五一林场国家马尾松种质资源库，由福建省漳平市五一国有林场承建。种质资源库位于漳平市东南部，九龙江两侧，属博平岭山脉南伸余脉，地理位置为东经 117°32′，北纬 25°13′。气候属南亚热带海洋性季风气候，年平均气温 20.3℃，极端最高温度 41.5℃，极端最低温度 -2℃，最冷月（1 月）的平均温度 10.2℃，最热月（7 月）的平均温度为 26.8℃，年平均降水量 1509mm，相对湿度 77%，无霜期 310d 以上。土壤为黄红壤，以 Ⅱ、Ⅲ 类立地为主，适宜马尾松生长发育，是建设马尾松良种繁育基地和种质资源库的理想地点。种质资源库位于马尾松中心产区和优良种源区之一

的闽西地区,利用资源库材料选育出的良种,不仅可满足以马尾松为主要造林树种的本省林木良种供应,还可向周边省份辐射,为我国马尾松造林良种化起到积极作用(图11-7至11-9)。

福建马尾松种源试验早在1956年由福建林学院俞新妥教授开始,在"六五"、"七五"期间,开展马尾松全分布区种源试验,在全国马尾松地理种源试验协作组的统一部署下,福建先后组织了4次马尾松种源试验。

为满足造林良种化的需求,由福建省林木种苗总站、南京林业大学和福建省林业科学研究院组织,在全省7个地(市),47个县,分别于1980年、1982年和1990年3次按通用材的要求,在福建省马尾松主要天然分布区内选出优良林分101个,从优良林分中分别选出优树786株、211株和212株,其中1980年选优的材料最初集中保存在沙县官庄林场资源圃中。随着马尾松良种选育列入国家科技攻关计划,1985～1986年从沙县官庄林场资源圃中选出216个,通过嫁接形成优良无性系,在漳平五一林场建立了马尾松1代无性系种子园,并列为部省联营的林木良种基地。

1980年以来,在福建省林业科学研究院傅玉狮高工的主持下,开展了马尾松"六五"、"七五"、"八五"科技攻关项目,取得可喜的成果:①开展马尾松全分布区种源试验,基本区划出马尾松最佳种源区;②开展马尾松选优子代测定研究,筛选了一批优良家系;③郑仁

图11-7 福建漳平五一国有林场马尾松种质资源库全景

图11-8 福建漳平五一国有林场种子园母树结实情况

图11-9 福建漳平五一国有林场马尾松优树收集资源圃

华高工继续开展马尾松研究,从马尾松优良种源、优良家系中选择优良单株,在邵武卫闽林场建立基因库80余亩,收集含速生、高纤维、高产脂三大类型马尾松育种材料583份。

1985年,福建省林业科学研究院郑元英高工,参加马尾松"七五"科技攻关,开展马尾松高产脂选育,初选52份育种材料,评选12个优良无性系,在来舟林场、建瓯水西林场营建种子园和采穗圃。

1990年龙岩市林业科学研究所在赵永建教授级高工主持下,从马尾松最优良种源区广西、广东优良家系中选择优良育种材料81份,1996年收集186份育种材料,分别在龙岩市新罗区红坊、白沙林场建立基因库。

1993年福建林学院(现福建农林大学)在梁一池教授的主持下,在福建省的马尾松优良种源区,开展马尾松高产脂选育,评选出53份育种材料,并进行无性繁育及遗传测定。

1995年仍在梁一池教授主持下,开展了马尾松红心材选育,评选出48份育种材料,并进行无性繁育及遗传测定。

1998年五一国有林场在洪永辉教授级高工主持下,开始了育种基因的保存工作,首先将梁一池教授主持的红心材、高产脂优树按每个无性系10株嫁接收集在林场梅水坑基因库。2000年林场承担国债"福建省闽西五一马尾松良种繁育中心"建设任务,在着重于速生和高纸浆得率的基因资源收集及利用的同时,为满足该树种多用途的开发利用及社会需求,在梅水坑工区规划新建马尾松基因库8.7hm²。

2003年开始,福建省林业厅启动实施林木种苗科技攻关项目,结合国家"十五"和"十一五"科技攻关项目,使马尾松种质资源库建设的步伐进一步加快。林场科技人员相继将种子园中80个无性系以及新罗区红坊、上杭白砂林场、邵武卫闽林场等选优的四批材料嫁接到该种质资源库,并引入了来自广西和广东等省(自治区)的一批优良家系和无性系资源。该收集区共收集了原产于福建、广东、广西、浙江、江西和湖北等7个省(自治区)马尾松优良基因资源材料1058份。

2006年林场承担了福建省马尾松林木育种中心建设任务,根据福建省林业厅的马尾松二期攻关任务组织全国马尾松种源试验林调查测定,林场科技人员深入三明三元中村采育场、大田桃源林场等全国种源试验林进

行优良种源中优良单株选择,共选出优良个体125个(其中:大田桃源林场55个、三明中村70个);从武平岩前、上杭白砂闽西优良种源—优良林分—优良个体试验林中进行选优,共选出2代优良个体130个(其中:武平29个、上杭白砂101个);从1992年林场在漳平永福镇古溪工区建立的500亩广西浪水优良种源林中采用五株对比木法选出优良单株10个;从来舟林场高产脂子代测定林选择优良个体10个,从建瓯水西林场高产脂种子园选择优良无性系1个。

2008年结合冰雪天气从受冻严重的武平东留乡2代家系试验林中采用五株对比木法选择抗风雪的10个优良单株。利用1995、1996、1997林场建立的子代测定林进行优良家系中优良个体选择,共选出94个优良个体,利用2003年建立的全同胞子代林进行优良杂交组合中优良个体选择,共选出40个优良单株。同时对马尾松1代种子园无性系亲本的产籽能力、木材密度和子代的材积生长量性状进行研究分析,开展了优良无性系和家系评选,共评选出62个优良无性系和家系为高世代种子园建园材料,上述2代材料386份嫁接在山羊工区,面积10 hm²,并在后福建立了备份库。同时,在龙潭工区建立了马尾松红心材、高产脂专用种子园及速生高纤维2代种子园,至今该种质资源库已建设收集区5片,总面积26.7hm²,收集了原产于福建、广东、广西、浙江、江西和湖北6个省(自治区)马尾松优良基因资源1300多份。该资源库于2009年被国家林业局列为国家级马尾松种质资源库。

在福建省漳平五一林场国家马尾松种质资源库建设过程中,南京林业大学王章荣教授和陈天华教授等、福建省林木种苗总站原总工李玉科高级工程师、福建省林业科学研究院郑元英高级工程师、福建农林大学梁一池教授、福建省漳平五一国有林场陈敬德高级工程师等老一辈育种专家做出开创性的贡献。福建省漳平五一国有林场洪永辉教授级高工为林场马尾松种质资源收集和建设做出突出贡献。

三、1代和2代核心育种群体情况

(一)纸浆材育种群体

(1)1代育种群体 1980年由福建省林木种苗总站统一组织,在全省7个地(市),47个县选出优良林分102个,从中选出优良单株786株,并收集在沙县

官庄林场资源圃。1986 年从中选出 216 个优良无性系，利用这些无性系于 1987 年在福建省漳平五一国有林场建立了 1 代种子园，并以生长量及当年结实率为指标筛选出 30 个优良无性系（每无性系 10 个分株）嫁接到马尾松基因库中。同时经种子园去劣疏伐后将淘汰的 50 个无性系（每个无性系 3 株）嫁接到马尾松基因库予以保留。

1982 年由福建省林业科学研究院牵头，分赴全省 16 个县（市）进行马尾松优树选择，共选出优树 211 株，加上广东、广西、四川等地 18 个优树自由授粉种子，共获得 229 个家系种子。经子代林 13 年的系统调查和综合分析，筛选出高产稳产的优良家系 19 个，其材积平均遗传增益为 28.3%。1998 年将其中表现最好的 11 个家系收入上杭白砂林场基因库，并于 2003 年引进嫁接到漳平五一林场梅水坑基因库。

1990 年由福建省林木种苗总站组织在武平、永定、连城 3 县全面开展了马尾松天然林优良林分的踏查及优良林分内优良单株的选择，从 102 个优良林分内选出优树 212 株，分别嫁接在新罗区红坊和华安西陂资源圃。2003 年通过嫁接形成无性系（每无性系 10 个分株），保存到漳平五一林场梅水坑基因库。

2005 年从邵武卫闽林场基因库引进 583 份育种材料嫁接到漳平五一林场梅水坑基因库。

（2）2 代育种群体　主要来源于以下 7 方面材料。从大田桃源林场 1981 年营建的 25 年生马尾松种源试验林内初选出 182 个优良单株。根据各单株的生长势、干形特征以及病虫害等因素，选出最优单株作为进入基因库的最终材料。精选 74 株优良单株，嫁接形成 80 个无性系，每无性系 10 分株，进入漳平五一林场山羊工区基因库。所选的 80 株优良单株的产地分别是广东信宜（4 株）、福建武平（5 株）、江西安远（3 株）、福建永定（2 株）、广西岑溪（2 株）、广西恭城（3 株）、福建长汀（4 株）、福建三明（3 株）、湖南资兴（1 株）、福建顺昌（4 株）、广西忻城（2 株）、福建连城（3 株）、江西崇义（2 株）、广东高州（3 株）、湖南常宁（3 株）、广东韶关（2 株）、福建德化（1 株）、湖南江永（2 株）、福建邵武（1 株）、福建建阳（1 株）、广东乳源（1 株）、广东罗定（2 株）、浙江遂昌（2 株）、湖南鄞县（1 株）、湖北远安（1 株）、福建仙游（3 株）、广东连县（1 株）、广西广宁（3 株）、浙江庆元（1 株）、江西石城（1 株）、福建古田（1 株）、广东英德（1 株）、贵州黎平（1 株）、贵州

都匀（1 株）、贵州贵阳（1 株）、安徽潜山（1 株）、湖南绥宁（1 株）。所选的 80 个单株 25 年生平均树高、胸径和材积分别为 18.79m、27.31cm 和 0.4766 m^3，其遗传增益分别为 2.80%、27.31% 和 59.24%。材积增益最高的单株材积达 0.8878 m^3，增益为 112.75%。

从上杭白砂林场 15 年生的闽西马尾松优树子代测定林中选择优良单株 71 株。所选的 71 个单株平均树高 11.65m、平均胸径 24.47cm、平均材积为 0.2458m^3。所选的优良单株生长较快，干形通直。对决选出的 71 个优良单株，每株采穗条 10 根以上，嫁接到漳平市五一林场山羊工区基因库。

从 17 年生广东和广西种源和家系试验林精选出 72 个优良单株，其胸径、树高和单株材积平均值分别为 22.27cm、17.45m 和 0.3055 m^3，它们的遗传增益各为 13.85%、8.62% 和 32.62%。材积增益最高的单株材积达 0.5394m^3，增益为 56.72%。每株采穗条 10 根左右，嫁接到漳平市五一国有林场山羊工区基因库进行保存。

从漳平五一国有林场 1995 年、1996 年和 1997 年建立的 1 代马尾松无性系种子园半同胞子代测定林内进行生长和材性指标调查，筛选出优良单株 95 株进入基因库，其中 1995 年试验林（11 年生）评选出 19 个优良单株，平均树高为 12.4m，平均胸径 17.9cm，平均单株材积 0.1486m^3。1996 年试验林（11 年生）评选出 29 个优良单株，平均树高为 12.7m，平均胸径 17.2cm，平均单株材积 0.1388m^3。1997 年试验林（12 年生）评选出 47 个优良单株，平均树高为 14m，平均胸径 22.8cm，平均单株材积 0.2571m^3，平均木材密度 0.3932g/cm^3。每优良单株采穗条 10 根左右，嫁接到漳平五一林场山羊工区基因库。

利用漳平五一国有林场 2003 年建立的马尾松全同胞子代测定林，并根据生长量，评选出 40 个优良单株嫁接到漳平五一林场山羊工区基因库。评选的优良单株 5 年生平均树高为 5.2m，平均胸径 9.0cm，平均单株材积 0.0181m^3。

从漳平五一国有林场 1992 年建立的广西浪水松种源试验林中，采用五株对比木法选择 10 个优良单株进入山羊工区基因库，其平均树高为 14.7m，平均胸径 22.2cm，平均单株材积 0.2569m^3。同对比木相比树高提高了 6.5%，胸径提高了 9.3%，单株材积提高了 25.6%。

从武平东留乡马尾松优良种源林中选择抗风雪品种，采用五株对比木法选择出 11 个优良单株进入山羊工区基因库。平均树高为 18.2m，平均胸径 32.9cm，平均单株材积 0.658m³，同对比木相比树高提高了 11.1%，胸径提高了 33.4%，单株材积提高了 90.4%。

（二）高产脂育种群体

主要来源于以下 4 方面材料：

引自江西大岗山中国林业科学研究院亚热带林业实验中心收集保存的高产脂优良无性系 28 个，每无性系 10 分株。

在福建省马尾松优良种源区的天然林优良林分中以三株优势木对比法选出 55 株高产脂优树，产脂量是对比木的 3.93 ~ 7.04 倍。其中 43 株各采 30 个穗条，于 1998 年成功嫁接保存至梅水坑基因库。

从 19 ~ 20 年生优树子代测定林中选择优良单株 16 株，其中 5 株产脂力达到 I 级特高产脂力（10cm 割沟单刀产脂量大于 26g），11 株的产脂力达到 II 级特高产脂力（10cm 割沟单刀产脂量 20 ~ 25g）。2006 年分别采集 16 棵优良单株各 10 根穗条嫁接保存到漳平市五一国有林场梅水坑和山羊工区基因库。

对建立在南平市来舟国有林场 61 个无性系测定林 108 个幼年期单株产脂力调查，从中选择出 14 个单株产脂力特别高者，其中有 3 个单株 10cm 割沟单刀产脂量超过 20 g，有 8 个单株 10 cm 割沟单刀产脂量超过 10 g。2006 年从 14 株优良单株上各采集 10 根穗条嫁接到漳平市五一国有林场梅水坑和山羊工区基因库。

（三）红心材种质资源

在福建省马尾松优良种源区马尾松天然林分内采用优势木对比法进行选优，获得 80 株候选树，并通过复选，决选出 48 株红心材优良单株，这些单株不仅速生，而且红心率在 78% 以上。1998 年每株采集 30 个穗条嫁接到漳平市五一林场梅水坑基因库。

（四）航空航天育种的种质资源

2006 年从马尾松 1 代种子园内选择 10 个最优家系 20g 种子，搭载国家"实践八号"太空育种卫星进行太空育种尝试，返回的种子于 2007 年建立太空育种测定林，目前正在进行林地观测。

四、马尾松种质资源基因库的配置情况

福建省漳平市五一国有林场马尾松种质资源库，分别建设在梅水坑工区 11 大班 1 小班、19 大班 5 小班；龙潭工区的 7 大班 10 小班；山羊工区 4 大班 1、2、4、7 小班。区划设计时以山脊、山沟、林道等为界，因地制宜，合理区划，将同一改良目标或同一种源的无性系嫁接在一起，每个无性系 4 ~ 30 株，共收集保存无性系 1300 个。

梅水坑工区 11 大班 1 小班山场分为 13 个大区，19 大班 5 小班和龙潭工区的 7 大班 10 小班各为一个大区。2002 年 2 月采用马尾松裸根苗定砧，分别于 2003 年 4 月和 2004 年 4 月嫁接。收集材料按改良性状涉及生长量、材性、产脂量和红心材等，具体包括福建省漳平五一国有林场选择出的生长量和材性兼优的 80 个优良无性系，配置于 1、2、13 大区；江西大岗山的高产脂优良无性系 28 个，配置于 11 大区下半部；广东速生优良无性系 109 个，配置于 11、12 大区；广西速生无性系 45 个，配置于 11、12 大区；来自邵武市卫闽林场的福建省优良无性系 390 个，配置于 6 ~ 11 大区；来源其他地区的无性系（包括湖南、江西、贵州和浙江各有 8、17、25 和 13 个无性系）配置于 5 大区；中国林业科学研究院亚热带林业研究所选育的 53 个优良无性系，配置于 11 大区；产地需要进一步落实的无性系有 107 个，配置于 2、3、4 大区；福建省漳平市的红心材（43 个）、高产脂（41 个）的无性系配置于 19 大班 5 小班。

龙潭工区的 7 大班 10 小班保存五一国有林场其他无性系 138 个。

山羊工区 4 大班 1、2、4、7 小班保存了马尾松 2 代育种材料，共计 396 个无性系。

五、种质测定林情况

（一）半同胞子代测定林

针对 1987 年在福建省漳平五一国有林场建成的马尾松 1 代种子园，1995 年营造了 120 个家系的第一片半同胞子代测定林，1996 年营造了 160 个家系的第二片半同胞子代测定林，1997 年营造了 164 个家系的（其中：华安西陂林场 1 代种子园 42 个家系）第三片半同胞子代测定林，均以漳平市当地次生天然林的种子为试验对照。所有子代测定林均采用完全随机区组设计，4 株小区，8 ~ 9 次重复。三片测定林 11 年生时树高、胸径、

表 11-1　5 年生半同胞子代测定林生长调查结果

年份	树高 (m)			胸径 (cm)			单株材积 (m³)			冠幅 (m)		
	1995	1996	1997	1995	1996	1997	1995	1996	1997	1995	1996	1997
家系平均值	11.4	11.2	11.2	14.0	12.8	14.2	0.087	0.0737	0.104	3.64	3.60	3.57

表 11-2　1995 年营造的 8 年生半同胞子代测定林生长和形质调查结果

	树高 (m)	胸径 (cm)	单株材积 (m³)	冠幅 (m)	通直度	管胞长度 (mm)	管胞宽度 (μm)	基本密度 (g/cm³)
家系平均值	7.87	10.13	0.035	3.24	1.37	2.827	48.72	0.3767
家系遗传力	0.691	0.264	0.236	0.218	0.020	0.3814	0.2566	0.6369

单株材积和冠幅的测定结果见表 11-1。

同时调查了第一片半同胞子代测定林 8 年生时的生长和形质性状，开展了遗传力测定，其结果见表 11-2。

各性状间的相关性分析表明，生长量性状的改良可间接改善通直度，且生长量性状与木材基本密度存在显著的正相关关系，木材基本密度与管胞长度和宽度不相关。采用 10% 的入选率，发现 5 年生林分和 8 年生林分入选的家系一致，材积遗传增益分别达 19.74% 和 19.23%，且 5 年生林分和 8 年生林分生长性状的相关性极显著，认为马尾松制浆造纸材短轮伐期的初选年龄可确定为 5 年生。根据性状遗传力的相对大小和典型相关分析的结果，认为马尾松家系选择可适当注重树高生长量指标。以树高和材积为选择指标，按照 10% 入选率，兼顾材性和种子园内无性系的开花结实情况，筛选出制浆造纸材短轮伐期优良家系 12 个。

2003 年和 2006 年利用 1 代种子园的 25～30 个速生半同胞家系，分别在顺昌洋口国有林场、上杭白沙国有林场、安溪竹圆国有林场、福鼎县林业局、连江长龙国有林场、将乐国有林场、建瓯福人有限公司、漳平五一国有林场等 8 个点开展区域试验，每个点面积在 1.5hm² 左右。

（二）全同胞子代测定林

2000 年春，以福建省漳平五一国有林场 1 代种园内 13 个马尾松优良无性系（722、502、391、378、665、329、656、326、538、35、8、9 和 4）为父本和 741、686、378、393、386、659、662、168、335、665、28、53、318、325、545、538、10、6、4、2、1、486 共 22 个优良无性系为母本组配（表 11-3），按照巢式交配设计开展了人工控制授粉（图 11-10）。

表 11-3　亲本巢式设计交配表

组合	父本	母本	组合	父本	母本
A₁₃	722	741	A₂₀	665	662
A₂	722	686	A₂₃	329	168
A₁₆	4	1	A₃₄	329	335
A₃	4	2	A₄₅	656	662
A₅	8	4	A₄₄	656	665
A₁	8	1	A₃₆	35	28
A₆	9	6	A₃₅	35	53
A₉	9	10	A₅₀	326	318
A₁₇	391	378	A₄₈	326	325

（续）

组合	父本	母本	组合	父本	母本
A$_{19}$	391	393	A$_{56}$	538	545
A$_{18}$	378	393	A$_{53}$	538	486
A$_{32}$	378	386	A$_{51}$	502	538
A$_{63}$	665	659	A$_{52}$	502	486

图 11-10　五一林场全同胞子代测定林

2001 年秋采收到上述 26 个杂交组合、26 个母本自由授粉和 1 个对照（福建省漳平五一国有林场一般林分）的种子，共 53 个家系，采用完全随机区组设计造林，4 次重复，列状小区排列，以木荷为隔离带，营造测定林。2007 年春对试验林的树高、胸径、枝下高、主干粗、侧枝数、侧枝长、侧枝粗、冠幅、通直度和节间距进行测量。经分析发现：同一性状不同组合间特殊配合力表现不同，如树高特殊配合力效应的变幅在 -1.0719（A$_{52}$）～ 2.9610（A$_3$）之间。同一组合不同性状间特殊配合力效应差别较大，如 A$_1$ 组合的冠幅特殊配合力效应值为 -0.1164，而胸径的特殊配合力效应值为 0.5244。通过对 14 个性状配合力效应的综合比较，初步筛选出 A$_2$、A$_5$ 和 A$_1$3 个速生、优质的组合。性状遗传组成和遗传力分析发现：枝下高、通直度、主干粗、节间距和冠幅主要受加性效应影响，树高、胸径、侧枝粗、侧枝长、侧枝数和冠径比的加性效应和非加性效应同等重要；其余性状主要受非加性效应的影响。树高、单株材积、高径比、圆满度和侧枝数的广义遗传力较高（0.74 ～ 0.98），主干粗、节间距和枝下高的广义遗传力较低（0.30 ～ 0.42），其余性状的广义遗传力中等，树高、通直度、冠幅和侧枝数的狭义遗传力较高，高于 0.50。

六、育种种质利用和创新情况

福建省充分利用上述优良种质资源，开展各类育种种质的评价和优选，建立了多世代、多品系的种子园，并广泛开展了杂交育种和遗传测定工作。全省建立了马尾松多世代、多品系种子园面积 439hm^2，其中初级种子园 307 hm^2，1 代种子园 45 hm^2，2 代种子园 87 hm^2。五一林场在完成《马尾松无性系种子园优质高产稳产技术研究》的同时，继续开展马尾松种子园树体改造试验，成功地使 10 年生树体控制在 6m 以下，并继续开展马尾松种内杂交和种间杂交育种，共完成杂交套袋上万个，建立子代测定林超过 130hm^2。开展了马尾松扦插繁殖配套技术研究，利用马尾松 30 个优良家系建立了 45 亩采穗圃，开展优良纸浆纤维材家系的扦插育苗技术推广，并开展马尾松种质资源的再选择评价，选育出马尾松优良个体、优良无性系及家系 196 个，2009 年、2010 年筛选出的 134 个优良马尾松个体、62 个优良马尾松无性系和家系通过了福建省林木良种审定委员会的良种审定，可作为马尾松种子园建园材料和无性繁殖母株（图 11-11 至图 11-16）。

图 11-11 五一林场马尾松杂交制种

图 11-12 五一林场马尾松树体矮化之一

图 11-13 五一林场马尾松树体矮化之二

图 11-14　五一林场马尾松树体矮化之三

图 11-15　五一林场马尾松扦插繁殖育苗

图 11-16　福建漳平五一林场马尾松良种审定证书

第三节　福建邵武卫闽林场国家马尾松良种基地

一、邵武卫闽国有林场概况

福建省邵武卫闽国有林场位于闽江上游富屯溪畔林区，森林经营总面积 10 万亩，是我国南方人工林区的重点林区之一。地处北纬 27° 05′，东经 117° 40′，

经营区内山地系武夷山脉的低山和丘陵，海拔 200～1000m，年均温 17.8℃，≥10℃年均积温 5620℃，年均降水量 1866mm，年均相对湿度 83%，属亚热带季风气候。林业经营山地多为Ⅱ类立地，坡度 20°～30°，土壤为山地红壤，土层深厚肥沃，气候温和，水热充沛，

生长期长，是马尾松中心产区和优良种源区，立地条件和自然资源十分有利于林业产业和良种事业的发展。

卫闽林场创办于1956年，是省办地管的林业生产性事业单位。截至目前，在职职工112人，离退休职工99人，下设5个生产工区和7个职能科室。建场半个多世纪以来，在福建省厅与地市领导的关心支持下，始终坚持"科学发展为先导，资源培育为根本，永续经营为目标"的经营理念，林场各项事业一路健康发展。在经营总面积中，林业用地占99.7%，森林总蓄积量110万m³，其中用材林9.3万亩占93%，杉木大径材达2.0万亩占20%。现有成、近熟林4.7万亩，中龄林2.1万亩，幼龄林2.0万亩，现每年计划采伐2.3万m³蓄积量，计划采伐利用，合理培育经营，按合理采伐利用年龄计算，已实现经营利用的良性循环，青山常在，永续利用。历年来为社会提供林木良种12789kg，取得了较好的经济、社会效益。

数十年来，林场历任领导班子，以科学发展观统领林业发展与良种事业，长期坚持林业生产与科学实验相结合，以科技促生产。20世纪60年代以来，与中国林业科学研究院、福建省林业科学研究院及各大专院校等单位合作，开展了林木遗传改良、丰产优化栽培、优良品系选育、种子园营建等40多项试验研究，取得国家、省部级科技进步与重大成果奖16项。为邵武卫闽林场林业发展、高世代种子园建设、良种化的更新换代做出了重大贡献。

在长期的林业建设中，我们尝试过开发荆棘丛林的艰辛，也领略了亲手建成大片森林和种子生产园地的欣慰。上级领导赋予我们艰巨任务，也给予我们有力支持，对我们多年来的辛勤劳动给予充分肯定和褒奖。卫闽林场先后荣获全国100佳国有林场、全国500强国有林场、全国良种基地先进单位、全国营林先进单位，首批国家重点林木良种基地，2011年度被评为全国十佳林场。同年，林场辖区内龟山谷森林公园喜获省级审定（图11-17，图11-18）。

二、卫闽林场国家马尾松良种基地基本情况

1. 最早在1977年建立了杉木初级种子园，面积38.1 hm²。

2. 两次马尾松全分布区种源试验在卫闽设点，第一次1981年营建的90个种源试验林保存较好，第二次1984年营建的57个种源试验林由于实施管护不到位，成效不佳未能得到有效利用。

3. 1984年营建马尾松优树子代测定林6.5 hm²，参试家系229个，营建马尾松初级种子园7.6 hm²，建园亲本无性系280个。

4. 1995年建立全省第一个杉木2.5代种子园8hm²。

5. 1996年定砧、1997年春完成嫁接建成马尾松优良种质基因库，面积5hm²。共收集保存原产于广东、贵州、湖南、江西、广西、福建等6个省（自治区），包括速生、高纤维、高产脂等类型的马尾松优良遗传资源583份（其中：1代育种亲本331个，2代育种亲本252个）。

图11-17　福建邵武卫闽林场马尾松2代无性系种子园

图11-18　福建邵武卫闽林场马尾松基因库无性系植株生长景观

6. 1997 年建立全省第一个光皮桦初级种子园 5.9hm² 和光皮桦基因库 2 hm²，2002 年和 2007 年又分别建立了 8hm² 和 9hm² 的光皮桦种子园。

7. 2006 年建立了乳源木莲初级种子园 8hm²。

8. 2005～2010 年营建了全国面积最大的马尾松 2 代无性系种子园（74hm²），建园无性系共计 114 个：其中：从双亲子代测定林选出的全同胞无性系 56 个，从全国种源试验林选出的单亲无性系 20 个，从省内优树子代林选出的单亲无性系 38 个。

9. 2008 年规划建设马尾松优良种质基因库 16 hm²，2009～2010 年已完成建设 12 hm²。共收集保存了全国马尾松优良种质材料 1100 份，其中，来自漳平五一林场种质资源库 280 份，来自上杭白砂林场种质资源库 115 份，来自浙江淳安姥山林场种质资源库（来自于广西、四川、浙江、贵州、湖北、湖南、江西、福建、广东、安徽等地）600 份，来自中国林业科学研究院亚热带林业研究所选育的全同胞无性系材料 105 份。在该种质资源库的建设过程中，福建省林业科学研究院傅玉狮高工、郑元英高工、中国林业科学研究院亚热带林业研究所秦国峰研究员等老一辈林木育种专家做出了开创性的贡献。

三、1 代和 2 代育种群体情况

（一）1 代育种群体

由初级无性系种子园保存的 280 个无性系和优良种质基因库保存的 331 个无性系组成。马尾松初级优树无性系种子园于 1984 年营建，面积 7.6 hm²，地处卫闽林场南际工区 118 林班 52 大班 1 小班，海拔 275～350m，初植密度 42 株／亩（4m×4m），分别于 1991 年和 2000 年进行两次间伐，现保留密度为 30 株／亩，共嫁接了 280 个优树无性系，其中省内 16 个市（县）初选出的优树无性系 197 个，从广东、贵州、湖南、江西和广西等地引进的优树无性系 83 个。马尾松优良种质基因库地处卫闽工区 1 林班 11 大班 4 小班，面积 5hm²，于 1995 年规划整地、1996 年定砧、1997 年春完成嫁接。1 代育种群体的遗传材料来源于两个部分：一是 1982 年福建省林业科学研究院根据马尾松种源试验研究结果，从武夷山、戴云山、博平岭一带马尾松优良种源区的天然林分中选择的 211 株优树；二是 1989 年从广东、广西等优良种源区引进的 120 个优树无性系。

（二）2 代育种群体

由基因库保存的无性系和 2 代种子园育种亲本 3 个部分组成，一是 1997 年营建的基因库保存的 252 个 2 代亲本无性系，1995～1996 年从福建省马尾松种源试验林中选择的优良种源的优良个体和优树自由授粉子代测定林中选择的优良个体，共计 252 株单株，每份嫁接保存 5～10 株，现每份保存 3～9 株，目前林分长势良好；二是 2008～2010 年规划建设的马尾松优良种质基因库保存的全国优良马尾松种质材料 1100 份，该基因库建在南际工区 4 林班 24 大班 1 小班和 2 小班、25 大班 1 小班，总面积 16 hm²，于 2008 年整地定砧，2009～2010 年已建成 12 hm²，采用开宽 1.2m 水平阶整地方式，植穴规格为 40cm×40cm×30cm，行距为 3m×3m，每亩约 74 株，分为 4 个大区 29 个小区，已收集保存了全国优良马尾松种质材料 1100 份，每份材料嫁接 5～8 株，现嫁接成活率达 90% 左右，平均抽高 40cm，每年进行 2～3 次的抚育，现生长保存良好；三是 2005～2009 年营建的全国面积最大的马尾松 2 代无性系种子园（74hm²），嫁接双亲与单亲无性系共计 114 个无性系，其中双亲控制授粉家系内优良单株（全同胞无性系）56 个，种源试验林选出的单亲无性系 20 个、优树子代林选出的单亲无性系 38 个。

四、种源和家系种质测定林情况

（一）种源试验林情况

福建邵武卫闽国有林场分别于 1981 年和 1984 年营建有全国第一批和第二批马尾松全分布区种源试验林。1984 年营建的包括 57 个产地，由于实施管护不到位，未能得到有效保存与利用。1981 年营建的全国第一批马尾松全分布区种源试验林保存相对完好，该试验林设置在卫闽林场南际工区 119 林班 53 大班 1 小班，试验林面积 4hm²，海拔 380m，土壤为山地红壤，Ⅱ至Ⅲ类立地，地表主要植被为芒草和芒其骨。计有来自全国 12 个省（自治区）6 个种源区的 90 个产地参试（表 11-4）。1979～1980 年采种育苗，1981 年春造林，采用完全随机区组设计，10 次重复，5 株单列小区，株行距 2m×2m。研究发现，马尾松种源苗期生长量差异极显著，来自广东、广西种源的苗高和地径生长量大，根系相对不发达，以致裸根苗造林成活率低，平均成活率仅 75%；而来自偏北种源的造林成活率平均高达

表 11-4　参试种源及其代号表

种源区	参试种源及其代号
北带区（20 个）	1 陕西城固、2 陕西南郑、3 河南新县、4 河南固始、5 河南信阳、7 四川南江、10 湖北红安、11 湖北通山、12 湖北远安、13 安徽霍山、14 安徽屯溪、15 安徽太平、16 安徽潜山、17 安徽泾县、26 湖南临湘、28 湖南慈利、30 湖南澧县、45 江西武宁、48 浙江鄞县、51 浙江嵊县
四川区（3 个）	6 四川蒲江、8 四川涪陵*、9 四川南溪
中带西区（14 个）	18 贵州凯里、19 贵州黎平、20 贵州都匀、21 贵州德江、22 贵州黄平、23 贵州松桃、24 贵州贵阳、25 湖南绥宁、27 湖南常宁、29 湖南安化、31 湖南汝城、32 湖南江永、33 湖南资兴、34 湖南永顺
中带东区（28 个）	35 江西安福、36 江西崇义、37 江西崇仁、38 江西靖江、40 江西石城、41 江西万载、42 江西资溪、43 江西德兴、44 江西余江、46 江西吉安、47 浙江永康、49 浙江三门、50 浙江开化、52 浙江遂昌、53 浙江庆元、54 浙江缙云、55 浙江仙居、70 福建顺昌、71 福建建阳、72 福建邵武、73 福建光泽、74 福建三明、75 福建建宁、76 福建周宁、77 福建福鼎、78 福建古田、86 福建长汀、87 福建连城
南带西区（6 个）	57 广东信宜、60 广东罗定、62 广东高州、66 广西岑溪、68 广西忻城、69 广西宁明
南带东区（19 个）	39 江西安远、56 广东博罗、58 广东连县、59 广东南雄、61 广东英德、63 广东乳源、64 广东广宁、65 广东韶关、67 广西恭城、79 福建闽清、80 福建仙游、81 福建诏安、82 福建长泰、83 福建德化、84 福建南安、85 福建漳浦、88 福建漳平、89 福建永定、90 福建武平

注：* 所示地区原属四川，现属重庆。

98% 以上。随着林龄的递增，种源保存率也产生较大的变化。由于未采取间伐措施，种源试验林中种源及种源内个体生长竞争激烈，生长分化严重，处于下层的生长差的种源和个体慢慢枯萎死亡。南部种源从苗期、幼林期一直到中龄期都处于林分上层，生长优势突出，种源内个体死亡较少，虽然造林成活率较低，但其保存率高；而偏北种源一直处于生长劣势，多为下层木，枯死率高，虽然造林成活率高，但保存率低，如 3、4、5、10 和 45 号等种源由原来的造林成活率高达 100%，现保存率仅 30% ～ 50%（图 11-19，图 11-20）。

据福建省林业科学研究院傅玉狮对邵武卫闽、大田桃源、南安罗山 3 个点 13 年生马尾松种源试验林

图 11-19　福建邵武卫闽林场马尾松种源林林相

图 11-20　福建邵武卫闽林场马尾松种源林林木结构呈现大小不一的分化景象

的调查分析表明，各试验点树高、胸径、单株材积、结实量、保存率等性状的种源差异均达极显著水平，干形性状的种源差异在各试验点皆不显著，虫害性状由于受环境影响较大，在各试验点表现不一。通过综合评价可将 91 个种源分为 4 类：Ⅰ类综合评价优的种源 3 个，占参试种源的 3.3 %；Ⅱ类综合评价良的种源 15 个，占 16.5 %；Ⅲ类综合评价中等的种源 50 个，占 54.9 %；Ⅳ类综合评价差的种源 23 个，占 25.3 %。Ⅰ、Ⅱ类 18 个优良种源主要来自广西东部、广东西部和湖南、江西南端以及福建西部的邵武、三明、连城、永定等种源区。

（二）优树自由授粉家系测定林情况

1982 年在福建省马尾松优良种源区 16 个县的优良天然林中选择优树 211 株，从广西和广东等省（自治区）交换引进 18 个优树自由授粉家系，共计 229 个优树家系。1983 年开展育苗和苗期测定，1984 年 2 月在闽北邵武市卫闽国有林场、闽中大田县桃源林场和闽东南仙游溪口营造多点家系遗传测定林。卫闽林场优树家系测定林位于南际工区 107 林班 51 大班 5 小班，面积 97 亩，海拔 390 ～ 430m，立地为Ⅱ至Ⅲ类。229 个家系分 3 组进行测定，以当地商品种为对照，各组均采用 9×9 平衡格子设计，10 次重复，5 株单列小区。逐年调查树高、胸径、病虫害等 10 个性状，试验林保存完好。

福建省林业科学研究院郑仁华、杨宗武等通过对 13 年生马尾松优树家系测定林的调查，结果表明 5 ～ 13 年生时马尾松树高、胸径和单株材积存在显著的家系遗传差异，受中度以上遗传控制。年度间相关分析表明，对 8 年生以上马尾松优树子代测定林进行选择是可行的。利用单株材积作为丰产性指标对马尾松优树子代生产力进行评价，从参试的 229 个家系中评选出 103 个单株材积大于群体平均值的家系，可作为一代无性系种子园亲本留优去劣的依据；60 个单株材积大于群体平均值 15 % 的优良家系，其优树无性系可作为亲本开展杂交育种；34 个单株材积大于群体平均值 25 % 的优良家系，可直接在一代无性系种子园按单系采种育苗造林。根据 3 个地点的测定结果，筛选出的 19 个高产稳定型优良家系适宜在福建省范围内推广，其材积平均遗传增益为 28.3%；13 个高产优良家系适宜在闽西北地区推广，其材积平均遗传增益为 21.07%；17 个高产优良家系适宜在闽东南地区推广，其材积平均遗传增益为 25.51%。

2008 年年底卫闽林场对 25 年生的马尾松优树家系遗传测定林进行了生长、材性和适应性全面测定分析，开展优良家系和优良单株选择。分析表明，参试家系生长状况良好，遗传变异丰富，优树家系的心材率均较低，木材基本密度和偏心率有大于对照的趋势。心材率和偏心率变异相对丰富，而木材基本密度变异相对较小。按选择指数所选出的"902"等 5 个速生高心材率人造板优良家系，平均单株材积比选择群体均值大 24.28%，平均心材率为 8.05%，比选择群体大 71.28%；选出"1002"等 14 个高生长量人造板优良家系，平均树高、胸径和单株材积分别为 17.45m、22.4cm 和 0.332039m³，分别比选择群体均值大 7.52%、21.74% 和 51.59%，遗传增益分别为 2.95%、10.83% 和 25.18%。在优良家系选择的基础上，以单株材积为主要选择指标分别从第 I 测定组和第 III 测定组中选择出 4 株和 24 株材积生长量

突出的优良单株，材积平均遗传增益分别为 43.79% 和 145.63%（图 11-21）。

五、种质资源利用和创新情况
（一）2 代无性系种子园建设情况

为充分利用上述优良种质资源，破解马尾松良种紧缺难题，推动良种升级，南平市林业局从 2003 年开始在卫闽林场规划并筹建马尾松 2 代无性系种子园，聘请中国林业科学研究院亚热带林业研究所林木育种专家秦国峰研究员为技术负责人，2005～2010 年已建成全国面积最大的马尾松 2 代无性系种子园，总面积 74hm²，其中 2005 年完成嫁接建园 12hm²、2006～2007 年完成 20.2hm²、2008～2010 年 41.8hm²，其中 2005～2007 年营建的 32.2hm² 已进入结实初期。建园材料有双亲与单亲无性系，以双亲无性系为重点，从双亲子代测定林选出的全同胞无性系 56 个、从全国种源试验林选出的单亲无性系 20 个，从省内优树子代林选出的单亲无性系 38 个，双亲与单亲共计 114 个无性系。选育用于建园的无性系其遗传力与遗传增益都比较高，全同胞无性系具有中等以上遗传力（一般在 0.5～0.8 之间），按配合选择的方

图 11-21 福建邵武卫闽林场马尾松优树自由授粉家系子代测定林

法，10～11年生树高、胸径、材积可望获得遗传增益分别为16.3%～39%、31.5%～44.4%与58.7%～146.5%。从种源与优树子代林中选出的优树其树高、胸径、材积分别大于对照4.9%～10.5%、1.6%～36.4%和15.1%～115%。园地共区划8个大区、42个小区，以小区为单元随机配置25～30个无性系，有利于无性系之间充分随机授粉，扩大所产种子的遗传多样性。针对山地特点，采用"两带一沟"（即水平栽植带、栽植带间的斜坡生草带、栽植带内侧的竹节沟）的方式整地，株行距6m×7m，带面栽植穴间距（株距）6m，间距（行距）7m，带面宽2m，条带内侧开挖宽、深各20cm的竹节沟，以备园地蓄水保墒。采用先培育大容器嫁接苗、后定植的建园程序，大容器嫁接苗定植成活率高，可实现一次定植成园，园相整齐，树冠矮化，保存率达98.8%，枝下高20～30cm。种子园建设严格按"文字资料、栽植图件、实地标桩"三位一体的要求建立技术档案，旨在以小区为单元有针对性实施园地管理，分混系与高产单系两个良种水平，按立地条件与材种培养目标推广应用。建园的无性系植株生长良好，开始进入开花结实，建园

第四年无性系的结实株率达58.7%，结实株率达90%以上，第五年以后进入开花结实期（图11-22）。

（二）种质资源库的种质利用与创新情况

2002年、2003年和2007年，福建林业科学研究院在邵武卫闽国有林场马尾松种质资源库中开展了3个批次的杂交制种工作，其中2002年和2003年制种效果较好，其中2003年制种获得47个杂交组合种子，2007年由于杂交授粉时天气和2008年初气候原因，制种效果不理想，只获得了16个杂交组合的种子。2004年春季利用2002年春季杂交所获得的种子在邵武卫闽国有林场育苗，2005年春季分别在邵武卫闽林场和沙县官庄国有林场营建杂交子代测定林。2005年春季，利用2003年春季杂交所获得的种子在沙县官庄国有林场育苗，2006年春季在沙县官庄国有林场营建杂交子代测定林。通过对杂交子代测定林进行树高的变异分析，结果表明试验林生长良好，遗传变异丰富。以2008年调查树高为指标，从卫闽试验点初步评选出优良杂交组合9个，平均树高为3.04m，比群体均值高20.63%，入选组合平均树

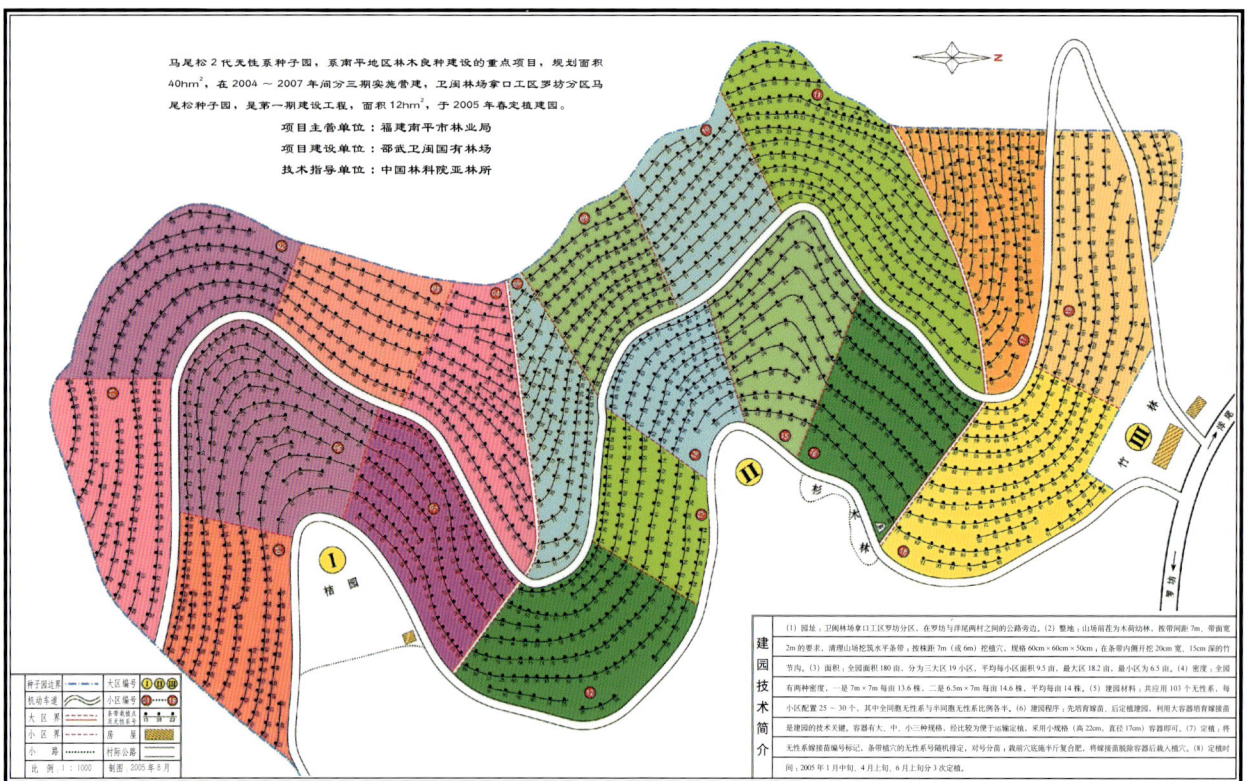

图 11-22 福建邵武卫闽林场马尾松 2 代无性系种子园栽植图

图 11-23 建邵武卫闽国有林场马尾松 2 代种子园结实母树形态

高遗传增益为 16.61%。以 2007 年调查树高为指标，从官庄试验点初步评选出优良杂交组合 6 个，平均树高为 2.84m，比群体均值高 17.31%，入选组合平均树高遗传增益为 15.39%。卫闽试验点入选单株 20 株，平均树高为 4.27m，比群体平均高 69.44%，最优单株 I_{11} 树高为 5.70m，比对照高 126.19%，入选单株平均树高遗传增益为 45.91%。官庄试验点入选单株 9 株，平均树高为 4.10m，比对照高 69.42%，最优单株 I_{29} 树高为 5.35m，比对照高 121.07%，入选单株平均树高遗传增益为 58.25%。

（三）2 代种子园的种质利用与创新情况

2009 ~ 2011 年春，中国林业科学研究院亚热带林业研究所与福建省林业科学研究院共同在邵武卫闽国有林场拿口工区 2005 年建成的马尾松 2 代种子园（12hm²）中开展了 3 个批次的杂交制种工作，其中：2009 年和 2011 年分别创制 48 个和 79 个 3 代新种质；2010 年 56 个杂交组合的人工套袋授粉，由于 3 月 6 ~ 10 日突遇倒春寒的强冷空气低温天气，致使当年新梢严重受冻死亡，造成幼果枯萎掉落（图 11-23，图 11-24）。

图 11-24 福建邵武卫闽林场马尾松杂交育种进行套袋授粉

第四节 广西南宁林业科学研究所国家马尾松良种基地

一、种质基因库基本情况

南宁市马尾松种质基因库由广西壮族自治区南宁市林业科学研究所承建，为南宁市林业科学研究所国家马尾松良种基地的重要部分，科技支撑单位为广西壮族自治区林业科学研究院。南宁市林业科学研究所位于东经108°00′，北纬23°10′，位于广西武鸣县西部，与隆安县丁当镇接壤。种质基因库位于广西中西部偏南，靠近右江河谷，属北热带北缘季风气候，年均气温21.5℃，≥10℃的年均积温7697.8℃，年降水量1250mm，年蒸发量1613.8mm，年平均相对湿度79.0%，有年平均霜日3～5d。地貌属石灰岩峰林间的缓丘宽谷台地，海拔高在100～150m之间，坡度在5°～15°，地势平坦。土壤为第四纪红土发育成的中至厚层赤红壤，pH值4.5～5.5，土壤渗透性强，适合马尾松生长发育，是建设马尾松良种基地和种质基因库的理想地点。该种质基因库四周为石山环抱，周围多种植农作物，自然隔离条件好，便于马尾松种质的长期保存与创新。

广西南宁市林业科学研究所马尾松种质基因库始建于20世纪70年代末至80年代初，在马尾松地理种源调查和种源对比试验结果的基础上，为满足造林良种化的需求，由广西壮族自治区林业科学研究院和广西壮族自治区林木种子站组织，按照通用材的要求，分别于1976年和1977年在广西区内的14个市、29个国有林场的1.5万多hm²、1600万株马尾松人工林优良林分中，选出优树406株；1984年，又根据全国及广西区马尾松地理种源试验初步结果，在广西区宁明桐棉、忻城古蓬、容县杨村和浪水、岑溪波塘优良种源区面积逾2万hm²、株数达3000多万株的天然优良林分中选出优树195株。

南宁市林业科学研究所作为广西重要的马尾松遗传改良基地之一，1980～1987年，共选择464个优树无性系用于66.7hm²马尾松初级无性系种子园营建而得到有效保存。同时先后于1980年、1983年进行马尾松

地理种源试验，参试种源分别为8个和9个，均为广西区内种源；1989年开展马尾松优良种源选优林分的"优树—优势木—平均木三水平"子代测定试验，及马尾松优良种源优良林分选择的"种源—林分—单株三水平"子代测定试验；1988年、1992年和1994年3个年度共营建子代试验林面积24.7hm²，参试优树家系440个；1992年进行马尾松优良品系试验，收集并测定36个马尾松特异性状优良单株；2004年开始，广西区科技厅和林业厅启动马尾松高产脂良种选育项目，已嫁接收集马尾松高产脂优树无性系221个，材用优树无性系24个，其他优良性状无性系11个，面积共3.3hm²。

在广西壮族自治区南宁市林业科学研究所马尾松种质基因库建设过程中，广西壮族自治区林业科学研究院韦元荣高级工程师、广西壮族自治区林木种子站黄惠英高级工程师、来家学高级工程师、玉林市林业科学研究所刘志文高级工程师、南宁市林业科学研究所黄东来高级工程师等老一辈育种专家做出了开创性的贡献。

二、结合种质资源保存的马尾松一代无性系种子园

马尾松1代无性系种子园始建于1978年，由广西壮族自治区林木种子站和广西壮族自治区林业科学研究院牵头实施完成。在好代无性系种子园营建过程中，通过对嫁接方法、穗条选取、砧木选择和嫁接时间等关键技术进行研究取得了重大突破，并被广泛推广应用。1978～1983年由广西壮族自治区林业厅投资营建，1984年列为部省联营项目。30年的建设期分为4个阶段，1984～1990年为种子园营建的第一工程期，1991～1995年为第二工程期。第三阶段2003～2005年，良种基地利用国债资金完成扩建工程。2009年被列入国家林木良种基地后为第四阶段（图11-25，图11-26）。

马尾松1代无性系种子园处在石山环抱之中，自然隔离条件好。种子园与周边农用地之间采用马甲子、剑

图 11-25 广西壮族自治区南宁市林业科学研究所最早建立的马尾松 1 代无性系种子园

图 11-26 广西南宁市林业科学研究所马尾松 1 代无性系种子园

麻、壕沟、铁丝网等隔离。种子园区划为四个大区，小区面积为 0.7 ～ 1.5hm²，小区内优树无性系配置为 40 ～ 200 个。其中第一大区面积 16.7hm²，初植密度为 4m×4m，采用 219 个优树无性系；第二大区 11.3hm²，采用 119 个优树无性系，初植密度为 5m×5m；第三大区 29.3hm²，初植密度为 4m×5m，采用 212 个优树无性系；第四大区 9.3hm²，初植密度为 4m×4m，采用 141 个优树无性系。从 1981 年第一大区开始嫁接，到 1987 年完成 4 个大区的嫁接建园工作，共采用来自广西壮族自治区的优树无性系 464 个。

由于马尾松 1 代无性系种子园初植密度较大，嫁接母树在 7 ～ 8 年时就开始郁闭。种子园先后进行 3 次间伐，第一、二、三大区分别在 1992 年和 1995 年进行 2 次疏伐，1998 年下半年因受虫害和特大干旱天气的影响导致部分母树枯死，目前种子园保留嫁接母树 10700 株，每公顷 160 株，但疏密分布不匀，最密的每公顷达 250 株。保存分株多的无性系可达 73 株，少的无性系仅保存 1 ～ 2 株。

南宁市林业科学研究所马尾松 1 代无性系种子园生产的种子于 1995 年和 2005 年分别被认定和审定为广西壮族自治区马尾松良种。从 1987 年种子园部分母树结实到 2009 年，共生产种子超过 5300kg。生产的

图 11-27 广西区南宁市林业科学研究所马尾松 1 代无性系种子园周边防护措施

良种已向广西、广东、福建、四川、重庆、湖南、江西等地提供造林用种，供广西壮族自治区内外 30 多家单位造林 8.0 万 hm²，有力地推动了我国马尾松人工造林的良种化进程（图 11-27）。

三、马尾松种质资源基因库

广西区南宁市林业科学研究所马尾松种质基因库于 1990 年开始建设，1990 ～ 1993 年先后嫁接保存无性系 78 个，其中宁明桐棉优良种源单一性状优树无性系 37 个、经过再选择的种子园优良无性系 25 个、自由授粉子代

优树无性系 16 个，每个无性系嫁接保存 5 ～ 10 株，面积 1.3hm²。

2005 年起开始营建马尾松高产脂种质基因库，现建设面积达 3.3hm²，共嫁接保存优良无性系 256 个，其中马尾松高产脂优树无性系 221 个，马尾松材用优树无性系 24 个，马尾松抗虫无性系 1 个，马尾松早实无性系 5 个，马尾松 2 代优树无性系 5 个，每个无性系保存 8 ～ 10 个分株。

四、子代测定林情况

（一）半同胞子代测定林

从 1988 ～ 1994 年，收集种子园自由授粉家系种子，营建子代试验林面积 24.7 hm²。其中 1988 年造林 4.7 hm²，参试家系 168 个；1992 年营建 8.0hm²，参试家系 307 个；1994 年营建 12.0 hm²，参试家系 416 个。3 个年度 8 片试验林共收集 440 个 1 代无性系种子园自由授粉家系累计达 801 份试验材料，并设立了马尾松广西宁明桐棉种源、岑溪古蓬种源、南宁种源、广东信宜种源、贵州黄平种子园，以及湿地松、洪都拉斯加勒比松等 11 个试验对照种，总参试号达到 856 个（表 11-5）。

试验均采用完全随机区组设计，分别不同年度、不同地点（地块）重复试验，用代码表示为：N88、N92a、

表 11-5 马尾松无性系来源及种子园自由授粉家系数量

无性系来源	数量	无性系来源	数量	无性系来源	数量	无性系来源	数量
巴 里	8(11)*	博 白	1(2)	朝 燕	1(1)	朝 阳	1(1)
大青山	9(32)	大容山	2(7)	大 双	2(8)	都 阳	3(14)
古 巴	1(2)	古 宝	8(12)	古 庙	5(7)	古 召	12(20)
古 枝	5(8)	海 明	6(25)	红泥坡	9(21)	华 石	3(14)
黄 垌	18(44)	金 田	5(13)	礼 智	2(3)	林 朵	3(12)
林 校	12(36)	柳花岭	13(43)	六 万	7(19)	六万山	6(20)
龙 潭	1(6)	陆 川	1(5)	那 卜	10(17)	那 利	9(45)
欧 洞	21(32)	派阳山	22(106)	平 广	4(7)	平 山	23(73)
七 坪	44(105)	琴 场	9(43)	琴 清	54(262)	庆 远	4(10)
容 县	17(22)	三门江	23(63)	天 洪	16(44)	天 堂	7(20)
铁帽山	1(6)	桐 棉	10(39)	亚计山	17(53)	永 乐	3(12)
镇 龙	2(2)	对 照	11(74)				

*：括号里的数字代表在所有试验里出现的次数，下同。

N92b、N92c、N94a、N94b、N94c、N94d。采用营养袋育苗，半年生苗木造林，各试验 4～15 个重复不等，每小区 4～12 株，行状或方块状排列，株行距 1.5m×2m 或 2m×2m（表 11-6）。

各年度子代测定林以南宁当地种源为对照，参试家系中有 20%～98% 的家系树高比对照大，有 5.5%～99.0% 的家系胸径比对照大，有 9.1%～99.0%

的家系单株材积比对照大。最大值比对照树高大 8.3%～67.7%、胸径大 11.4%～106.9%、单株材积大 29.2%～484.6%（表 11-7）。

用 N88 统计数据来计算马尾松中选家系的遗传增益，其中广谱性优良家系在树高、胸径和单株材积上可分别获得的遗传增益为 13.78%、17.59% 和 43.81%；适应局部地区的优良家系在树高、胸径和单株材积上可

表 11-6　广西区南宁市林业科学研究所各年度马尾松种子园自由授粉子代测定林基本情况表

试验代码	定植年份	试验小区及重复数	参试家系数	来源	对照数	面积（hm²）
N88	1988	4 株小区 15 重复	168	人工林	7	4.70
N92a	1992	10 株小区 6 重复	132	人工林	8	3.66
N92b	1992	10 株小区 6 重复	48	人工林	8	1.56
N92c	1992	10 株小区 6 重复	127	天然林	8	3.56
N94a	1994	12 株小区 5 重复	94	天然林	6	2.90
N94b	1994	12 株小区 5 重复	101	天然林	6	3.11
N94c	1994	12 株小区 5 重复	94	人工林	6	2.90
N94d	1994	10 株小区 5 重复	137	人工林	6	4.10

表 11-7　广西区南宁市林业科学研究所各年度参试家系与试验对照比较结果

试验代码	试验家系数	大于对照家系数（个）			所占比例（%）			最大值比对照大（%）		
		树高	胸径	材积	树高	胸径	材积	树高	胸径	材积
N88	168	152	63	105	90.5	37.5	62.5	15.4	14.2	43.5
N92a	132	126	125	125	95.5	94.7	94.7	32.3	37.3	122.6
N92b	48	40	41	41	83.3	85.4	85.4	26.1	30.6	90.7
N92c	127	115	104	107	90.1	81.9	81.9	32.7	46.6	110.1
N94a	94	90	87	93	95.7	92.6	98.9	48.8	68.3	258.0
N94b	101	99	100	101	98.0	99.0	99.0	67.7	106.9	484.6
N94c	94	86	60	73	91.5	63.8	77.7	49.9	61.9	172.4
N94d	137	87	37	52	63.5	27.0	38.0	46.8	64.4	178.0

表 11-8　N88 子代林优良家系选择及遗传增益表

优良家系类型	中选家系数	中选家系平均值			对照平均值			遗传增益		
		树高 (m)	胸径 (cm)	材积 (m³)	树高 (m)	胸径 (cm)	材积 (m³)	树高 (%)	胸径 (%)	材积 (%)
广谱性优良家系	32	9.07	10.29	0.0420	7.62	8.19	0.0255	13.78	17.59	43.81
适应局部地区的优良家系	6	9.58	11.03	0.0496	7.62	8.19	0.0255	18.62	23.79	63.98

分别获得的遗传增益为 18.62%、23.79% 和 63.98%（表 11-8）。从遗传力、年龄间的相关程度，以及考虑到早期选择的风险与效果，马尾松优良家系可以在 7～8 年生时进行早期选择。这样既加快了选育的进程，又降低了漏选的风险。

此外，于 1992 年收集 32 个马尾松特异性状如长节、多干等优树自由授粉家系，设 3 个林分采种对照。营建试验林面积 1hm²，按完全随机区组设计，5 次重复，10 株单列小区；2009 年营造马尾松高产脂优树子代测定林面积 0.33hm²，参试高产脂优树自由授粉子代 25 个；1997～2010 年选用 100 个 1 代无性系种子园自由授粉优良家系，分别在国营高峰林场、博白林场、派阳山林场、拉浪林场、横县镇龙林场、环江县华山林场、苍梧县天洪岭林场、贵州省铜仁和福建省官庄林场等 9 个点开展区域试验，每个地点试验面积在 2hm² 以上（图 11-28）。

图 11-28　广西壮族自治区马尾松高产脂种质基因库

（二）全同胞子代测定林

2007～2009年营造双亲控制授粉子代测定试验林面积3.9 hm²，共有97个全同胞家系参试，其中2007年营建的全同胞子代测定林有40个家系，设置4个对照，试验采用完全随机区组设计，6次重复，9株小区。

五、种质创新和利用

广西壮族自治区充分利用收集保存的马尾松优良种质资源，开展各类育种资源的评价、选择和推广应用。根据育种目标的不同，在提高生长量和形质指标的前提下，开展了马尾松多用途的育种。通过杂交育种和遗传测定工作，进行了高产脂、纸浆材、建筑材、抗性等方面的育种。全区共建立了马尾松种子园面积281.3hm²，其中初级种子园200hm²，优良种源改良代种子园36.7hm²，改良代种子园24hm²，高产脂种子园20.6hm²。坚持开展马尾松种内杂交和种间杂交育种，每年测定杂交组合100个左右，在多个地点建立子代测定林。结合优良家系区域试验，高产脂优树自由授粉子代测定，在广西的国营高峰林场、博白林场、维都林场、黄冕林场、派阳山林场、拉浪林场、横县镇龙林场、环江华山林场、忻城欧洞林场、苍梧白南林场、南宁市林业科学研究所、藤县林业科学研究所等建立单亲（双亲）子代测定林、区域试验示范林超过200hm²（图11-29，图11-30）。

图11-29　广西壮族自治区种子园单亲子代测定林

图11-30　广西壮族自治区全同胞子代测定林

第五节 广东信宜林业科学研究所国家马尾松良种基地

信宜市林业科学研究所 20 世纪 70 ~ 80 年代参加全国马尾松良种选育协作组，在广东省林业科学研究院的直接领导下，开展了马尾松地理种源试验、马尾松速生及高产脂选优、子代测定、基因资源收集、种子园营建、杂交育种、无性繁殖等工作。30 多年来，坚持不懈，在速生用材方面，由韶关市林业科学研究所负责牵头，在全省 19 个马尾松主产区调查了近 500 万亩松林，选出优良单株 508 株，经子代评选，筛选出 86 个优良无性系。在高产脂方面，由广东省林业科学研究院主持，经过对本省 7 县约 700 万亩马尾松林的普查，粗选出优树 182 株，经实测后，数量指标达到优树标准的 93 株。做到边选优、边收集（采穗、采种）、边测定（图 11-31）。

一、资源收集保育概况

已建与在建的种质资源库 10hm²，收集优良无性系 468 份，来源于 5 个省 30 个地区，其中高产脂类型优良无性系 185 个，高脂速生类型 151 个，速生材用类型 132 个（图 11-32 至图 11-34）。

（一）高产脂类型

马尾松高产脂类型，共收集 185 份，其中 1~86 号从本所优树收集圃采穗嫁接；87~136 号从本所优树子代林选择优良家系优良单株采穗嫁接；137~139 号从本所品比试验林选优采穗嫁接；140~144 号从广西玉林市林业科学研究所采穗圃采穗嫁接；145~185 号从中国林

图 11-31 广东信宜林业科学研究所马尾松基因库全貌

图 11-32 广东马尾松高脂 1 代种子园

图 11-33 广东马尾松高脂 1.5 代种子园结实母树

图 11-34 广东马尾松
高脂苗圃

业科学研究院亚热带林业实验中心（原大岗山实验局）马尾松基因库采穗嫁接。

（二）高脂速生类型

马尾松高脂速生类型，共收集保存 151 份，其中 1 ～ 65 号是在本所杂交子代林中选择优良杂交组合的优良单株；66 ～ 137 号是在本所马尾松种子园家系子代林优良家系选择的优良单株；138 ～ 151 号是在本所种源试验林中选择的优良单株。

（三）速生材用类型

马尾松速生材用类型，共收集保存 132 份，其中 1 ～ 10 号是从中国林业科学研究院亚热带林业实验中心马尾松基因库采穗嫁接；11 ～ 23 号是从中国林业科学研究院亚热带林业实验中心马尾松种子园采穗嫁接；24 ～ 41 号是从广西南宁林业科学研究所马尾松种子园采穗嫁接；42 ～ 75 号是从广东韶关林业科学研究所马尾松基因库采穗嫁接；76 ～ 132 号是从本所马尾松收集圃采穗嫁接。

二、保存资源种类与数量

（一）种源选育

1989 年在广东、广西优良种源区采集 20 个优良林分（其中广东 8 个、广西 12 个）的种子，营建优良种源优良林分子代测定林，于 2009 年进行生长量及采脂测定，参照高脂及速生用材标准，选出 14 株优良单株，其中广西桐棉种源 5 株、古蓬 3 株，广东信宜 6 株。

（二）优树选育

1978～1986 年广东信宜林业科学研究所借参加全国马尾松协作组的良机，直接参与马尾松速生用材与高产脂两大类型的选优工作，在选优过程中，十分重视资源收集，收集优树资源 264 份，其中高产脂 132 份（广东 86 份、广西 16 份、安徽 10 份、江西 10 份、浙江 10 份），速生用材 132 份（广东 87 份、广西 35 份、江西 10 份）。

（三）从子代测定林中选择优良单株

1984～2004 年在本所及本省的郁南、德庆、河源、乐昌等地布点，营建子代测试林 38.4hm²，参试家系 300 个，开展了无性系、半同胞和全同胞家系产脂力及生长量的测定，从这些测定林中参照选优标准，选出高脂速生优良单株 190 株。

（四）杂交育种

对入选的高脂无性系、脂材两用无性系及材用无性系按照亚系育种策略，采用分组 5×5 半双列交配设计进行杂交育种，并考虑到将高脂、速生和抗性等多种性状聚合，把高脂类型与速生的无性系杂交制种，以创制新一代的种质资源。

以本所收集的马尾松基因资源为基础，杂交亲本以产地为单位划分亚系，即分别以信宜、高州、郁南、德庆、罗浮山、河源、连县等建立不同的亚系，其中信宜入选亲本较多，进一步以所处地区不同划分出多个亚系，交配只保持在亚系内，亚系间没有亲缘关系，以避免从不同亚系中选出最优亲本进入到生产性种子园时出现近交衰退效应。亚系由 4～6 个亲本组成，采用不完全半双列交配设计，形成遗传基础较为广泛的基本群体，既保证当代（短期）遗传增益，又保证未来（长期）遗传改良效果。1997～2003 年共收获 216 个杂交组合。

5 年生的杂交子代测定林的调查结果表明，马尾松杂交组合间树高、胸径、材积和产脂差异极显著。根据聚类分析可划出 3 种类型组合，包括高脂型 27 个组合，中脂型 29 个组合，中脂慢生型 38 个组合，优良类型组合占 28.7%，产脂量杂种优势明显，前 15 名的平均杂种优势为 83.27%，最高达 155.7%。

（五）无性繁殖

本所从 1999 年起进行了高脂马尾松扦插育苗试验，通过修剪诱发母株促萌技术，扦插繁殖系数可达 30～50 倍，选用半木质化的芽条作插穗，以黄心土作基质，穗条经生根促进剂处理和合理的管理，扦插生根率达 85% 以上。高产脂马尾松扦插繁殖取得突破，扦插技术达到生产实际应用水平。2006 年以来，年产扦插苗 20 万株以上。

（六）良种生产

为了充分利用已收集的资源，加快良种生产步伐，为生产直接提供良种，本所于 1986 年开始营建第一期种子园，1992 年建成初级种子园 53.3hm²，1998 年以 15 年生优树半同胞子代测定的结果为依据，对 20hm² 高产脂初级种子园进行疏伐，从最初 88 个建园的无性系中（初植密度 4m×7m），保留 61 个无性系（每公顷约 150 株），其中株数较多的骨干无性系 19 个，占全园株数的 70%，疏伐后 2000～2005 年的 6 年间共生产种子 767.7kg，种子产量比疏伐前提高 40%，经 6 年生子代测定，产脂量增益达到 24.97%。

2001～2005 年重建 1.5 代种子园 14 hm²，产脂量增益为 27.12%，选择建园亲本的原则，除产脂增益高之外，要求花期较为一致、结实能力较强，以获得较高的种子产量，目前已进入产果期，平均每公顷产种量 6～10kg。

三、资源特点与开发利用

（1）优树大部分来源于优良种源区的天然林，遗传基因优良。

（2）资源来源于马尾松大部分的主产区，遗传基因广泛。

（3）种质资源经过种源—林分—优树—子代—杂交多层次选育，这是十分宝贵的育种资源。

（4）通过无性繁殖，即嫁接和扦插育苗，加速优良种质资源开发利用。

（5）在进行无性系、半同胞和全同胞家系产脂力和生长量的子代测定的同时，进行了马尾松木材基本密度、管胞长度与生长量、产脂力的相关性研究。同时利用热解吸/气相色谱/质谱技术与计算机图像处理软件技术结合，研究不同产脂力马尾松色谱指纹图谱特征，为下一步的遗传改良奠定了物质基础与技术储备。

第六节　湖南马尾松良种基地

湖南省为马尾松资源分布的中心区和主产区之一。近年来全省马尾松年均新造林面积达 6.7 万 hm²。截至 2009 年，马尾松林面积达 224.7 万 hm²，木材蓄积达 10341 万 m³，分别占全省森林总面积的 28.1% 和全省森林总蓄积量的 28.2%。自 1977 年开展马尾松良种选育工作以来，种质资源收集与遗传改良已取得显著成效（图 11-35 至图 11-42）。

一、马尾松种源收集与选择

（一）地理种源试验

从 1977 年开始进行马尾松资源收集，至 1985 年，先后收集了马尾松产区南方 14 省（自治区）的种源 145 个，在全省设置了 8 个试验点，共造试验林 28.1hm²，初试选出了 19 个优良种源。经长达 9 年的多点试验结果表明：马尾松不同种源间的生长、发育和抗逆性差异显著，地理气候带的影响对种源的性状变异和式样起着主要的作用，参试种源基本上呈现出由南向北或西南向东北的倾群渐变模式。马尾松种源间的差异稳定，通过种源选择可以为生产提供有显著增益的优良种源。湖南慈利、永顺、安化、资兴、江永、汝城、贵州凯里、都匀、黎平、德江，江西安远、崇义、吉安，福建闽清、邵武、永安，四川岳池、广东连县、乳源 19 个种源，幼林的树高生长增加 5% ～ 24%，胸径生长增加 7% ～ 60%，表现出明显的增产效益。其中安化、永顺、资兴、江永 4 个本地种源在湖南各试验点生长均表现优良，可以在生产中推广应用。

图 11-35　湖南桂阳马尾松 2 代种子园

（二）造林区优良种源选择

在 1978 年开展 24 个种源对比试验工作的基础上，于 1980 年着手开展大面积的初试工作，1983 年正式列为国家攻关项目，至 1986 年开始区域性试验工作，先后在全省不同生态类型区域内布点 13 处，营造试验林 106.7hm²，初试试验测试种源 124 个（次），区试种源及林分 30 个。通过对已超过半个生长轮伐期的种源初试与区试林进行多年度的生长调查和木材取样测试，取得以下结果。

（1）全面掌握了种源后代性状的地理遗传变异规律，直观、科学、准确地描述了各主要性状的地理变异形式，全面校正了现有对木材密度等性状变异的不准确描述。提出了马尾松种源性状变异不但具有由南向北产生倾群性渐变的特点，同时还具有多型性与多态性。明确了其性状变异受多种环境因子的影响规律以及马尾松种源性状变异以温度因子的影响为主导，并将现有种源区区划的 3 带 8 区合并调整为 3 带 4 区；大大方便了生产与教学的应用。

（2）提出了种源生长性状早期选择的可行年龄（可在第八年时进行），并指出材性性状早期选择的年龄与生长性状相比应适当推迟。

（3）摸清了树高、胸径、材积生长、通直度、枝粗等主要性状间的表型和遗传相关规律。

（4）找出了限制湖南马尾松优良种源适生范围的限制因子——种源的抗倒伏能力，摸清了种源的抗倒伏能力与环境因子的关系，指出种源倒伏现象的产生与立地、小气候条件及其组合紧密相关。因而只要把握选地关，则对增产潜力巨大的南部两广种源抗逆性的不足完全可扬长避短或通过林分生长量提高而得到弥补，并提出了相应的营林技术措施。

（5）提出并采用以营林技术措施相配套，生长与干形遗传改良为主要目标，抗逆性遗传改良相补充，而兼顾材性遗传改良的种源群体遗传改良策略。提出种源群体抗倒伏性状的遗传改良应以个体选择为基础，以群体生长表现及林分生产应用效果为依据的种源干形遗传改良路线。

（6）摸清了种源的适应性与种源原产地生态因子组合及其类型的相关关系。指出马尾松种源可划分为优良、广泛与不良 3 种适应性类型，同时指出"种源×地点"交互效应明显，种源推广和应用时必须做到适地适种源。

（7）对种源年生长节律及其环境因子同步进行了连续 3 年的定位观测，指出种源性状各月间生长量差异显著，年度生长高峰期明显不一，不同地理带种源对环境的适应性有着明显的区别。因此在马尾松生产与经营活动中，应因时制宜，因种源不同采取相应的营林抚育措施，以充分挖掘两次生长高峰季节的增产潜力。同时指出，水、热、光照条件及其配合是诱导马尾松生长产生节律性变化的主导因素，长日照及生长期内减少地面蒸发、提高土壤湿度、降低林内相对湿度与土壤温度是加速马尾松幼林生长的重要经营措施。

（8）摸清了马尾松种源、林分、单株不同层次间的遗传变异规律，指出种源间的差异是马尾松种内最主要的变异来源，在不同遗传层次中以种源的变异为最大，然后依次是单株及林分。提出了马尾松树种遗传改良的技术路线：优良种源的选择→优良种源区域中优良林分内优良个体选择→优良个体或优良种源个体间杂交及其有性与无性利用→多代轮回选择。

（9）指出由于木材密度变异所具有的与生长性状所不同的特殊地理变异形式，而使得在种源生长性状选择的同时，完全可能选择出具有较大木材密度种源的观点，并将其应用于种源选择之中。

（10）掌握了马尾松优良种源基因资源主要集中分布于湖南、广东、广西、福建及浙江 5 省（自治区）的规律，为丰富我国马尾松育种资源与加速遗传改良工作的不断深入提供了可靠依据。

（11）分别湖南马尾松不同造林区选择出材积生长增益达到 15% 以上的优良种源 29 个，增益 20% 以上的优良种源 22 个，增益达到 30% 以上的优良种源 13 个，增益达到 35% 以上的优良种源 10 个，增益达到 40% 以上的优良种源 4 个，且最大达到 110.63%，同时使马尾松干形、材性等多方面都得到了大幅度的遗传改良。

二、优良家系选择
（一）优良家系定向选择

1980 年开始优树选择，至 1984 年根据种源初评结果，全面开展优树复查与采种，同时在全省范围内进行大规模的多试点、多年份子代测定。历时 20 年，先后在全省不同生态类型区布点 7 处，采用多层次用种水平作对照（优良种源及优良林分内优良单株混合种），共营造优树子代测定林 18 处，区试试验与示范林 5 处，累计面积 1033.3hm²；经多点、多年份苗期与幼林测试，

图 11-36 湖南安化马尾松优良种源林

初选出家系 279 个 (淘汰率 10% ~ 20%)。通过对已超过半个生长轮伐期的马尾松子代测定试验林进行多年的系统观测与分析,在家系生长与材性选择的基础上,突出干形遗传改良与群体产量提高,通过对"基因型与栽植密度"等多环境因子互作的系统研究,全面掌握了半同胞家系遗传结构及变异规律,并应用生态、群体及个体遗传学理论与数量遗传、造林、森林经理以及经济学等多学科原理,系统优化、总结现有良种选育方法与策略,在理论、方法等基础研究上取得较大突破的基础上,在优良家系定向选择和配套技术等方面的研究结果如下。

(1) 全面分析并掌握了马尾松林分、生长类型以及家系间生长、材性、干形与冠体结构等多个数量 (28 个) 性状的遗传变异及其结构规律,提出了马尾松家系遗传改良以生长、干形选择为重点,同时兼顾材性选择的多目标遗传改良策略。

(2) 系统全面完成了马尾松家系主要经济性状的早晚表型与遗传相关分析以及"基因型×栽植地点×年份"的互作研究,全面评价了参试家系的遗传稳定性和适应性。研究发现了家系与栽植密度的强烈互作,以及不同家系与栽植密度等因子在互作方式与效果方面的显著差异,提出了马尾松造纸材密生型优良家系定向选择的新的理论和方法。

(3) 确定了马尾松半同胞家系生长早期选择的可靠年龄为 6 ~ 8 年,同时指出好的立地等环境条件有利于家系生长性状的充分表达与提高选择的准确率。在试验中应采用多个对照 (10 个优良种源),加大了家系的选择强度,显著提高了入选家系的优良特性。

(4) 提出了"马尾松优良家系定向选择—扩繁—定向栽培利用"的成套营林技术体系。对马尾松优良家系的生物学、造林学以及经济学特性等进行了系统深入的研究,为马尾松遗传改良研究的深入及栽培与经营管理水平的提高提供了新的理论依据和技术支撑。

(5) 分别不同造林区以及培育目标定向系统地选择出了纸浆材、纸材兼用及大径级用材优良家系 127 个,平均材积遗传增益 69.41%,木材密度遗传增益 4.8%。其中:密生型纸浆材优良家系 33 个,其材积增益 20.21% ~ 161.21%,木材密度增益 1.12% ~ 2.60%;纸材兼用型优良家系 30 个,其材积增益 20.10% ~ 117.50%,木材密度增益 2.01% ~ 10.39%;大径级用材家系 64 个,其材积增益 20.0% ~ 102.0%。

(6) 马尾松优良家系造林增产效果与经济效益。在本省城步、涟源、临武三地营造马尾松优良家系丰产林,以湖南省优良种源及当地用种设立 2 组对照,结果三地优良家系平均材积生长分别比安化种源大 146.21%、104.7% 和 159.1%,比当地天然林优势木混合种分别大 58.84%、114.92% 和 76.1%。家系纸浆林每公顷可获净

图 11-37　湖南城步 22 年生马尾松子代林

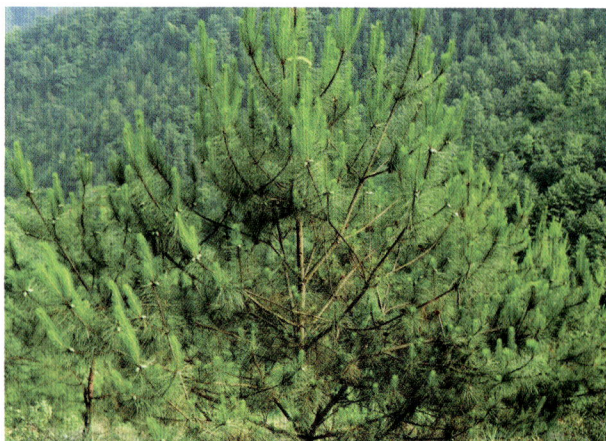

图 11-38　湖南安化马尾松种子园结实母树

现值比当地天然林优势木混合种高将近 1.5 倍，良种现值投入产出比达 1：27.93。

（7）马尾松家系生长稳定性。对多个试点马尾松家系试验林 11 年生树高、胸径、材积进行分析。结果表明：家系生长性状差异显著，地点间差异也十分显著，同时家系方差分量与"家系×地点"的方差分量在表型方差中都占有较大的比重，可见交互作用显著存在。就地点而言，城步试点起了主要的作用。采用相关系数法、非参数法以及 Wricke—生态价法等 6 种稳定性评价方法对参试家系的稳定性进行评价与比较，结果以相关系数和非参数稳定性度量值的评判效果为最佳。以非参数法将参试家系划分为稳定与不稳定两种稳定性类型，同时以相关系数法评判，将参试家系划分为广泛生境型、优良生境型和不良生境型 3 种适应性类型。结合各

家系生长表现与稳定性测度而将参试家系划分为高产稳定、高产不稳定、中产稳定、中产不稳定以及低产稳定和低产不稳定共 6 种丰产稳定性类型。其中属高产稳定型的家系有 115、90、88、117、93、89、85、78、76、38、79、147 这 12 个家系可作为生产上马尾松造林区大范围内推广的主要对象；属高产不稳定型的家系有 116、151、119、80、83、75、35、87 这 8 个家系，此类家系在生产上只宜于特定环境下的局部地区进行推广；而对于多点平均产量一般，仅在个别试点表现较好的家系如 4、52、155 等家系，生产上则应严格择地使用。

（二）马尾松良种审定

先后选育的马尾松良种经过省级审（认）定：2006年湖南省第一届林木良种审定委员会对马尾松良种进行

图 11-39　湖南城步马尾松种子园远景图

图 11-40　湖南城步马尾松种子园

审（认）定，确定 3 个优良种源、1 个种子园、10 个用材林家系。2007 年湖南省第二届林木良种审定委员会，审定的马尾松纸浆材优良家系共 5 个。良种简明介绍详见本书附录部分。

三、良 种 生 产

（一）良种基地建设

1979 年于城步开始 1 代生产性初级种子园营建，总面积 47hm²，同时对影响种子园产量的主要因子进行了深入的研究，并对初级种子园进行了去劣间伐，有效保证了种子的产量与质量，种子园多年平均产量达到 34.5kg/（hm²·年）。1991 年开始 1.5 代种子园营建，先后于桂阳、安化、汨罗等地营建 1.5 代改良种子园 87hm²。2003 年开始进行 2 代种子园营建，现已于城步、桂阳、洪江等地建立 2 代种园 75hm²，保靖、江华、鹤城在建 2 代种园 57hm²。

（二）重点马尾松良种基地

城步县林木良种场马尾松初级去劣种子园，是 1996 年经湖南省第一届林木良种审定委员会审定通过的唯一的马尾松良种基地，其良种抗病虫性强、抗寒性好、材性良，适宜种植于全省马尾松主产区。该良种基地 2009 年被列为国家重点林木良种基地。

四、马 尾 松 良 种 推 广

（一）优良种源推广

1986～1997 年推广应用面积达到 5.75 万 hm²。据世行项目林抽样调查，10 年生林木材积增益达到 43.8%～97.9%，造林成林率提高 22.4%，林分成材率可提高 50% 以上，为全省马尾松人工林基地建立及其投资效益的提高提供了重要技术保障。经过 12 年的推广、应用，仅湖南全省木材一项累计新增纯收入近 80 亿元。同时由于优良种源林分早期生长的加速，以及实现造林配套技术，使得林分普遍可提早郁闭 1～3 年，营林投资效益普遍得到大幅度提高。优良种源在干形、材性等多方面的遗传改良，使得煤炭（矿柱）、造纸等多行业都得到了巨大的直接或间接经济效益。通过优良种源的应用，大大加速了湖南高效林业建设步伐，使得全省森林覆盖率得到大幅度提高，有力地推动和促进了湖南工、农业生产的发展，产生了巨大的社会及生态效益。同时这也是湖南全省世界银行贷款造林项目等大型工程造林生产水平得以在全国名列前茅的重要技术

图 11-41　桂阳马尾松子代林 2 年生植株

前提和可靠技术保障。

（二）种子园良种推广

截至目前，种子园良种已推广应用面积达到 70 万 hm2。经推广、应用，全省木材一项累计新增纯收入 90 多亿元；同时由于种子园良种林分早期生长的加速，以及对相关造林配套技术的应用，使得林分普遍可提早郁闭 1 ~ 3 年，营林投资效益普遍得到大幅度提高。

（三）优良家系推广

1985 ~ 1999 年推广、应用面积累计达到 3.68 万 hm^2。据全省部分世界银行贷款项目造林抽样调查，10 年生林木平均材积生长与优良种源相比可提高 62.31%，林分成材率可提高 55% 以上，同时幼林可提前 1 ~ 3 年郁闭。

五、基因资源收集

1. 先后营建基因资源收集圃 4 处，面积 22hm^2，累计收集优树无性系 1024 个，测试家系 709 个。经多年生物学特性、结实情况观测与一般配合力测定，已选出 3 个雄性不育系和 29 个强雌型无性系。通过多年人工控制授粉，已获得 208 个杂交后代（全同胞家系）。

2. 1.5 代种子园收集优良无性系共 188 个。

3. 2 代种子园收集 2 代半同胞优树无性系 141 个，全同胞优树无性系建园材料 20 个。

4. 高世代育种材料收集。2006 ~ 2008 年选择与收集桂阳、涟源、城步试验林内 199 个优树无性系，包括双亲家系 20 个、单亲家系 125 个、种源单株个体 54 个，其中生长与干形兼优的无性系 165 个，生长中上、干形良好的优良无性系 34 个，建立育种圃 2hm^2。收集的优树材料中全同胞与半同胞子代测定林中家系群体平均材积增益大于试验林平均值 40%，且抗性强、单株生长突出、干形良好的优良无性系 60 个；家系群体平均材积增益为 20% ~ 40%，但单株生长突出、干形良好的优良无性系 85 个；种源中试林中的优良种源中选用种源群体平均材积增益大于对照 15%，抗性强、单株生长突出、干形良好的优良无性系 54 个。

六、高世代育种材料选育

2010 年完成 2 代种子园 15 个家系试验与示范林营造，共造试验示范林 13.3hm^2。

2011 年已培育 32 个 2 代种子园优良家系苗。

2009 年开始于 2 代种子园进行人工杂交育种，已进行 3 年杂交育种工作。

图 11-42　湖南城步马尾松 2 代种子园开展杂交试验

第七节　贵州马尾松良种基地

马尾松是贵州最重要的造林树种之一，据2008年全省第三次二类调查结果，全省现有马尾松林148.08万hm²，蓄积量1.09亿m³，居主要用材树种之首，其对贵州林业的重要性不言而喻。开展马尾松种质收集保存和遗传改良研究，选育适合贵州省推广发展的马尾松优良品种，对于提高林地生产力等具有非常重要的现实意义。现将贵州省马尾松种质资源保育情况介绍如下。

一、资源收集保育概况

贵州的马尾松遗传改良始于20世纪70年代，经过数十年的努力，已收集保存了省内外马尾松种质资源449份，其中51份为近两年新收集资源。省内种质资源主要是通过选优收集，主要来自贵州省苗岭山脉一带，属于马尾松优良种源区。省外马尾松种质资源，一部分是20世纪80年代通过全国马尾松良种选育协作组获得的试验材料，另一部分是近几年通过科研项目或林木良种补贴项目收集和交换的优良资源。

依托林木良种基地建设，在贵阳、黄平和都匀三地建立了马尾松种质资源收集库，总面积66.7hm²。各库的资源保存情况为：贵阳点（由贵州省林业科学研究院承建）保存资源126份；黄平点（黄平县国家马尾松良种基地），保存资源436份；都匀点（都匀市马鞍山林场国家马尾松良种基地），保存资源175份（图11-43至图11-50）。

二、保存资源种类与数量

（一）种源选育

贵州省自1977年起参加由中国林业科学研究院亚

图11-43　贵州黄平林场马尾松种子园林相图

图 11-44　贵州黄平林场马尾松收集圃林相（任智德　摄）

热带林业研究所主持的全国马尾松地理种源试验协作组，1981 年纳入省科委项目，先后收集到马尾松全分布区的 106 个种源种子，开展种源试验，摸清了马尾松种源特征，选出了适合贵州省推广的马尾松优良种源。

各种源的育苗造林试验在黄平、松桃、湄潭、贵阳、龙里、紫云、都匀、瓮安 8 个县（市）进行。在开展 5 次育苗造林试验的基础上，初步选出了恭城、高州、汝城、宁明、博罗、信宜、都匀、黄平、凯里、岑巩等 10 个适宜贵州推广使用的优良种源。目前在黄平、龙里和贵阳 3 个县市仍保存有种源试验林 8 片，总面积 10.2hm²。

（二）优树选育

贵州马尾松优树调查工作始于 1974 ~ 1981 年，在各地优良林分中选出了优树 454 株，其中贵阳 55 株、黄平 87 株、余庆 31 株、湄潭 17 株、剑河 17 株、施秉 12 株、岑巩 14 株、凯里 7 株、福泉 6 株、黎平 3 株、贵定 3 株、都匀 2 株、镇远 1 株、三穗 3 株、麻江 26 株、丹寨 23 株等。经优树子代测定，从中选出了 192 个优良无

性系，并作为马尾松改良代种子园的建园材料。2007 年选出了 59 个高生长量优良家系和 5 个高木材密度家系及 7 个高木材密度优良无性系，作为高世代马尾松种子园建园材料。

（三）杂交育种

1984 年开始进行马尾松控制授粉研究。前后共有 100 余个组合杂交成功，有 52 个组合进行了子代测定。2010 ~ 2011 年又开展了新一轮的控制授粉研究，约有 150 余个组合，目前正在进行中。

（四）无性繁殖

有性杂交、无性利用是林木良种的重要途径。鉴于马尾松的树种特性，贵州省的马尾松无性繁殖手段以嫁接为主。由于嫁接成本较高，除种质资源保存、无性系种子园营建外，在生产上多采用种子实生繁殖。通过对不同嫁接方法、嫁接时期的不断探索，提出了马尾松小砧嫩梢嫁接技术，把嫁接成活率由 40% 提高到 90% 左

11-45 贵州都云选择马尾松优树

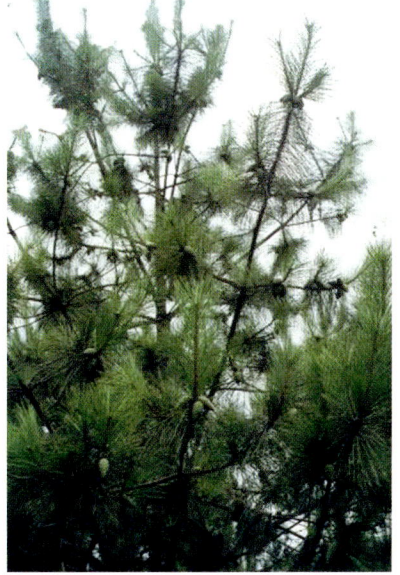

图 11-46 贵州黄平林场马尾松种子园结实情况

右，1986 年获得贵州省科技进步奖。

（五）良种生产（种子园）

（1）黄平县国有林场 由黄平县国有林场承建的马尾松良种基地始建于 1976 年，1986 年确定为林业部与贵州省联合营建的马尾松良种基地，2009 年被确定为首批国家重点林木良种基地。基地总规模达 266.7hm²，建有种质资源收集群体、子代测定群体及良种生产群体等一系列较为完备的马尾松育种体系。基地收集马尾松各类种质资源 436 份，建立子代测定林 15hm²（最早年份为 1979 年）、马尾松种子园 75.1hm²，其中：1 代种子园 65.3hm²，2 代种子园 9.81hm²。该场 1 代无性系种子园生产的种子于 2000 年通过贵州省林木品种审定委员会审定，确定为林木良种。2003 年，经国家林业局林木品种审定委员会审定为国家级良种。基地自有种子产量记录的 12 年来，累计为社会造林提供良种超过 10000kg。

（2）都匀市国营马鞍山林场 林场于 1991 年开始建设马尾松良种基地，至今建设规模已经达到 105.9 hm²（含 15hm² 在建工程）。基地现有 1.5 代种子园 38.3 hm²，其建园材料是从贵州省黄平县国有林场马尾松基地优选的 48 个无性系。高世代种子园（已经

图 11-47 贵州都云马尾松种子园林相

图 11-48 贵州都匀马尾松种子园

图 11-49　贵州都匀马尾松种子园结实母树树形

批复立项）正在建设中。同时，基地也注重资源的收集和测定评估，结合造林工程开展了测定林建设。目前已营建种质资源库 3.33hm²、各类试验林超过 40hm²。基地依托贵州大学、贵州省林业科学研究院等单位，持续开展马尾松育种和马尾松种子园病虫害防治等研究，是贵州省马尾松良种生产和研究的重要基地。

二、资源特点与开发利用

（一）群体选择

贵州省是马尾松的主要分布区之一，并主要集中分布于苗岭山脉和清水江流域上游地区，海拔 600 ~ 1200m。黔中、黔北地区虽有一定的分布，但其生长与干形均比上述地区较差。根据马尾松全分布区种源试验的研究结果，都匀、黄平、凯里、务川、岑巩等县（市）为优良种源区。

（二）个体选择

贵州省马尾松优树个体选择始于 1974 年前后，共营造了超过 15hm² 的马尾松优树子代林。特别在贵州省黄平国有林场马尾松良种基地，最长林龄的测定林已有 30 余年。在第一次选择中，选出 196 个优良家系，为 1 代马尾松种子园疏伐及 1.5 代种子园营建提供了依据和建园材料；第二次选择，为高世代马尾松种子园营建提供了 59 个高生长量优良家系及 7 个高木材密度无性系的建园材料。

（三）推广应用

贵州省黄平县国有林场马尾松良种基地，共为贵州、广西、湖南、福建和江西等多个马尾松主要分布区提供马尾松优良种子超过 10000kg。其种子园种子在贵州省龙里林场大面积推广应用，良种林分生长量大于普通种子林分生长量 15% ~ 30%。近十年，黄平马尾松种子园种子每千克单价在 100 ~ 400 元人民币之间，仍然是供不应求。

（四）特异性状选择

（1）马尾松多球果特异性状选择　通过 10 多年的研究得出几方面的结论：一是大量结实的多球果特征在所选择的种质材料中是多年重复发生的；二是多球果特征是可以通过无性繁殖进行利用的（具有极高无性繁殖重复率）；三是多球果植株发育的种子是可以发育成正常和良好后代的，有与常见型马尾松种子相同的发芽率；四是通过营林措施，多球果马尾松球果与常见型马尾松球果可表现出相同的发育水平。

（2）木材材性选择　通过对 15 ~ 20 年生子代测定林的分析，已选择出高木材密度的优良家系 5 个，优良无性系 7 个。

（3）生长适应性选择　于 2010 ~ 2011 年在贵州马尾松分布区的特殊立地环境中选择了 8 个耐瘠薄、耐低温的个体材料，并已收集保存。

（4）人工杂交与选择　1984 年开始进行马尾松控制授粉研究。前后共有 100 余个组合杂交成功，有 52 个组合进行了子代测定。2010 ~ 2011 年又开展了新一轮的控制授粉研究，已约创制了 150 余个杂交组合。

图 11-50　贵州黄平林场马尾松子代测定林林相

第八节 重庆马尾松良种基地

一、马尾松种质资源收集保育概况

南川区国家重点林木良种基地收集保育马尾松种质资源共 1065 亩，其中马尾松优树收集区 150 亩，收入四川省和重庆市 10 多个县筛选出的优树无性系 509 个，马尾松初级种子园 600 亩，建园无性系 305 个。马尾松子代测定林 115 亩，参试家系 132 个。马尾松采种母树林 200 亩（图 11-51，图 11-52）。

二、保存资源种类与数量

（一）种源选育

（1）马尾松母树林 1998 年在南川东城贾岑国有林地内用马尾松初级种子园良种育苗造林 200 亩，至 2010 年，该林分平均郁闭度 0.8，平均树高 10m，平均胸径 10cm，部分植株已开始结实，根据母树林营建的相关技术指标，经 2 次去劣疏伐，建成马尾松采种母树林。

（2）马尾松子代测定林 1984 年在南川南城白露坪国有林地内，选用四川省所选优树的种子营建马尾松子代测定林，参试家系 132 个，排列采用随机区组 5 次重复，双行小区，每小区 12 株，面积 115 亩。

图 11-51 重庆市南岸区明月山林场马尾松种子园林相

（二）优树选育

（1）马尾松初级种子园 1982 年在南川铁村乡锅厂村的楠竹山国有林地内进行开梯筑台，1984 年马尾松初级种子园定砧，从重庆开县、四川巴中等 10 多个县选择的马尾松优树中确定 305 个无性系作为建园无性系，1986～1993 年完成种子园母树嫁接，建成面积 600 亩，分 9 个大区 63 个小区，母树株行距 4m×4m，共计 20998 株。

（2）马尾松优树收集区 1983 年四川省组织技术力量，按马尾松优树选择标准，从重庆开县、巫溪、丰都、酉阳、南川、忠县、綦江、石柱、涪陵、梁平、彭水、武隆和四川巴中、名山、蒲江、高县 16 个县选择优树，1985 年进一步筛选出 509 株优树，通过无性系嫁接方式将优树无性系保存于南川铁村乡锅厂村的楠竹山，建成马尾松优树收集区 150 亩，嫁接保存株数 4500 株。

（三）良种生产

南川马尾松初级种子园，自 1992 年开始生产良种，累计产种 1.4 万 kg，2005 年经国家林业局林木品种审定委员会认定"南川马尾松初级种子园种子"为国家级良种，良种编号：国 R-（SOG）-PM-001-2005。

三、资源特点与开发利用

（一）资源特点

南川区国家重点林木良种基地的马尾松种质资源具有树皮薄、干形直、生长速度快等特点。

（二）开发利用

1992 年马尾松初级种子园投产后，利用所产良种在南川区东城办茶山村等地建立示范林 80hm^2，经测定其遗传增益达到 10%。南川马尾松初级种子园种子，在南川区本地育苗造林逾 6700hm^2，向重庆武隆县、涪陵区、万盛区、綦江县和贵州正安县等县（区）供种造林逾 700hm^2，在高生长和径生长上普遍优于一般种子。

图 11-52　重庆市南川区红色薄皮马尾松母树林

第九节　江西马尾松良种基地

　　江西省马尾松资源丰富，现有马尾松林 300 余万 hm²，其中成、过熟林 141.7 万 hm²，中龄林 81.5 万 hm²，幼龄林 79.4 万 hm²。江西省位于北纬 24°29′～30°04′，东经 113°34′～118°28′之间，是马尾松天然分布中心区之一，是全国松香六大产区之一，也是马尾松林面积最大的省份之一。马尾松是江西省的主要造林树种，对建设完备的林业生态体系和发达的林业产业体系都发挥了不可替代的重要作用。江西省林业主管部门、林木良种管理单位与林业科研机构都十分关注并致力于马尾松良种建设事业。因此，在马尾松种质资源收集与保育利用中，科研紧密结合生产，先后开展种源试验、选优建园等一系列遗传改良与良种培育。自 20 世纪 80 年代以来，全省营建了种源试验林、种源中试林、优良种源林、优树收集区、种子园等马尾松实地资源保育与良种生产基地（图 11-53 至图 11-57）。

一、马尾松种源资源选育

（一）营建种源试验林

　　江西省于 1980 年参加全国马尾松全分布区种源试

验，参试种源共有 72 个，其中 64 个为全国统一试验的种源，有 3 个试验点，分别设在赣东北的弋阳县林业科学研究所、赣中的安福县武功山林场和赣南的安远县林业科学研究所。目前保存完好的种源试验林在安福县武功山林场，该片试验林于 1980 年育苗，1981 年造林，至今已有 30 年，试验设计为 8×8 的平衡不完全区组（BIB）设计，6 株小区，9 次重复，株行距 2m×2m，至今未进行间伐。77 个参试种源的产地见表 11-9。

安福武功山林场是江西省经营面积最大的林场之一，具有良好的经济、科研基础，是江西省承担林业科研和试验示范最多的试验基地，科研力量较强，林场专门设立科研机构——林业科学研究科所，现有中级以上专业技术人员 6 人，目前是国家级杉木、火炬松良种基地建设单位。武功山林场对前期营建的马尾松种源试验林一直按特殊用途林的要求，完好地保护着该片试验林，并完整地保存着该片试验林的档案资料，为进一步研究提供了良好的物质基础。

（二）天然优良种源林

1980 年，江西省参加全国马尾松种源试验的种源有包括崇义在内的 12 个种源。阶段性种源试验结果表明，江西崇义马尾松种源是一个广谱性的优良种源，其木材、纤维性状在全国各试验点中均为全分布区种源前茅之列，是建筑、纸浆材的优良种源。

江西在参加全国马尾松种源试验的同时，还将参加全国种源试验的 12 个江西种源（崇义、安远、石城、吉安、安福、清江、崇仁、资溪、德兴、余江、万载、彭泽）在九江、宜春、上饶 3 个市级林业科学研究所建立了省级种源试验点，试验结果也表明，崇义、安远、石城、吉安等种源生长性状表现优良。为此，将这些种源所在区域列为优良种源区，并对采种林分进行保护。目前保护较好的优良种源区有崇义种源、上饶种源、安远种源等，林分面积 5000 亩以上。

（三）新造优良种源林

通过全国马尾松种源试验，江西省选择了生长迅速，适应性和抗逆强的优良种源或优良种源区。以此为依据，从优良种源区中调拨种子进行育苗造林，形成优良种源林分。自 1986 年以来，江西省陆续从广西桐棉、古蓬，广东高州和本省崇义、安远等优良种源区调拨种子，在

表 11-9 马尾松种源试验参试种源的产地

种源产地	种源产地	种源产地	种源产地	种源产地
广东南雄	福建永定	江西贵溪	安徽霍山	浙江仙居
信宜	漳平	湖南江永	江苏句容	遂昌
乳源	江西崇义	汝城	贵州都匀	庆元
英德	安远	安化	黄平	永康 2
高州	吉安	临湘	凯里	永康 2
广宁	资溪	宁乡	孟关	三门
罗定	安福	慈利	黄平	缙云
罗浮	彭泽	永顺	德江	鄞县
连县	石城	湖北通山	黎平	嵊县 1
广西忻城	崇仁	远安	松桃	嵊县 2
恭城	清江	红安	四川南溪	开化
宁明	德兴	安徽太平	涪陵*	陕西城固
岑溪	万载	屯溪	蒲江	南郑
福建闽清	弋阳 1	径县	南江	河南固始
邵武	弋阳 2	潜山	宜宾	新县
德化	余江			

注：*所示地区现归属重庆。

图 11-53　九连山国家保护区的天然马尾松林

图 11-54　江西崇义马尾松优良种源天然林

全省各生态区营建马尾松优良种源林,全省造林面积达 5 万亩以上,为全省灭荒造林起到了重要作用。同时,也为江西省马尾松进一步进行良种选育奠定了良好的物质基础。

目前,保存完好、面积相对集中的马尾松优良种源新造林分,有宜春市铜鼓县温泉镇于 1993 年营造的桐棉松 1000 余亩;抚州市南城县于 1992 年营造的桐棉松、古蓬松 2000 余亩。外来种源的推广应用,极大地丰富了本省马尾松优良种质资源,为提升马尾松良种化水平发挥了积极作用。

(四)马尾松种源中试林

在马尾松全分布区种源试验取得阶段性成果,初步选择出了各省(自治区)适宜的优良种源后,全国马尾松种源试验协作组又安排了中间试验,即在优良种源区中选择优良采种林分,再在优良林分中选择优良单株采集种子,进一步进行种源—林分—单株 3 个遗传水平上的测定试验,以期在优良种源选择的基础上筛选出优良

林分和优良单株,为生产性群体提供所需材料。江西省马尾松中间试验点设在景德镇市林科所和安福县武功山林场,试验林 1988 年育苗,1989 年春造林,参加试验的优良种源有 8 个,分别为江西安远、景德镇,广东南雄、高州,广西宁明、古蓬、古优,福建大田。马尾松中试林造林设计为:100 株小区,4 行 25 株排列,4 次重复,株行距为 2m×2m。

江西省营造的马尾松中试林自造林至今,武功山林场一直保存完好,档案资源齐全,长期以来一直作为特殊用途林进行保护。至今已是全国少有的保存下来的中试林之一,是具有重要研究价值的试验材料。

二、马尾松优树选育资源

根据马尾松全分布区种源试验结果,江西省抚州市林业科学研究所从广东、广西、贵州等优良种源区选择了 247 个经当地测定表现优良的优树无性系,采集穗条进行嫁接,建立了集种质资源收集与采穗圃于一体的

图 11-55 江西铜鼓县营建的马尾松优良种源——桐棉松林分

图 11-56 江西抚州市林业科学研究所于 1987～1989 年营建的马尾松优良种源种子园林相

也有部分遗失，目前只有用于营建种子园的亲本材料的来源是清楚的。

三、马尾松良种生产资源

马尾松良种生产资源，主要是指以生产良种为目的的种子园。种子园建园材料来源于抚州市林业科学研究所从广东、广西、贵州等优良种源区选择的经测定生长性状优良的优树无性系，建园无性系数量为 60 个。

（一）营建马尾松种源种子园

江西省马尾松种源种子园营建时间为 1987～1989 年，是全国建立最早的种源种子园，建设地点分别设在抚州市林业科学研究所（面积 1000 亩）和抚州市广昌县盱江林场（面积 1300 余亩）。建园时采用嫁接建园方式，从优树采穗圃中采集穗条，以本地马尾松为砧木进行嫁接，定植间距为 4m×4m，每亩约 40 株。建园至今已有 20 余年。种子园档案资料齐全，近年保育状况良好，结实量已有较大提高。但由于种源原产地与种子园营建地在气候等方面存在较大差别，加之优树本身结实率较低，球果量少，致使种子园种子产量较低。

（二）新建马尾松 2 代无性系种子园

近年来，国家对林木良种基地建设高度重视，在资金方面给予了大力扶持。为此，激发了各地营建高世代种子园的积极性。江西省采取引进与选育相结合的方式，于 2009 年开始在峡江县林木良种场筹建 300 亩马尾松 2 代无性系种子园，2011 年完成筹建计划内的全部定植、建园任务。

图 11-57 江西抚州市林业科学研究所于 1987～1989 年营建的马尾松优良种源种子园林木结构

优树收集圃约 15 亩。目前保存谱系清楚且用于建立种源种子园的无性系有 59 个。

抚州市林业科学研究所多年来一直保存着当年收集的优树资源。但由于后续资金不足，相当长一段时间内，试验研究中断，优树收集圃也未能得到应有的管护，加之科研人员变动，致使收集圃缺株较严重，档案资料

第十节　安徽马尾松良种基地

马尾松是安徽省造林绿化的主要树种之一,在全省的林业发展与森林生态建设中,占有显要地位,起着极其重要的作用。目前全省现有马尾松人工林68.1万 hm²,林木蓄积量达2472.1万 m³。除淮北地区外,马尾松在全省都有分布,以淮河以南开始可分为7个产区、三个类区。近50年来安徽省林木种苗基地建设已具有一定规模,全省有各类林木种子基地17处、林木良种基地37处。2009年以后确定为国家级马尾松良种基地有3个——黄山市林业科学研究所、全椒县瓦山林场、六安市裕安区林木良种场,总面积达422hm²(图11-58至图11-62)。

一、种源资源收集保育概况

在安徽收集保育马尾松种质资源始于1980年,截至目前历时31年之久。参加种质资源收集繁育与种子园建设的有泾县马头林场、黄山市林科所(原徽州地区)、六安市裕安区林木良种场(原六安县)、全椒县瓦山林场等4个单位,收集马尾松种源资源64个,主要收集在黄山市林业科学研究所和六安市裕安区林木良种场。收集的种源产地详见表11-10。

全椒县的瓦山林场未参加种源资源收集,但参加了马尾松种子园建设。泾县虽参与收集,后未有保存。现在除黄山市林科所、六安市裕安区林木良种场外,瓦山林场也被列入国家级马尾松良种基地之一。这3个国家级马尾松良种基地,分别处于Ⅰ、Ⅱ、Ⅲ类马尾松主产区,其中六安市裕安区林木良种场处在Ⅱ、Ⅲ类产区之内。安徽省地形区域及产区类别详见表11-11。

马尾松种质资源收集之初是从地理种源试验开始

图 11-58　安徽六安市裕安区林木良种场马尾松实生种子园

表 11-10　1981 年第一期马尾松种源试验的 64 个产地

编号	产地	编号	产地	编号	产地	编号	产地
1	陕西城固	17	湖南临湘	33	贵州黎平	49	陕西南郑
2	河南新县	18	福建德化	34	四川浦江	50	河南鹤峰
3	安徽霍山	19	广东广宁	35	浙江鄞县	51	安徽屯溪
4	浙江遂昌	20	贵州都匀	36	江西崇义	52	浙江民生
5	江西安远	21	浙江滔云	37	广东乳源	53	江西清江
6	湖南慈利	22	江西吉安	38	广东南雄	54	湖南资兴
7	湖北通山	23	广东英德	39	江西崇仁	55	福建邵武
8	福建漳平	24	广西宁明	40	浙江三门	56	江西德兴
9	广东高州	25	贵州凯里	41	安徽太平	57	广东罗浮山
10	广西岑溪	26	河南固始	42	浙江开化	58	广西恭城
11	贵州黄平	27	安徽马头	43	江西石城	59	贵州德江
12	四川南江	28	浙江永康	44	福建古田	60	四川涪陵*
13	湖南安化	29	江西余江	45	广东信宜	61	湖南永顺
14	浙江庆元	30	湖南江永	46	广西忻城	62	湖北红安
15	江西安福	31	福建三明	47	浙江嵊县	63	江西资溪
16	安徽潜山	32	广东罗定	48	江西万载	64	浙江西溪

注：* 所示地区在 1981 年时属四川，现归属重庆。

表 11-11　安徽地形区域及产区类型区划

序号	区　域	类　区	分布县（区）
1	皖南南部低山丘陵	I 类产区	祁门、休宁、歙县、黟县、屯溪、绩溪（南部）
2	皖南中心部低山丘陵	II 类产区	宁国、黄山区、旌德、泾县、绩溪、石台、贵池、青阳、东至、广德（部分）
3	皖南东北部丘陵	III 类产区	南陵、宣洲、朗溪、广德、繁昌、铜陵、芜湖、当涂
4	皖西大别山低山丘陵	II 类产区	岳西、金寨、霍山、潜山、太湖（大部）、六安、舒城、桐城、宿松、庐江
5	滁州、巢湖丘陵	II 类产区	南谯、来安、天长、全椒、定远、凤阳、明光、和县、含山、肥东、居巢、无为（大部分）、舒城、庐江、肥西（一部分）
6	枞阳、怀宁丘陵	III 类产区	枞阳、桐城、怀宁（大部分）、庐江、潜山、太湖、宿松、安庆（一部分）
7	江淮丘陵西部	III 类产区	六安、长丰（全部）、霍邱、寿县、淮南、舒城（部分）

的，当时由黄山市林业科学研究所与六安市裕安区林木良种场同时各收集了 64 个产地的种源，两个单位共建成了马尾松种源试验林 11.4hm²，其中黄山市林业科学研究所 4.4hm²，六安市裕安区林木良种场 7hm²。目前保育情况分述如下。

（一）黄山市林业科学研究所马尾松种源试验林

1981 年和 1984 年两批共营建马尾松种源试验林 4.4hm²，收集全国 14 个省（自治区）64 个地理种源，采用平衡不完全区组设计（BIB），单行 6 株小区，9 次重复，72 个区组，每重复栽植 384 株。通过试验筛选出 8 个优良种源，它们是广西宁明、恭城、广东信宜、南雄、贵州凯里、四川涪陵（现属重庆），湖南资兴，江西安远。从 1988 年起，先后在安徽省六安、巢湖、滁州地区推广造林 933hm²，生长表现良好，与当地种源相比，可增产 16% ～ 75%，本地种源排列为第 32 位。

（二）裕安区林木良种场马尾松种源试验林

（1）试验材料与方法　分别 1980 年、1983 年和 1985 年开展三批次苗期试验，马尾松种子来自于南方 14 个省（自治区）参试种源产地，由安徽省林业科学研究所统一收集后，提供给林场三队苗圃按常规方法进行育苗。采用随机区组设计、条播，各次的重复数、小区、间隔行、种源数都按设计方案进行，年终测定试验结果，每一种源抽样 10 株，求其平均数，进行材料汇总。

（2）造林试验　造林前一年冬季采用履带式拖拉机深翻土层、冻垡，造林根据统一设计方案拉线定点，栽植时每个种源挂上标签，随机排列。三批次不同时间营建的种源试验林，于 1989 年终测定时树龄分别为 9、6、4 年生（表 11-12）。

第一批试验 1981 年 2 月造林，种源数为 64 个，1989 年终测定时，树高生长最大的种源为福建德化，最小的种源为湖北红安。

第二批试验 1984 年 3 月造林，种源数为 49 个（表 11-13），1989 年年底测定，树高生长最大的种源为湖南慈利，最小的种源为广西忻城。

第三批试验（中试造林）1986 年 2 月造林，种源数为 13 个（表 11-14），1989 年终测定，树高生长最大的种源为湖南江永，最小种源的为安徽太平。

（三）种源资源保育管护情况

（1）第一批种源　试验种源数 64 个，6 次重复，每小区（每个种源）定植 9 株，于 1986 年和 1988 年 2 次疏伐（每次疏伐强度 30%），最后每小区保留 3 ～ 4 株。

表 11-12　三次马尾松种源试验基本情况及树高生长量测定

育苗时间 （年-月）	造林时间 （年-月）	测定时间 （年-月）	种源数 （个）	小区株数	重复数	株行距 (m×m)	面积 (hm²)	最大树高 (m)	最小树高 (m)
1980-04	1981-02	1989-12	64	9	6	1.5×1.5	2.3	4.60	3.33
1983-04	1984-03	1989-12	49	8	8	1.5×2.0	2.7	2.34	1.71
1985-04	1986-02	1989-12	13	100	3	2.0×2.0	2.0	1.56	1.14

表 11-13　1984 年第二批马尾松种源试验的 49 个产地

编号	产　地	编号	产　地	编号	产　地
1	陕西城固	18	江西乐平	35	广东信宜
2	陕西南郑	19	湖南绥宁	36	广东乳源
3	河南桐柏	20	湖南慈利	37	广东英德
4	河南固始	21	四川古蔺	38	广东高州
5	安徽屯溪	22	湖北红安	39	广东焦岑
6	安徽太平	23	湖北通山	40	广西岑溪
7	安徽霍山	24	湖北远安	41	广西宁明
8	江苏江浦	25	四川蒲江	42	广西忻城
9	浙江开化	26	福建大田	43	广西恭城
10	浙江庆元	27	福建南靖	44	广西横县
11	浙江永康	28	四川南江	45	贵州黎平
12	浙江仙居	29	湖南资兴	46	贵州都匀

（续）

编号	产地	编号	产地	编号	产地
13	浙江镇海	30	福建邵武	47	贵州黄平
14	江西信丰	31	福建仙游	48	贵州德江
15	江西乐安	32	湖南安化	49	四川酉阳*
16	江西吉安	33	福建永定		
17	江西崇义	34	广东博罗		

注：* 所示地区现归属重庆。

表 11-14　1986 年第三批马尾松种源试验的 13 个产地

编号	产地	编号	产地	编号	产地	编号	产地
1	广东高州	4	湖南江永	9	陕西城固	16	广西忻城
2	广东信宜	6	湖南绥宁	12	福建邵武	20	广西恭城
3	广东南雄	7	江西安远	13	广西宁明	24	四川涪陵*

注：* 所示地区现归属重庆。

（2）第二批种源　试验种源数 49 个，8 次重复，每小区定植 8 株。没有进行疏伐，于 1995 年和 2007 年进行 2 次卫生伐，除去病虫、风倒、雪压株，每小区保存 4～5 株。

（3）第三批中试林　种源数 13 个，3 次重复，每小区定植 100 株，于 1995 年和 2002 年进行 2 次卫生伐，现每小区保存 75～85 株。

（4）抚育管理　对于种源试验林，林场进行集约管理，派专职护林员看护。每批试验在造林 6 年后，进行修枝一次。8 年后进行第二次修枝。每年进行常规抚育主要是砍灌、清杂，保持林内卫生，清除火灾隐患。

二、马尾松种子园建设

（一）种子园建设

这是良种生产资源主要组成部分。全省马尾松种子园共有 3 处，分为 25 个大区，面积共计 80hm²。

（1）黄山市林科所马尾松种子园　马尾松嫁接种子园面积 20hm²。按山势地形，分为 5 个大区 22 个小区。1984 年定砧，定植密度为 3m×4m，每亩 56 株。1986 年开始嫁接，无性系排列采取随机加人工调整，同一无性系相隔距离 5 个植株以上。嫁接方法采用髓心形成层贴接法。马尾松穗条来源于广东、广西、贵州、湖南、江西、浙江和皖南地区，共收集无性系 668 个，其中有 282 个无性系用于营造子代测定林。

（2）全椒县瓦山林场马尾松种子园　瓦山林场马尾松实生种子园设计面积 30hm²。按 10 个大区规划设计，计 18 个种源 270 个家系，每大区 120 个家系配置成 1 个区组，重复 8 次，株行距 5m×6m。种子园内每穴定植同一家系苗 4 株，栽植第四年每次选择最优单株保存下来，这在种源选择、种源内家系选优的基础上，实行留优汰劣选择。

（3）裕安区林木良种场马尾松种子园　根据有关实生种子园设计方案，林木良种场参加 1991 年安徽省林业厅种苗站统一布置选优采种，1992 年进行种源家系容器育苗，1993 年定植建园，种子园面积 30hm²。

（二）实生种子园营建技术

全国马尾松种子园多数采用嫁接无性系定植建园，安徽除无性系种子园之外，还建有实生种子园，这里特予介绍。

（1）选优采种　1991 年在安徽省林业厅种苗站统一安排下，成立了 3 个采种小组，奔赴江西、浙江、湖北、湖南、贵州、四川、安徽等地进行采种，计 19 个种源，每个种源 15 个家系，共 285 个家系种子。

（2）容器育苗　1992 年 3 月进行容器育苗，容器袋装好后进行芽苗移栽并分家系挂好标签，计育苗 7 万余株。

（3）栽植造林　①配置设计。种子园总面积 30hm²，按十大区规划，19 个种源 285 个家系。每大区为 120 个家系。第一、第四两个大区 120 个家系，8 次重复，其余 8 个大区均为 120 个家系，7 次重复，株行

图 11-59　安徽裕安区林木良种场马尾松种子园优良单株

图 11-60　安徽六安市裕安区林木良种场马尾松种子园

距 5m×6m。测定林面积 5hm²，19 个种源，132 个家系，5 次重复，株行距 3m×3m。②定植要求。一是定植前要按 10 个大区规划设计，将各大区定植穴上图定位，先在图纸上规划好，再到现场落实并插好标志。二是要根据种子园定植方案，配置好所安排的建园家系苗木，分种源家系挂好标签，并从每个家系拿出 4 株苗随机分放到一个重复穴内，（每穴栽 4 株）苗木到位后，随即按穴在图纸上标注种源家系号。测定林 8 株小区，单株定植。年终调查成活生长情况，要求长势良好，成活率达 98% 以上。

（4）留优去劣疏伐　第一次疏伐：根据项目的总体设计要求，于 1996 年 10 月进行第一次疏伐，疏伐强度为 25%，即每穴 4 株中去掉最劣的一株保留 3 株。第二次疏伐：1997 年 10 月进行第二次疏伐，根据设计要求，疏伐强度原则上要求 33%，即每穴 3 株中再去掉最劣的一株，保留 2 株。第三次疏伐：1998 年 12 月，进行第三次疏伐，疏伐强度为 50%，即每穴最后保留 1 株优树。

三、马尾松子代测定林建设

马尾松子代测定林建设主要有三个单位参与，一是黄山市林科所，二是裕安区林木良种场，三是全椒县瓦山林场，建设总面积为 19hm²。

（一）黄山市林业科学研究所马尾松子代测定林

马尾松子代测定林系安徽、浙江、江西 3 省优树子代，参加测定的有 282 个优良家系，营建子代林 9hm²。采取完全随机区组设计，8 株双列小区，5 次重复，株行距 2m×2m。从子代测定林情况分析，马尾松优树选择效果较好，其后代增产效益大于对照 50% 以上。

（二）全椒县瓦山林场马尾松子代测定林

2002 年从种子园中采种，2003 年春季分别按家系进行播种育苗，2004 年春进行栽植，计 18 个种源 224 个家系，家系间进行随机排列，重复 4 次，面积 6hm²。

（三）裕安区林木良种场马尾松子代测定林

2004 年从马尾松实生种子园中采种，2005 年春分

图 11-61 安徽裕安区马尾松
种子园球果

家系进行容器育苗，2006 年 3 月造林，面积 4hm²，计 188 个家系，3 次重复，株行距 2m×3m。目前长势良好，平均树高 4m。

四、资源特点开发利用

（一）科研结合生产发展良种取得可喜成果

安徽省林木良种生产基地具有一定规模和生产能力，已形成多个树种的优良母树林、种子园、采穗圃等一批林木良种基地和种子生产基地，例如杉木、马尾松、白皮桦、油茶、马褂木、湿地松、火炬松、黄山栾树、山核桃、板栗、杨树等。特别是马尾松种子基地和良种基地，从科研、引种、示范经营造林诸多方面都取得了一定的成绩。这主要是因为坚持走生产和科研、教学相结合，推广和应用相结合的路子，从而获得多项科技成果，例如"马尾松地理种源试验及优良种源推广"、"马尾松加密实生种子园"等曾获得部、省级科技成果奖二、三等奖。

（二）根据地域和产区类型规划良种生产

安徽的三个国家马尾松良种基地分别建设在皖南山区、皖西大别山低山丘陵区和皖东江淮丘陵区，分别代表了 3 个不同的地域的土壤、植被差异和马尾松生产能力，基本上是按安徽 农业大学许军和朱锡春教授对安徽马尾松划分的 7 个主产区，三大类区实施布点设计的。这主要是突出马尾松在全省不同区域的资源特点。目前 3 个国家级马尾松良种基地的种子园、子代测定林、地理种源试验林在各自的区域内生长良好，优良品质表现突出。种子园目前已开始疏伐。

（三）马尾松良种的生产发展与推广应用

近年来主要表现有 3 个方面。一是种子园采种量逐年增加，虽然有些年度间结实量不稳定，但总的趋势是好的。2000～2010 年的 10 年间的采种资料统计显示，累计采种量达 5200kg 左右。除自留育苗外，部分种子都已销售社会或供给协作单位育苗。二是利用马尾松种子园所产的种子，总育苗产量可达到 6000 万株，用于社会造林可达 2 万 hm²。三是随着无性繁育工作的不断推进，马尾松良种基地每年可提供 2 万株优良嫁接穗条。

图 11-62 安徽裕安区马尾松种子园种子

第十一节　湖北马尾松良种基地

湖北的马尾松广泛分布于全省各地，在鄂东北、鄂南、鄂中地区海拔800m以下的低山丘陵以及鄂西南、鄂西山地随处可见。湖北省马尾松选育工作起步于20世纪70年代，经过几十年的努力，在马尾松良种建设方面取得了可喜的成绩，已收集保存较为丰富的种源、优树与良种生产资源（图11-63至图11-67）。

一、马尾松良种选育概况

（一）种源选育资源

1977年参加了由中国林业科学研究院亚热带林业研究所统一组织的南方14省（自治区）马尾松地理种源选择试验，选择出了适合湖北省造林的10个马尾松优良种源，即湖北通山、远安，广东南雄、罗定、信宜，湖南安化，江西吉安、安福，湖南永顺，福建邵武。

优良种源中优树116株；引进外省优良种源141个。

宜昌红薄皮马尾松，经鉴定为马尾松优良变种，分布在宜都、宜昌、远安、兴山等地。

（二）优良林分资源

1988～1990年全省选择优良林分101片，共2046.7hm²。70%属天然林，30%为人工林，质量较高，效益较好。

（三）优树选育资源

省内选择优树116株，分布于宜昌、远安、长阳、咸丰、宜都。1988～2003年，还进行了4次马尾松优树选择工作，共选优树427株。其中省内选择优树两批计249株，JICA项目选择优树两批计178株。2005年湖北省种苗场建立优树收集区0.5hm²，收集32个优树无性系。

（四）营建种子园与试验林

分别在太子山林场管理局、宜昌市林业科学研究所与吴岭试验林场3处良种基地实施营建。

（1）太子山林管局马尾松良种基地　始建于1989年，占地总面积130.4hm²，2000年前后又投资120万元改扩建。在湖北省林业厅及省林木种苗管理站建设计划安排下，现已建成马尾松种子园与试验林共41.1hm²，其中包括以下建设项目：无性系种子园20hm²、实生种子园6.7hm²、子代测定林6.7hm²、地理种源试验林1hm²，其他试验林6.7hm²。

初级无性系种子园20hm²。建园材料是从中国林科院亚热带林业研究所等地引进的优良无性系145个。1993年、1994年3月造林，完全随机区组设计，株行

图11-63　湖北太子山林管局仙女林场马尾松1代无性系种子园

图11-64　湖北咸丰县清坪镇马尾松天然林

图 11-65　湖北省种苗站马尾松优树收集区

距 6m×6m，每亩 18 株。目前，林木长势旺盛，林相整齐，种子园结实正常。

实生种子园 6.7hm²。建园材料为省内优树优良家系 116 个。1993 年建立，6.7hm²。株行距 2m×2m。现已去劣疏伐。

种子园子代测定林 6.7hm²。其中 1993 年营建实生种子园子代林 4hm²，株行距 2.5m×2.5m。另 2.7hm² 为无性系种子园子代测定林，2008 年建立，株行距 2m×3m，目前长势良好。

地理种源试验林 1hm²。1981 年开始，由中国林业科学研究院亚林所主持，组织南方 14 个省（自治区）开展科研协作，建立了南方 14 个省（自治区）马尾松地理种源试验林。试验林造林时间为 1981 年，目前林分长势良好，林相整齐。试验林 69 个种源，4 株小区，5 次重复，株行距 2m×2m。

其他试验林 6.7hm²。2003 年建立，株行距 1.5m×1.5m。

（2）宜昌林科所马尾松良种基地　主要建设无性系种子园与实生种子园两项内容。1993 年宜昌林科所营建种子园 20hm²。其中初级无性系种子园 13.3 hm²，建园材料为 154 个经过子代测定，遗传增益大于 10% 的优良无性系；另外 6.7hm² 为实生种子园 2，建园材料是从宜都市、远安县、咸丰县等马尾松优良种源区选出的优树 145 株，选用其中 120 优树种子培育家系苗栽植营建。

（3）吴岭试验林场实生种子园　1999 年营建实生种子园 1hm²，建园材料 38 个家系，来源于太子山仙女场无性系种子园。

（五）宜都薄皮马尾松

特点：皮薄、干直、尖削度小，出材率高，抗逆性强、适应性广，材积生长速度比普通马尾松快 36.31%。多年试验表明，年平均高生长、径生长分别达 80cm 和 1cm，个别优良单株平均高生长达 1.8m，且木材理化性质优良，1988 年被中国林科院确认为马尾松的一个新的地理种源类型，列为全国优良种源推广适用品种。

二、资源保育与开发利用

随着湖北林产工业的飞速发展，并有得天独厚的自然地理条件，马尾松在湖北用材林造林所占的比重越来越大。在今后的发展中，其应用范围将扩大到造纸和产脂等方面。因此，其育种目标，将在原有追求生长量、干形、材性、抗性等方面的同时，还要注重纤维长度、纸浆得率、产脂力等方面的综合利用。结合湖北省马尾松的现状，将来拟开展以下各项研发工作。

1. 加强种子园的经营管理，实现种子园的稳产高产，针对影响种子园产量和质量的各主要因子进行系统的试验和研究，以获得马尾松种子园经营的最佳经营模式。

2. 继续进行马尾松优良遗传材料的选择、收集、研究和利用，建立基因库，不断扩大育种群体，使湖北省的马尾松优良基因资源得以完好的保存。

3. 开展多世代育种。以有性繁殖为主，结合无性繁殖，最大限度地发挥每一育种层次的遗传增益。

4. 开展马尾松与其他松类的种间杂交工作。利用它们在许多性状的互补性，通过亲本选择和杂种测定，筛选出具有杂种优势的杂交组合。

5. 根据马尾松分类经营的要求，进行马尾松单一性状优良单株的选择与研究。如与马尾松造纸性能有关的木材密度、纤维长度，马尾松高产脂，马尾松抗性，以及干形、树皮和树冠等。通过人工杂交的手段，使得这些优良性状在后代中得以稳定遗传，并创造出生长快、材性好或生长快、产脂量高的品种。

三、太子山国家马尾松良种基地

湖北省太子山林场管理局仙女林场，开展马尾松遗传改良比较早，从引种开始历经种源试验、选优建园等技术攻关，在实践中积累了一定经验，为马尾松种质资源保育做出重要贡献。经过申请报批，2011 年月 12

月国家林业局对原马尾松良种基地确定为"国家马尾松良种基地"。

太子山林场管理局位于东经 112°48′45″～113°03′45″，北纬 30°48′30″～31°02′30″，总面积113468.7亩，森林覆盖率79.97%，总人口2206人，现辖有石龙、仙女、雁门、王岭4个林场等19个单位。1957年11月15日建场，几经变迁，到1973年由湖北省林业厅管辖，至今未变，系湖北省林业厅直属事业单位。国家级重点林木良种基地太子山马尾松种子园位于仙女林场姚家岭。现将多年来对马尾松良种建设与种质资源保育的主要工作分述如下。

（一）马尾松引种

（1）早期引种 将广东马尾松引进太子山试种始于1956年冬。那年湖北马尾松种子减产，为了造林所需，湖北省林业厅从广东的高州（茂名）、新丰、郁南等县调种逾1.5万kg，林管局分得逾200kg，育苗15亩。1957年冬1958年春采用"一锄法"造林7500余亩，造林成活率平均不到20%，最低5%，损失惨重。造林失败后，各级领导曾多次组织技术力量进行调查研究。

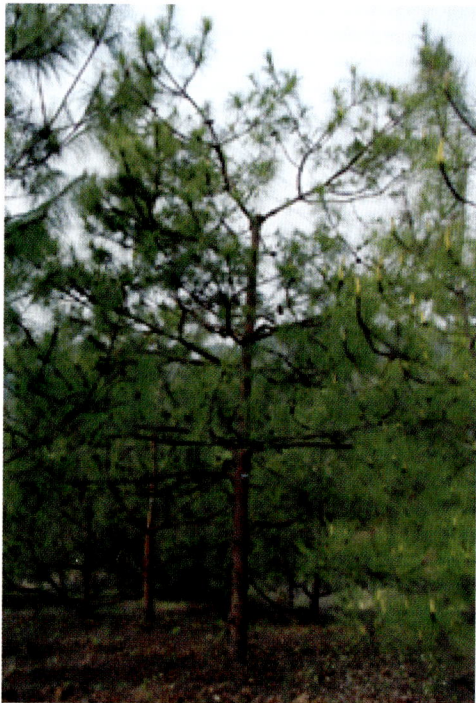

图11-66   湖北宜昌林业科学研究所马尾松1代无性系种子园

大多数人认为死亡的原因是"广东马尾松产于南亚热带，我们这里不适宜"。

（2）再次引种 1958年造林的成块成片的虽然不多，但残存的植株中有的生长很好，树干通直，生长迅速，而且枝青叶茂，为鉴别其好坏和寻找引种根据，重新组织技术力量，在广东马尾松、湖北马尾松林内，设置标准地，进行观察研究，从观察结果看，广东马尾松较之湖北马尾松的确有很多的优点。因此，1962年又从广东的高州、信宜、怀集、五华、封开、阳山、乐昌和广西的上思，福建的漳浦等地分别引进一批种子。1963年将引进种子以湖北马尾松种子为对照进行苗期比较试验，对其高生长、根系生长、针叶生长、顶芽形成以及变色等物候现象进行对比观察。从试验结果看，广东高州、信宜、怀集及广西上思等地的种源最好，生长量大。福建漳浦、广东乐昌等地最差，生长量最小。

在引种比较试验取得成效之后，又加强了栽培技术的研究与改进，从起苗、带土、运输、栽植，形成一整套适应广东马尾松栽植的技术方案，总结为"灌水起苗，带土上山，压黄显青，适当打紧"，并在湖北省推广开来，完全、彻底地破除了广东马尾松不能冬季造林的神话。1965～1968年造林面积达到46094亩，造林成活率达90%以上，用事实改变了过去专家认为"马尾松南种北移的幅度不能超过2°～3°"的定论。

（3）太子山引种两广马尾松是成功的一例 太子山不仅从大量的育苗造林结果证实引种两广马尾松的生长优异性，而还做了材性的比较。1978年，湖北省林业科学研究所郑民强将太子山1958年栽种的广东马尾松和湖北马尾松取样进行木材性质的试验，表明由于地理种源不同，除生长速度存在着显著差异外，木材性质也存在很大差别。1979年，李传志在《太子山林业科技》发表《广东马尾松北移苗期生长规律初步研究》，论证了马尾松虽有明显地域性区别，但一次北移6°～9°育苗是可以成功的。到1979年，太子山广东马尾松中幼林已达45000亩，其长势和对松毛虫的抗性都比湖北马尾松好得多，用事实证明了广东马尾松不仅可以育苗成功，而且造林也可以取得成功。南带马尾松种源北移，在相同立地条件和相同的经营措施下，干形直，生长快，单位面积蓄积量大。20年生南带马尾松种源林高生长比湖北马尾松高生长大50%，胸径大25%，单位蓄积大1倍以上，在鄂中丘陵地区引种南带马尾松种源，能够获得巨大的经济效益。马尾松南种北调的制约因子，

图 11-67　湖北吴岭试验林场马尾松种子园

仍是极端低温，类似太子山地区气候可从广东、广西中部或北部调种，在沙土地区宜用容器苗，黏土地区起苗要带宿土，忌用裸根栽植。

1986 年 3 月，福建林学院（现福建农林大学）院长俞新妥教授和贵州农学院林学系主任周政贤教授，受邀到太子山实地考察，对林管局从 1956 年起大面积引种"两广"马尾松获得成功、获得高产给予了很高的评价，认为这项科研成果在理论和实践上有突破，在生产上效益显著。1986 年，"两广马尾松在太子山地区栽培试验"获得湖北省林业厅科技进步奖二等奖。

（二）马尾松种源试验

为了选择最优马尾松种源，提高马尾松产量，在进一步总结原有马尾松种源试验的基础上，进一步开展了地理种源试验。1979 年，湖北省林科所参加南方 14 省（自治区）马尾松地理种源试验协作组。1980 年春，从协作组共获得全国 69 个产地的马尾松种子，播种采用随机区组设计，设置 2 个重复，采用窄幅条播，每小区播 3 行。播种后第一层覆盖的是菌根土，第二和第三层覆盖的是一般黄心土，育苗其他措施按一般生产要求进行。试验圃位于林科所温室内。按协作组要求，对发芽率、子叶、高粗生长、封顶、根系、针叶及冷害进行观察记载和测定。1981 年，利用培育的这些苗木在石龙林场宋棚队建立 69 个种源试验林 11 亩。1984 年，"湖北省马尾松地理种源试验"获湖北省政府科技进步奖二等奖，湖北省林业厅科技进步奖一等奖。

（三）马尾松种子园营建

太子山马尾松种子园位于仙女林场姚家岭。1990 年 10 月开始选优采种工作，1991 年被纳入部省合建林木良种基地。1992 年 4 月聘请中国林科院亚林所秦国峰研究员担任太子山马尾松种子园的技术总顾问。1995 年 5 月湖北省林业厅同意"太子山马尾松种子园总体设计方案"，1995 年 12 月 10 日顺利通过湖北省林业厅、湖北林木种苗管理站组织的专家组的验收。1995 年 6 月，中日专项技术合作项目日本长崎调查组来太子山考察，1996 年被纳入中日技术合作湖北省林木育种项目。2001 年湖北省林业局同意"太子山林管局马尾松种子园改扩建总体设计"。

1991 ~ 1995 年，共营建马尾松种子园 460 亩，花粉隔离带 245 亩，其中实生种子园 100 亩，株行距 2m×2m，子代测定林 60 亩，株行距 2.5m×2.5m，无性系种子园 300 亩，株行距 6m×6m。完成便道 6.8km，仓库、宿舍 513.4m²，低压输变线路 1.5km。144 个无性系种子园材料来源于中亚热带的中南部，实生种子园材料来源于恩施、宜昌两地，共 116 个家系。

参 考 文 献

安徽农学院林学系 .1982. 马尾松 [M]. 北京：中国林业出版社 .

白玉琢，王贵玉 .2005. 油松花粉——食疗保健与开发利用 [M]. 北京：北京科学技术出版社 .

鲍甫成，江泽慧，等 .1998. 中国主要人工林树种木材性质 [M]. 北京：中国林业出版社 .

北京林学院 .1982. 木材学 [M]. 北京：中国林业出版社 .

曾令海，岳水林 .1984. 马尾松产脂力与树木性状相关性测定 [J]. 亚林业科技，(1).

陈蓬 .2004. 浙江省江省速生丰产林经营技术 [M]. 北京：中国林业出版社 .

邓力群，马洪，武衡 .1985. 当代中国的林业 [M]. 北京：中国社会科学出版社 .

丁贵杰，周志春，王章荣，等 .2006. 马尾松纸浆用材林培育与利用 [M]. 北京：中国林业出版社 .

丁振芳，王景章 .1997. 日本落叶松家系早期选择技术 [J]. 东北林业大学学报 .

董看看 .2007. 松针养生革命 [M]. 西安：陕西人民出版社 .

杜宏彬，徐伶，刘振华 .2010. 植物嫁接技术变迁及相关理论研究 [M]. 北京：中国农业科学技术出版社 .

方永鑫，等 .1983. 马尾松的核型研究 [J]. 林业科学，19 (2) .

扶建青 .2008. 马尾松大容器嫁接苗培育技术及实际应用 [J]. 福建林业科技，(4) .

高林 .1992. 林木良种子消毒繁育体系研建论文集 [M]. 杭州：浙江科学技术出版社 .

高尚武，马文元 .1990. 中国主要能源树种 [M]. 北京：中国林业出版社 .

顾万春，王棋，游应天，等 .1998. 森林遗传学概论 [M]. 北京：中国科学技术出版社 .

管天中 .1982. 四川松杉植物地理 [M]. 成都：四川人民出版社 .

广东省高脂松研究协作组 .1988. 马尾松高产脂类型选育之研究 [J]. 广东林业科技，(6) .

广西林科所，等 .1980. 马尾松古蓬种源的调查 [J]. 广西林业科技资料，(3) .

贵州森林编辑委员会 .1992. 贵州森林 [M]. 北京：中国林业出版社 .

国家林业局 .2003. 中国树木奇观 [M]. 北京：中国林业出版社 .

洪菊生 .1998. 吴中伦文集 [M]. 北京：中国科学技术出版社 .

湖北省林业厅 .1993. 湖北林木种质资源 [M]. 武汉：湖北科学技术出版社 .

湖南省林业厅 .1991. 林木种源 [M]. 长沙：湖南科学技术出版社 .

户田良吉 .2000. 当代林木育种 [M]. 黄铨，陶章安，华启斌译 . 北京：中国林业出版社 .

黄枢，沈国舫 .1993. 中国造林技术 [M]. 北京：中国林业出版社 .

黄枢 .1999. 建设优质高效可持续的现代林业 [M]. 北京：中国林业出版社 .

姜笑梅，骆秀琴，殷亚方，等 .2002. 不同湿地松种源木材材性遗传变异的研究 [J]. 林业科学 .

金振洲，彭鉴 .2004. 云南松 [M]. 昆明：云南科技出版社 .

来端，林开敏，王锦上，等 .2004. 马尾松扦插育苗及造林效果的研究 [J]. 林业科学研究，17 (4) .

雷德华 .1982. 马尾松的开花习性和类型 [J]. 黔东南林业科技，创刊号 .

李传志 .1983. 两广马尾松的引种栽培试验报告 [J]. 湖北林业科技，(1) .

林端荣 .2008. 马尾松建园无性系生长结实性状调查分析 [J]. 福建林业科技，(2) .

林金星，胡玉喜 .2000. 裸子植物结构图集 [M]. 北京：科学出版社 .

刘孟军，汪民 .2009. 中国枣种质资源 [M]. 北京：中国林业出版社 .

刘青华，金国庆，张蕊，等.2009.24 年生马尾松生长、形质和木材基本密度种源变异与种源区划 [J]. 林业科学.

刘青华，张蕊，金国庆，等.2010.马尾松年龄宽度和木材基本密度的种源变异及早期选择 [J]. 林业科学.

卢国美，李国锋，候振中，等.1994.油松生长力早期选择 [J]. 河南林业科技.

卢兆银，李志辉，黄丽群．2006．马尾松种源试验研究 [J].中南林学院学报.

鲁吉昌.1981.松脂采割 [M]. 北京：中国林业出版社.

骆文坚.2009.林木种质资源保育及利用 [M]. 杭州：浙江科学技术出版社.

马忠良，宋朝枢，张清华.1997.中国森林的变迁 [M]. 北京：中国林业出版社.

南京林学院树木育种研究室.1984.树木良种选育方法 [M]. 北京：中国林业出版社.

彭昭英.2000.世界统计与分析全才 SAS 系统应用指南 [M]. 北京：北京希望电子出版社.

乔纳森 W. 赖特.1981.森林遗传学 [M]. 郭锡昌，胡承海译．北京：中国林业出版社.

秦国峰，周志春，李光荣，等.1995.马尾松造纸材最优产地的确定 [J]. 林业科学研究.

秦国峰.1992.马尾松速生丰产栽培技术 [M]. 北京：中国科学技术出版社.

秦国峰.1993.马尾松扦插育苗与造林试验 [J]. 林业科技通讯，（8）.

秦国峰.1997.马尾松培育及利用 [M]. 北京：金盾出版社.

秦国峰.2000.马尾松改良及培育 [M]. 杭州：浙江大学出版社.

秦国峰.2003.马尾松地理种源 [M]. 杭州：浙江大学出版社.

全国马尾松地理种源试验协作组.1987.马尾松种源变异及种源区划分的研究 [J]. 亚热带林业科技.

全国杉木种源试验协作组.1994.杉木造林优良种源选择 [J]. 林业科学研究，7（专刊）.

荣文琛，等.1994.马尾松造林区优良种源选择 [J]. 林业科学研究，7（5）.

森下义郎，大山浪雄.1988.植物扦插理论与技术 [M]. 李云森译．北京：中国林业出版社.

沈熙环.1990.林木育种学 [M]. 北京：中国林业出版社.

沈熙环.1992.种子园技术 [M]. 北京：北京科学技术出版社.

沈熙环.1994.种子园优质高产技术 [M]. 北京：中国林业出版社.

盛志廉，陈瑶生．2001.数量遗传学 [M]. 北京：科学出版社.

谭健晖，杨章旗，覃开展.2003.马尾松嫁接种子园树体修剪试验 [J]. 广西林业科技，（3）.

涂忠虞，沈熙环.1993.中国林木遗传育种进展 [M]. 北京：科学技术文献出版社.

汪企明.1994.松树 [M]. 南京：江苏科学技术出版社.

王锦上.2009.马尾松第 2 代无性系种子园建园技术要点 [J]. 福建林业科技，（1）.

王明麻.2001.林木遗传育种学 [M]. 北京：中国林业出版社.

王宪曾.1992.花粉·环境·人类 [M]. 北京：地质出版社.

王宪曾.2005.解读花粉 [M]. 北京：北京大学出版社.

王章荣，陈天华，周志春，等.1987.福建华安马尾松生长早晚期相关及早期选择 [J]. 南京林业大学学报.

王章荣，秦国峰，陈天华.1990.马尾松种子园建立技术论文集 [M]. 北京：学术书刊出版社.

吴天林，等.1993.马尾松花粉高产种源的初步研究 [J]. 林业科学研究，6（3）.

吴征镒.1980.中国植被 [M]. 北京：科学出版社.

谢维斌，范明畴，夏刚.2005.整形技术对马尾松种子园结实层的影响 [J]. 贵州林业科技，（3）.

徐化成.1990.林木种子区划 [M]. 北京：中国林业出版社.

徐立安，陈天华，王章荣，等.1997.马尾松种源子代材性变异与制浆造纸材优良种源选择 [J]. 南京林业大学学报.

徐树文，白埃堤.1992.林木种质资源及区划 [M]. 北京：中国林业出版社.

徐英宝，等.1994.广东马尾松研究 [M]. 广州：广东高等教育出版社.

许启荣.1984.马尾松树皮形态变异的调查研究 [J]. 江苏林业科技，（4）.

鄢振武，汪传佳，秦国峰，等 .2002. 生态经济型林业经营技术 [M]. 北京：中国农业出版社 .

杨传平 .2009. 兴安落叶松种源研究 [M]. 北京：科学出版社 .

杨敏娟，吴定新 .1987. 林产学概论 [M]. 北京：中国林业出版社 .

杨秀艳，季孔庶 .2004. 林木育种中的早期选择 [J]. 世界林业研究 .

岳水林，荣文琛 .1994. 马尾松种源松脂组分的地理变异 [J]. 林业科学研究，7（4）.

张含国 .1996. 长白落叶松生长和材质性状早晚相关及早期选择 [J]. 东北林业大学学报 .

张厚玉 .2009. 松花粉 [M]. 长春：吉林大学出版社 .

张华新 .2000. 油松种子园生殖系统研究 [M]. 北京：中国林业出版社 .

张嘉宾 .1986. 森林生态经济学 [M]. 昆明：云南人民出版社 .

张任好 .2008. 马尾松第二代种子园建园无性系选育及应用 [J]. 福建林业科技，（1）.

浙江森林编辑委员会 .1993. 浙江森林 [M]. 北京：中国林业出版社 .

浙江省林业局 .2002. 浙江林业自然资源（森林卷）[M]. 北京：中国农业科学技术出版社 .

浙江省林业厅 .2006. 林业知识读本 [M]. 北京：中国农业科学技术出版社 .

浙江省林业志编纂委员会 .2001. 浙江省林业志 [M]. 上海：中华书局 .

郑均宝，等 .1989. 树木的营养繁殖 [M]. 北京：中国林业出版社 .

郑万钧 .1983. 中国树木志（第一卷）[M]. 北京：中国林业出版社 .

知识经济杂志社 .2005. 松花粉是最好的医药 [M]. 北京：中国戏剧出版社 .

中国科学院植物研究所形态细胞研究室 .1978. 松树形态结构与发育 [M]. 北京：科学出版社 .

中国农业百科全书林业卷编委会 .1989. 中国农业百科全书（林业卷）[M]. 北京：农业出版社 .

中国森林编辑委员会 .1997. 中国森林（第 1 卷）[M]. 北京：中国林业出版社，

中国森林立地分类编写组 .1989. 中国森林立地分类 [M]. 北京：中国林业出版社 .

周晓峰，等 .1999. 森林生态功能与经营途径 [M]. 北京：中国林业出版社 .

周政贤 .2001. 中国马尾松 [M]. 北京：中国林业出版社 .

周志春，傅玉狮，吴天林 .1993. 马尾松生长和材性的地理遗传变异及最优种源区的划定 [J]. 林业科学研究 .

周志春，金国庆，等 .2010 马尾松丰产栽培实用技术 [M]. 北京：中国林业出版社 .

朱志松，丁衍畴 .1993. 湿地松 [M]. 广州：广东科技出版社 .

邹绍荣 .2009. 马尾松建园无性系选配及亲缘关系控制的分析 [J]. 福建林业科技，（4）.

B.J. 佐贝尔，等 .1990. 实用林业改良 [M]. 王章荣，陈天华，等译 . 哈尔滨：东北林业大学出版社 .

R. 福克纳 .1981. 林木种子园 [M]. 徐燕千，等译 . 北京：中国林业出版社 .

Anderson R L.1960.Uses of variance component analysis in the interpretation of biological experiments[J].Bulletin of the International Statistical institute, 31st Session, Vol.37.

Bambfr R K, Burlfy J.1983.The wood properties of rudiata pine[J].Common Agr Bur,84.

Barbara S, Bert T S, Albert H.1983.Effects of low temperature and light on foliar injury to *Pinus sylvestris*[J].J Amer Soc Sci,108(3).

Barefoot A C, et al.1966.Wood characteristics and kraft properties of four selected loblolly III.Effect of fibear morphology in pulps examined at a cons tant permanganate number [J].Tappi,49(4).

Barefoot A C, et al.1970.The relationship between loblolly pine fiber morphology and kraft Paper properties[J]. Technical Bulletin,202.

Barnes R D,et al.1981. Genotype environment interactions in tropical pinus and their effects on the Structure of breeding populations[J].Silvae Genetica,33(6).

Bendtsen B A.1978.Properties of wood from and intensively managed tees[J]. F0r Prod J,28(10).

Bhumibhanon S.1978.Studies on Scots pine Seed. Orchards in Finland with special emphasis on the genetic composition of the seed[J].Commun Inst Fenn, 94(4).

Blumenrother M, Bachmann M, Muller-Starck G. 2001. Genetic characters and diameter growth of provenances of Scots Pine (*Pinus sylvestris* L.) [J]. Silvae Genetica, 50(5/6).

Borghetti M,et al. 1988.Geographic variation in cones of Norway spruce [*Picea abies*(L.)Karst.] [J]. Sivae Genetica, 37(5-6).

Borralho N M G,Cotterill P P, Kanowski P J. 1993.Breeding for pulp production of Eucalyptus globules under different industrial cost structures[J]. Can J for Res,23.

Borralho N M G,et al.1993.Breeding objectives for pulp production of Eucalyptus globules Under different industrial cost structures[J].Can J For,23.

Brennan R M. 1991.The effects of simulated frost on black currant [J].J Horrt Sci,66(5).

Burdon R D. 1977.Genetic correlaaation as a concept for studying genotype enyironment interaction in forest tree breeding[J].Silvae Genetica, 26.

Burley J. 1982.Genetic variation in wood properties [M].In:New Perspectives in wood Anatomy. Edited by Beas P.

Burley J, Palmer E R. P,1979. Pulp and wood densiometric properties of Pinus caribaea from Fiji[J]. Occasional Paper No.6,Commonwealth Forestry Institute,Oxford.

Burley J,Palmer E R.1979.Pulp and wood densitometry properties of pinus caribaea from Fiji[J].Occasional Paper,6.

Burley J.1982.New perspectives in wood anatomy[C].In:The 50th anniversary of the intemational association of wood anatomists Edited by Bass P

Burley J.Genetic variation in wood properties [M].In:New perspectives in wood anatomy,edited by Bass P,1982

Campinhos E,Claudio-da-Silva E.1990.Development of the eucalypent tree of the future.In: ESPRA Spring Conference,Spain

Clarke C R E.1990.The estimation of genetic parameters of pulp and paper properties in Eucadyptus grandis Hill ex Maiden and their implication,for tree improvement[J].Unpublished Msc Thesis university of Natal,Pietermaritzburg,South Africa.

Cotterill P P, Dean C A. 1988.Changes in the genetic control of growth of radiata pine to l6 years and efficiencies of early traits [J]. Silvae Genetica, 37(3/4).

Lopez-Upton J, Donahue J K, Plascencia-Escalante F O, et al.2005, Provenance variation in growth characters of four subtropical pine species planted in Mexico [J]. New Forests, 29.

Shutyaev A M, Giertych M.2000.Genetic subdivision of the range of Scots pine (*Pinus sylvestris* L.) based on a transcontinental provenance experiment [J]. Silvae Genetica,49(3).

Tauer C G, Loo-Dinkins J A.1990.Seed source variation in specific gravity of loblolly pine grown in a common environment in Arkansas [J]. Forest Science,36 (4).

附录　马尾松良种名录

　　马尾松良种名录是目前已搜 集到，并经国家与省级审定或认定的马尾松良种。现有 8 个省(自治区、直辖市)经审(认)定的马尾松良种：种子园良种 32 个,优良种源 13 个,优良家系 392 个,优良无性系 4 个,母树林 3 个,采穗圃 1 个,合计 445 个。另有优良高脂类型种质资源 468 份。搜集的良种资料主要来自国家林业局国有林场和林木种苗工作总站编发的《林木良种指南》(以下简称《指南》),此外还有少数是后来经省级评审而未编入《指南》的良种。现根据搜集的原始资料,按省份与良种类别,对每个审(认)定良种的名称、类别及编号列述如后,以供查阅。

一、浙江省马尾松审（认）定良种

（一）种子园良种

　　姥山马尾松种子园种子（审定），编号：浙 S-CSO-PM-016-1998（浙林良审字第 [98]16 号）。

（二）优良种源

　　1. 广西贵县马尾松优良种源（认定），编号：ZR91PM0201。

　　2. 广西龙胜马尾松优良种源（认定），编号：ZR91PM0202。

　　3. 湖南常宁马尾松优良种源（认定），编号：ZR91PM0203 。

　　4. 庆元马尾松优良种源（认定），编号：ZR91PM0204。

　　5. 仙居马尾松优良种源（认定），编号：ZR91PM0205。

二、福建省马尾松审（认）良种

　　1. 马尾松优良单株 47 个（审定），编号范围：闽 S-PT-PM-194-2009 至闽 S-PT-PM-240-2009。

　　2. 漳平五一马尾松第一代种子园（认定），编号：闽 R-CSO(1)-PM-010-2008。

　　3. 漳平五一马尾松红心材种子园（认定），编号：闽 R-CSO(1)-PM-014-2009。

　　4. 漳平五一马尾松产脂型种子园（认定），编号：闽 R-CSO(1)-PM-014-2009。

　　5. 大湖林场马尾松优良家系（认定），编号：MS9346-PM1a- 种 80058 至 MS93326-PM1a- 种 80774。

　　6. 莱舟林业试验场、连城邱家山林场、建瓯水西林场马尾松优良家系（审定），编号：MS93339-PM1a- 种 82009 至 MS93358-PM1a- 种 84017。

　　7. 三明市沙县官庄林场石景山初级马尾松种子园种子（认定），编号：MR9327-PM8a- 三明市沙县官庄林场石景山。

　　8. 莱舟林业试验场初级马尾松种子园种子（认定），编号：MR9327-PM8a- 福建省莱舟林业试验场。

　　9. 华安西陂林场洋坑初级马尾松种子园种子（认定），编号：MR9329-PM8a- 华安西陂林场洋坑、MR9330-PM8a- 华安西陂林场洋坑。

　　10. 邵武卫闽林场南际初级马尾松种子园种子（认定），编号：MR9331-PM8a- 邵武卫闽林场南际。

　　11. 尤溪西滨镇双洋初级马尾松种子园种子（认定），编号：MR933-PM8a- 尤溪西滨镇双洋。

　　12. 水西马尾松高 产脂型种子园种子(认定),编号：闽 R-CSO-PM -010-2003。

　　13. 建瓯马尾松无性系种子园种子（认定），编号：闽 R-CSO(1)-PM -011-2003。

　　14. 白砂马尾松实生种子园种子（认定），编号：闽 R-SSO-PM -012-2003。

　　15. 永定马尾松实生种子园种子（认定），编号：闽 R-SSO-PM -013-2003。

　　16. 溪口马尾松初级种子园种子（认定），编号：闽 R-CSO-PM -014-2003。

　　17. 金丰马尾松母树林种子（认定），编号：闽

R–SS-PM -015-2003。

18.来舟林坑高脂力马尾松初级种子园（审定），编号：闽 R–CSO-PM -055-2011。

三、广西区马尾松审（认）定良种

（一）种子园良种

1. 藤县大芒界马尾松种子园（审定），编号：桂 S-CCO(1)-PM -009-2004。

2. 贵港市覃塘林场马尾松种子园（认定），编号：GR95-0060712-08f-贵港市覃塘林场马尾松种子园种子。

3. 南宁地区林科所马尾松种子园（审定），编号：桂 S-CCO(1)-PM -010-2004。

（二）优良种源

1. 马尾松桐棉种源（审定），编号：国 S-SP-PM-003-2002。

2. 宁明马尾松桐棉种源（审定），编号：桂 S-SP-PM -006-2004。

3. 岑溪马尾松波塘种源（审定），编号：桂 S-SP-PM -007-2004。

4. 忻城马尾松古蓬种源（审定），编号：桂 S-SP-PM -008-2004。

5. 广西藤县大芒界马尾松古蓬种源（审定），编号：桂 S-SP-PM -008-2004。

（三）优良家系与优良无性系

1. 6 个马尾松优良家系（审定），

编号：桂 S-SF-PM -001-2011（桂 MVF443）、桂 S-SF-PM -002-2011（桂 MVF557）、桂 S-SF-PM -003-2011（桂 MVF553）、桂 S-SF-PM -004-2011（桂 MVF059）、桂 S-SF-PM -005-2011（桂 MVF112）、桂 S-SF-PM -006-2011（桂 MVF409）。

2. 4 个马尾松优良无性系（审定），编号：桂 S-SC-PM -007-2011（桂 MVC027）、桂 S-SC-PM -008-2011（桂 MVC083）、桂 S-SC-PM -009-2011（桂 MVC085）、桂 S-SC-PM -010-2011（桂 MVC464）。

（四）优良母树林

1. 派阳山林场马尾松母树林（审定），编号：GS95-0060712-06c-派阳山林场马尾松母树林良种。

2. 忻城县古蓬松母树林（审定），编号：GS95-0060712-06c-忻城县古蓬松母树林良种。

四、广东省马尾松审（认）定良种

（一）种子园良种

1. 乳源马尾松种子园（审定），编号：马尾松粤乳 04 号。

2. 信宜马尾松种子园（审定），编号：马尾松粤信 05 号。

（二）松脂优良家系

信宜脂用马尾松家系 G1、G3、G5、G10、G24、G25、G26、G29、G37、G41（审定），编号：粤 S-SF-PM -003-2002。

五、湖南省马尾松审（认）定良种

（一）种子园良种

城步县林木良种场马尾松初级种子园种子（认定），编号：湘 R9606-Pm8a。

（二）优良种源

1. 汝城马尾松优良种源（认定），编号：湘 R9610-Pm3。

2. 江永马尾松优良种源（认定），编号：湘 R9611-Pm3。

3. 安化马尾松优良种源（认定），编号：湘 R9612-Pm3。

（三）用材林优良家系

1. 湘林所马尾松家系 F001（审定），编号：湘 S9608-Pm1a。

2. 湘林所马尾松家系 F002（审定），编号：湘 S9609-Pm1a。

3. 湘林所马尾松家系 F003（审定），编号：湘 S9610-Pm1a。

4. 湘林所马尾松家系 F004（审定），编号：湘 S9611-Pm1a。

5. 湘林所马尾松家系 F005（审定），编号：湘 S9612-Pm1a。

6. 湘林所马尾松家系 F006（审定），编号：湘 S9613-Pm1a。

7. 湘林所马尾松家系 F007（审定），编号：湘 S9614-Pm1a。

8. 湘林所马尾松家系 F008（审定），编号：湘 S9615-Pm1a。

9. 湘林所马尾松家系 F009（审定），编号：湘 S9616-Pm1a。

10. 湘林所马尾松家系 F010（审定），编号：湘 S9617-Pm1a。

（四）纸浆材优良家系（审定）

1. 马尾松纸浆材家系 MZ-1。
2. 马尾松纸浆材家系 MZ-2。
3. 马尾松纸浆材家系 MZ-3。
4. 马尾松纸浆材家系 MZ-4。
5. 马尾松纸浆材家系 MZ-5。

六、贵州省马尾松审（认）定良种

（一）黄平林场第一代马尾松种子园种子（审定）

编号：GS95-0060712-10- 马尾松。

（二）黄平马尾松种子园种子（审定）

编号：QS2000-PM-08（03）-01。

七、四川省马尾松审（认）良种

（一）种子园良种

1. 江油马尾松种子园（认定），编号：川 R-CSO(1)-PM-005-2004。

2. 广元市市中区马尾松第一代无性系种子园（认定），编号：川 R-CSO(1)-PM-004-2005。

3. 富顺林场马尾松种子园（审定），编号：川 S-CSO(1.5)-PM-001-2007。

4. 南江马尾松第一代无性系种子园（认定），编号：川认（9705）马尾松·园（嫁一代）。

5. 高县马尾松第一代无性系种子园（认定），编号：川认（9802）马尾松·园（嫁一代）。

6. 宜宾马尾松第一代无性系种子园（认定），编号：川认（9804）马尾松·园（嫁一代）。

（二）优树采穗圃

马尾松优树聚穗圃（认定），编号：川认（9705）。

八、重庆市马尾松审（认）良种

种子园良种

1. 南岸区国营长生林场马尾松无性系种子园（审定），编号：渝 S-CSO（1）-PM-001-2005。

2. 酉阳县林木良种场红色薄皮马尾松种子园（认定），编号：渝 S-CSO（1）-PM-002-2005。